U0424907

化学地理 环境化学 环境医学与可持续发展研究

——温琰茂论文选集

《温琰茂论文选集》编委会 编

·广州·

图书在版编目（CIP）数据

化学地理、环境化学、环境医学与可持续发展研究：温琰茂论文选集/《温琰茂论文选集》编委会编. -- 广州：中山大学出版社，2024. 10. -- ISBN 978-7-306-08232-9

Ⅰ. P91-53；X13-53；R12-53

中国国家版本馆 CIP 数据核字第 2024G90D21 号

出 版 人：王天琪
策划编辑：李海东
责任编辑：李海东
封面设计：曾 斌
责任校对：廖翠舒
责任技编：靳晓虹
出版发行：中山大学出版社
电　　话：编辑部 020-84110283，84113349，84111997，84110779，84110776
　　　　　发行部 020-84111998，84111981，84111160
地　　址：广州市新港西路 135 号
邮　　编：510275　　传　　真：020-84036565
网　　址：http://www.zsup.com.cn　E-mail：zdcbs@mail.sysu.edu.cn
印 刷 者：广州市友盛彩印有限公司
规　　格：787mm×1092mm　1/16　20.5 印张　530 千字
版次印次：2024 年 10 月第 1 版　2024 年 10 月第 1 次印刷
定　　价：168.00 元

内 容 简 介

本论文集汇集了作者在微量元素化学地理、土壤重金属污染与修复、近海和基塘水产养殖水污染与防治、广州市居民食物微量元素含量和膳食摄入的安全性评价、广东经济高速发展区人地系统发展特征和调控机制、城市污染河道重金属形态转化、西南石灰岩山地区自然资源有效开发和生态环境保护等方面的成果论文，可供地理科学、环境科学、农学和医学科研和教学人员参考。

温琰茂　1942年1月出生于广东省紫金县。中山大学环境科学与工程学院教授、博士生导师。1965年毕业于中山大学地质地理系自然地理专业。1965—1988年在中国科学院成都山地灾害与环境研究所工作。1983—1985年在美国加利福尼亚大学圣巴巴拉分校与戴维斯分校做访问学者。1989年以后在中山大学任教。曾担任地理系副主任，环境科学系副主任、主任，国家自然科学基金委员会地理科学第三、四届评审组成员，国家教委环境科学教学指导委员会环境学教学指导组成员，中国地理学会环境地理与化学地理专业委员会委员，《地理科学》《地球科学进展》编委。享受国务院政府特殊津贴。

自1969年以来，在克山病环境病因、微量元素化学地理、土壤重金属污染与修复、水产养殖水污染与防治、大城市居民食品微量元素含量和膳食摄入安全性、环境资源与可持续发展等方面主持了十余项国家和省部级重要科研项目，研究成果曾获得全国医学科学大会奖、四川省科学大会奖、四川省重大科技成果三等奖、农牧渔业部科技进步二等奖、中国科学院科技进步二等奖、国家科技进步二等奖和广东省科技进步二等奖。

本书编委会

主　编：温琰茂　陈玉娟

编　委（按姓氏笔画为序）：

韦献革　张云霓　陈玉娟

金　辉　周劲风　温琰茂

自　　序

化学地理学是自然地理学的一个分支学科，是时任中国科学院地理研究所所长黄秉维院士20世纪60年代初提出的自然地理学三个新的发展方向之一（另外两个发展方向是生物地理群落和水热平衡）。在黄秉维院士学术思想的影响下，中山大学地质地理系自然地理专业在1960年代初开设化学地理课程，建立水、土、植物样品化学分析实验室，并开展无机化学和分析化学、有机化学和胶体化学、普通物理学、高等数学等课程的教学。唐永銮教授等也开始从事化学地理学方面的研究，并发表了相关论文。1964—1965年，在唐永銮教授和曾水泉老师的指导下，我们毕业实习小组对珠江虎门河口伶仃洋东岸从东莞县的太平、长安到宝安县沙井、福永、南头、福田等地的滨海滩涂进行了夏、冬两季的调查考察，采集了水、土（淤泥）、植物（红树林）样品进行化学分析，探讨伶仃洋东岸的滩涂在逐渐淤高并最终围垦成沙田的过程中常量元素分布时空变化规律及其影响因素。研究结果表明，伶仃洋东岸的滨海滩涂逐渐淤高到围垦成沙田的过程是一个脱盐过程，而脱盐过程从珠江虎门出口附近的太平、长安向逐渐远离出口的沙井、福永、南头、福田逐渐减弱，影响滩涂盐分含量的水质也由受珠江来水（淡水）影响为主转变为以受海水（咸水）影响为主。这就是我在唐永銮教授、曾水泉老师的指导下完成的毕业论文内容，也是我从事化学地理研究的最初尝试。

大学毕业后我进入中国科学院地理研究所西南分所（现为中国科学院成都山地灾害与环境研究所）工作。第一项研究工作是1969年初中国科学院下达的任务，为我国“大三线”建设项目攀枝花钢铁基地渡口市（现为攀枝花市）编制农业规划，为解决这个拥有30多万建设者的新兴工业城市的农副食品供给生产提出科学规划。所领导知道中山大学地质地理系在广东东莞县进行过我国第一个农业规划，就派我参加此项工作，还任命我为先遣组副组长。幸好在校时有关的专业知识老师教得好，自己也学得扎实，两年的工作虽然艰苦，但都圆满地完成了任务。

渡口市农业规划工作完成后我回到研究所。因研究所成立时间不长，又处在“文革”时期，研究所没有什么科研任务。自己对化学地理研究有兴趣，就给研究所领导提交了一份《关于在我所开展化学地理学方向研究的建议报告》。报告得到了所领导的称赞，所领导还说化学地理学可以成为研究所的一个研究生长点。这年夏天（1971年），中国科学院地理研究所谭见安学长（中山大学校友）带领研究组到四川进行中共中央北方地方病领导小组办公室下达的编制我国地方病图（以克山病为主）和克山病水土病因（环境病因）研究的工作，研究所派我参加此项研究。从此我就走上了化学地理研究之路。后来，成延鏊也参加了此项研究工作，成为我此后十余年最密切的合作伙伴。我们从东北到西南，从内蒙古到海南岛，从新疆到山东，与中国科学院地理研究所等地学单位和医学科学院校及卫生防疫部门的科研人员密切合作，对克山病、大骨节病病区进行深入调查，采集了上万个水、土、粮和人体毛发、指甲、血液等样品进行分析测定，取得了数十万个宝贵的科研数据。经过医学、地学科研人员十余年通力合作的研究，最后查明克山病是在低硒环境中，人体因微量元素硒摄入不足而罹患的心肌疾病，使长期危害我国的克山病得以根除。

我多年参加克山病的环境病因的研究工作，对化学地理学的研究与人体健康和农业生产的关系有了比较深刻的理解，很希望能为农作物的增产做出贡献。当我了解到在缺乏微量元素锌的土壤上施用锌肥能使农作物增产时，我和成延鏊决定在四川省开展这方面的研究。我们经过一年的文献查阅、技术和物质准备后，于 1977 年 4—10 月在四川省剑阁县进行玉米、水稻施锌试验。结果表明，在当地淋溶碳酸盐紫色土上施锌，玉米平均增产 27.6%，水稻增产 6.3%。试验结果对当地干部群众和我们自己都带来很大的震动，没想到在一亩玉米地用喷雾器喷洒两遍硫酸锌稀溶液（耗资仅约 0.3 元）能得到那么好的增产效果。为了查清四川省缺乏锌等微量元素的土壤，因地制宜地推广微量元素肥料以促进农作物的增产，我们给四川省科学技术委员会（以下简称四川省科委）书面汇报了我们锌肥试验的结果，并建议成立四川省土壤微量元素含量分布和微肥推广应用研究协作组。四川省科委很快就批准了我们的建议报告，并以省科委红头文件的形式同意成立四川省微量元素肥料研究推广协作组，于当年底召开了有省、地、县各级 100 余名科技人员参加的协作组第一次会议。四川省科委在当时科研经费紧缺的情况下，一次性为此项研究提供了 17.5 万元研究经费，这在当时实在是一笔巨额的科研经费，为此后三年协作组研究、试验和一年一次的协作组学术交流会（每次参加会议的科技人员都达到 200 人）提供了充足的经费，保证了此项研究的顺利进行。

在研究所的支持下，我们对四川盆地各种地质、地貌、气候条件下的各类土壤进行了全面的调查，在 102 个县采集了 600 多个点的土壤样品，进行土壤微量元素含量和理化性质的分析测定，查清了缺乏微量元素的土壤类型和分布区域，为四川省微量元素肥料的推广应用提供了可靠依据，并通过因地制宜施加微量元素，在玉米、水稻、油菜等主要农作物上获得显著的增产。据统计，在 1978—1982 年 5 年间，四川省 18 个地（市、州）的 150 余县推广锌、硼、锰等微肥面积超过 5.00×10^6 hm^2，累计增产稻谷 2.608×10^8 kg，玉米 1.680×10^7 kg，油菜籽 7.00×10^6 kg，棉花 1.50×10^6 kg，水果 1.00×10^6 kg。使四川省成为我国农业微量元素研究和微肥推广最好的省份。研究成果先后获得农牧渔业部科技进步二等奖和四川省重大科技成果三等奖，并在重要学术期刊和论文集发表了系列论文。1983 年在《地理学报》发表的《四川盆地土壤微量元素化学地理研究》一文就是我们 7 年土壤微量元素研究的总结，也是我在 1971 年给研究所提出化学地理研究可为农业生产服务建议的实践成果。

1989 年到中山大学工作后，广东社会经济的高速发展带来的严重环境污染问题突出地呈现在眼前。我的化学地理学研究的经历为我从事环境污染及其防治研究提供了充实的基础。化学地理学与环境化学没有天然的界线，是同道而行且相互交融的兄弟学科。此后，我和我的团队在土壤重金属污染、防治与修复，水产养殖水污染与防治等研究领域承担了多项国家自然科学基金和广东省、广州市科学基金项目的研究，取得了重要的研究成果，并获得多项省部级的奖励。在完成这些课题研究过程中，培养了一批博士生和硕士生。

广州市居民食品中对人体健康有重要意义的锌、硒、砷、碘含量和膳食摄入安全性研究是属于环境医学领域的课题，得到广东省科委、省环境保护厅和广州市环境保护局的支持和资助。本人20世纪70年代曾从事的克山病环境病因研究即属于医学地理范畴。环境医学与医学地理的理论和研究方法也有很多相通、相似之处。因此，在从事这项研究时感到进入了一个既熟悉又有创新的挑战氛围。广州市是一个国际化的大都市，食品来源非常广泛，不但来自国内各地，许多还来自国外。在这项研究中，在广州市城区数十个食品批发市场、农贸市场和超市采集了七大类539个食物样品进行分析测定，查清了各种类食品相关元素的含量水平，确定了这些元素富集与缺乏的食品种类；并根据广州市不同类别居民的膳食结构，进行各类居民相关元素摄入量的计算，对其安全性进行评价。这项研究成果为广州市居民合理地调控膳食结构，以及在有关的食品中是否应该添加某些元素提供了科学依据，也为我国城市居民膳食中相关元素摄入安全性研究提供了一个范例。

《西南（川、滇、黔、桂）石灰岩山地区经济发展战略探讨》是本人主持的研究课题“西南石灰岩山地区有效开发途径研究”的总结论文。该课题是中国科学院西南资源开发考察队组织领导的“西南地区国土资源综合考察和发展战略研究”项目的二级课题。该研究项目得到川、滇、黔、桂、渝五省（区）市政府的大力支持和经费资助。课题组在1986—1988年间对西南四省（区）石灰岩山地区的自然地理条件、资源、生态环境和社会经济发展状况进行了深入的考察，在充分总结该石灰岩山地区资源、生态环境和社会经济发展的优势和劣势的基础上，提出了切合实际的经济发展途径。

《广东沿海经济高速发展区人地系统可持续发展研究》是国家自然科学基金项目“粤中沿海经济高速发展区人地系统特征与调控研究”的主要成果论文。论文对粤中沿海经济高速发展的典型地区——深圳市和东莞市人地系统可持续性进行了评价，提出了两市提高人地系统可持续性的调控模式，对两市社会经济与资源环境相协调提出了建议和前景预测。

本论文集的论文都是我与我的各项研究课题组成员和研究生的集体研究成果，我深深地感谢他们在研究中与我同心协力、勤奋工作，共同完成科研任务，取得了有意义的成果。我也深深地感谢我的夫人都淑珍几十年如一日全力以赴地支持我，使我得以专心致志地进行科研和教学工作。

目　　录

化学地理

环境化学

环境医学

可持续发展研究

化学地理

四川盆地土壤微量元素化学地理研究*

自 1922 年以后，相继发现锌、硼、铜、铁、锰等微量元素为植物正常生长发育所必需的微量营养元素[1]，它们多为植物体内酶和辅酶的组成成分[2]。当土壤微量元素供给不足时，农作物常会出现缺乏症状，产量减少，质量降低，严重时可能颗粒无收。在缺乏微量元素的土壤上施用微量元素肥料，能够防治农作物因缺乏微量元素所致的疾病，提高农作物的产量和品质。

四川盆地为我国重要的农业区之一，自然地理条件复杂，土壤类型繁多。为了探讨四川盆地是否存在缺乏微量元素的土壤和这些土壤的分布状况，为因地制宜地推广使用微量元素肥料提供依据，我们在 1977—1982 年期间对这一地区土壤微量元素锌、铜、铁、锰、硼的含量和地理分布特点进行了研究。现将主要结果报道如下。

1 样品和方法

供研究的土壤样品采自四川盆地 102 个县，600 多个采样点，包括 15 种土壤。这些土壤的分布和母质母岩见表 1。样品以耕作土为主，也有一定的自然土壤。根据各种土壤在农业上的意义和面积大小决定样品的采集数量。在采集的各种土壤中，大部分为中等肥力的土壤，上等和下等肥力的也有部分样品。此外，采样点在水田（包括水旱轮作）与旱地之间、各种成土母质及各种地形部位之间都有一定的比例，并使之在整个盆地中比较均匀地分布，从而使样品具有较好的代表性和广泛性。除土壤剖面外，样品的采集使用多点采集混合法，即在一个比较有代表性的地段内（通常面积为数亩至十余亩）比较均匀地采集 5 ～ 10 个点大致等量的土壤，然后混合成一个土壤，以尽量避免采样时出现的偶然误差。

土壤锌、铜、锰、硼的全量用 2 米光栅光谱仪测定。土壤有效态锌、铜、铁、锰用提取剂 DTPA 浸提，原子吸收分光光度计测定。有效态硼用沸水浸提，姜黄素法测定。各种土壤微量元素平均值皆为耕作土的耕作层或自然土的 A 层样品的平均值。

---

* 原载：《地理学报》1983 年第 38 卷第 4 期，作者：温琰茂、成延鏊、杨定国、金爱珍。参加此项研究工作的还有殷义高、吕瑞康、吴桂春，贺振东，邓瑞莲、何昌慧、陈孔明、严丽媛、高原、高岚等同志。本文插图由阎金秀、吴茵、刘晓莉、黄丽蓉、郭玲琍、温定江等同志清绘。基金项目：四川省重大科技项目“四川省土壤微量元素含量分布和微量元素肥料推广试验研究”，中共中央北方地方病防治领导小组办公室科研项目“编制我国地方病图（以克山病为主）和水土病因（环境病因）研究”。

表 1　四川盆地土壤的分布和主要母质母岩

<table>
<tr><th colspan="2">土壤</th><th>主要分布地区</th><th>主要母质母岩</th></tr>
<tr><td rowspan="6">冲积土</td><td>岷江冲积土</td><td>岷江中游</td><td rowspan="6">第四系全新统河流冲积、洪积物</td></tr>
<tr><td>沱江冲积土</td><td>沱江中游</td></tr>
<tr><td>青衣江冲积土</td><td>青衣江下游</td></tr>
<tr><td>涪江冲积土</td><td>涪江中游</td></tr>
<tr><td>嘉陵江冲积土</td><td>嘉陵江中游</td></tr>
<tr><td>梅江冲积土</td><td>酉阳、秀山一带</td></tr>
<tr><td rowspan="3">紫色土</td><td>碳酸盐紫色土</td><td>盆地中、北、西北部</td><td>白垩系城墙岩群，侏罗系遂宁组、蓬莱镇组，三叠系飞仙组等紫红色岩系</td></tr>
<tr><td>中性紫色土</td><td>盆地东、南部</td><td>侏罗系上、下沙溪庙组，自流井组，三叠系巴东组、大冶组，白垩系灌口组等紫红色岩系</td></tr>
<tr><td>酸性紫色土</td><td>盆地南、西部</td><td>白垩系夹关组砖红色砂岩</td></tr>
<tr><td rowspan="4">黄壤</td><td>灰岩黄壤</td><td rowspan="2">盆地东部、盆地周缘山地</td><td>三叠系、二叠系石灰岩、白云岩</td></tr>
<tr><td>砂岩黄壤</td><td>三叠系小塘子组、须家河组灰色、黄色砂岩</td></tr>
<tr><td>老冲积黄壤</td><td>盆地西部</td><td>第四系更新统冰川与冰水沉积物</td></tr>
<tr><td>其他岩类黄壤</td><td rowspan="3">盆地周缘山地</td><td>志留系、奥陶系以及其它古生代、元古代、太古代的千枚岩、页岩、砂岩等</td></tr>
<tr><td colspan="2">黄棕壤</td><td rowspan="2">各种母质</td></tr>
<tr><td colspan="2">棕　壤</td></tr>
</table>

2　结果和讨论

2.1　四川盆地土壤微量元素的含量和地理分布特点

2.1.1　微量元素全量

土壤微量元素的来源有成土母质、大气和火山烟雾等。对绝大多数的土壤来说，成土母质是土壤微量元素最主要的来源，它决定了土壤微量元素的最初含量，但土壤在形成过程中又会对土壤微量元素的最初含量和剖面分布特点加以改造。

四川盆地土壤的成土母质、母岩是复杂多样的。盆地不同部分的水、热状况，植被类型和农业生产特点也存在着明显差异，因此，成土过程是相当复杂的。在上述因素的综合作用下，四川盆地各种土壤微量元素的全量存在明显的差异。

（1）全锌。四川盆地土壤全锌含量范围为35×10^{-6}～400×10^{-6}，平均为108×10^{-6}，明显地高于世界土壤的全锌平均含量50×10^{-6}[2]，稍高于我国土壤全锌平均含量100×10^{-6}[3]。其中，梅江冲积土全锌含量最高，平均为150×10^{-6}；黄棕壤最低，平均为71×10^{-6}。

（2）全硼。四川盆地土壤全硼含量范围为17×10^{-6}～370×10^{-6}，平均为80.7×10^{-6}。其中，灰岩黄壤全硼含量最高，平均为116.6×10^{-6}；沱江冲积土最低，平均为53.7×10^{-6}。

（3）全铜。四川盆地土壤全铜含量范围为9×10^{-6}～125×10^{-6}，平均为33.0×10^{-6}。其中，岷江冲积土全铜含量最高，平均为46.5×10^{-6}；青衣江冲积土最低，平均为20.9×10^{-6}。

（4）全锰。四川盆地土壤全锰含量范围为41×10^{-6}～1750×10^{-6}，平均为641×10^{-6}。其中，灰岩黄壤全锰含量最高，平均为938×10^{-6}；酸性紫色土最低，平均为428.8×10^{-6}。

四川盆地各种土壤锌、硼、铜、锰的全量见表2。

表2　四川盆地土壤微量元素全量

单位：$\times10^{-6}$

土壤		锌（Zn）			硼（B）			铜（Cu）			锰（Mn）		
		n	$\bar{x}$	R	n	$\bar{x}$	R	n	$\bar{x}$	R	n	$\bar{x}$	R
冲积土	岷江冲积土	12	104	50～185	13	75.6	32～125	13	46.5	15～125	13	463.8	290～850
	沱江冲积土	3	98	84～125	3	53.7	38～68	3	36.3	30～40	3	553.3	410～810
	青衣江冲积土	2	82	77～86	5	83.6	75～92	5	20.9	16～34	5	560.0	240～720
	涪江冲积土	2	92	92	2	79	68～90	2	31	25～37	2	735.0	680～790
	梅江冲积土	7	150	120～190	6	112.5	95～140	6	35	12～58	6	455	170～860
紫色土	碳酸盐紫色土	30	85	35～150	30	69.6	17～300	30	31.5	11～50	30	704	130～1250
	中性紫色土	34	119	41～270	39	72.6	21～200	39	29.7	11～50	39	584	86～1100
	酸性紫色土	16	105	37～210	18	65.9	26～133	18	25.3	13.5～85	18	428.8	41～1070
黄壤	灰岩黄壤	13	141	63～400	16	116.6	34～370	16	33.1	16～56	16	938	450～1400
	砂岩黄壤	8	88	51～140	8	79.4	19～189	15	39.1	9.0～56	8	593	260～1250
	老冲积黄壤	9	100	54～135	11	92.4	53～155	6	37.6	13.2～74	11	681	90～960
	其他岩类黄壤	10	123	60～210	15	88.0	36～122	11	36.5	12.1～82	15	813	250～1750
黄棕壤		3	71	48～88	4	97.2	61～127	4	34.6	19～49	4	864	159～1550
合　计		150	108	35～400	170	80.7	17～370	170	33.0	9～125	170	641	41～1750

说明：n——样品数量，$\bar{x}$——平均含量，R——含量范围。下同。

从上述的结果可以看出，四川盆地各种土壤的微量元素的全量是有明显差异的。青衣江冲积土全锌和全铜的含量比较低，梅江冲积土全锌、全硼的含量则较高；全铜和全锰的最高含量是岷江冲积土和灰岩黄壤。这种差异是成土母质和母岩本身的微量元素含量不同造成的。对冲积土而言，这种差异还反映出各自的河流集水盆地内土壤和岩石微量元素含量的差别，因为河流冲积物最主要的物质来源是该河流集水盆地的土壤和岩石。

2.1.2　微量元素有效态含量

土壤中的微量元素大多数都存在于土壤的原生矿物和次生矿物之中，这部分微量元素是植物极难吸收利用的；土壤中植物所能吸收利用的微量元素只是能溶于水和可以用代换剂代换的部分。这两部分微量元素通常被称为有效态微量元素。有效态微量元素的含量一般只占土壤中微量元素全量的很少部分，但它与农作物的生长发育紧密相关，是衡量土壤微量元素供给能力的标志。

（1）有效态锌。四川盆地土壤有效态锌的含量范围为 0.08×10^{-6} ～ 9.60×10^{-6}，平均为 1.45×10^{-6}。分布在盆地中、北、西北部的碳酸盐紫色土含量最低，平均为 0.97×10^{-6}；盆地西部的涪江冲积土、岷江冲积土和盆地东部、南部的中性紫色土有效态锌含量也较低，平均含量分别为 1.23×10^{-6}、1.28×10^{-6} 和 1.37×10^{-6}；分布在盆地周缘山地的黄壤、黄棕壤和棕壤有效态锌含量则较高（表3、图1）。

表 3　四川盆地土壤微量元素有效态含量

单位：$\times 10^{-6}$

土壤		锌（Zn）			硼（B）			铜（Cu）			铁（Fe）			锰（Mn）		
		n	$\bar{x}$	R	n	$\bar{x}$	R	n	$\bar{x}$	R	n	$\bar{x}$	R	n	$\bar{x}$	R
冲积土	岷江冲积土	61	1.28	0.38～4.10	58	0.29	0.02～0.62	60	5.05	0.22～9.30	62	100.7	2.0～314	61	24.3	0.2～104
	沱江冲积土	57	1.65	0.46～4.60	56	0.28	0.05～1.61	58	4.19	0.34～8.48	57	92.4	2.0～287	57	32.9	4.9～101
	青衣江冲积土	12	2.14	0.66～3.98	12	0.52	0.05～1.57	10	5.26	2.65～8.50	12	200.3	44～288	12	21.0	3.3～43
	涪江冲积土	37	1.23	0.52～3.30	37	0.26	0.04～0.60	38	3.95	0.74～9.40	37	52.1	6.7～200	37	44.0	4.1～127
	嘉陵江冲积土	3	1.68	1.20～2.40	3	0.11	0.05～0.16	3	1.65	0.30～4.20	3	89.3	6.0～218	3	19.4	3.0～44
	梅江冲积土	13	2.63	2.00～4.60	13	0.18	0.06～0.38	13	3.30	2.00～4.40	13	39.5	21～126	13	10.6	1.0～24
紫色土	碳酸盐紫色土	144	0.97	0.08～5.40	143	0.22	0.02～0.96	136	1.43	0.10～6.26	143	19.8	0.9～148	142	19.2	2.2～91
	中性紫色土	90	1.37	0.32～3.90	89	0.21	0.03～0.97	78	1.36	0.20～5.70	89	46.7	2.2～264	89	25.7	0.6～184
	酸性紫色土	24	1.47	0.30～5.04	24	0.18	0.01～0.45	23	0.95	0.20～2.86	23	59.3	1.4～273	23	27.0	0.4～76
黄壤	灰岩黄壤	44	1.98	0.62～5.72	44	0.19	0.03～0.46	43	1.48	0.36～5.60	43	44.1	3.3～317	43	29.5	0.9～96
	砂岩黄壤	19	1.88	0.40～4.60	18	0.16	0.09～0.30	19	1.36	0.10～3.40	19	105.7	28～230	19	30.1	0.7～75
	老冲积黄壤	67	1.51	0.14～6.00	68	0.18	0.03～0.55	68	3.02	0.18～9.44	68	74.6	2.5～249	68	36.9	0.2～262
	其他岩类黄壤	48	1.84	0.30～9.60	47	0.24	0.05～0.55	46	1.92	0.15～7.40	46	75.1	3.9～331	46	34.9	0.7～154
黄棕壤		8	1.91	0.90～3.30	8	0.24	0.03～0.45	8	2.45	0.95～4.08	8	193.5	38～401	8	28.3	5.2～55
棕　壤		1	3.00					1	7.5		1	180.0		1	59.0	
合　计		628	1.45	0.08～9.60	620	0.23	0.01～1.61	604	2.53	0.10～9.44	624	61.1	0.9～401	622	27.8	0.2～262

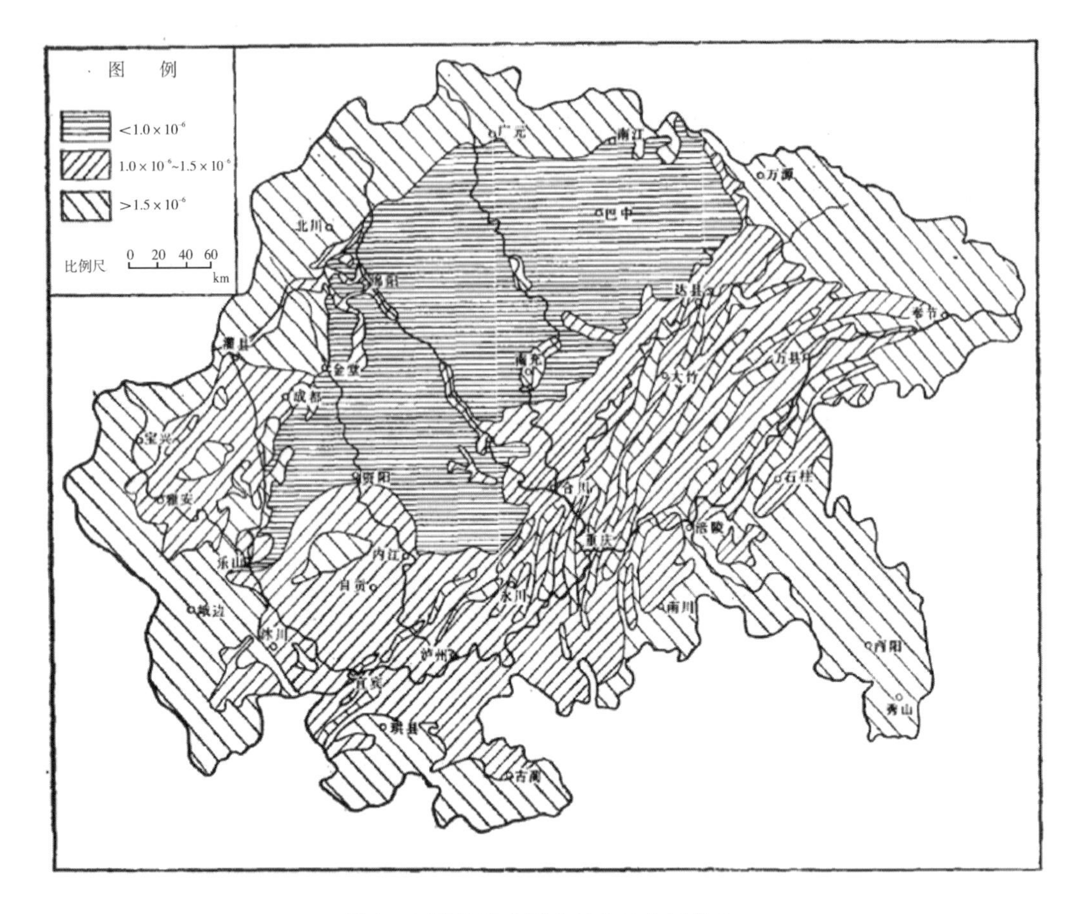

图1　四川盆地土壤有效态锌含量分布

（2）有效态硼。四川盆地土壤有效态硼的含量普遍较低，含量范围为 $0.01\times10^{-6}\sim1.61\times10^{-6}$，平均为 0.23×10^{-6}。其中，黄壤中的灰岩黄壤、砂岩黄壤和老冲积黄壤，紫色土中的酸性紫色土，以及冲积土中的嘉陵江冲积土、梅江冲积土有效态硼的含量特别低，平均都在 0.2×10^{-6} 以下；冲积土中的岷江冲积土、沱江冲积土、青衣江冲积土和涪江冲积土有效态硼含量稍高，但平均也只有 $0.26\times10^{-6}\sim0.52\times10^{-6}$（表3）。总的说来，四川盆地东部的条状山和周缘山地土壤有效态硼含量最低，盆地西部平原土壤有效态硼含量相对较高（图2）。

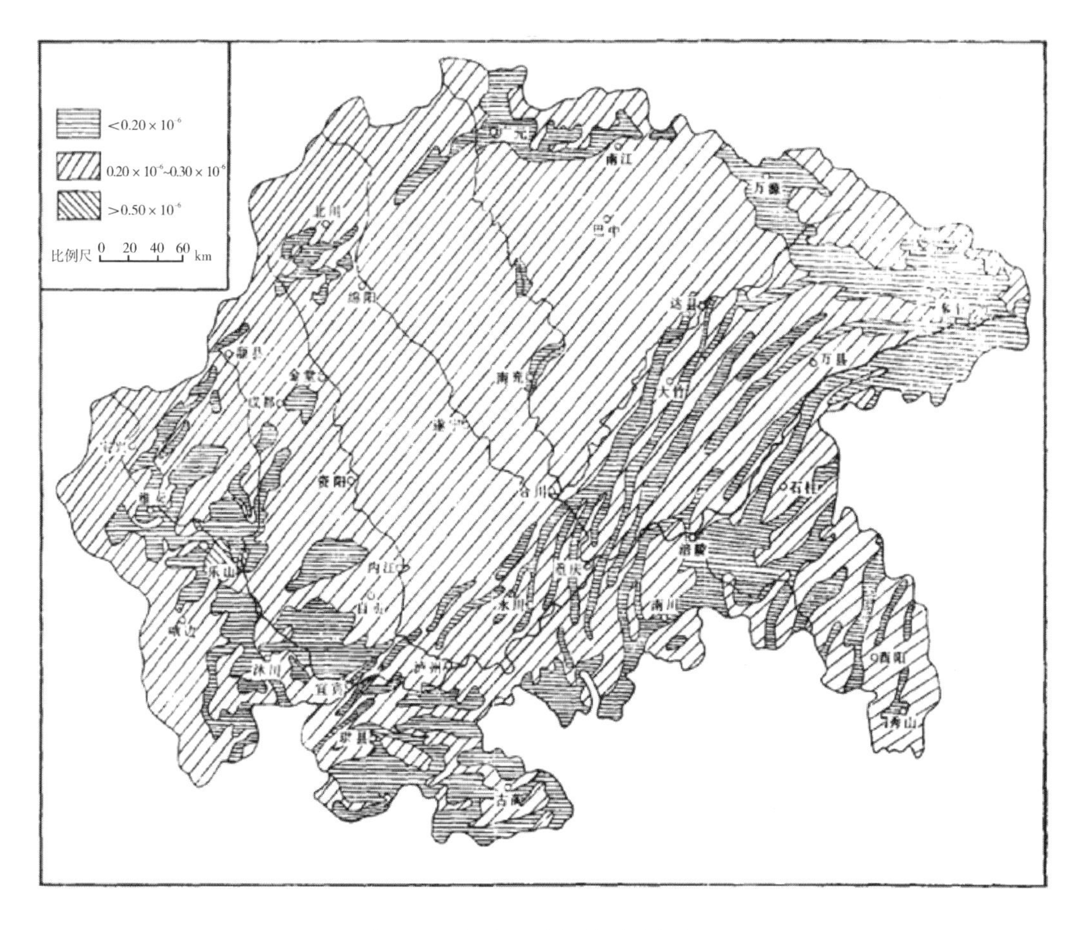

图2　四川盆地土壤有效硼含量分布

（3）有效态铜。四川盆地土壤有效态铜的含量范围为 $0.10\times10^{-6}\sim9.44\times10^{-6}$，平均为 2.53×10^{-6}。各种冲积土、老冲积黄壤，盆地周缘山地的棕壤、黄棕壤以及其他岩类黄壤有效态铜的含量都较高，平均都在 1.50×10^{-6} 以上；分布在盆地南、西部的酸性紫色土有效态铜含量最低，平均为 0.95×10^{-6}（表3、图3）。

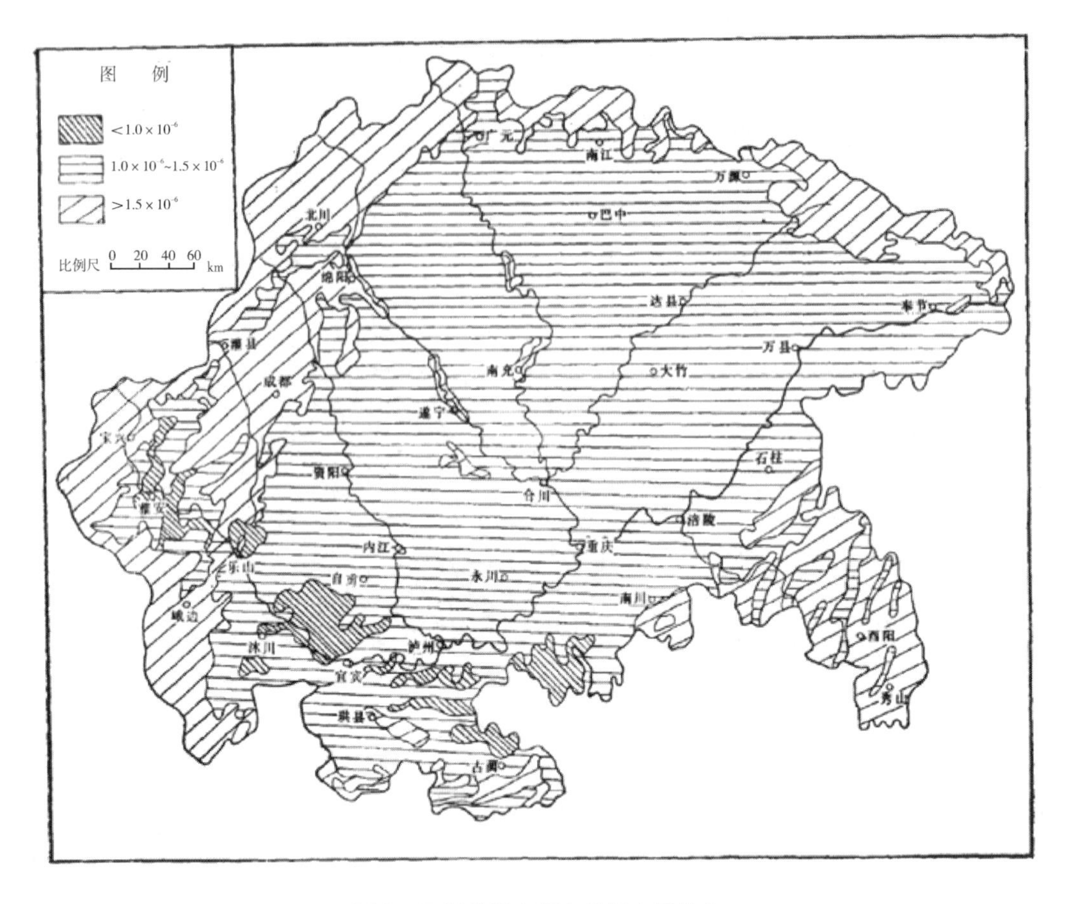

图 3　四川盆地土壤有效铜含图分布

（4）有效态铁。四川盆地土壤有效态铁含量变幅很大，含量范围 $0.9\times10^{-6}\sim401\times10^{-6}$，平均为 61.1×10^{-6}。盆地中、北、西北部的碳酸盐紫色土有效态铁含量较低，平均为 19.8×10^{-6}；盆地周缘山地的棕壤、黄棕壤、其他岩类黄壤、砂岩黄壤，盆地西部的各种冲积土（梅江冲积土除外）和盆地南、西部的酸性紫色土有效态铁含量都较高，平均都在 50×10^{-6}以上（表 3、图 4）。

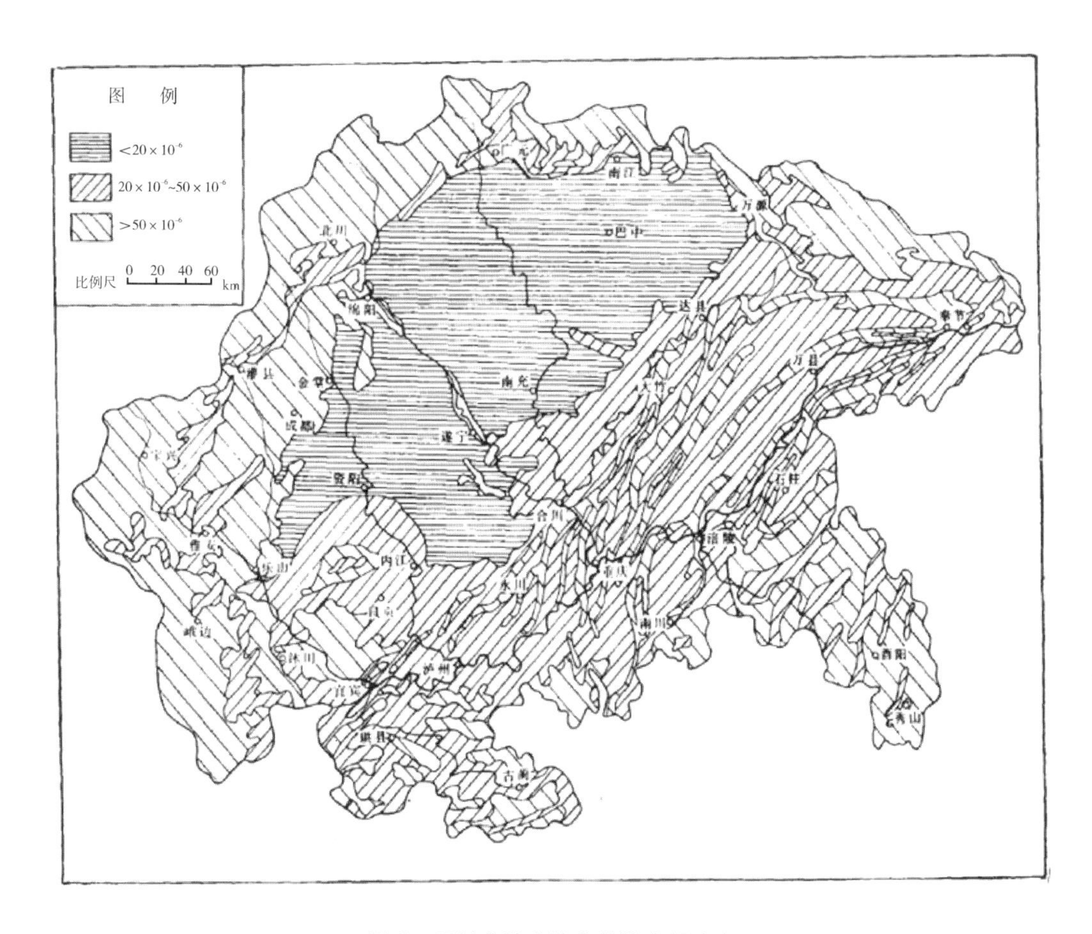

图4　四川盆地土壤有效铁含量分布

（5）有效态锰。四川盆地土壤有效态锰的含量范围为 $0.2\times10^{-6}\sim262\times10^{-6}$，变幅也很大，平均为 27.8×10^{-6}。碳酸盐紫色土和梅江冲积土有效态锰含量较低，平均在 20×10^{-6}以下；沱江冲积土、涪江冲积土、砂岩黄壤、老冲积黄壤、其他岩类黄壤和棕壤有效态锰含量较高，平均在 30×10^{-6}以上（表3）。总的来说，盆地西部、北部的土壤有效态锰含量相对低些，盆地周缘山地的土壤有效态锰含量相对较高（图5）。

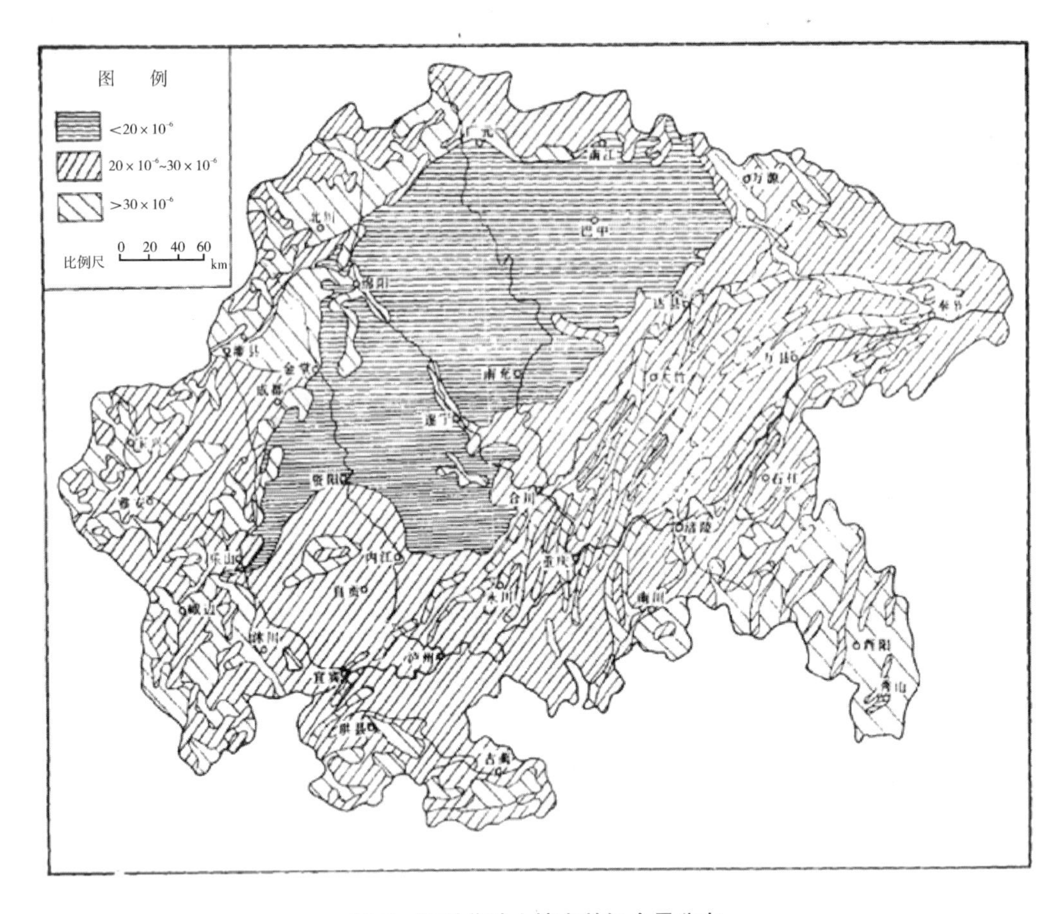

图5　四川盆地土壤有效锰含量分布

2.1.3　水田与旱地微量元素有效态含量的差异

四川盆地各种土壤在水田与旱地之间的比例很不一样。冲积土基本上是水田；碳酸盐紫色土旱地多于水田，中性紫色土、酸性紫色土水田与旱地相当；老冲积黄壤水田居多，其他土壤旱地占多数；棕壤、黄棕壤基本上是自然土壤。从表4可以看出，在水田与旱地兼有的各种土壤中，除有效态硼外，水田的微量元素有效态含量基本上都高于旱地。这表明四川盆地水田有效态锌、铜、铁、锰的供给能力比旱地高。

表 4　四川盆地水田与旱地微量元素有效态含量的差异

单位：$\times 10^{-6}$

土壤		利用方式	锌（Zn）	硼（B）	铜（Cu）	铁（Fe）	锰（Mn）
紫色土	碳酸盐紫色土	水	1.15	0.22	2.17	31.8	28.4
		旱	0.92	0.22	1.18	16.0	16.3
	中性紫色土	水	1.50	0.24	2.01	71.5	31.5
		旱	1.25	0.18	0.80	24.6	20.4
	酸性紫色土	水	1.82	0.17	1.24	73.8	27.5
		旱	1.29	0.19	0.80	52.9	26.8
黄壤	灰岩黄壤	水	2.49	0.19	1.26	60.1	46.9
		旱	1.93	0.20	3.63	42.3	27.7
	砂岩黄壤	水	1.95	0.18	3.10	126.0	37.4
		旱	1.87	0.16	1.15	103.3	29.3
	老冲积黄壤	水	1.38	0.18	3.14	74.9	37.8
		旱	2.49	0.20	1.98	72.0	30.4
	其他岩类黄壤	水	3.27	0.24	4.79	97.3	9.0
		旱	1.71	0.23	1.64	73.0	37.3

2.2　四川盆地土壤微量元素丰缺状况评价和土壤微量元素区域划分

2.2.1　四川盆地土壤微量元素丰缺状况评价

土壤微量元素有效态含量是评价土壤微量元素丰缺状况最重要的指标。当土壤某种微量元素的有效态含量低于一定的数值时，对这种微量元素较为敏感的农作物的生长发育就会受到影响，严重时还会出现明显的缺乏症状。土壤微量元素有效态含量的这一数值被称为缺乏临界值。用热水浸提、姜黄素法测定的土壤有效态硼缺乏临界值为 0.5×10^{-6}，用 DTPA 提取测定的有效态锌、铜、铁、锰的缺乏临界值分别为 1.0×10^{-6}、0.2×10^{-6}、2.5×10^{-6}和 1.0×10^{-6}。[4] 按照上述的临界值指标，我们对四川盆地土壤微量元素的丰缺状况进行评价。

（1）锌。从土壤有效态锌的平均含量来看，低于缺锌临界值的只有碳酸盐紫色土（表 3）。但从低于缺锌临界值的样品比例来看，四川盆地大多数的土壤类型都或多或少地存在缺锌的状况。碳酸盐紫色土低于缺锌临界值的比例最高，达 68.7%。此外，岷江冲积土、涪江冲积土、老冲积黄壤、酸性紫色土，中性紫色土和沱江冲积土缺锌的土壤出现的频率都在 30% 以上（表 5）。有人认为水稻土的缺锌临界值应为 1.65×10^{-6}[5]，四川一些单位水稻施锌试验也表明在土壤有效态锌含量为 1.5×10^{-6} 左右时还有增产效果[6]①。因此，如果考虑到水稻土缺锌。临界值应高一些的话，那么上述土壤缺锌的比例还要大些。

表5　四川盆地土壤微量元素有效含量低于临界值的百分比

单位:%

土壤		锌（Zn）$<1.0\times10^{-6}$	硼（B）$<0.5\times10^{-6}$	铜（Cu）$<0.2\times10^{-6}$	铁（Fe）$<2.5\times10^{-6}$	锰（Mn）$<1.0\times10^{-6}$
冲积土	岷江冲积土	49.2	96.6	0	3.2	3.3
	沱江冲积土	33.4	94.6	0	3.5	0
	青衣江冲积土	25.0	58.3	0	0	0
	涪江冲积土	45.9	89.2	0	0	0
	嘉陵江冲积土	0	100.0	0	0	0
	梅江冲积土	0	100.0	0	0	7.7
紫色土	碳酸盐紫色土	68.7	95.8	2.9	4.2	0
	中性紫色土	37.8	97.8	1.3	1.1	4.5
	酸性紫色土	41.7	100.0	4.3	4.3	4.3
黄壤	灰岩黄壤	22.7	100.0	0	0	2.3
	砂岩黄壤	26.3	100.0	10.5	0	5.3
	老冲积黄壤	46.3	97.1	1.5	0	1.5
	其他岩类黄壤	20.9	97.9	4.3	0	2.2
黄棕壤		12.5	100.0	0	0	0

（2）硼。从表3所示的四川盆地土壤有效态硼的含量和表5所表明的低于缺硼临界值的比例都说明四川盆地的土壤普遍缺硼。就是有效硼平均含量最高的青衣江冲积土，缺硼的土壤出现的频率也达58.3%。

（3）铜、铁、锰。从表3和表5所示的四川盆地土壤有效铜、铁、锰的含量和低于缺乏临界值土壤的百分比都可以看出，四川土壤的铜、铁、锰的供给状况都是比较好的。然而，四川盆地一些土壤类型也存在低于缺铜、铁、锰临界值的土壤，因此，非常局部的缺乏铜、铁，锰的土壤还是存在的。

虽然锌、硼、铜、铁、锰是植物必需的营养元素，但土壤中含量过高时也会引起农作物中毒。这些元素过量的临界值随土壤性质和农作物的品种不同而异。土壤中铜的含量大于 100×10^{-6} 时水稻就会出现中毒症状，但小麦出现中毒症状时土壤铜的含量则要超过 200×10^{-6}。土壤锌含量大于 400×10^{-6} 时，洋葱会出现中毒症状。[7] 土壤全锌含量的正常

① 自贡市农科所：《紫垅田水稻坐蔸主要原因及防治措施研究总结报告》，1981年。

水平介于 $10\times10^{-6}\sim300\times10^{-6}$之间。据美国内布拉斯加种玉米的大田中的试验，分别在每公顷的酸性土和碱性土中施用 358 kg 和 1390 kg 的锌（分别可增加土壤含锌量 138×10^{-6}和 535×10^{-6}），作物仍未出现毒害现象。硼比较容易发生过量中毒，据观察，每公顷的大豆施硼 2.5 kg 时（约增加土壤含硼量 0.9×10^{-6}），会因硼中毒而产量下降；每公顷的豌豆施硼 5.0 kg 时（约增加土壤含硼量 1.9×10^{-6}）会出现中毒症状。通常铁中毒的可能性很小，有些土壤含铁 5% 也未产生明显的铁中毒。锰中毒通常只出现在强酸性土壤和渍水的土壤。[5]

2.2.2 四川盆地土壤微量元素的区域划分

根据四川盆地土壤微量元素的丰缺状况、相对含量水平和地理分布特点等，四川盆地可划分为四个区域（图 6）：

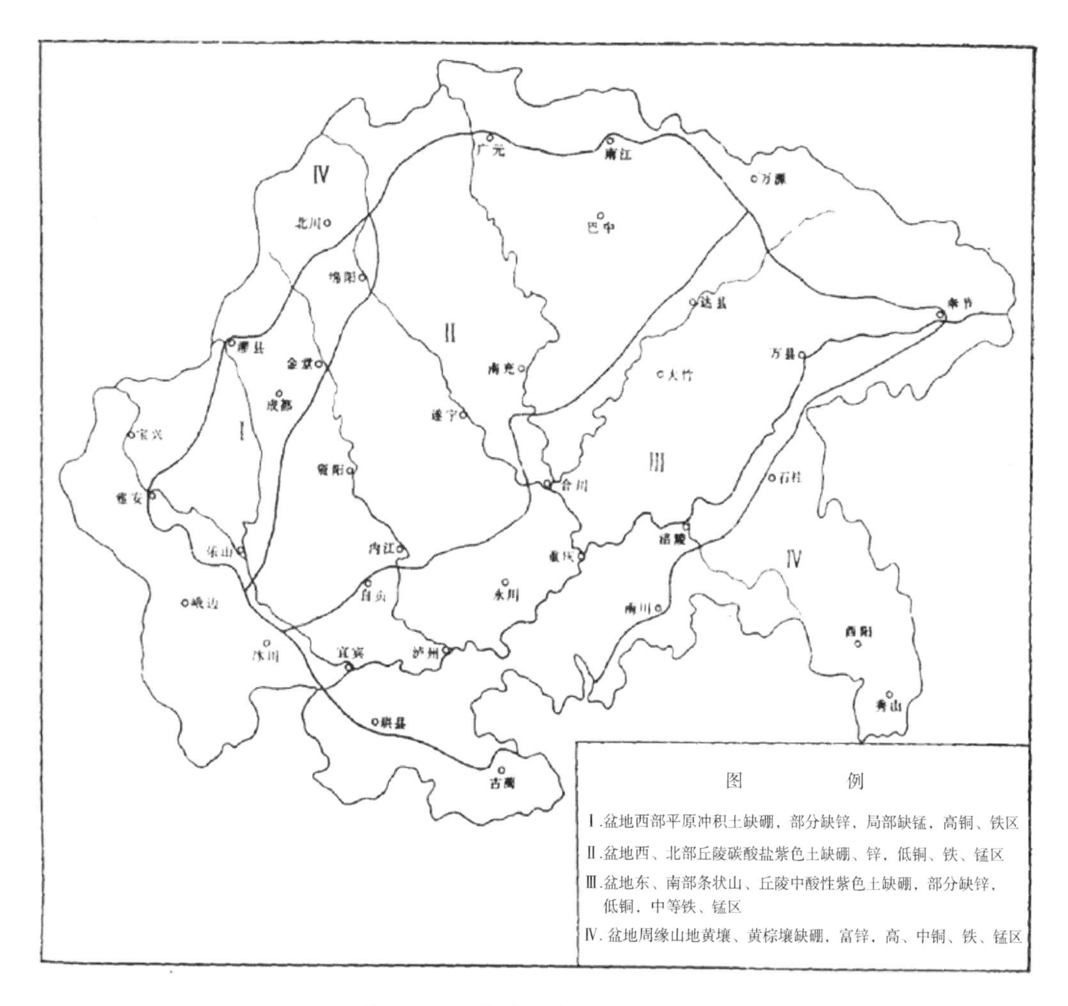

图 6 四川盆地土壤微量元素区划

（1）盆地西部平原冲积土缺硼，部分缺锌，局部缺锰，高铜、铁区。本区为岷江、沱江、涪江和青衣江冲积平原。土壤主要为现代冲积土，边缘部分有一些老冲积黄壤。本区的岷江冲积土，涪江冲积土和老冲积黄壤低于缺锌临界值的土壤比例都较高，特别在这些冲积土中的砂田、漕田、下湿田和冷浸田等有效态锌含量更低，屡见水稻、玉米出现缺锌症状；有效态硼含量除青衣江冲积土的部分土壤略超过缺硼临界值外，本区绝大部分的土壤都缺硼，油菜常出现缺硼症。有效态铜、铁的含量与四川盆地的其他地区比相对较高。本区土壤有效态锰的含量总的来说也是比较高的，但岷江冲积土的局部地段，如沿河分布的质地较粗的石灰性土壤，有效态锰的含量较低，偶见小麦缺锰症。因此，本区应对硼敏感的农作物，如油菜等普遍施用硼肥。在有效态锌含量较低，缺锌土壤比例较大的岷江冲积土，涪江冲积土和老冲积黄壤上种植的对锌敏感的玉米、水稻等农作物上使用锌肥，而在这些土壤中，施锌的重点又是砂田、漕田、下湿田和冷浸田等。除了岷江冲积土河流沿岸局部缺锰的冲积砂土在小麦上应施用锰肥外，本区基本上可以不考虑推广使用铜、铁、锰肥。

（2）盆地西、北部丘陵碳酸盐紫色土缺硼、锌，低铜、铁、锰区。本区范围大致在华蓥山以西，龙泉山以东，内江、自贡以北，广元、南江以南。土壤主要为碳酸盐紫色土。碳酸盐紫色土有效态锌含量在四川盆地土壤中是最低的，缺锌土壤的比例也最大，玉米和水稻经常出现严重的缺锌症状。本区土壤有效态硼的含量也很低，常见油菜出现缺硼症状。因此，本区应普遍在油菜、棉花上施用硼肥；在玉米、水稻及柑橘、桃、梨等对锌敏感的农作物和水果上普遍施用锌肥。本区土壤有效态铜、铁、锰的含量与四川盆地其他区域相比虽然相对较低，但低于缺乏这些元素的临界值的土壤的比例依然很小，因此，也不宜在本区普遍推广使用铜、铁、锰肥。

（3）盆地东、南部条状山、丘陵中酸性紫色土缺硼，部分缺锌，低铜，中等铁、锰区。本区的范围大致在华蓥山以东，内江、自贡以南，珙县、南川以北。土壤主要为中性紫色土和酸性紫色土，条状山的中、上坡为砂岩黄壤和灰岩黄壤。本区的土壤都缺硼，其中砂岩黄壤和灰岩黄壤有效态硼的含量更是特别低，可以在本区对硼敏感的农作物和水果上普遍推广使用硼肥。中性紫色土、酸性紫色土有效态锌的含量较低，低于缺锌临界值的土壤的比例也较大，玉米和水稻的缺锌现象时常发现，可以较为普遍的施用锌肥。中性紫色土中地形部位低而排水不良的下湿田、冷浸田、冬水田以及质地粗、肥力低的土壤有效态锌的含量更低，是本区施用锌肥的重点土壤。本区土壤有效态铁、锰的含量在四川盆地属中等水平，低于缺乏临界值的土壤比例甚低。酸性紫色土有效态铜平均含量在四川盆地的各种土壤中是最低的，但比缺铜临界值仍高得多，低于缺铜临界值的土壤的比例也甚小。其他土壤也基本上不缺铜。因此，本区也可不考虑推广使用铜、铁、锰肥。

（4）盆地周缘山地黄壤、黄棕壤缺硼，富锌，高、中铜、铁、锰区。本区包括整个盆地周缘山地。主要土壤为各种黄壤、黄棕壤和棕壤。本区土壤有效态硼含量都低，皆为缺硼土壤，可以在油菜等农作物上施用硼肥。本区土壤有效态锌的含量较高，各种土壤低于缺锌临界值的比例都小，是四川盆地土壤供锌较为富足的区域，不必普遍推广使用锌肥。本区土壤铜、铁、锰的含量也普遍较高，可能出现缺乏铜、铁、锰的土壤是非常少的，因此，也不需要在本区推广使用铜、铁、锰肥。

参考文献①

[1] 吴兆明. 微量元素生理作用的研究现状 [C] //《中国科学院微量元素学术交流会汇刊》编辑小组. 中国科学院微量元素学术交流会汇刊. 北京：科学出版社，1980：1－15。

[2] 刘铮. 土壤中的微量元素：微量元素的土壤化学 [C] //《中国科学院微量元素学术交流会汇刊》编辑小组. 中国科学院微量元素学术交流会汇刊. 北京：科学出版社，1980：23－35.

[3] 刘铮，等. 土壤中的锌与锌肥的应用 [C] //《中国科学院微量元素学术交流会汇刊》编辑小组. 中国科学院微量元素学术交流会汇刊. 北京：科学出版社，1980：154－161.

[4] 中国科学院南京土壤微量元素组. 土壤和植物中微量元素分析方法 [M]. 北京：科学出版社，1979.

[5] GANGWA M S，Chandra S K. Estimation of critical limit of zinc in rice soils [J]. Communications in soil science and plant analysis，1976，6 (6)：641－654.

[6] 温琰茂，等. 四川主要土类的锌与施锌效益分区初步研究 [C] //《中国科学院微量元素学术交流会汇刊》编辑小组. 中国科学院微量元素学术交流会汇刊. 北京：科学出版社，1980：169－171.

[7] 杉山，等. 环境污染治理译文集 [M]. 1980：60－70.

[8] 中国科学院南京土壤研究所. 土壤农化 [M]. 1976：6－29.

① 本文集所收集的论文部分发表于20世纪80年代。当时很多老期刊才复刊，对参考文献的要求不统一，且有些文献采用的是内部资料。由于时间久远，很难按现在的出版要求把相关著录项目补充完善。因此，对此情况，本文集保留原样。后同。

四川粮食、蔬菜中锌、铜、铁、锰的含量*

锌、铜、铁、锰是与人和动物的生命活动密切相关的微量元素。当这些元素过量时，人与动物会中毒；但这些元素缺乏时，也会引起人和动物发生相关疾病。人与动物所需要的锌、铜、铁、锰主要来源于食物和饲料。粮食和蔬菜是人的食物和动物的饲料的重要组分。因此，测定粮食、蔬菜中的锌、铜、铁、锰的含量对研究人和动物的微量元素营养有着重要的意义。

锌、铜、铁、锰也是植物生长发育必不可少的微量养分。近年来，随着科学研究的深入和发展，在缺乏这些微量元素的土壤上，已开始使用微量元素肥料，以促进农作物的增产和品质的提高。在1977年四川开始进行微量元素肥料的研究和推广使用之前，为了研究四川粮食、蔬菜微量元素含量的背景值，衡量推广使用微量元素肥料后对粮食、蔬菜微量元素含量的影响，以及为研究人和动物的微量元素营养积累资料，我们在四川各地采集了一些粮食和蔬菜的样品，测定了这些样品中的一些微量元素的含量。现将研究结果报道如下。

1　样品与方法

供研究的142个样品采自四川盆地的石柱、大竹、巴中、盐亭、剑阁、南部、峨眉、什邡、自贡和川西南安宁河谷的西昌、德昌、冕宁、喜德等13个县、市70余个采样点。这些样品的种植土壤分属于碳酸盐紫色主、中性紫色土、灰岩黄壤、砂岩黄壤以及安宁河冲积—洪积土。这几种土壤皆为分布广泛的重要耕作土壤。稻米、玉米和小麦是四川主要的粮食品种。马铃薯在四川大多数地方是粮菜兼用的作物。莴苣是四川分布最广，几乎一年四季均有出产的蔬菜品种。所有的样品均采自生产队。

供分析的稻米为稻谷用硬质木板和木棍脱壳后的糙米，玉米、小麦为原粮。

粮食样品采回来后用自来水洗净，再用脱离子水冲洗三次，然后放入60 ℃的烘箱中烘4～8 h。烘干的样品放置在硬质磨口瓶中备用。

蔬菜样品采回来后用自来水洗净，再用脱离子水冲洗三次，置入105 ℃鼓风烘箱中烘10～30 min，然后在洁净处晾干。晾干的样品再置入干净的白布袋中，在60 ℃的烘箱中

---

* 原载：《生态学杂志》1985年第1期，作者：温琰茂、成延鏊、杨定国、金爱珍、殷义高、高岚。基金项目：四川省重大科技项目“四川省土壤微量元素含量分布和微量元素肥料推广试验研究”，中共中央北方地方病防治领导小组办公室科研项目“编制我国地方病图（以克山病为主）和水土病因（环境病因）研究”。

烘 4 ～8 h。样品烘干后放在干净的塑料袋中揉碎，置入硬质磨口瓶中备用。

进行样品的微量元素测定时，将研磨后通过 0.5 mm 筛孔的烘干样品在 550 ℃的高温下灰化，然后用 1∶1 的盐酸溶解，用原子吸收分光光度计测定。

本文所引用的土壤有效态锌的含量是用提取剂 DTPA 提取，原子吸收分光光度计测定[1]的数据。样品中微量元素的含量一律按样品的烘干重计算。

2 结 果

2.1 稻米

稻米锌的含量范围为 22.0×10^{-6}～70.7×10^{-6}，平均含量为 36.0×10^{-6}。其中以砂岩黄壤上的稻米平均含锌量最高（44.7×10^{-6}），碳酸盐紫色土上的平均含锌量最低（33.6×10^{-6}）。

铜在稻米中的含量范围 3.0×10^{-6}～8.8×10^{-6}，平均为 5.5×10^{-6}。含量最低的是灰岩黄壤上的稻米，平均为 4.6×10^{-6}；碳酸盐紫色土和砂岩黄壤上的稻米含铜量都是 6.0×10^{-6}，是最高的。

铁在稻米中的含量范围 8.0×10^{-6}～59.0×10^{-6}，变幅比较大，平均含量为 14.3×10^{-6}。中性紫色土上的稻米含铁最多，平均含量为 18.0×10^{-6}；安宁河冲积—洪积土上的稻米含铁量最低，平均为 11.1×10^{-6}。

稻米中的锰平均含量为 16.2×10^{-6}，含量范围 8.1×10^{-6}～38.5×10^{-6}。含锰量最高的是砂岩黄壤上的稻米，平均 27.7×10^{-6}；而灰岩黄壤上的稻米含锰量最低，平均只有 11.4×10^{-6}。

2.2 玉米

玉米的锌含量范围 13.1×10^{-6}～41.0×10^{-6}，平均为 29.9×10^{-6}。各种土壤上的玉米锌含量差异不大，含量最高的灰岩黄壤上的玉米（平均含量为 33.5×10^{-6}）比含量最低的中性紫色土上的玉米（平均含量 28.9×10^{-6}）也只差 4.6×10^{-6}。

铜在玉米中含量范围是 2.7×10^{-6}～5.9×10^{-6}，平均含量 4.0×10^{-6}。安宁河冲积—洪积土上的玉米含铜量最低，平均为 3.4×10^{-6}，含铜量最高的是中性紫色土上的玉米，平均为 5.1×10^{-6}。

铁在玉米中的含量平均为 23.7×10^{-6}，含量范围 14.0×10^{-6}～43.7×10^{-6}。含铁最高的是灰岩黄壤上的玉米，平均为 32.3×10^{-6}，含量最低的是中性紫色土上的玉米，平均 21.0×10^{-6}

锰在玉米中的含量范围是 4.4×10^{-6}～8.3×10^{-6}，平均为 6.4×10^{-6}。碳酸盐紫色土上的玉米含锰量较高，平均 6.8×10^{-6}；而灰岩黄壤上玉米的锰含量最低，平均为 5.5×10^{-6}。

2.3　小麦

四川小麦的含锌量平均为 39.3×10^{-6}，含量范围 27.0×10^{-6}～52.5×10^{-6}。各种土壤上的小麦锌含量的差异不算大，含量最高的为砂岩黄壤上小麦，平均含锌量为 44.3×10^{-6}；安宁河冲积—洪积土上的小麦含锌量最低，平均为 37.4×10^{-6}。

铜在小麦中的平均含量为 8.3×10^{-6}，含量范围 6.1×10^{-6}～9.6×10^{-6}。四种土壤上的小麦的平均含铜量都比较接近，最高的是中性紫色土上的小麦，平均含量 8.8×10^{-6}，最低的是砂岩黄壤小麦，平均含量 7.9×10^{-6}。

小麦中铁的含量范围为 29.5×10^{-6}～125.0×10^{-6}，平均为 71.3×10^{-6}。砂岩黄壤上的小麦含铁量最高，平均达 109.8×10^{-6}，安宁河冲积—洪积土上的小麦含铁量最低，平均为 67.7×10^{-6}。

锰在小麦中含量范围是 26.5×10^{-6}～72.0×10^{-6}，平均为 37.7×10^{-6}。中性紫色土上的小麦含锰量最高，为 45.5×10^{-6}，安宁河冲积一洪积土上的小麦含锰量最低，为 34.9×10^{-6}。

2.4　马铃薯、莴苣

马铃薯锌的含量范围为 18.8～30.2×10^{-6}，平均为 23.9×10^{-6}。铜的平均含量为 5.9×10^{-6}，含量范围 4.9×10^{-6}～7.8×10^{-6}。铁的平均含量为 114.1×10^{-6}，含量范围 64.0×10^{-6}～230.0×10^{-6}。锰的平均含量为 7.7×10^{-6}，含量范围为 5.5～14.2×10^{-6}。

四川莴苣中锌、铜、铁、锰的平均含量分别为 70.1×10^{-6}、16.5×10^{-6}、449.0×10^{-6}、272.5×10^{-6}。

四川稻米、玉米、小麦、马铃薯和莴苣的锌、铜、铁、锰的含量详见表1。

表 1　四川粮食、蔬菜微量元素的含量

单位：$\times 10^{-6}$

种类	土壤	样品数量	锌（Zn）			铜（Cu）			铁（Fe）			锰（Mn）		
			R	$\bar{x}$	SD	R	$\bar{x}$	SD	R	$\bar{x}$	SD	R	$\bar{x}$	SD
稻米	碳酸盐紫色土	17	23.5 ～ 58.2	33.6	7.9	3.0 ～ 8.8	6.0	1.6	8.0 ～ 26.0	14.7	5.4	8.1 ～ 22.9	13.6	3.5
	中性紫色土	14	24.0 ～ 66.5	37.1	13.4	3.4 ～ 8.5	5.9	1.7	10.5 ～ 59.0	18.0	12.4	10.4 ～ 32.2	17.5	6.6
	灰岩黄壤	2	42.0 ～ 47.2	44.6	3.7	4.0 ～ 5.2	4.6	0.8	12.1 ～ 14.6	13.4	1.8	9.8 ～ 13.0	11.4	2.3
	砂岩黄壤	4	41.0 ～ 53.4	44.7	5.9	5.0 ～ 7.5	6.0	1.1	12.0 ～ 20.5	16.1	3.8	16.7 ～ 38.5	27.7	9.2
	安宁河冲积—洪积土	19	22.0 ～ 70.7	34.5	10.7	3.5 ～ 7.2	4.9	1.2	8.4 ～ 13.5	11.1	1.8	11.5 ～ 28.0	15.6	4.5
	小计	56	22.0 ～ 70.7	36.0	10.5	3.0 ～ 8.8	5.5	1.5	8.0 ～ 59.0	14.3	7.4	8.1 ～ 38.5	16.2	6.2
玉米	碳酸盐紫色土	24	13.1 ～ 36.5	29.5	4.6	2.7 ～ 5.5	3.9	0.7	15.0 ～ 43.7	24.3	7.5	5.0 ～ 8.3	6.8	1.1
	中性紫色土	7	26.3 ～ 34.0	28.9	2.5	3.7 ～ 5.9	5.1	0.7	14.0 ～ 29.0	21.0	4.9	5.3 ～ 6.4	5.8	0.5
	灰岩黄壤	2	29.5 ～ 37.5	33.5	5.7	4.8 ～ 5.2	5.0	0.3	21.5 ～ 43.0	32.3	15.2	5.1 ～ 6.0	5.5	0.7
	安宁河冲积—洪积土	7	24.0 ～ 41.0	31.1	6.6	2.8 ～ 4.3	3.4	0.5	17.0 ～ 26.5	21.9	3.2	4.4 ～ 6.5	5.8	0.8
	小计	40	13.1 ～ 41.0	29.9	4.7	2.7 ～ 5.9	4.0	0.9	14.0 ～ 43.7	23.7	7.1	4.4 ～ 8.3	6.4	1.1
小麦	碳酸盐紫色土	10	28.2 ～ 48.0	38.9	5.2	6.5 ～ 9.6	8.0	0.9	29.5 ～ 115.0	68.5	23.4	31.4 ～ 46.0	36.6	4.1
	中性紫色土	7	34.0 ～ 49.5	42.4	5.9	8.0 ～ 9.6	8.8	0.7	55.0 ～ 100.0	71.6	20.1	30.0 ～ 72.0	45.5	13.2
	砂岩黄壤	2	41.0 ～ 47.5	44.3	4.6	7.9 ～ 8.0	7.9	0.1	104.0 ～ 115.5	109.8	8.1	34.6 ～ 37.8	36.2	2.3
	安宁河冲积—洪积土	14	27.0 ～ 52.5	37.4	5.9	6.1 ～ 9.6	8.3	1.0	37.5 ～ 125.0	67.7	22.9	26.5 ～ 54.0	34.9	7.6
	小计	33	27.0 ～ 52.5	39.3	5.9	6.1 ～ 9.6	8.3	0.9	29.5 ～ 125.0	71.3	23.4	26.5 ～ 72.0	37.7	8.9
马铃薯		9	18.8 ～ 30.2	23.9	3.8	4.9 ～ 7.8	5.9	1.0	64.0 ～ 230.0	114.1	61.3	5.5 ～ 14.2	7.7	2.7
莴　苣		4	61.0 ～ 77.4	70.1	7.9	12.8 ～ 18.6	16.5	2.6	346.0 ～ 512.0	449.0	76.5	220.0 ～ 430.0	272.5	105.0

说明：R——含量范围，$\bar{x}$——平均含量，SD——标准差。

3　分析和讨论

3.1　粮食、蔬菜中微量元素的含量与土壤微量元素的含量有关

在通常的情况下，粮食、蔬菜中的微量元素基本上来源于土壤。土壤中微量元素的含量水平，特别是有效态微量元素的含量水平对粮食、蔬菜中微量元素的含量有直接的影响。从图1中所表现出来的四川稻米的锌含量与土壤有效态锌含量的关系证实了这一点。然而，这种关系有时也会被某些干扰因素所掩盖。例如，当土壤磷的含量过高时，农作物中的锌含量就会降低，因为过多的磷会阻碍作物对锌的吸收、利用和运转[2]。在这种情况下，土壤中即使存在较多的锌，作物仍可能出现缺锌症状，其植株体内的籽实中锌的含量仍然会处于比较低的水平。同类农作物不同品种之间对微量元素的需求也不完全一样，这种需求的差异也会引起农作物从土壤中吸收利用微量元素有所不同，而最终导致农产品的微量元素含量存在一定的差别。

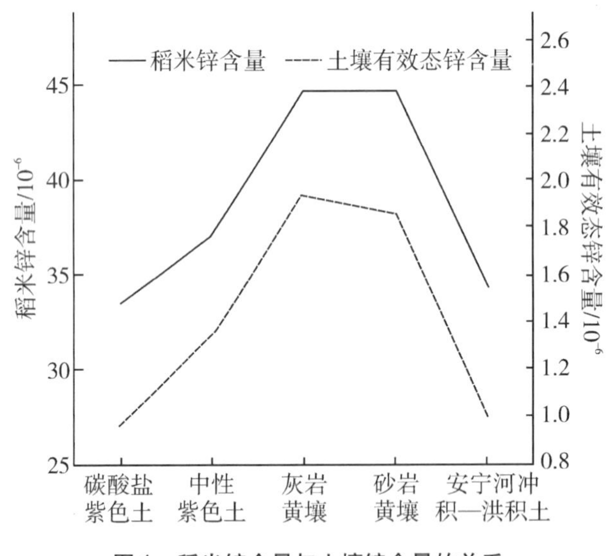

图1　稻米锌含量与土壤锌含量的关系

3.2　粮食、蔬菜对锌、铜、铁、锰的吸收随种类的不同而异

植物体中的锌、铜、铁、锰是维持植物生长发育和繁衍后代不可缺少的微量营养元素。这些微量营养元素是植物体中酶和辅酶的组成成分，各自有很强的专一性。[3]然而，各种植物的生理特性和维持其生命活动的新陈代谢过程并不相同，参与其生命活动的酶和辅酶的种类和数量也不相同。因此，植物对作为其体内酶和辅酶的组成成分的微量元素的

需要也存在差异。这就是植物对各种微量元素的吸收并不都遵循一个模式的原因。

四川各种粮食和蔬菜的锌、铜、铁、锰的含量系列如下：

稻米：锌 >锰 >铁 >铜；

玉米：锌 >铁 >锰 >铜；

小麦：铁 >锌 >锰 >铜；

马铃薯：铁 >锌 >锰 >铜；

莴苣：铁 >锰 >锌 >铜。

从上述的系列可以看出，大多数不同的粮菜品种的各个元素之间的比例关系是大不相同的。这种差别体现了不同的植物种类对锌、铜、铁、锰的需要和吸收利用的个性。

3.3 不同土壤上的同种作物对锌、铜、铁、锰的吸收系列大体相同

四川不同土壤上生产的玉米的锌、铜、铁、锰的含量系列如下：

碳酸盐紫色土：锌 >铁 >锰 >铜；

中性紫色土：锌 >铁 >锰 >铜；

灰岩黄壤：锌 >铁 >锰 >铜；

安宁河冲积—洪积土：锌 >铁 >锰 >铜。

从上面的系列可以看出，四川几种不同土壤上的玉米的锌、铜、铁、锰的含量系列是完全相同的。四川几种土壤上的水稻、小麦的锌、铜、铁、锰的含量系列也十分相似。由此可见，一种作物对微量元素的吸收可能会随土壤微量元素的含量，特别是微量元素的有效含量而异；但在通常的情况下，其体内各种微量元素之间仍会基本上保持其固有的平衡和比例状态。这是植物本身根据自身生长发育的需要主动地调节对各微量元素吸收平衡的个性的反映。

3.4 小麦含有较丰富的微量元素

从图 2 中可看出，在四川三种主要粮食中，小麦的锌、铜、铁、锰的含量都是最高的。这表明小麦是这些微量元素比较富集的粮食品种。从微量元素的营养角度出发来评价这三种粮食，无疑小麦是最好的，它可供给人们较为丰富的、人体所必需的锌、铜、铁、锰。

从图 2 中还可以看出，玉米的微量元素含量，不论是锌、铜还是铁、锰，都是这三种粮食中最低的。而稻米基本上介于小麦与玉米之间。

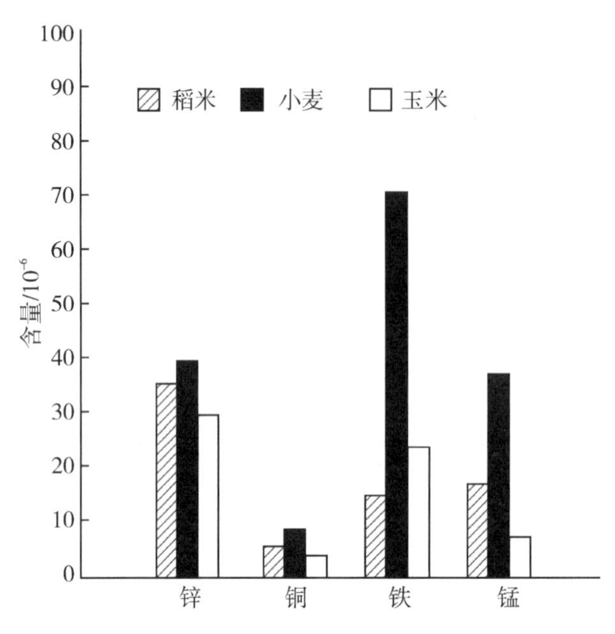

图2　稻米、小麦、玉米微量元素含量比较

3.5　蔬菜作为人体的微量营养元素的来源之一不可忽视

从马铃薯和莴苣的锌、铜、铁、锰的含量可以看出，铁在马铃薯中是比较富集的，锰和铁在莴苣中的含量也很高。由此可见，蔬菜不仅供给人们以丰富的维生素、纤维素，而且也供给人们为数可观的微量营养元素，以保证人体正常地生长发育、繁衍后代之需。本研究所用的马铃薯和莴苣是用制干样品，如折算为新鲜样品，某些微量元素的含量依然是很高的。如莴苣，按干、鲜比例为 1∶20 计算，鲜莴苣的铁、锰含量仍分别达 22.5×10^{-6} 和 13.6×10^{-6}。

3.6　施用微量元素后粮食中微量元素的含量增加

在缺乏微量元素的土壤上增施微量元素肥料不单可以增加农作物的产量，同时也可以增加农作物籽实中微量元素的含量。从表 2 中可以看出，稻米、玉米施锌后。其锌含量有明显的增加。

表 2　施用锌肥后粮食锌含量的变化

粮食种类	试验地点	试验单位	处理	锌含量 $/10^{-6}$	施锌后锌含量增加/%
稻米	四川峨眉符溪公社	四川省乐山地区农科所	施　锌	37.5	21.0
			未施锌	31.0	

续上表

粮食种类	试验地点	试验单位	处理	锌含量 $/10^{-6}$	施锌后锌含量增加/%
稻米	四川剑阁剑门公社	中国科学院成都地理所	施　锌	41.5	26.5
			未施锌	32.8	
玉米	四川剑阁剑门公社	中国科学院成都地理所	施　锌	32.5	41.3
			未施锌	23.0	

3.7 粮食经过加工以后其微量元素可大幅度降低

粮食的麸皮和胚芽部分常含有较丰富的微量元素，因此在加工时去掉麸皮和胚芽脱落会明显地降低微量元素的含量。例如，北美的硬麦经过碾磨后的白面含锌量为7.8 μg/g，原麦则为35 μg/g；澳大利亚软麦的原麦为16 μg/g，而加工后只剩下5 μg/g。由此可见，对人的微量元素的营养而言，加工精细的粮食并不比粗加工的粮食好。

参考文献

[1] 中国科学院南京土壤研究所微量元素组. 土壤和植物中微量元素分析方法 [M]. 北京：科学出版社，1979：390.
[2] Adriano D C, et al. [J]. Agrono., 1971, 63：36－39.
[3] 刘铮. 土壤中的微量元素：微量元素的土壤化学 [C] //《中国科学院微量元素学术交流会汇刊》编辑小组. 中国科学院微量元素学术交流会汇刊. 北京：科学出版社，1980：23.
[4] 陈学存，陈孝曙，陈君石. 人体营养的微量元素（一）（世界卫生组织专家委员会的报告）[J]. 国外医学参考资料（卫生学分册），1974（1）：320.

中国东部石灰岩土壤元素含量分异规律研究*

中国石灰岩（包括其他碳酸盐岩类）分布面积 200×10^4 km^2[1]，约占全国国土面积的1/5，因此，石灰岩发育的土壤是广泛分布的。石灰岩土壤的成土过程比较特殊，化学风化是主要过程，即含有 CO_2 的水对岩石的溶解和溶蚀。在石灰岩的成土过程中，岩石的矿物、化学组成，岩层产状和构造等对土壤元素组成、迁移、累积有重要影响，但生物、气候等地带性因素也产生重要作用。国内一些学者曾对我国石灰岩土壤的性质和化学组成做过研究[2-9]，但主要局限在亚热带、热带区域，元素也以常量元素为主。本文拟通过对中国东部石灰岩土壤有代表性的常量和微量元素含量的测定，探讨石灰岩土壤元素的分异规律，及地带性成土因素对土壤元素迁移、累积的影响。

1　土壤类型和性质

本研究采集了28个石灰岩土壤的土壤剖面，其中东北地区3个，华北地区4个，长江中、下游3个，广东、广西、湖南及贵州东南部18个。按照我国目前土壤分类系统[10]，采自贵州东南部、广西的土壤属于石灰岩土的棕色石灰土亚类；采自湖南南部和广东的属于石灰岩土的红色石灰土亚类；在东北、华北和长江中、下游石灰岩发育的土壤没有归入石灰岩土，而是分到其他土类中去。因此，我们按照土壤形成的生物、气候特点，把在东北采集的3个石灰岩土壤归入棕壤，华北4个土壤为褐土，长江中、下游3个土壤为黄棕壤。

棕壤是暖温带湿润地区的淋溶土；褐土是暖温带半湿润、半干旱地区的半淋溶土；黄棕壤为北亚热带湿润地区的淋溶土；红色石灰土是发育在热带、亚热带湿热条件下的石灰岩土；棕色石灰土是发育在亚热带湿热条件下的土壤，但降雨量比形成红色石灰土的地区少，干湿交替也更明显。可见这五类土壤形成的水热条件是存在明显差异的。

各类石灰岩发育的土壤有机质含量、pH值、黏粒含量具有明显的分异规律（表1）。褐土有机质含量最低，棕壤含量最高，含量顺序为：棕壤 ＞黄棕壤 ＞红色石灰土 ＞棕色石灰土 ＞褐土；土壤 pH 值顺序为：棕壤 ＞褐土 ＞黄棕壤 ＞红色石灰土 ＞棕色石灰土，基本上随纬度降低而降低；但黏粒含量的变化规律则基本上与 pH 值相反，是随纬度的降低而升高，顺序为棕色石灰土 ＞红色石灰土 ＞黄棕壤 ＞棕壤 ＞褐土。结果表明，石灰

* 原载：《地理科学》1994 年第 14 卷第 1 期，作者：温琰茂、曾水泉、潘树荣、罗毓珍。基金项目：“七五”国家重点科技攻关专题“全国土壤环境背景值调查研究”的子课题。

岩发育土壤的有机质累积、酸度变化和黏化程度与水热条件的关系是符合基本规律的，即凉湿条件有利于有机质积累，湿热条件有利于土壤酸化与黏化。

表1　中国东部石灰岩发育土壤的性状

土壤类型	样品数（n）	pH		有机质/%		黏粒（<0.001 mm）/%	
		$\bar{x}$	SD	$\bar{x}$	SD	$\bar{x}$	SD
棕壤	3	6.90	0.21	8.38	7.71	12.9	4.83
褐土	4	6.52	0.30	2.94	2.17	12.3	7.12
黄棕壤	3	5.94	0.17	4.83	1.12	16.9	2.01
棕色石灰土	8	4.94	0.33	3.00	1.28	28.9	8.29
红色石灰土	10	4.99	0.42	4.04	1.76	26.5	5.25
合计	28	5.51	0.84	4.14	1.65	22.7	9.02
全国土壤平均		6.70	1.48	3.10	3.30	17.6	11.7

说明：$\bar{x}$——平均值，SD——标准差。下同。

2　土壤元素含量分异

2.1　土壤元素含量分异规律

（1）钙、镁。中国东部石灰岩发育，土壤钙、镁平均含量分别为0.925%和0.604%，比全国土壤钙、镁平均含量1.54%和0.78%低[11]。通常石灰岩发育土壤的钙、镁含量是比较高的，但本研究的土壤样品除褐土外，皆采自湿润地区，且多数又采自长江以南的高温多雨的地区，土壤淋溶作用强烈，钙、镁残留很少。从表2、图1看出，从东北、华北的棕壤、褐土到南方的棕色石灰土、红色石灰土，钙、镁含量明显降低，这是降水自北向南增加，钙、镁淋溶加剧的结果。

表2　中国东部石灰岩发育土壤（A层）元素含量

土壤类型		棕壤	褐土	黄棕壤	棕色石灰土	红色石灰土	总平均	全国土壤平均
样品数（n）		3	4	3	8	10		
钙（Ca）	$\bar{x}$	1.84	3.28	0.965	0.232	0.252	0.925	1.54
	SD	0.21	2.23	0.562	0.283	0.187	1.35	1.63
镁（Mg）	$\bar{x}$	1.09	1.02	0.723	0.384	0.430	0.604	0.78
	SD	0.699	0.174	0.583	0.303	0.297	0.445	0.433

续上表

土壤类型		棕壤	褐土	黄棕壤	棕色石灰土	红色石灰土	总平均	全国土壤平均
样品数（n）		3	4	3	8	10		
铁（Fe）	$\bar{x}$	3.55	3.54	4.19	5.20	5.21	4.68	2.94
	SD	0.805	0.65	1.30	3.07	2.22	2.01	0.948
铝（Al）	$\bar{x}$	7.19	6.82	6.74	8.02	8.81	7.62	6.62
	SD	1.70	1.21	2.16	4.20	2.22	2.69	1.63
锌（Zn）	$\bar{x}$	59.0	58.1	78.9	128	140	109	74.2
	SD	5.33	8.95	41.8	133	106	100	32.8
铅（Pb）	$\bar{x}$	24.3	39.4	56.1	39.7	45.0	41.6	26
	SD	5.43	15.3	21.3	31.1	27.5	25	12.4
镉（Cd）	$\bar{x}$	0.265	0.098	0.731	0.649	0.740	0.570	0.097
	SD	0.245	0.025	0.438	0.791	1.21	0.854	0.079
汞（Hg）	$\bar{x}$	0.186	0.048	0.172	0.154	0.116	0.131	0.065
	SD	0.203	0.024	0.148	0.119	0.072	0.109	0.08

说明：钙、镁、铁、铝的含量单位为%，锌、铅、镉、汞的含量单位为 mg/kg。

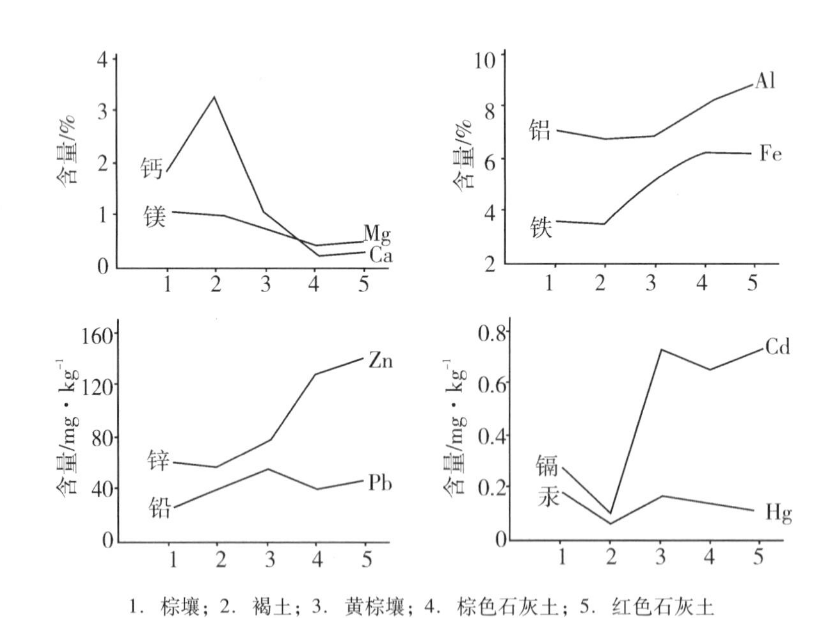

1. 棕壤；2. 褐土；3. 黄棕壤；4. 棕色石灰土；5. 红色石灰土

图 1　中国东部石灰岩土壤元素分布趋势

（2）铁、铝。石灰岩发育土壤铁的平均含量为 4.68%，比全国土壤铁的平均含量 2.94%[11] 高得多。从北方到南方，石灰岩土壤铁含量明显升高，但棕壤与褐土之间以及棕色石灰土与红色石灰土之间铁含量差异不甚明显（表 2、图 1）。土壤铝的平均含量为

7.62%，比全国土壤铝的平均含量6.62%高一些。土壤铝含量由北而南升高的规律不如铁明显，从棕壤→褐土→黄棕壤，铝含量稍有降低，但红色石灰土与棕色石灰土铝含量则明显高于上述三种土壤（表2、图1）。

（3）锌、铅、镉、汞。石灰岩土壤锌的平均含量为109 mg/kg，比全国土壤平均含量74.2 mg/kg高。[11]棕壤与褐土锌含量低，红色石灰土含量最高，从北向南有明显的升高趋势。土壤铅的平均含量为41.6 mg/kg，比全国土壤铅的平均含量26 mg/kg高。[11]南方石灰岩土壤铅含量比北方石灰岩土高，但分异规律不如锌好，棕壤铅含量最低，黄棕壤最高。石灰岩土镉的含量为0.57 mg/kg，比全国土壤镉的平均含量0.097 mg/kg高得多。分布在南方的黄棕壤、棕色石灰土和红色石灰土中镉的含量比北方的棕壤、褐土高得多。汞在各种石灰岩土壤中分异规律不明显，棕壤最高，褐土最低。石灰岩土壤汞的平均含量为0.131 mg/kg，比全国土壤汞的平均含量0.065 mg/kg[11]高1倍。石灰岩土壤锌、铅、镉、汞的含量及分异状况见表2、图1。

2.2 石灰岩土壤元素含量分异与地带性成土因素的关系

为了探讨土壤元素含量对地带性因素的响应及其与地带性成土因素影响密切相关的土壤有机质积累、酸化、黏化过程的关系，本文对土壤元素含量与有机质含量、pH值、黏粒含量的关系进行了相关分析。结果表明：石灰岩发育土壤的钙、镁含量与土壤有机质含量呈正相关关系，铁、铝、锌、铅、镉、汞含量与有机质呈负相关关系，但都不显著，$p>0.05$。土壤钙、镁含量与pH值呈极显著的正相关关系，$p<0.01$；铁、锌、镉与pH值呈极显著的负相关关系，$p<0.01$；铝与pH值有显著的负相关关系，$p<0.05$；铅、汞与pH值也呈负相关关系，但不显著，$p>0.05$。土壤钙、镁与土壤黏粒含量呈极显著的负相关关系，$p<0.01$；铁、铝、锌、铅、镉、汞与土壤黏粒含量呈极显著的正相关关系，$p<0.01$（表3）。

表3　石灰岩发育土壤元素含量与土壤性状的关系

土壤性状		钙	镁	铁	铝	锌	铅	镉	汞
pH值	r	0.769	0.962	−0.678	−0.539	−0.909	−0.485	−0.702	−0.362
	p	<0.01	<0.01	<0.01	<0.05	<0.01	>0.05	>0.01	>0.05
有机质	r	0.148	0.083	−0.357	−0.446	−0.242	−0.305	−0.035	−0.123
	p	>0.05	>0.05	>0.05	>0.05	>0.05	>0.05	>0.05	>0.05
黏粒<0.001 mm	r	−0.648	−0.796	0.870	0.780	0.953	0.511	0.515	0.496
	p	<0.01	<0.01	<0.01	<0.01	<0.01	<0.05	<0.05	<0.05

说明：r为相关系数，p为显著水平。

上述相关分析结果表明石灰岩发育的土壤在成土过程中元素的分异与土壤有机质的累积过程无明显的相关关系，但与土壤黏化过程的关系非常密切。大多数元素的含量与土壤酸化过程也有密切的关系。土壤钙、镁在黏化和酸化过程中受到剧烈淋溶，含量迅速减少；铁、铝、锌、铅、镉、汞在土壤黏化过程中则淋失缓慢，处于相对累积状态，含量不断增加；铁、铝、锌、镉在土壤酸化过程中含量显著增加，处于明显的累积状态；但铅、汞在土壤酸化过程中累积不甚明显。

由此可见，随着降水和气温的增加、土壤酸化与黏化过程加深，石灰岩发育土壤元素的含量存在明显的分异，钙、镁含量迅速减少，铁、铝、锌、镉等含量明显增加。

2.3　成土条件的差异对石灰岩土壤元素迁移累积特征的影响

自然土壤中元素的主要来源是成土母岩、大气和火山烟雾等。对大多数的土壤来说，成土母岩是元素最主要的来源。母岩的元素组成是土壤发育过程中最初的背景含量。在土壤形成过程中，成土条件的差异引起的成土过程差异会对土壤元素迁移累积特征产生明显的影响，从而改变土壤元素的背景含量及其在剖面中的分布。中国东部石灰岩发育的土壤，由于纬度跨度大，地带性成土因素差异大，成土过程也不同。为了评价地带性成土因素对石灰岩土壤在母岩演变成土壤过程中元素迁移累积的影响，本文选择了成土条件反差大的褐土和红色石灰土进行比较。在中国东部各类石灰岩土壤中，处在温带半干旱、半湿润条件下的褐土的化学风化与淋溶是最弱的，而处在热带、亚热带湿润条件下的红色石灰土，化学风化与淋溶最为强烈。

表4列出了褐土和红色石灰土各发生层次和母岩的元素含量。从表中可见，各元素在两种土壤各发生层次间的含量差异不太明显，但土壤与母岩之间则有很大差异，而且各元素在土壤与母岩之间的差异程度也有所不同。这反映出从母岩发育成土壤过程中，各元素的迁移能力是不一样的。钙、镁从母岩发育成土壤过程中含量大大减少，钙减少的幅度又比镁大；铁、铝、锌、铅、镉、汞在母岩发育成土壤过程中含量则大为升高。

表4　褐土与红色石灰土元素含量与迁移累积系数比较

土壤类型		褐土					红色石灰土				
土层		A	B	C	$A+B+C$	D	A	B	C	$A+B+C$	D
钙（Ca）	$\bar{x}$	3.28	2.75	2.55	2.86	28.4	0.252	0.202	0.185	0.213	31.7
	K	0.12	0.10	0.09	0.10	1	0.008	0.006	0.006	0.007	1
镁（Mg）	$\bar{x}$	1.02	0.98	0.98	0.99	5.02	0.43	0.54	0.53	0.50	3.03
	K	0.20	0.20	0.20	0.20	1	0.14	0.18	0.17	0.16	1
铁（Fe）	$\bar{x}$	3.54	4.42	4.74	4.23	1.22	5.21	6.11	6.28	5.87	0.39
	K	2.90	3.62	3.89	3.47	1	13.2	15.5	15.9	14.9	1
铝（Al）	$\bar{x}$	6.82	7.82	8.28	7.64	1.49	8.81	9.18	8.87	8.95	0.88
	K	4.58	5.25	5.56	5.13	1	10.0	10.4	10.1	10.2	1
锌（Zn）	$\bar{x}$	58.1	59.5	61.3	59.6	21.0	140	179	172	164	8.27
	K	2.77	2.83	2.92	2.84	1	16.9	21.6	20.8	19.8	1

续上表

土壤类型 土层		褐土					红色石灰土				
		A	B	C	A+B+C	D	A	B	C	A+B+C	D
铅（Pb）	$\bar{x}$	39.4	45.3	48.2	44.3	43.1	45.0	48.7	45.6	46.4	25.4
	K	0.91	1.05	1.12	1.03	1	1.78	1.92	1.80	1.83	1
镉（Cd）	$\bar{x}$	0.098	0.091	0.062	0.084	0.013	0.74	0.619	0.744	0.701	0.055
	K	7.54	7.00	4.77	6.44	1	13.5	11.3	13.5	12.8	1
汞（Hg）	$\bar{x}$	0.048	0.056	0.041	0.048	0.04	0.116	0.205	0.235	0.185	0.01
	K	1.20	1.40	1.03	1.21	1	11.6	20.5	23.5	18.5	1

说明：$\bar{x}$ 为平均值，K 为迁移累积系数；含量单位：钙、镁、铁、铝单位为%，锌、铅、镉、汞单位为 mg/kg。

为了定量地比较褐土与红色石灰土元素迁移累积状况，对两种土壤各元素的迁移累积系数进行了计算，计算公式如下：

$$K = C_n/C_d。$$

式中：K 为迁移累积系数；C_n 为土层元素含量；C_d 为母岩元素含量。K 值小于 1 表示纯迁移，K 值大于 1 时表示相对积累。

计算结果（表4）表明，褐土与红色石灰土元素迁移累积状况有明显差异。钙、镁的 K 值在两种土壤中都小于 1，为纯迁移元素。褐土（A、B、C 三层平均，下同）钙的 K 值为 0.1，而红色石灰土为 0.007，相差十几倍，可见钙在成土过程中随温度升高和降水增加迁移能力大为增强。红色石灰土镁的 K 值也比褐土小，但差异不大，表明镁在成土过程中对水热条件的响应不如钙明显。铁、铝、锌、铅、镉、汞在两种土壤中的 K 值都大于 1，为相对累积元素。红色石灰土汞、锌、铁的 K 值为褐土的 4.3 ～ 15.3 倍，表明这些元素在成土过程中随温度与降水的增加相对累积的倾向明显增强。铅、铝、镉相对累积能力的增强对温度、降水增加的响应比汞、锌、铁差，这三个元素在红色石灰土中的 K 值仅为褐土的 1.8 ～ 2.0 倍。

3 结 论

中国东部石灰岩发育的土壤自北向南钙、镁含量迅速减少，铁、铝、锌、铅、镉、汞不断增加。

石灰岩土壤钙、镁含量与 pH 值呈极显著的正相关关系，铁、锌、镉与 pH 值呈极显著的负相关关系；土壤钙、镁含量与黏粒含量呈极显著的负相关关系，铁、铝、锌、铅、镉、汞与黏粒含量呈极显著的正相关关系。

随着自北向南温度升高、降水增加和土壤酸化、黏化过程的加深，石灰岩土壤的钙、镁迅速迁移，而铁、铝、铅、锌、镉、汞则相对累积。

参考文献

[1] 中国科学院地质研究所岩溶研究组. 中国岩溶研究 [M]. 北京：科学出版社，1973.
[2] 韦启璠，陈鸿昭，吴志东，等. 广西弄岗自然保护区石灰土的地球化学特征 [J]. 土壤学报，1983，20（1）：30－42.
[3] 张俊民，韦启璠. 广西百色与德保主要土类的生成环境与特性 [J]. 土壤通报，1958（3）：15－20.
[4] 赵其国. 昆明地区不同母质对土壤发育的影响 [J]. 土壤学报，1964，12（3）：253－265.
[5] 郁梦德. 粤北山地的土壤 [J]. 土壤通报，1960（6）：18－25.
[6] 黄瑞采，张俊民，赵其国，等. 云南昆洛公路沿线土壤地理考察报告 [J]. 土壤专报，1959（35）：1－52.
[7] 何金海，石华，白锦泉，等. 广西壮族自治区隆林、田林、凌乐、凤山、东兰五县土壤地理考察报告 [J]. 土壤专报，1959（35）：53－87.
[8] 贵州省农业厅，中国科学院南京土壤研究所. 贵州土壤 [M]. 贵阳：贵州人民出版社，1980：79－90.
[9] 龚子同，等. 华中亚热带土壤 [M]. 长沙：湖南科技出版社，1983：96－99.
[10] 席承藩. 土壤分类（中国大百科全书：地理学）[M]. 北京：中国大百科全书出版社，1990：423－425.
[11] 中国环境监测总站. 中国土壤元素背景值 [M]. 北京：中国环境科学出版社，1990：87－90.

四川紫色土区作物的锌营养问题*

紫色土在四川农业土壤中居于重要地位，约占总耕地面积的一半[1]，尤其在四川盆地部分，紫色土的分布极其广泛，盆中及盆周海拔800 m以下的丘陵低山一带，绝大部分为紫色土所覆盖。因此，紫色土与四川农业生产的关系十分密切。

紫色土的自然肥力多属中上等级[2]，然而，目前作物的产量水平还不高。生长在紫色土上的玉米等作物，已发现有缺锌症状。试验证明，施以锌肥可以纠正和避免发生失绿病症，获得增产。[3]因此，开展紫色土中微量元素锌的含量、形态、转化运动规律的研究，进行紫色土区作物锌营养水平的评价，探索改善作物锌营养状态以提高产量的途径，在理论和实践上都具有重要意义。

本文根据近年来对四川土壤微量元素的调查分析，和1977年在剑阁县剑门公社为结合预防克山病所进行的施锌试点中的有关研究，仅就四川紫色土中全锌与有效态锌的含量，玉米、水稻的锌营养状况，以及施锌后植株中锌的变动及其对其他元素的影响等予以阐述。

1　四川紫色土概述

紫色土主要分布于四川盆地海拔800 m以下的低山丘陵区，川西南山地河谷一带也有少量分布。盆地部分因开垦历史悠久，原有的自然植被亚热带常绿针阔叶混交林已逐步为农作物所代替，成为四川省的主要农业区。由于区内雨水较充沛而集中，且多坡地，侵蚀严重，土层浅薄，风化不深，紫色土实际上仍处于幼年发育阶段，无论在土壤颜色上，还是化学组成、化学性质上都受到母岩岩性的强烈影响与控制。

一般将紫色土分成碳酸盐紫色土、中性紫色土和酸性紫色土三个亚类。[4]按面积而论，前两者占有极大比例，后者所占面积较小。

碳酸盐紫色土大致分布于盆地西北部，即宣汉、岳池、潼南、大足、内江、资阳、井研一线西北，包括绵阳、南充地区的大部，内江、温江、达县地区的部分。主要是由侏罗系蓬莱镇组的棕红色泥岩、砂岩及遂宁组的砖红色泥岩、砂岩以及白垩系城墙岩群的砖红

---

* 原载《中国科学院微量元素学术交流会汇刊》，1980年，作者：成延鏊、温琰茂。参加此项工作的还有：仇伟、金爱珍、殷义高、邓瑞莲、贺振东，吕瑞康、吴桂椿等。基金项目：四川省重大科技项目“四川省土壤微量元素含量分布和微量元素肥料推广试验研究”，中共中央北方地方病防治领导小组办公室科研项目“编制我国地方病图（以克山病为主）和水土病因（环境病因）研究”。

色砂岩、砾岩发育而来。土壤多壤质，富含钙，有强烈的石灰反应，呈碱性—中性，pH值大多超过8，其肥力除粗骨质碳酸盐紫色土外，均属中上等。本分布区是四川的主要产棉区，粮食作物以玉米、红苕、水稻为主，土地利用上旱地占多数。盆地东北高丘低山一带也有一些由三叠系巴东组紫红色泥岩、砂岩发育的碳酸盐紫色土分布。

中性紫色土与碳酸盐紫色土相毗连，集中分布于盆地东南部分，包括重庆、达县、万县、涪陵等地市的部分县。成土母岩以侏罗系沙溪庙组以前的紫红色泥岩、砂岩及页岩为主。土壤中几无游离碳酸盐存在，无石灰反应，呈中性，pH 值为 7 左右。也富含磷钾，肥力中上等。水田占一半以上。粮食作物多水稻、玉米、麦类，经济作物中柑橘、甘蔗占有较大比例。

酸性紫色土分布于盆地南部与西南部边缘的丘陵低山区，包括宜宾、乐山、雅安地区的部分县市。系由白垩系嘉定群砖红色砂岩夹泥岩发育而来。土壤酸、瘦，pH 值多在 5 ~6 之间。旱地主产红苕、花生、麦类，水田目前多种中稻，经济作物以蔗、茶为主。

2　紫色土中锌的全量较高，有效态锌含量较低，对作物的供给量不足

尽管三种紫色土分别由不同时代的紫红色岩系发育而来，但由于这些岩系均属沉积岩类，就土壤的全锌量而言，不仅没有明显差异，甚至非常相近。从表 1 中可见，碳酸盐紫色土、中性紫色土和酸性紫色土全锌的平均含量分别为 104×10^{-6}、98×10^{-6} 和 98×10^{-6}，其范围值也很接近，均在 63×10^{-6} ~ 165×10^{-6}之间。三种紫色土的全锌含量与省内主要土类的平均含锌量 98×10^{-6}[5] 和国内土壤平均含锌量 100×10^{-6}[6] 基本一致，比世界土壤平均含锌量 50×10^{-6}[7] 高出近 1 倍。由此可见，紫色土中全锌含量是比较高的，然而其有效态锌却处于较低水平。

表 1　四川紫色土中锌的全量与有效态含量

单位：$\times10^{-6}$

土壤	pH 值	全锌	有效态锌	
			DTPA 浸提	HCl 浸提
碳酸盐紫色土	8.43 / 7.75 ~ 9.30	104 / 63 ~ 135	0.96 / 0.12 ~ 1.24	1.76 / 0.40 ~ 6.35
中性紫色土	7.02 / 6.20 ~ 8.35	98 / 73 ~ 145	0.89 / 0.30 ~ 1.78	2.52 / 0.45 ~ 5.05
酸性紫色土	5.73 / 4.80 ~ 7.20	98 / 85 ~ 120	1.27 / 0.54 ~ 1.72	2.85 / 0.45 ~ 5.45

说明：表中分子为平均值，分母为范围值。

众所周知，土壤中有效态锌含量的大小与土壤条件尤其是土壤酸碱度等关系密切，同

时也与选用的浸提剂种类有关。我们以 0.1*N* 盐酸与 0.005 *M* DTPA 溶液分别浸提土壤中的有效态锌，用原子吸收法测定其含量。盐酸浸提的有效态锌含量，碳酸盐紫色土、中性紫色土和酸性紫色土各为 1.76×10^{-6}、2.52×10^{-6} 和 2.85×10^{-6}；DTPA 浸提的相应含量为 0.96×10^{-6}、0.89×10^{-6} 和 1.27×10^{-6}（表 1）。可见，两种浸提方法所得结果均低于四川主要土类有效态锌的平均含量 3.99×10^{-6}（盐酸浸提）和 1.68×10^{-6}（DTPA 浸提）。[5] 盐酸浸提的有效态锌量虽比 DTPA 浸提的高出很多，但对这两者进行的相关计算表明，其相关系数 $r = 0.95$，存在高度正相关关系。实际上，无论用哪种试剂浸提的有效态锌含量在三种紫色土间的变化趋势是基本一致的，即碳酸盐紫色土和中性紫色土的测定值较低，酸性紫色土的稍高。显然，前两者的有效态锌含量较低，主要是受到酸碱度的影响。当土壤呈碱性或中性反应时，锌多呈氢氧化锌沉淀存在，而降低了锌的有效性。对于碳酸盐紫色土，还由于游离碳酸盐颗粒对锌的吸附固定，往往使这类土壤的有效态锌含量低于土壤缺锌临界值。

土壤缺锌临界值因植物的种类、土壤理化性质及浸提剂的不同而异。一般认为，以 0.1 N 盐酸浸提的有效态锌量，对于大多数植物其临界值为 $1 \times 10^{-6} \sim 1.5 \times 10^{-6}$[8]，对水稻则为 $4 \times 10^{-6} \sim 8 \times 10^{-6}$[9]；以 DTPA 溶液浸提的有效态锌量，在 0.5×10^{-6} 以下为严重缺锌，$0.5 \times 10^{-6} \sim 1.0 \times 10^{-6}$ 为中度缺锌，超过 1.0×10^{-6} 则不缺锌[10,11]。将此与表 1 中的资料相比，就有效态锌的均值而言，碳酸盐紫色土和中性紫色土大体处于中度缺锌范围内，酸性紫色土也有缺锌的可能，尤其对栽培水稻更会出现土壤有效态锌供给不足的现象。

由上述不难看出，四川紫色土中有效态锌含量偏低，施用锌肥，将对对锌敏感作物有良好效应。

3　紫色土区作物锌营养水平较低，施锌可以提高作物产量

由于紫色土有效态锌含量低，能够供给作物锌的数量较少，往往造成作物锌营养的不足，尤其对锌敏感植物，常会发生缺锌症状。我们在碳酸盐紫色土分布区的剑阁县已发现玉米植株的缺锌症状较为普遍。在剑门公社的施锌试点说明，补充锌可以恢复与纠正缺锌病症而获得增产，这与改善了玉米植株的锌营养条件有关。

植株中含锌量的多寡及其在不同部位的分布状况是判断植物锌营养水平的重要依据。鉴于植株的含锌量又随植物的种类和生育期的不同而异，因此，这一衡量植物锌营养的指标也不是固定不变的。Chapman 指出，多数作物叶片的含锌量在 $20 \times 10^{-6} \sim 25 \times 10^{-6}$ 以下为锌营养缺乏，$25 \times 10^{-6} \sim 150 \times 10^{-6}$ 正常，600×10^{-6} 以上则过剩。[12] 对玉米而言，在吐丝期果穗叶含锌量的正常范围值，Jones（1967）认为是 $20 \times 10^{-6} \sim 70 \times 10^{-6}$，Neubert（1969）则提出应为 $50 \times 10^{-6} \sim 150 \times 10^{-6}$[13]，低于此范围值的下限便可认为锌营养不足。对于水稻，国际水稻研究所认为，分蘖—成熟期的植株缺锌临界值为 10×10^{-6}[14]；在意大利、葡萄牙的一些地区，水稻呈现缺锌症状时的叶片含锌量都低于 16×10^{-6}[9]。后来的研究还发现，磷锌之间的比例（P/Zn 比）与植物锌营养的关系甚为密切。Takkarp

等（1976）对玉米锌营养的研究指出，P/Zn 比在土壤中 >7.5，在籽粒中 >245，在秸秆中 >130，在叶片中 >150（25 日龄植株），即表示玉米严重缺锌；P/Zn 比在土壤中为 4.5 ~ 7.5，在籽粒中为 150 ~ 245，在秸秆中为 90 ~ 130，在叶片中为 100 ~ 150，表示中等程度缺锌，对施锌有一定反应。[15] 水稻植株地上部分 P/Zn 比为 30 时不缺锌，为 106 ~ 328 时则严重缺锌，且有明显症状。[9] 我们认为，虽然 P/Zn 比的大小与植物锌营养的关系很密切，但是土壤中锌的供给能力或有效态锌含量的多少，以及植株从土壤中吸收锌的数量或锌在植株中的浓度，是衡量植物锌营养的最重要基础，也只有以此为前提，才能谈及 P/Zn 比这一仅具有定性意义的指标，将两者结合起来评价，才能得到正确认识。

从植株中的含锌量与 P/Zn 比两个方面综合分析四川紫色土区作物的锌营养水平，玉米、水稻确是处于锌营养不足的状态。从表 2 至表 5 中可见，玉米和水稻试验田土壤的有关化学成分如全锌、有效态锌及 pH 值等均与表 1 中的相应项目一致，土壤酸碱度在易于引起缺锌的 pH 值≥6.5 的范围内，土壤有效态锌含量低于缺锌临界值[8-11]。玉米叶片含锌量无论在抽雄初期，还是收获时，仅第一叶片（旗叶）的含锌量为 35×10^{-6} ~ 62×10^{-6}，大体处于正常范围；以下数片含锌量为 11×10^{-6} ~ 27×10^{-6}，基本上都在锌营养不足之列。[13] 其 P/Zn 比在抽雄初期为 120 ~ 231，也表现出中度—严重缺锌的趋势[15]；到收获时随着叶片中含磷量的急剧减少，P/Zn 比也大幅度降低到 20 ~ 116。因叶片中锌含量变化不大，故 P/Zn 比在这两个生育期之间由大而小的变动，显然不能认为玉米植株锌的营养水平从而改善了。水稻叶片 P/Zn 比的变化更是这样。可见，单纯以 P/Zn 比的大小作为评价植物锌营养的唯一依据是有一定缺陷的。

水稻叶片中的含锌量及 P/Zn 比的变动与玉米的很类似。在孕穗后期和收获时含锌量的测定值大多数低于通常发生缺锌症状时的 16×10^{-6}。[9] 孕穗后期叶片中的 P/Zn 比为 111 ~ 239，又处于严重缺锌时的 106 ~ 328 的范围内[9]；到收获时 P/Zn 比所以降至很低（26 ~ 75）的程度，同上述玉米叶片 P/Zn 比的变动原因一样，是由于水稻叶片中含磷量大幅度减少所致。

表 2　玉米 Ⅰ 号试验地紫色土的某些化学成分

化学成分	pH 值	有机质/%	全氮/%	全磷/10^{-6}	全锌/10^{-6}	有效态锌/10^{-6}	
						DTPA 浸提	HCl 浸提
含量	7.20	1.62	0.124	420	83	0.69	2.80

表 3　水稻试验田紫色土的某些化学成分

化学成分	pH 值	有机质/%	全氮/%	全磷/10^{-6}	全锌/10^{-6}	有效态锌/10^{-6}	
						DTPA 浸提	HCl 浸提
含量	7.06	2.26	0.146	450	130	1.06	6.30

表4　Ⅰ号试验地玉米叶片中锌、磷含量及磷/锌比值

采样期	项目	第一叶片[1]	第三叶片	第五叶片	第七叶片	第九叶片
抽雄初期	锌/10^{-6}	34.5	27.0	17.7	13.9	—
	磷/10^{-6}	4124	3912	3619	3216	—
	磷/锌	120	145	205	231	—
收获时	锌/10^{-6}	61.8	23.3	13.3	11.2	13.4
	磷/10^{-6}	1206	2152	1060	1271	1157
	磷/锌	20	93	80	116	87

1）即旗叶。叶片顺序自上而下编号。下同。

表5　水稻植株中锌、磷含量及磷/锌比值

采样期	项目	第一叶片[1]	第二叶片	第三叶片	第四叶片	第五叶片	茎	根
孕穗后期	锌/10^{-6}	—	9.6	17.2	11.5	12.9	38.8	41.0
	磷/10^{-6}	—	2298	2380	2592	2461	3765	1809
	磷/锌	—	239	138	226	111	97	44
收获时	锌/10^{-6}	8.8	11.3	10.3	19.4	23	59.7	75.9
	磷/10^{-6}	652	359	334	1141	595	489	1344
	磷/锌	75	32	32	59	26	8	18

1）叶片包括叶鞘在内。下同。

此外，水稻植株各部位的含锌量相差悬殊。由表5可见，依不同部位锌含量由大到小的顺序是根＞茎＞叶片。石塚等根据对水稻的水培试验结果指出，锌在穗、茎和根部的分布比例，在锌缺乏的场合与正常时相比，根部出现高的数值；过剩时则以茎叶中积聚为主。[16]对比我们的上述资料，又进一步证明栽培在紫色土上的水稻植株处于锌营养不足状态。

在剑阁县剑门施锌试点这样的土壤锌供给量较少、作物锌营养水平不高的条件下，补充锌肥，可以改善作物的锌营养状况，提高产量。对四块玉米地施锌与未施锌的单项对比试验表明，施锌玉米增产0.7%～54.1%，平均增产27.6%；水稻小区试验平均增产6.3%；5个施锌处理的15个重复小区与3个对照小区比较，最高增产19.2%，无一例减产。[3]

需要着重指出的是，剑门试点位于四川盆地北部剑门关附近，地势较高，海拔800 m左右，降水比较充沛，农田开垦历史相对较短，土壤有机质较其他地区的碳酸盐紫色土丰富，碳酸盐反应微弱，表土酸碱度常呈中性，因此耕作层土壤有效态锌含量也较一般碳酸盐紫色土和中性紫色土高，但并未达到丰足的程度，田间仍可发现玉米等的缺锌症状。在试点队的120余亩玉米地推广施用锌肥（喷施1～2次0.2%浓度的硫酸锌溶液为主，也有少部分用氧化锌作底肥者），结果与毗邻队相比获得了显著增产，并创造了该队历史最高水平，这不能不认为是和施锌有关。综合前述，以推断其他大片更主要的紫色土分布区作物的锌营养状况，展望施锌对农作物的增产作用，不言而喻，将会取得更好的效果。

4　施锌后玉米、水稻植株中锌的含量增加，并促进了对其他营养元素的吸收

如上所述，栽培在紫色土上的玉米、水稻植株的锌营养水平较低。采取施锌措施后，可以在不同程度上提高植株的含锌量，同时还能促进植株对其他营养元素的吸收。

表6列举了玉米施锌（硫酸锌作基肥）与未施锌两种处理，在不同生育期植株中含锌量的差异。抽雄初期，施锌植株全部叶片中的含锌量均比未施锌的提高 $5\times10^{-6}\sim10\times10^{-6}$；到收获时，施锌的叶片（尤其是上部几片）内锌浓度仍保持比未施锌高的水平。很明显，由于施锌后增加了土壤供锌能力，从而起到了改善锌营养状况的作用。但是，未施锌处理第一叶片含锌量出现异常高的数值，其原因尚待查明。由表6中还可看出，施锌处理在抽雄期以后，新叶中的锌仍在继续增长，老叶中的锌则明显下降；未施锌者，叶片中的含锌量普遍降低，仅个别例外。这些差异也同样可以说明由于施锌和未施锌而造成的土壤供锌能力大小的差别。

表6　玉米施锌1) 与未施锌叶片中含锌量的比较

单位：$\times10^{-6}$

叶位	抽雄初期		收获时	
	施锌	未施锌	施锌	未施锌
第一叶片	42.5	34.5	54.1	61.1
第三叶片	36.8	27.0	39.3	23.3
第五叶片	23.2	17.7	17.0	13.3
第七叶片	18.2	13.9	11.1	11.2
第九叶片	17.2	—	14.7	13.4

1）玉米点播前用分析纯硫酸锌穴施，用量每亩1公斤。下同。

施锌与未施锌水稻植株中含锌量的变化有一些特点。从表7中可见，与玉米叶片含锌量的变化相比，相同的是，无论在孕穗后期或收获时，施锌的水稻植株含锌量均比未施锌者普遍提高；不同的是，施锌处理的水稻植株直到成熟期，新老叶的含锌量均在明显增加，未施锌者在这两个生育期含锌量的变化不大，有的还有减少的现象。值得指出的是，在施锌处理中，水稻叶片的锌在孕穗期的含量虽比未施锌者高，但尚未达到丰足的程度，直到成熟期才超过了通常认为的水稻缺锌临界值 16×10^{-6}。[9] 这一到生育后期含锌量升至最高值的现象，并不一定是水稻本身对锌的吸收特性。日本学者的研究发现，锌同锰不一样，在营养生长期，锌在各叶片中累积与流出反复进行着，锰则都在累积；到抽穗以后，锰仍在继续累积，锌含量则相对减少了。[17] 因而，上述施锌水稻叶片中含锌量到成熟

期还较前期高，很可能是由于难溶性氧化锌是在栽秧前撒入田中，虽几经耙耱，也未能使氧化锌在根系分布密集层均匀分布，加之该水稻田的土壤 pH 值为7.20，不利于氧化锌迅速转化为可给态，只有随着时间的推延，水稻根系逐步伸展，并改变了根际环境条件，促使氧化锌逐步转化为可给态，提高了锌的移动性，从而增大了土壤的供锌能力，使水稻植株对锌的吸收量得以增加。由此可见，以氧化锌作水稻基肥面施，一般地说，并不能很好地改善植株生长前期锌营养状况。若要采取撒施锌肥作基肥或追肥的措施，以弥补土壤有效态锌的不足，需要根据土壤条件，选择恰当的锌肥种类，并选用相应的施肥技术等，是值得充分引起注意的问题。

表7　水稻施锌[1)]与未施锌植株中含锌量的比较

单位：$\times 10^{-6}$

部位	孕穗后期		收获时	
	施锌	未施锌	施锌	未施锌
第一叶片	16.3	—	18.0	8.8
第二叶片	10.7	9.6	15.7	11.3
第三叶片	11.1	17.2	20.0	10.3
第四叶片	17.2	11.5	15.2	19.4
第五叶片	26.1	12.9	28.3	23.0
茎秆	55.0	38.8	46.7	59.7
根	63.9	41.0	97.8	75.9

1）插秧前用分析纯氧化锌撒施后再耙耱均匀。下同。

施锌的玉米，水稻植株中不仅锌的含量有所增加，对其他一些元素的吸收也有不同程度的促进作用。我们对施锌及未施锌玉米水稻植株中钙、镁、铜、铁、锰几个元素含量的原子吸收光谱测定及磷的比色测定结果表明，施锌植株与未施锌的相比，钙、镁、铜、铁的含量均有增加，尤以钙、镁的增加最明显；锰、磷的含量似有减少的趋势。以下仅对镁的含量变化予以讨论，其他元素待另文分析。

从表8中可见，施锌玉米叶片中的含镁量在抽雄初期和收获时均比未施锌的要高。抽雄初期，施锌的玉米叶片含镁量比未施锌的高 100×10^{-6}～400×10^{-6}，到收获时增加得更多，达 150×10^{-6}～1170×10^{-6}；但是，收获时未施锌的第一叶片出现比施锌者高的数值，其原因不明。由于施锌处理玉米植株有着较为充足的锌营养条件，促进了对土壤中镁的吸收，致使叶片中的含镁量在两次测定值间的增长幅度较大；未施锌者镁的增长幅度较小，甚至老叶中的含镁量还有些降低。上述差异，显然与因施锌及未施锌造成的玉米植株锌营养水平不同有关。

表8　玉米施锌与未施锌叶片中含镁量的比较

单位：$\times 10^{-6}$

叶位	抽雄初期①		收获时②		②－①	
	施锌	未施锌	施锌	未施锌	施锌	未施锌
第一叶片	2105	1986	2949	3742	844	1756
第三叶片	1924	1531	3370	2754	1446	1223
第五叶片	1926	1564	2808	1720	882	156
第七叶片	1857	1436	2340	1168	483	－268
第九叶片	1988	—	2934	2778	946	—

水稻植株叶片中的含镁量，在施锌未施锌间也存在着明显差异（表9），就总体而言，无论是哪个生育期，施锌的叶片中含镁量均比未施锌者高，尤其在收获时，施锌的五个叶片甚至都超过未施锌的一倍。相同处理的先后两次含镁量测定值的变化也各有其特点。从孕穗到成熟期间，施锌处理的叶片中含镁量普遍大幅度增加，且超过了正常生长的叶片含镁量 $1400\times10^{-6}\sim1900\times10^{-6}$[12]的水平；未施锌者，新叶增加的镁量甚微，老叶的含镁量却在减少，此时全部观测叶片的含镁量都低于上述正常范围值。施锌与未施锌植株的茎秆和根系中含镁量相差不大。可见，水稻植株施锌与未施锌处理对含镁量的影响主要体现在叶片部分。

表9　水稻施锌与未施锌植株中含镁量的比较

单位：$\times 10^{-6}$

部位	孕穗后期①		收获时②		②－①	
	施锌	未施锌	施锌	未施锌	施锌	未施锌
第一叶片	1234	—	2120	1044	886	—
第二叶片	1134	797	1800	925	666	128
第三叶片	1110	1604	2071	969	961	－635
第四叶片	1426	1396	2525	1216	1099	－180
第五叶片	2053	1084	3730	280.5	1677	－803.5
茎秆	715	847	1064	1054	349	207
根	2133	1933	2684	2327	549	394

我们对叶片中锌、镁含量间的相关计算表明，玉米和水稻的相关系数分别为0.63、0.60，两者均为显著相关。这说明施锌使植株锌营养水平得到改善后，确能促进根系对镁的吸收，并将镁输送到叶部。

施锌促进叶片中镁含量的提高，对于作物的碳素代谢具有积极意义。据一些报道，缺锌植株的叶片中，叶绿素含量降低，光合率下降，影响到碳水化合物的形成与转移，补充锌，可以提高叶绿素含量，增强光合作用。[18,19]看来叶片中锌的多寡与叶绿素含量高低之间关系密切。这一关系很可能是通过镁来连接的。众所周知，镁是叶绿素复杂结构中不可缺少的关键金属元素，施锌后改善了作物锌营养状况，促进了植株对镁的吸收，为叶绿素的形成提供了充裕的镁源。因此，施锌能增加植株含镁量这一效应，对于提高农作物的产量有着重要作用。

5 小 结

四川紫色土一般分为碳酸盐紫色土、中性紫色土和酸性紫色土三个亚类。其分布极为广阔，与农业生产的关系十分密切。紫色土的全锌量较高，但锌的供给能力较差，尤其是占紫色土极大比例的碳酸盐紫色土和中性紫色土，因土壤 pH 值≥6.5，又富含磷，故有效态锌含量较低，对锌敏感植物往往处于锌营养不足状态，目前亦已发现玉米等的缺锌症状。玉米、水稻施锌后，可提高植株中锌的含量，促进对镁、钙、铜、铁等元素的吸收，改善植株的无机营养状况，从而能获得增产。

紫色土缺乏有效态锌可能成为限制紫色土区某些作物（玉米、水稻、棉花等）及果树（柑橘等）产量提高的重要因素。为达到高产优质的目的，进一步研究经济有效的锌肥施用技术，探索改变土壤条件（如 pH 等）以提高紫色土自身的供锌能力，探讨植物锌营养与其他矿质营养及有机物代谢的关系，已成为当前的迫切课题。在查明紫色土中锌的含量分布特点、形态、转化、移动规律及其与地理环境关系的基础上，制定紫色土区的施锌区划，对于发展农业生产将会起到应有的推动作用。

参考文献

[1] 四川地理研究所. 四川农业地理 [M]. 1978.
[2] 西南农学院. 四川农业土壤图简要说明 [M]. 1977.
[3] 四川地理研究所. 锌对水稻玉米增产效果试验研究初报 [M]. 1977.
[4] 中国科学院自然区划委员会土壤区划四川省工作组. 四川省土壤区划 [M]. 1957.
[5] 四川地理研究所. 四川主要土类中的锌及施锌效益分区初步研究 [M]. 1978.
[6] 中国科学院土壤研究所. 土壤中锌与锌肥的施用 [M]. 1977.
[7] 涉谷政夫. 近代農業におけろ土壤肥料の研究 [J]. 第4集，1973：52-64.
[8] 刘铮，等. 土壤 [J]. 1975 (2)：76-85.
[9] 林景亮. 土壤农化参考资料 [J]. 1976 (4)：10-15.
[10] 山东省土壤肥料研究所. 山东省土壤中速效性锌含量和锌肥肥效的初步研究 [M]. 1977.
[11] BROWN A L 等（樋口摘訳）. 日本土壤肥料学雜誌 [J]. 1971 (11)：42.
[12] 作物分析法委员会. 榮養诊断のための栽培植物分析测定法 [M]. 養贤堂，1975：81-107.
[13] JONES J B, et al.（徐文征译）. 土壤农化参考资料 [J]. 1977 (5)：44-53.
[14] 安徽农学院. 皖北黑土水稻缺锌发僵研究 1：僵苗症状及锌肥效果 [M]. 1977.
[15] TAKKARP N, et al.（张炳星摘译）. 农学文摘 (2) [M]. 1978：28-29.

[16] 石塚喜明，等. 日本土壤肥料学雜誌［J］，1962，33（2）：93－96.
[17] 大桥望东生. 近代農業における土壤肥料の研究［J］. 第3集. 1972：81－86.
[18] 堤道雄. 日本土壤肥料学雜誌［J］，1968，39（3）：179－186.
[19] 云南省植物研究所. 玉米缺锌研究（二）［M］. 1977.

四川盆地水稻土供锌状况的初步研究*

近年来，我们发现四川盆地有较大面积的缺锌土壤存在。[1,2]继后，有关农业科研部门据此选择一些对锌敏感的作物（如水稻、玉米等），在当地进行了大规模的田间多点施锌试验。连续几年重复试验的结果，不仅印证了上述关于土壤缺锌的研究，而且表明四川盆地早有发生的水稻“坐蔸”现象，近若干年来随化肥（氮、磷）施用量增大而逐年有所扩展，其主要是土壤缺锌所致。

四川盆地是个古老的农业区，水稻土面积在四川的农业土壤及全国水稻土中均居于重要地位。[3]因此。明确其供锌状况，有助于采取措施调节土壤锌的供给水平，对发展四川农业生产和全国水稻生产无疑具有要意义。

本文据我们1977—1980年间在四川盆地土壤微量元素普查中，所搜集的水稻土337个样品的测定结果，就盆地水稻土的供锌状况做一总结。

1 四川盆地水稻土概述

土壤中的锌主要来自成土母质。[4]四川盆地的水稻土按其母质的差异，主要有三个类型，即冲积型水稻土、紫色土型水稻土和黄壤型水稻土。

冲积型水稻土系发育于近代河流的冲积物。集中分布于成都平原，其余分布在沿江河两岸的阶地上。质地以壤质居多，部分为沙质或沙壤质；肥力上等或中等，有机质含量为1%～2.5%；pH值大致在6.0～7.5之间，仅长期施石灰的田块呈微碱性或碱性，有的有不同程度的碳酸盐反应。鉴于各江河流域物质来源有异，这类水稻土又可分为六种（表1）。

---

* 原载《土壤》1984第16卷第1期，作者：杨定国、成延鏊、温琰茂、金爱珍。本文土样的分析由殷义高、吕瑞康、吴桂春、贺振东，邓瑞莲，何昌慧、陈孔明，严丽媛、高岚、冯维敏等同志分别承担，仇伟同志参加一段野外工作。谨此一并致意！基金项目：四川省重大科技项目“四川省土壤微量元素含量分布和微量元素肥料推广试验研究”，中共中央北方地方病防治领导小组办公室科研项目“编制我国地方病图（以克山病为主）和水土病因（环境病因）研究”。

表1　四川盆地水稻土表层（0～20 cm）锌的含量

单位：$\times 10^{-6}$

土壤类型	土壤名称	全锌		有效态锌		平均含量	
		范围值	平均值	范围值	平均值	全锌	有效态锌
冲积型水稻土	岷江冲积型水稻土	56～185	105.8	0.38～4.10	1.28	107.3	1.65
	沱江冲积型水稻土	84～125	102.5	0.46～4.60	1.65		
	涪江冲积型水稻土	92	92.0	0.52～3.30	1.23		
	青衣江冲积型水稻土	71～86	75.0	0.66～3.98	2.14		
	嘉陵江冲积型水稻土	125	125.0	1.20～2.40	1.68		
	梅江冲积型水稻土	120～190	143.0	2.00～4.60	2.63		
紫色土型水稻土	碳酸盐紫色土型水稻土	65～140	95.0	0.42～0.54	1.15	107.7	1.39
	中性紫色土型水稻土	60～220	109.7	0.41～3.60	1.50		
	酸性紫色土型水稻土	37～200	109.9	0.48～5.04	1.82		
黄壤型水稻土	老冲积黄壤型水稻土	54～135	102.8	0.14～6.00	1.38	—	1.57
	灰岩黄壤型水稻土	未测定	—	1.32～4.00	2.49		
	砂岩黄壤型水稻土	未测定	—	1.30～2.60	1.95		
	其他岩类黄壤型水稻土	未测定	—	0.66～9.60	3.27		

说明：以烘干土为基数；全锌系发射光谱测定（下同）；有效态锌系 DTPA + $CaCl_2$ + TEA 提取，原子吸收分光光度计法测定（下同）。

紫色土型水稻土的成土母质有侏罗纪、白垩纪及三叠纪的紫红色和棕（砖）红色泥岩、页岩与砂岩的风化物。因而土壤质地变异较大，可自砂壤至黏土；肥力水平中等或上等，有机质含量一般为1.0%～1.5%。主要分布于盆地紫色丘陵低山区的山麓与谷地一带。这类水稻土是由相应的紫色土经长期种稻而成。按紫色土的类型可分为三种水稻土，即碳酸盐紫色土型水稻土，中性紫色土型水稻土和酸性紫色土型水稻土。前者主要分布在盆地西北部，土壤 pH 值一般在7.0～8.3之间，有机质平均含量1.25%；中性紫色土型水稻土与前者相毗连，主要分布在盆地东南部，土壤 pH 值一般在6.0～7.5之间，有机质平均含量1.41%；酸性紫色土型水稻土则分布于盆地南部与西南部边缘的低山丘陵地带，土壤 pH 值一般在5.0～6.0之间，有的甚至低至4.0左右，有机质平均含量1.45%。需要说明的是：碳酸盐紫色土型水稻土虽然是由碳酸盐紫色土演化而来，但在长期种稻影响下，剖面中的碳酸盐遭到淋溶，这种水稻土的多数，尤其是它们的耕层以至于犁底层已基本上无碳酸盐反应，pH 值一般也降至7.5左右。

黄壤型水稻土系黄壤经长期种稻而成。成土母质主要包括第四纪更新世的冰水沉积物，二叠纪与三叠纪的灰岩、白云质灰岩和白云岩，三叠纪的灰色黄色砂岩，志留纪、奥陶纪、古生代、元古代的千枚岩、页岩与砂岩的风化物等。这类水稻土按岩性差异可归纳为四种（表1）。这类水稻土质地黏重者居多，仅砂岩发育的质地较轻；土壤肥力中等，有机质含量在1.0%～1.5%，土壤呈酸性，pH 值一般在5.0～6.0之间。老冲积黄壤型水稻土分布于成都平原及江河两岸的高阶地上，其余三种水稻土则散布在低山丘陵的山麓一带与山间谷地中。

2　四川盆地水稻土锌的含量分布

2.1　锌的含量

土壤中的锌，按其存在形态通常分为水溶态锌、代换态锌（包括弱代换剂与强代换剂或螯合剂可代换的锌）和固定态锌（主要为次生与原生矿物中的锌）。前两者是植物可以吸收利用的，称为有效态锌；后者在一般情况下植物不能吸收利用，故称为无效态锌。四川盆地水稻土锌的含量列于表1。

据测定结果，四川盆地水稻土的全锌含量（60个样品）为 $37\times10^{-6}\sim220\times10^{-6}$，平均 106×10^{-6}，比国外土壤全锌平均含量（50×10^{-6}）高1倍，而与我国土壤全锌的平均含量（100×10^{-6}）及江苏南部水稻土全锌的平均含量（113×10^{-6}）相近。有效态锌含量（337个样品）为 $0.14\times10^{-6}\sim9.60\times10^{-6}$，平均 1.50×10^{-6}，仅为苏南下蜀黄土、湖积物和近代沉积物三种母质发育的水稻土有效态锌平均含量（分别为 2.7×10^{-6}、3.5×10^{-6}和 4.1×10^{-6}）[5]的一半左右。

从表1看来，四川盆地水稻土类型之间全锌的平均含量变幅不大，各类水稻土大致都在 107×10^{-6}左右。但全锌含量受母岩岩性控制和成土母质影响的特征依然可见，这一点在冲积型水稻土中表现较为明显。紫色土型水稻土的全锌含量，我们的测定结果未能显示出明显差异，可能均系由紫红色岩层发育而来之故。

盆地水稻土有效态锌的含量，以“杂岩”黄壤、灰岩黄壤、梅江和青衣江冲积物等母质发育的水稻土最高（$>2\times10^{-6}$）；岷江和涪江冲积物发育的水稻土最低（$>1.5\times10^{-6}$），其余各种水稻土则介于上述二者之间，均在 $1.5\times10^{-6}\sim2.0\times10^{-6}$范围内。各种水稻土有效态锌平均含量的高低顺序如图1所示。

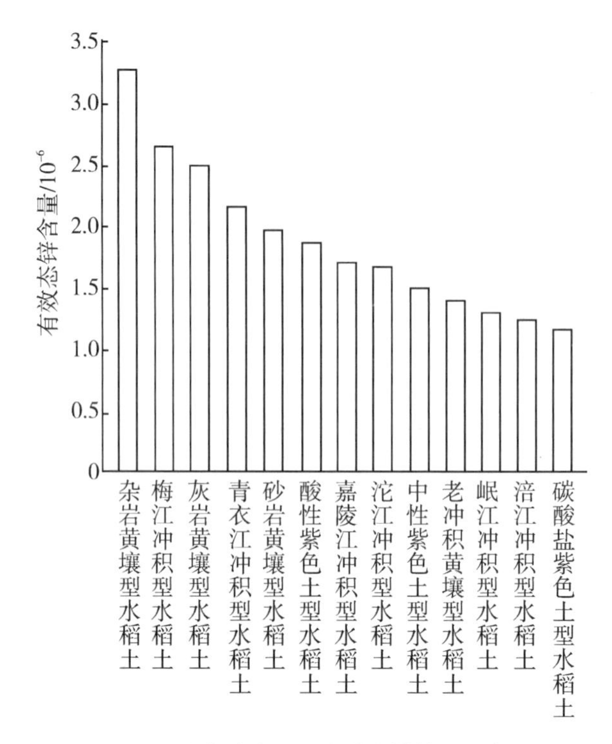

图1　四川盆地水稻土有效态锌的平均含量

此外，从表1还可看出：三种类型水稻土之间有效态锌含量的平均水平差异不大，但各种水稻土有效态锌含量范围的变幅却比全锌的变幅略大。这说明有效态锌含量受土壤理化性质及外界环境因素的影响较全锌突出。

2.2　锌的剖面分布

锌在土壤剖面中的分布是环境因素与土壤理化性质综合作用的结果。水稻土的主要特点是由于种稻淹水而造成土壤水分过饱和状态，若就此而言，锌理应随水向剖面深处淋洗，而出现锌的含量随剖面深度加深而增加。然而，其实际分布状况并非如此单一。我们的资料表明：不同种类的水稻土之间，或者同一种水稻土在不同地点，其锌的剖面分布往往出现相互矛盾或截然相反的状况（表2）。尽管如此，从统计规律来说，锌的剖面分布特征仍以随土壤剖面深度增加而有效态锌含量降低占其主要优势①。

① 中国科学院成都地理研究所：《四川盆地土壤中锌的某些运移特征》，1980年。

表2　四川盆地水稻土典型剖面锌的含量分布

土壤类型	母质	地点	深度/cm	pH值	有机质/%	全锌/10^{-6}	有效态锌/10^{-6}	有效率[1)]/%
黄壤型水稻土	老冲积黄壤	城口复兴	0～18	6.35	2.71	135	0.86	0.64
			18～25	7.40	0.17	165	0.56	0.34
			25～55	7.10	0.14	160	0.70	0.44
			55～70	5.15	0.10	85	0.96	1.13
			70以下	5.15	0.10	93	1.46	1.57
		新津普兴	0～30	未测定	未测定	125	1.74	1.39
			30～51	未测定	未测定	120	0.77	0.64
			51～100	未测定	未测定	105	0.62	0.59
		射洪县农科所	0～18	未测定	0.48	100	0.80	0.80
			18～43	未测定	0.17	100	1.10	1.10
			43～71	未测定	0.99	125	1.36	1.09
			71～100	未测定	1.38	100	1.14	1.14
		梁平县农　场	0～20	4.89	1.50	未测定	4.00	—
			20～42	5.70	未测定	未测定	1.30	—
			42～60	5.50	未测定	未测定	1.16	—
			60～85	4.20	未测定	未测定	0.70	—
紫色土型水稻土	中　性紫色土	广元下寺	0～20	6.32	2.14	115	2.16	1.88
			20～35	7.04	1.22	125	1.06	0.85
			35～70	7.20	0.32	170	0.68	0.40
			70～100	7.25	0.49	98	1.00	1.02

续上表

土壤类型	母质	地点	深度/cm	pH 值	有机质/%	全锌/10^{-6}	有效态锌/10^{-6}	有效率/%
冲积型水稻土	梅　江冲积物	秀山县农场	0 ~ 22	7.20	2.71	130	2.20	1.09
			22 ~ 34	7.30	1.94	150	2.40	1.60
			34 ~ 65	6.70	0.43	185	0.66	0.36
			65 ~ 120	6.50	0.32	150	0.76	0.51
	岷　江冲积物	眉山眉水	0 ~ 12	6.00	2.12	120	2.18	1.82
			12 ~ 24	6.10	1.75	115	0.40	0.35
			24 ~ 52	6.32	0.41	140	0.40	0.39
			52 ~ 83	6.30	0.27	140	0.80	0.57
		新津永兴	0 ~ 17	未测定	1.87	125	0.72	0.59
			17 ~ 56	未测定	1.62	120	1.04	0.87
			56 ~ 100	未测定	0.66	96	1.82	1.86

1）有效率 = $\frac{\text{有效态锌含量}}{\text{全锌含量}} \times 100\%$。

3　四川盆地水稻土锌的有效率

四川盆地水稻土锌的有效率低，但高于相同母质发育的旱地，并与土壤 pH 值和有机质含量相关。

3.1　水稻土锌的有效率

前已论及，四川盆地水稻土的全锌含量并不低，但有效态锌含量不高，仅占全锌的很小部分，大致为 1% ~ 2%（表 3）。据 78 个样品有效率的计算结果，四川盆地水稻土锌的有效率变幅为 0.43% ~ 5.92%，平均 1.22%，较 ВиНОLьДОВ（1959）的研究结果（约 1%）略高。从表 3 可见：四川盆地三种类型水稻土之间锌的有效率的平均水平差异不大；此外，同一种母质发育的水稻土，在不同地点锌的有效率有成倍的差异。其中，老冲积黄壤、酸性紫色土、岷江冲积物等母质发育的水稻土，有效率的变幅最大，分别达 13 倍、8 倍、6 倍；涪江和梅江冲积物发育的水稻土变幅最小，约 1.5 倍；余者为 3 ~ 4 倍之差。

表3　四川盆地水稻土锌的有效率

单位:%

土壤类型	母质	锌的有效率		三类水稻土的锌有效率	
		范围值	平均值	范围值	平均值
冲积型水稻土	岷江冲积物	0.43 ～ 2.43	1.25	0.43 ～ 5.73	1.60
	沱江冲积物	0.74 ～ 2.38	1.33		
	涪江冲积物	1.12 ～ 1.78	1.50		
	青衣江冲积物	1.37 ～ 5.73	3.11		
	梅江冲积物	1.69 ～ 2.13	1.94		
紫色土型水稻土	碳酸盐紫色土	0.57 ～ 2.15	1.32	0.53 ～ 4.38	1.48
	中色紫色土	0.61 ～ 1.93	1.18		
	酸性紫色土	0.53 ～ 4.38	2.01		
黄壤型水稻土	老冲积黄壤	0.44 ～ 5.93	1.63	0.44 ～ 5.93	1.63

3.2　锌的有效率与 pH 值和有机质含量的关系

土壤中锌的有效率受多种因素的影响。其中酸碱度的影响最为突出，与土壤有机质含量也密切相关。一般说来，土壤中锌的有效率，在 pH 值 5.0 ～ 8.5 范围内，随 pH 值的升高而降低[6]，随有机质含量增加而提高。四川盆地紫色土发育的三种水稻土，其有效态锌的含量及锌的有效率都较好地体现了这一规律（表4）。同时，四川盆地各类水稻土的统计结果也表明：土壤有效态锌的含量与 pH 值（77 个样品）呈负相关，r 值为 -0.978 ～ -0.428；锌的有效率与 pH 值（32 个样品）亦呈负相关，r 值为 -0.408 ～ 0.964；有机质含量与有效态锌的含量（70 个样品）呈正相关，r 值为 0.421 ～ 0.817；有机质含量与锌的有效率（52 个样品）则无一致的相关关系，r 值为 0.05 ～ 0.80。

表4　紫色土型水稻土锌的有效性与 pH 和有机质含量的关系

土壤	pH 值	有机质/%	有效态锌/10^{-6}	锌的有效率/%
酸性紫色土型水稻土	5.22	1.45	1.82	2.01
中性紫色土型水稻土	7.38	1.41	1.50	1.18
碳酸盐紫色土型水稻土	7.61	1.25	1.15	1.32

说明：表内各项数据均是平均值。

此外，从表2的数据可以看出，土壤有效态锌的含量及锌的有效率并不完全符合上述规律，说明土壤有效态锌的含量及锌的有效率随土壤 pH 和有机质含量变异的复杂性。因此，在土类之间或不同地点的土壤之间往往缺乏可比性。

3.3　水稻土有效态锌含量高于相应的旱地

水稻土因其经常淹水，使土壤还原条件增强，氧化还原电位（Eh）值降低，对 Zn^{2+} 有拮抗作用的 Fe^{2+} 和 Mn^{2+} 以及对 Zn^{2+} 有沉淀作用的 S^{2-} 和 PO_4^{3-} 离子浓度增加，致使锌的有效率降低，这是水稻土比旱地更易缺锌的主要原因。但我们的研究结果表明：四川盆地各类水稻土有效态锌的含量一般都略高于同母质（或母岩）发育的旱地（表5）。由表5可见，除老冲积黄壤之外，其余各土壤有效态锌含量，水稻土均高于相应的旱地。这可能是四川盆地的水稻土一般较相应的旱地耕种历史长，肥料尤其是有机肥施用量大，精耕细作、土壤熟化程度及肥力水平高，促进了锌向有效方面转化所致。

表5　相同母质的水稻土与旱地表层有效态锌含量的比较

土壤名称		样品数/个	有效态锌含量/10^{-6}	
			范围值	平均值
碳酸盐紫色土	水稻土	34	0.42 ～ 5.40	1.15
	旱　地	110	0.08 ～ 3.68	0.92
中性紫色土	水稻土	42	0.41 ～ 3.60	1.50
	旱　地	48	2.32 ～ 3.90	1.25
酸性紫色土	水稻土	8	0.48 ～ 5.04	1.82
	旱　地	16	0.30 ～ 2.70	1.29
老冲积黄壤	水稻土	59	0.14 ～ 6.00	1.38
	旱　地	8	0.72 ～ 5.90	2.49
灰岩黄壤	水稻土	4	1.32 ～ 4.00	2.49
	旱　地	40	0.30 ～ 5.72	1.93
砂岩黄壤	水稻土	2	1.30 ～ 2.00	1.95
	旱　地	17	0.40 ～ 4.60	1.87
其它岩类黄壤	水稻土	4	0.88 ～ 9.60	3.27
	旱　地	44	0.30 ～ 3.70	1.71

4　四川盆地水稻土锌的供给状况

水稻土中的有效态锌是水稻生育所需锌的主要来源，因此，有效态锌含量的高低可以作为衡量水稻土供锌能力的一个重要指标。一般说来，土壤缺锌或供锌不足的原因有二：一是土壤全锌含量偏低，而造成有效态锌缺乏；二是不良土壤条件妨碍锌的有效化，导致有效态锌供不应求。四川盆地水稻土供锌能力较低的原因多属后一种。

上已述及，四川盆地水稻土有效态锌的平均含量约 1.5×10^{-6}，低于 Gangwa（1975）所报道的水稻缺锌的土壤临界浓度值 1.65×10^{-6}［DTPA +（NH_4）$_2$ CO_3 提取］。但其缺乏临界值受土壤性质、水稻品种和提取液不同的影响，不同地区有不同的数值。例如，Lindsay 等（1978）所提出的水稻土的有效态锌浓度标准（DTPA + $CaC1_2$ + TEA 提取）是：$<0.5\times10^{-6}$为缺乏，$0.5\sim1.0\times10^{-6}$为临界边缘，$>1.0\times10^{-6}$为足够。因此，一个地区的临界值不能轻易套用他地的数值标准，而应根据当地反复进行的多点重复试验来确定。

四川省有关科研单位水稻施锌的田间多点试验结果表明，有效态锌含量 $>1.5\times10^{-6}$ 的土壤，水稻施锌的增产效果基本上都很明显；超过 1.5×10^{-6}的土壤，有的也有一定增产作用。[①] 据此，四川盆地水稻土锌缺乏临界浓度值［DTPA + $CaCl_2$）+TEA 提取］可初步暂定为 1.5×10^{-6}。以供衡量盆地水稻土供锌状况时参考。

从四川盆地水稻土有效态锌的平均含量水平约 1.5×10^{-6}来说，似乎可以认为缺锌比较普遍。但平均含量只能反映一个总体趋势，并不能说明各种水稻土的具体丰缺状况。因此，欲达此目的，有必要进一步考察各种水稻土有效态锌含量不同级段所占的比例（%）。

从表 6 看来，四川盆地水稻土有效态锌含量低于缺乏临界浓度值 1.0×10^{-6}和 1.5×10^{-6}的样品数分别占了 40% 和 65% 左右。不同类型之间，其缺乏比例不尽相同。就低于四川盆地水稻土缺锌临界浓度指标值 1.5×10^{-6}而言，紫色土发育的水稻土缺锌比较大，约占 70%；除梅江冲积型水稻土有效态锌含量无低于 1.5×10^{-6}的样品外，其余各种水稻土都存在一定的缺锌比例，其中碳酸盐紫色土发育的水稻土缺锌比例最大，低于缺乏临界浓度指标值 1.0×10^{-6}和 1.5×10^{-6}的样品数分别占 60% 和 85% 左右。因此，及时给缺锌的这一部分水稻土施用锌肥，可望对四川水稻增产发挥重要作用。

---

① 自贡市农科所水稻坐蔸课题组：《紫泥田水稻坐蔸主要病因及防治措施研究总结报告》（油印资料），1981 年；温江地区农科所蒋玉文：《水稻施锌及防治坐蔸效果的试验报告》（油印资料），1980 年；四川省地理研究所：《锌对水稻、玉米增产效果试验研究初报》（打印资料），1977 年。

表 6　三种类型水稻土有效态锌含量各级段所占的比例

单位：%

土壤类型	土壤名称	样品数/个	各含量级段所占的比例					低于缺乏临界值[1)]的比例		
			$<0.5\times10^{-6}$	0.5×10^{-6}～1.0×10^{-6}	1.0×10^{-6}～1.5×10^{-6}	1.5×10^{-6}～1.65×10^{-6}	$>1.65\times10^{-6}$	$<1.0\times10^{-6}$	$<1.5\times10^{-6}$	$<1.65\times10^{-6}$
冲积型水稻土	岷江冲积型水稻土	61	3.3	45.9	24.6	8.2	18.0	49.2	73.8	82.0
	沱江冲积型水稻土	57	1.8	31.6	26.3	5.3	35.1	33.4	59.7	65.0
	涪江冲积型水稻土	37	—	46.0	27.0	8.1	18.9	46.0	73.0	81.1
	青衣江冲积型水稻土	12	—	25.0	16.7	8.3	50.0	25.0	41.7	50.0
	嘉陵江冲积型水稻土	4	—	—	75.0	—	25.0	—	75.0	75.0
	梅江冲积型水稻土	13	—	—	—	—	100.0	—	—	—
	合计	184	1.6	35.9	24.5	6.5	31.5	37.5	62.0	68.5
紫色土型水稻土	碳酸盐紫色土型水稻土	34	8.8	50.0	26.4	—	14.7	58.8	85.2	85.2
	中性紫色土型水稻土	42	2.4	26.2	33.3	7.1	31.0	28.6	61.9	69.0
	酸性紫色土型水稻土	8	12.5	25.0	12.5	12.5	37.5	37.5	50.0	62.5
	合计	84	6.0	35.7	28.6	4.8	25.0	41.7	70.3	75.0
黄壤型水稻土	老冲积黄壤型水稻土	59	8.5	42.4	16.9	5.1	27.1	50.9	67.8	72.9
	灰岩黄壤型水稻土	4	—	—	25.0	25.0	50.0	—	25.0	50.0
	砂岩黄壤型水稻土	2	—	—	50.0	—	50.0	—	50.0	50.0
	其它岩黄壤型水稻土	4	—	25.0	50.0	—	25.0	25.0	75.0	75.0
	合计	69	7.3	37.7	20.3	5.8	29.0	45.0	65.3	71.0
总计		337	3.9	36.2	24.6	5.9	29.4	40.1	64.7	70.0

1）缺乏临界值：1.0×10^{-6}为 Lindsay（1978）标准[7]，1.5×10^{-6}为四川盆地标准，1.65×10^{-6}为 Gangwa（1975）标准[8]。

5 小 结

本文根据土壤剖面和表层土壤有效态锌和全锌含量的测定结果，并结合省内有关农业科研单位水稻施锌的田间试验，研究四川盆地水稻土的供锌状况：

（1）四川盆地水稻土的全锌含量并不低，含量范围（60 个表层土样）为 37×10^{-6}～220×10^{-6}，平均为 106×10^{-6}；有效态锌含量却不高，含量范围（337 个表层土样）为 0.14×10^{-6}～9.60×10^{-6}，平均为 1.50×10^{-6}。锌的有效率较低，平均在1%左右。

（2）水稻缺锌的土壤临界浓度指标值可初步暂定为：$<1.0\times10^{-6}$为缺乏，1.0×10^{-6}～1.5×10^{-6}为边缘值。

（3）四川盆地水稻土缺锌较为普遍，其中碳酸盐紫色土发育的水稻土缺锌比例最大。因此，强调对缺锌水稻土施用锌肥是发展四川水稻生产不可缺少的增产措施之一。

（4）本文仅据有效态锌和全锌含量、缺锌临界浓度指标值等结果，对水稻土供锌状况只能做粗浅的评价。

参考文献

[1] 温琰茂，成延鏊. 四川主要土类的锌与施锌效益分区初步研究［C］//《中国科学院微量元素学术交流会汇刊》编辑小组. 中国科学院微量元素学术交流会汇刊. 北京：科学出版社，1980：172 - 180.

[2] 成延鏊，温琰茂. 四川紫色土区作物的锌营养问题［C］//《中国科学院微量元素学术交流会汇刊》编辑小组. 中国科学院微量元素学术交流会汇刊. 北京：科学出版社，1980：182 - 189.

[3] 中国科学院成都地理研究所. 四川农业地理［M］. 成都：四川人民出版社，1981：7.

[4] 刘铮. 土壤中的微量元素：微量元素的土壤化学［C］//《中国科学院微量元素学术交流会汇刊》编辑小组. 中国科学院微量元素学术交流会汇刊. 北京：科学出版社，1980：23 - 51.

[5] 刘铮，朱其清，唐丽华，等. 土壤中的锌与锌肥的应用［C］//《中国科学院微量元素学术交流会汇刊》编辑小组. 中国科学院微量元素学术交流会汇刊. 北京：科学出版社，1980：154 - 161.

[6] MIKKELSEN D S，KUO S. ［M］//FFF Center. The fertility of paddy soil and fertilizer applications for rice. 1976：170 - 196.

[7] LINDSAY W L，NORELL W A. Development of a DTPA soil test for zinc，iron，manganese，and copper［J］. Soil sci soc Amer，1978，42（3）：421 - 428.

[8] GANGWA M S. Commun soil sci plant analy［J］. 1975，6：641.

环境化学

Problems of the Aquatic Environment and Countermeasures in the Rapid Economic Development in the Zhujiang River Delta*

1 Introduction

The Zhujiang River Delta, the largest south subtropical pain in China, is in the middle-south of Guangdong Province and faces the South China Sea. There are 29 cities and counties in this region, including Guangzhou, Shenzhen, Zhuhai and Fushan. There is 39.2 thousand km^2 of the area that is 22% of the area of Guangdong Province, and 0.4% of China[1]. The population in this region was 21 million in 1992. It made up 32% of Guangdong's population and 1.7% of China's. Since the policy of opening and reform was carried out in China, the rate of the economic development in this region is the fastest and became the one of the most important economic regions in this country. In 1992, the gross value of output of industry and agriculture was 278 billion yuan (RMB) that is 523% of 1985's, it made up 69% and 6.0% of the gross value of output of industry and agriculture of Guangdong Province and China respectively. The gross value of output of industry was 252 billion yuan, that is 594% of that in 1985's, it was 75% and 7% of Guangdong Province and China respectively. The urbanization was developed rapidly and the population in the cities and towns also increased very fast during this period. The urban population was about 60% of the total population in 1992, increased 20% compare with in 1986 (40%), and there was also more than 5 million temporary in the cities and towns of this region. The impact of industry, city and population on aquatic environment is significant because the project of wastewater treatment couldnt follow the step of the social and economic development in the Zhujiang River Delta.

---

* 原载 *Chinese Geographical Science*, 1995, Vol.5, No.1, 作者：Wen Yanmao（温琰茂）, Cheng Guopei（程国佩）。
基金项目：广东省自然科学基金项目（960039）。

2 The Characteristics and Problems of the Aquatic Environment in the Zhujinag River Delta

2.1 The Large Capacity of Aquatic Environment but Irrational Utilization

The Zhujiang River Delta is a multi-delta made up by it, three main tributaries: Xijang, Beijiang and Dongjiang. The total annual average discharge is 341.2 billion m^3[2], therefore the capacity of aquatic environment is large. According to the study on the capacity of aquatic environment, the utilized ratio is only 60% until the year 2000 if the speed of economic development and the pollutants discharge increase are the same as that in recent years.[3] Owing to the distribution of the cities, industry and population are not coordinate with the aquatic environment capacity, the capacity of most of the courses are not utilized effectively but some courses accepted the overloaded discharge of pollutants and caused the water quality to descend obviously such as the courses pass by Guangzhou, Fushan, Shenzhun, Zhongshan and Jiangmen.

2.2 Influenced by Saline Sea Water

The courses network of the Zhujiang River Delta are made up by several dozen of courses and eight courses entering the sea. The water in many courses influenced by sea water and the salinity go up when the flood tide into the courses, especially in the dry season. The courses pass by Guangzhou, Fushan, Donggan, Zhongshan are influenced by sea water and the salinity may rise to 1%-5‰ in the dry season. At that time, the fresh water is shortage for the uses of drinking, agriculture and industry in these area.

2.3 The Tide Current Impeding the Pollutants Discharge

Because the most of the courses in the Zhujiang River Delta are influenced by the tide Current, the pollutants will stop or move to the upper reaches by the adverse current when the flood tide enters into the reaches. This phenomenon causes the waste discharge to impede and even causes the waste discharged by the towns in the lower reaches reverse to flow into the towns in the upper reaches. Furthermore, being the river courses making up a network in this region, the flow of the near courses may influence each other and cause the pollutants move to the adjacent courses. These features are special obvious in the dry season.

Many dams were built for the protection from flood and saline tide current or for reclamation and other non-agricultural land use in several decades in the Zhujiang River Delta. These dams also often impede the waste discharge and cause the water quality descent.

2. 4 The Main Pollutants Are Organic Matter and the Concentration of Pollutants Tend to Rise

Because some rivers that pass the cities and towns accept untreated municipal and industrial waste water in large amount, the main pollutants in the rivers are organic pollutants, such as ammonium nitrogen, chemical oxygen demand (COD) and phenol, and also mercury.

According to the monitoring data in the Zhujiang River Delta in 1985-1989, COD in 4 of 29 rivers decreased, unchanged in 17 rivers and increased in 8 rivers. Ammonium nitrogen in 1 of 28 rivers decreased, unchanged in 16 rivers and increased in 11 river. Phenol in 11 of 30 rivers decreased, unchanged in 12 and increased in 7. Mercury in 14 of 24 rivers decreased, unchanged in 5 rivers and increased in 5 rivers too. According to the quality standard for drinking water in China, 30% of the courses are not suitable for public water supply in the Zhujiang River Delta.

2. 5 The Concentration of Pollutants Change Seasonally

Being the influence of monsoon, seasonal change of the discharge of the rivers in the Zhujiang River Delta is significant. About 75%-80% of the total discharge concentrated in April to September. This causes the ability of dilution and degradation of pollutants to change seasonally and causes the pollutants's concentration to change seasonally. The concentration of most of the pollutants' in dry season is higher than that in flood season. The change pattern of COD concentration, however, is dependent upon the degree of pollution. The concentration of COD in dry season is higher than that in the flood season under the condition of heavy pollution, but it is converse in the light pollution rivers. The main source of COD in the light polluted rivers is not the municipal and industrial waste but the countryside. The surface runoff bring the organic pollutants into the river in the flood season.

Being the water pollution, the influence of water quality descent on the social-economic-ecological system is obvious in the Zhujiang River Delta. The water source pollution imperils potentially the citizen's health in some towns so that the water works were forced to move sites. According to the investigation in 1987, the phenol content of fishes exceeded the normal level by 1. 7 time and the contents of As, Cr and Hg of fishes in some courses also exceeded the normal level in the Zhujiang River Delta. The water pollution also caused the fishery resources failing and caused the agricultural production decline. It was evaluated that the loss was 730 million yuan account for the water pollution in the Zhujiang River Delta in 1985.

3 The Countermeasures of the Aquatic Environmental Protection in the Zhujiang River Delta

According to the characteristics and problems of aquatic environment in the Zhujiang River Delta, and for protecting the aquatic environment and ensuring the continued and health development of economy, the countermeasures are suggested as follows:

3.1 Carrying out the Environmental Functional Regionalization and Controlling the Total Amount of Pollutant Discharge

On the basis of the situation of economic development and the needs for the protection of aquatic environment, and give priority to the protection of the sources of drinking water and the water uses of agriculture and industry, and take account of the benefits to the upper and lower reaches, carry out the further research of aquatic environmental capacity and control the total amount of the waste discharge of each river basin.

3.2 Revising the Industrial Structure, Rational Industrial Arrangement

For decreasing the load of the pollutants of the reaches which pass the cities, the industrial structure should be revised in the cities which the industry concentrated, move the heavy aquatic polluted industrial plants and also arrange the new aquatic polluted projects to the places which still have large aquatic environmental capacity so that aquatic environmental capacity can be use properly. In the cities that the aquatic environment pollution is serious should develop the industries of high productive value and service enterprise. This plan is began to carry out in Guangzhou, Shenzhen and Fushan etc.

3.3 Strengthening the Project of the Water Treatment

Up to date, there is still a lot of industrial and municipal waste water was untreated and straight discharge to the courses in the Zhujiang River Delta, specially in the towns and countryside. The key to protecting the aquatic environment in this region is raising the technique of the water treatment and strengthening the project of water treatment plants in the after years. The cities in this region, such as Guangzhou, Shenzhen, Fushan, are carrying out the plan to build more plants of waste water treatment so that the aquatic environment can be protected as the economy develop in high rate. The plan to build the facilities for discharging the waste water to the sea also be through out for reasonable use of the sea environmental capacity in the coast area. In the meantime, it is necessary to treat the solid waste in the appropriate ways in order to prevent the water pollution.

3.4 Making a Full Assessment of the Water Conservancy Project

Building the water conservancy project is the important effective factor for the aquatic environment, such as the projects of protecting saline sea water and tide current, reclamation, reservoir and cannel etc. These project should be full assessed on the environ mental effect so that the harmful influence can be avoided in the pearl River Delta.

4 Conclusion

The quality of aquatic environment in the Zhujiang River Delta was descending with the economy developed rapidly since 1978, and also influenced by saline sea water and tide current. The main pollutants are organic matter and the pollutant concentration changed seasonally. The capacity of aquatic environment in this region is large but didn't utilize rationally. Carry out the environmental functional regionalization and control the total amount of waste discharge, revising the industrial structure and making a rational industrial arrangement, raising the rate of waste water treatment and make a full assessment of water conservancy project are the countermeasures for protecting the aquatic environment and guarantee to the continuous economy development in the Zhujiang River Delta.

References

[1] 许学强，刘琦，曾祥章，等. 珠江三角洲的发展与城市化 [M]. 广州：中山大学出版社，1988.
[2] 缪鸿基，沈灿燊，黄广耀. 珠江三角洲水土资源 [M]. 广州：中山大学出版社，1988.
[3] 珠江三角洲水资源保护研究组. 珠江三角洲主要水环境问题和水域功能区划分研究 [J]. 广东环境监测，1992，2 (1).

Forms and Balance of Nitrogen and Phosphorus in Cage Culture Waters in Guangdong Province, China*

1 Introduction

In recent years, aquaculture has been developed so fast in China that the country has become the most important aquaculture country in the world. In 2000, the amount of the aquatic products was 9.5×10^{6} t, which was 67% of the total of the world. During 1970-2000, the annual increase rate of aquatic products was up to 14% in China.

Cage culture originated from Cambodia, Southeast Asia in the end of the 19th century. It is an intensive aquaculture model with high input and output of the nutrient substance, and high economic benefit. The impacts of the cage culture on the aquatic environment are more prominent than those of other aquaculture ways. The cage culture adopts high-density breeding technology and consumes a great quantity of external feedstuff. The excess feedstuff and excrement can cause serious organic pollution, especially nitrogen and phosphorus pollution, and also cause the increase of fish disease and destroy the integrated function of the waters.

The impact of aquaculture on water environment is an attractive subject for scientists in the recent years, especially in coastal water and estuary. Braaten (1983) studied the pollution problems on Norwegian fish farms and found that 20% of the fish bait could not be caught by salmon and became the marine pollutant. Gowen and Bradburg (1987) found that 76% of carbonate and nitrogen of fish bait get into marine environment as soluble form or particulate form in the salmon cage culture farm. Wallin and Hankason (1991) indicated that the utilization ratio of phosphorus in fish bait of cage culture is only 15% to 30%. In China, the coastal water pollution caused by shrimp pool and cage culture has been reported and the research results show that the coastal aquaculture caused obvious water pollution (He, *et al.*, 1996; Zhai, 1993; Ji, 1998). Although the research results mentioned above show that the coastal aquaculture caused serious

* 原载 *Chinese Geographical Science*, 2007, Vol. 17, No. 4, 作者：WEN Yanmao, WEI Xiange, SHU Tingfei, ZHOU Jingfeng, YU Guanghui, LI Feng, HUANG Yanyun. 基金项目：Under the auspices of National Natural Science Foundation of China (No. 40071074), Scientific Technology Research and Development Foundation of Environmental Protection Agency of Guangdong Province (No. 20002026242402).

marine pollution, the detail study about the balance of nitrogen and phosphorus of cage culture still has not been in progress.

In order to approach the characteristics of nitrogen and phosphorus pollution caused by cage culture and the balance of nitrogen and phosphorus in the process of cage culture, an investigation was made in Daya Bay, Guangdong Province, China. Based on the results of the investigation and monitoring, the balance of N and P in the cage culture has been estimated. The research result will provide the scientific basis for the planning of cage culture capacity and environmental management in the coastal area.

2 Sampling and Monitoring

2.1 Sampling sites

Sampling sites are located in Daya Bay, Guangdong Province (Fig. 1). They are the Aquaculture Center Fish Farm with five years of culture history (S1), Dongsheng Fish Farm with ten years of culture history (S2), control site without culture history (S3), and Yaqian Fish Farm with 20 years of culture history (S4). S1 is a particular monitoring site that is divided into four sub-sites: S1a, S1b, S1c and S1d (Fig. 2). The rectangle in Fig. 2 is the area where 71 fish cages are arranged.

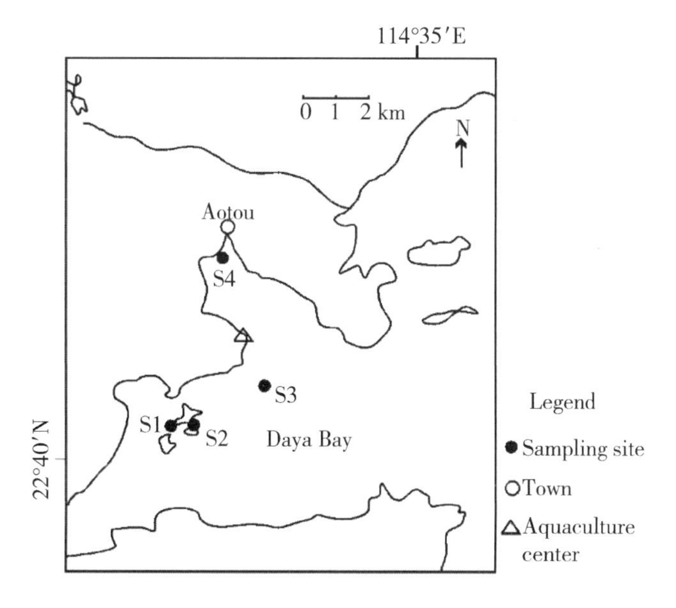

Fig. 1 Sketch of sampling sites in Daya Bay

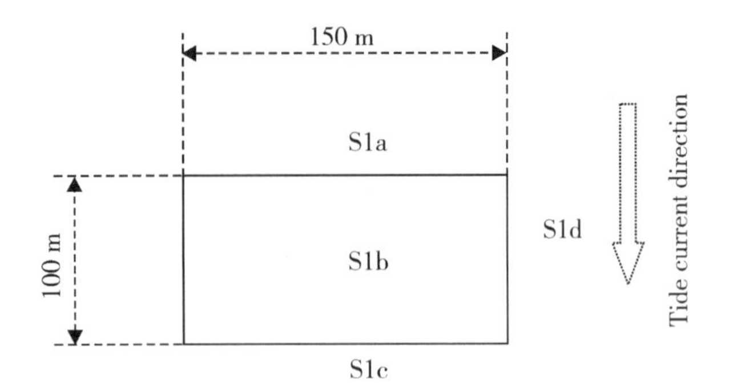

Fig. 2 Distribution of particular monitoring sites

2.2 Sampling and monitoring methods

Sampling proceeded in April (spring), July (summer), October (autumn) in 2002, and January (winter) in 2003, passing through the whole fish growth process. The time of water monitoring in each season was determined by the tide level, i. e., four times in 25 hours (a tide cycle time) at S1b, S1d, S2 and S3 (high high tide, high low tide, low high tide and low low tide), and 12 times in 25 hours at S1a and S1c. Sediment sampling proceeded with grab bucket in four seasons. The hydrological monitoring site was 150 m before S1a and the survey interval was one hour in 25 hours each season.

2.3 monitoring item

Water monitoring items include total nitrogen (TN), total dissolved nitrogen (TDN), NH_3-N, NO_3^-, NO_2^-, total phosphorus (TP), total dissolved phosphorus (TDP), and PO_4^{3-}.

Sediment monitoring items are TN, NH_3-N, NO_3^-, NO_2^-, TP, organic matter (OM), and total sulphur (TS). Hydrographical monitoring items include water depth, current direction, current velocity and water level.

The water samples were transported immediately to the laboratory of Aquaculture Center (Fig. 1) after sample collection and all the forms of N and P were determined in 24 hours. The sediment samples were filled into PVC bags and sent to laboratory of SUN Yat-Sen University of China under freezing condition for analysis.

3 Results and Discussion

3. 1 Concentrations and forms of N and P

3. 1. 1 N in water

The concentrations and forms of nitrogen in cage culture waters in Daya Bay are shown in Table 1. It can been seen from Table 1 that the concentrations of TN in cage culture waters (S1, S2) are much higher than that in control site (S3), especially in autumn. The concentrations of TN at S1 and S2 are 2. 3 and 1. 8 times of control site (S3).

The concentration of NH_3-N is highest in spring during the whole fish growth year. Among three forms of inorganic nitrogen, NH_3-N is the main form of nitrogen in spring while in winter. This is due to the transform from inorganic nitrogen into in winter caused by strong oxidization, which results from highest DO of waters in winter.

Table 1 Concentrations of various forms of nitrogen in cage culture waters in different seasons

nitrogen	Spring		Summer		Autumn		Winter		Annual average
	(mg/L)	(%)	(mg/L)	(%)	(mg/L)	(%)	(mg/L)	(%)	(mg/L)
S1									
NO_2^--N	0. 0050	2	0. 0035	1	0. 0043	1	0. 0005	0. 2	0. 0033
NO_3^--N	0. 0140	5	0. 0160	4	0. 0110	2	0. 0440	14. 0	0. 0210
NH_3-N	0. 0970	32	0. 0200	6	0. 0890	16	0. 0300	1. 0	0. 0520
DIN	0. 1160	39	0. 0395	11	0. 1043	19	0. 0475	15. 0	0. 0763
DON	0. 0890	29	0. 2385	64	0. 2567	47	0. 1905	59. 0	0. 1948
TDN	0. 2050	68	0. 2780	75	0. 3610	66	0. 2380	74. 0	0. 2705
PN	0. 0980	32	0. 0930	25	0. 1880	34	0. 0840	26. 0	0. 1160
TN	0. 3030	100	0. 3710	100	0. 5490	100	0. 3220	100. 0	0. 3860
S2									
NO_2^--N	0. 0058	2	0. 0038	1	0. 0053	1	0. 0003	0. 1	0. 0038
NO_3^--N	0. 0130	5	0. 0100	3	0. 0140	3	0. 0430	15. 0	0. 0170
NH_3-N	0. 1070	38	0. 0660	17	0. 0820	19	0. 0080	3. 0	0. 0680
DIN	0. 1258	45	0. 0798	21	0. 1013	23	0. 0513	18. 0	0. 0896
DON	0. 1012	36	0. 2052	55	0. 2417	56	0. 1487	52. 0	0. 1742
TDN	0. 2270	81	0. 2850	76	0. 3430	79	0. 2000	70. 0	0. 2648

续上表

nitrogen	Spring		Summer		Autumn		Winter		Annual average
	(mg/L)	(%)	(mg/L)	(%)	(mg/L)	(%)	(mg/L)	(%)	(mg/L)
PN	0.0520	19	0.0910	24	0.0910	21	0.0850	30.0	0.0800
TN	0.2790	100	0.3760	100	0.4340	100	0.2850	100.0	0.3440
S3									
NO_2^--N	0.0035	1	0.0024	1	0.0016	1	0.0004	0.2	0.0020
NO_3^--N	0.0120	5	0.0060	2	0.0070	3	0.0370	15.0	0.0072
NH_3-N	0.0800	32	0.0090	4	0.0200	8	0.0020	1.0	0.0280
DIN	0.0955	38	0.0174	7	0.0286	12	0.0394	16.0	0.0452
DON	0.1035	42	0.1766	73	0.1774	74	0.1276	50.0	0.1463
TDN	0.1990	80	0.1940	79	0.2060	86	0.1670	66.0	0.1920
PN	0.0490	20	0.0540	21	0.0330	14	0.0870	34.0	0.0560
TN	0.2480	100	0.2480	100	0.2390	100	0.2540	100.0	0.2470

Note: $DIN = NO_3^- + NO_2^- + NH_3 - N$; DON = TDN − DIN; PN = TN − TDN.

3.1.2 P in water

The concentrations and forms of phosphorus in cage culture waters are shown in Table 2. It can be known that the concentration of phosphorus is higher in S2 than in S1, indicating that the concentration of phosphorus in cage culture waters increases as the culture history goes longer. The concentrations of TP and TDP are highest in autumn. It is because fish grow fastest in this season, and the feedstuff input and excrement discharge are in the biggest quantity during the whole cage culture year. In the cage culture waters, the feedstuff and excrement are main sources of nitrogen and phosphorous.

Table 2　Concentrations of various forms of phosphorus in cage culture waters in different seasons

P	Spring		Summer		Autumn		Winter		Annual average
	(mg/L)	(%)	(mg/L)	(%)	(mg/L)	(%)	(mg/L)	(%)	(mg/L)
S1									
PO_4^{3-}	0.0153	48	0.0070	21	0.0170	39	0.0087	39	0.0120
DOP	0.0034	11	0.0119	36	0.0108	25	0.0082	37	0.0086
TDP	0.0187	59	0.0189	57	0.0278	64	0.0169	75	0.0206
PP	0.0129	41	0.0145	43	0.0159	36	0.0055	25	0.0122
TP	0.0316	100	0.0334	100	0.0437	100	0.0224	100	0.0328

续上表

P	Spring		Summer		Autumn		Winter		Annual average
	(mg/L)	(%)	(mg/L)	(%)	(mg/L)	(%)	(mg/L)	(%)	(mg/L)
S2									
PO_4^{3-}	0.0203	58	0.0064	19	0.0221	46	0.0119	49	0.0152
DOP	0.0068	19	0.0163	47	0.0140	29	0.0078	32	0.0122
TDP	0.0271	77	0.0227	66	0.0361	75	0.0197	80	0.0264
PP	0.0081	23	0.0118	34	0.0122	25	0.0048	20	0.0092
TP	0.0352	100	0.0345	100	0.0483	100	0.0245	100	0.0356
S3									
PO_4^{3-}	0.0081	36	0.0017	9	0.0061	34	0.0075	36	0.0059
DOP	0.0044	20	0.0081	47	0.0030	17	0.0083	40	0.0060
TDP	0.0125	56	0.0098	56	0.0091	51	0.0158	76	0.0118
PP	0.0053	44	0.0077	44	0.0090	49	0.0051	24	0.0068
TP	0.0218	100	0.0175	100	0.0181	100	0.0209	100	0.0196

Note: DOP = TDP − PO_4^{3-}; PP = TP − TDP.

3.1.3 N and P in surface sediment

Table 3 shows that cage culture can significantly cause the accumulation of nitrogen, phosphorus and sulfur in the sediment of cage culture area, and the accumulation has been aggravated by the increasing of cage culture time.

Table 3 Component of sediment (0-10 cm)

Site	OM /%	TN/mg · kg^{-1}	TP/mg · kg^{-1}	TS/mg · kg^{-1}
S1	3.200	2639	665	354.5
S2	4.825	4057	1194	1339.0
S3	2.905	1753	107	117.3

3.2 Balance of N and P

For monitoring and estimating the nitrogen and phosphorus balance in cage culture waters, a particular monitoring in four seasons had been completed at site S1 (Fig. 2). The balance model of nitrogen and phosphorus is as follows:

Bait + fry + input by tide + release from sediment

= harvest of adult fish + deposition into sediment + output by tide + others.

In order to monitor the balance of N, P, a relatively isolate cage culture area (S1) which includes 71 cages was chosen (Fig. 2). The kinds of fish in the cage culture are *Lutjanus erythopterus*, *Plectorhynchuscinctus*, and *Lutjanus sanguineus*.

3. 2. 1 Content of N and P

(1) Contents of N and P in bait. According to the investigation and component analysis of S1, the amount of bait in one cage culture year was 250000 kg, and the mean concentrations of N and P in the bait were 24. 5 g/kg and 4. 2 g/kg. The amounts of N and P in bait which put into the cages in one cage culture year were 6125 kg and 1050 kg respectively.

(2) Contents of N and P in fry. At the beginning of the cage culture year, 200×10^3 fry were put into the cages and the total weight of the fry was 880 kg. Based on the component analysis of fry, the concentrations of N and P in fry were 27. 8 g/kg and 2. 4 g/kg respectively. The total amounts of N and P in fry were 24. 46 kg and 2. 11 kg.

(3) Contents of N and P in adult fish. The amount of the harvested adult fish at the end of the culture year in the cages was 35500 kg. Based on the component analysis, the concentrations of N and P in the adult fish were 29. 5 g/kg and 3. 0 g/kg, and the total amounts of Nand P in harvested adult fish were 1047. 25 kg and 106. 5 kg, respectively.

3. 2. 2 Input and output of N and P by tide

Four-season monitoring has been completed in S1a and S1c (Fig. 2), the monitoring frequency was 12 times during 25 hours. Based on the concentrations of all forms N and P in the tide waters which enter or out of the cage culture area, tide current direction, velocity and water level in every monitoring time, the input and output of N and P in the cage culture area were estimated. The results are shown in Table 4.

Table 4 Input and output of nitrogen and phosphorus in cage culture waters by tide

Input and output		Spring /mg·s^{-1}	Summer /mg·s^{-1}	Autumn /mg·s^{-1}	Winter /mg·s^{-1}	Annual average /mg·s^{-1}	Annual total /kg
Output	N	168. 10	163. 48	177. 13	91. 43	154. 54	4873. 57
	P	15. 43	24. 40	16. 04	10. 92	16. 45	518. 77
Input	N	56. 76	58. 06	32. 67	15. 81	40. 83	1287. 61
	P	5. 42	9. 11	3. 22	1. 96	4. 93	155. 47
Net Output	N	129. 34	105. 42	144. 46	75. 62	113. 71	3585. 96
	P	10. 01	15. 29	12. 82	8. 96	11. 52	363. 3

According to the estimation results, the annual outputs of N and P were 4873. 57kg and 518. 77kg, the annual inputs of N and P were 1287. 61kg and 155. 47kg, respectively. The net outputs of N and P of this cage culture area in the whole cage culture year were 3585. 96kg and 363. 3kg, respectively.

3.2.3 Deposition and release of N and P in sediment

(1) Deposition of N and P. Based on the depth and the N and P contents of the polluted sediment in S1, S2 and S4, it was estimated that the mean annual depositions of N and P in the cage culture area in Daya Bay were 166.23 $g/(m^2 \cdot a)$ and 40.92 $g/(m^2 \cdot a)$.

As the area of particular monitoring site (S1) is 15000 m^2 (150 m × 100 m), the annual deposition amounts of N and P were 2493.45 kg/a and 613.8 kg/a.

(2) Release of N and P. The release of N and P (F) were estimated in accordance with the method of interstice water gradient (Berner, 1980; Song, 1997):

$$F = \phi \cdot D_S(dc/dz)_{z=0}.$$

Where ϕ is porosity of sediment, being 0.75; D_S, diffusivity, $D_S(PO_4^{3-}) = 7.34 \times 10^{-6}$ cm/s, $D_S(DIN) = 19.8 \times 10^{-6}$ cm/s; (dc/dz), concentration rate of N and P between interstice water and benthic water; $z = 0$, surface of sediments.

3.2.4 Mass balance model of N and P

According to the calculation results above, the N balance model in the cage culture area during one fish growth year is:

Bait(6125 kg,70.62%) + fry(24.46 kg,0.28%) + input by tide(1283.5 kg,14.80%)
+ release from sediment(1240.31 kg,14.30%)
= harvest of adult fish(1047.25 kg,12.07%)
+ deposition into sediment(2493.52 kg,28.75%)
+ output by tide(4872.3 kg,56.18%) + others(260.20 kg,3.00%).

And the P balance model is:

Bait(1050.0 kg,83.11%) + fry(2.11 kg,0.17%) + input by tide(154.5 kg,12.23%)
+ release from sediment(56.72 kg,4.49%)
= harvest of adult fish(106.5 kg,8.43%)
+ deposition into sediment(613.86 kg,48.59%)
+ output by tide(529.8 kg,41.94%) + others(13.17 kg,1.04%).

The estimation results show that bait is the biggest input of N and P in the cage culture waters. The biggest discharge of N from the cage culture water is the output by tide while the biggest output of P is the deposition into sediment.

The research result also shows that in one fish growth year, the contents of nitrogen and phosphorus in harvest of adult fish are only 17.0% and 10.1% of the contents of nitrogen and phosphorus in fish bait and fry, 83% of nitrogen and more than 89% of phosphorus in fish bait became marine pollutants. In addition, about 20% and 53% of nitrogen and phosphorus in fish bait deposited into sediment and 63% and 36% of the nitrogen and phosphorus enter the sea water.

4 Conclusions

The concentrations of total nitrogen (TN) at the cage culture sites with five years and ten years of culture history are 1. 8 and 2. 3 times of that at control site. Ammonium (NH_3-N) is the main form of nitrogen in spring while nitrate (NO_3^--N) in winter in the cage culture waters. The concentrations of TN, TON and DON of cage culture waters are highest in autumn, then in summer, winter and spring.

The concentration of phosphorus in the cage waters increases with the increasing of the culture years. The concentrations of TP and TDP are both highest in autumn.

In the balance of N and P in the cage culture waters, the biggest output of N is the output by tide, but the biggest output of P is the deposition into sediment.

In one fish growth year, the contents of nitrogen and phosphorus in harvest of adult fish are only 17. 0% and 10. 1% of the contents of nitrogen and phosphorus in fish bait and fry, wherein 83% of nitrogen and more than 89% of phosphorus in fish bait became marine pollutants.

References

[1] BERNER R A. Early diagenesis: A theoretical approach [M]. New Jersey: Princeton University Press, 1980: 25 -31.

[2] BRAATEN B. Pollution problems on Norwegian fish farms [J]. Aquaculture ireland, 1983, 14 (6): 6 -7.

[3] GROWEN R J, BRADBURG N B. The ecological impact of salmonid farming in coastal water: A review [J]. Oceanography and marine biology: An annual review, 1987, 25: 563 -575.

[4] HE Y Q, ZHENG Q H, WEN W Y, et al. A study on seawater environment affected by cage mariculture in Daya Bay [J]. Tropical oceanology, 1996, 15 (2): 22 -27. (in Chinese).

[5] JI W D. Relationship of biogeochemistry from organic pollution and eutrophication in the Maluan Bay of Xiamen [J]. Acta oceanologica sinica, 1998, 20 (1): 134 -143. (in Chinese).

[6] SONG J M. Sediment-water interface chemistry in China coast [M]. Beijing: China Ocean Press, 1997, 179 -189. (in Chinese).

[7] WALLIN M, HANKASON L. Nutrient loading models for estimating the environmental effects of marine fish farms [J]. Marine aquaculture and environment, 1991, 22: 39 -55.

[8] ZHAI M H. Discharge and control of the waste water bred prawn in Yantai [J]. Marine environmental science, 1993, 12 (3): 7 -14. (in Chinese).

哑铃湾网箱养殖对底层水环境的影响研究*

在近岸海域网箱养殖区，由于海水流动受到阻碍，养殖过程中排放的残饵和排泄物等不易转移和扩散，导致养殖水体各种理化因子的改变和底泥环境的恶化[1,2]，污染物质在底泥中的长期积累和分解作用，会造成养殖海域的“二次污染”[3]。我国近海网箱养殖多选在沿海半封闭的内湾，极易发生养殖海域的污染及养殖自身污染。[4]哑铃湾是大亚湾西北部的一个半封闭的溺谷湾，是广东一个主要的网箱养殖区。近年来哑铃湾赤潮时有发生，海水中营养盐含量和结构的改变是主要的原因。[5]开展哑铃湾网箱养殖区水体和沉积物环境质量的调查，研究水体中污染物的来源、迁移转化、物质平衡和沉积物——水界面的物质交换，对保护哑铃湾海洋资源和水产养殖业的可持续发展具有重要意义。

1 材料与方法

在哑铃湾及澳头港设置 8 个采样点（S1 ~ S8）。S3 位于东升村以西的养殖中心网箱（养殖年限 >3 a），S6 位于东升村网箱（养殖年限约 20 a），S7 取在距离网箱区约 1 km 处的非养殖区（对照点），S8 位于澳头港衙前村网箱（养殖年限 >20 a）。沿潮流方向在距离养殖中心网箱（S3）50 m 处设 2 个点（S2、S4），100 m 处设 2 个点（S1、S5），S1 和 S2 位于涨潮上游一侧，S4 和 S5 点位于涨潮下游一侧（图 1）。

于 2002 年 4 月（春季）、7 月（夏季）、10 月（秋季）和 2003 年 1 月（冬季）共进行 4 次调查。在 S3、S6 和 S7 点每个季节进行 1 次周日采样，其中 S3 点采样频率为 24 h 12 次，S6 和 S7 点采样频率为 24 h 4 次，基本对应采样当日的涨落潮时。S1、S2、S4、S5 点每季采样 1 次，S8 点仅在冬季采样 1 次，每次采样于高潮前后 1 h 内完成。用 5 L 采水器在离底 0.5 m 处采集底层海水，并在 S3、S6 和 S7 点现场用多功能水质分析仪（美国 Alpkem 公司）测定离底 0.5 m 处的水温（T）、盐度（S）、pH 值和溶解氧（DO），检出限分别为 0.1 ℃、0.01%、0.01、0.01 mg/L。样品采集后，按《海洋监测规范》[6]中的方法分析，无规定的采用《海水化学要素调查手册》[7]中的方法。分析项目包括悬浮物（SS）、总有机碳（TOC）、生化需氧量（BOD_5）、化学耗氧量（COD_{Mn}）、亚硝酸盐氮（$NO_2^- - N$）、硝酸盐氮（$NO_3^- - N$）、氨氮（$NH_4^+ - N$）、溶解无机氮（DIN，$NO_2^- - N + NO_3^- - N + NH_4^+ - N$）、溶解无机磷（DIP，$PO_4^{3} - P$）、溶解态总磷（DTP）。S1、S2、S4、

---

* 原载《农业环境科学学报》2005 年第 24 卷第 2 期，作者：韦献革、温琰茂（通讯作者）、王文强、贾后磊、徐昕荣。基金项目：国家自然科学基金资助项目（40071074），广东省环保局科技研究开发项目（2000262424027）。

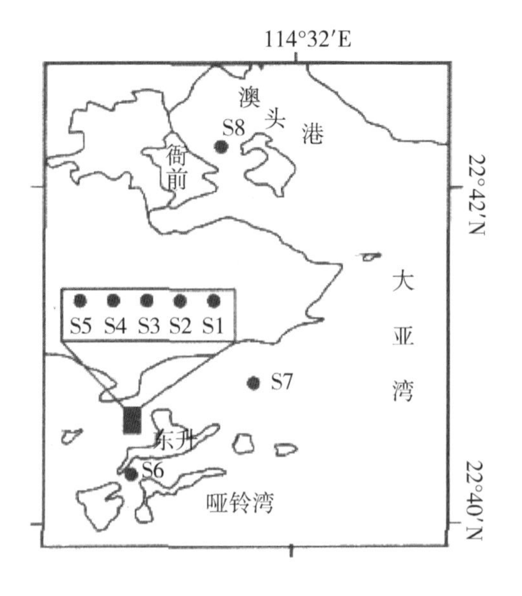

图1　调查海区及采样点

S5 和 S8 点仅分析溶解态氮磷营养盐。

2　结果和讨论

2.1　网箱区及对照点底层海水的水质分析

2.1.1　盐度、水温、pH 值和 DO

pH 值季节变化范围为 7.78 ～ 8.10，各点均为冬季最高，夏季最低，见图 2(a)。单因子变量分析（ANOVA）结果显示，季节间的差异显著（F = 38.37，*sig.* = 4.06，α = 0.05），采样点间的差异不明显（F = 0.13，*sig.* = 4.26，α = 0.05）。从年平均值看，网箱区仅稍低于对照点（7.97），东升村（7.92）又稍低于养殖中心（7.95），相对于检出限，差异极小。除夏季东升村和对照点略低于一、二类海水水质标准[8]外，均达到一类标准要求。在一般的海水养殖区，由于养殖生物的呼吸作用和养殖过程中产生的残饵和排泄物沉积并在底泥表层发生分解，其产物会导致底层海水 pH 值下降。[9]但在本研究区底层海水的 pH 值下降并不明显，养殖区与非养殖区的差别也不显著，与甘居利等[10]在柘林湾网箱养殖区的研究也类似。这显示哑铃湾网箱养殖对底层海水的 pH 值的影响极小。

DO 的季节变化范围为 4.18 ～ 8.87 mg/L，各点均为冬季最高，其他 3 季接近，见图 2(b)。ANOVA 分析结果显示，季节间的差异显著（F = 5552.5，*sig.* = 4.06，α = 0.05），采样点间的差异不明显（F = 0.0008，*sig.* = 4.26，α = 0.05）。相对于检出限，年平均值网箱区仅比对照点低 0.04 ～ 0.06 mg/L，2 个网箱的差别也较小。冬季均达到一类海水标准要求，夏、秋季仅达到三类海水标准要求（超二类标准 10% ～ 16.4%）。比王小平等[11]于1994年秋季和1995年春季在本区的调查结果低，秋季也比黄洪辉等[12]在大鹏湾网箱养殖区的同期调查结果（5.60 mg/L）低，显示哑铃湾网箱养殖海区底层海水的DO在春、夏、秋3季已受养殖活动的影响，而且这种影响通过海水交换已扩大到非养殖区（对照点）。

网箱区和对照点的水温和盐度各季节和年平均值的差别均很小，见图2(c)、(d)。水温的变化没有超出一类海水水质标准规定的范围，显示哑铃湾网箱养殖对底层海水的水温和盐度的影响极小。

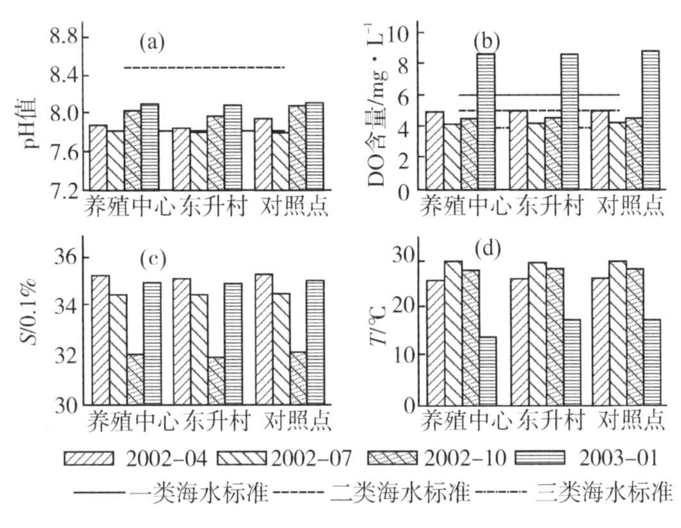

图2　底层海水pH、DO、盐度和温度的季节变化

2.1.2　BOD_5、COD_{Mn}、TOC和SS

COD_{Mn}和BOD_5是反映水体中有机物多少的重要指标。[13] BOD_5的季节变化范围为0.26～2.22 mg/L，年平均值为1.03～1.17 mg/L，见图3(a)，东升村比养殖中心和对照点分别高13.6%和5.4%。春、秋季达一类海水标准，夏、冬季和年平均值达二类海水标准。COD_{Mn}的变化范围为0.86～1.82 mg/L，年平均浓度为1.24～1.46 mg/L，见图3(b)，东升村比养殖中心和对照点分别高15.9%和17.7%，各季节及年平均含量均达一类海水水质。COD_{Mn}的调查结果略高于何悦强等[14]1988年在本区的调查结果，反映网箱养殖会造成底层海水中COD_{Mn}和BOD_5有一定程度的累积。但从哑铃湾网箱养殖区的底层水质来看，尚未形成有机污染，影响程度较轻，对BOD_5的影响相对较大。养殖区与对照点TOC的差别较小，见图3(c)；网箱区SS明显高于对照点，夏季最明显，见图3(d)。这体现哑铃湾网箱养殖对海水TOC含量的影响较小，夏季对SS的影响较大。

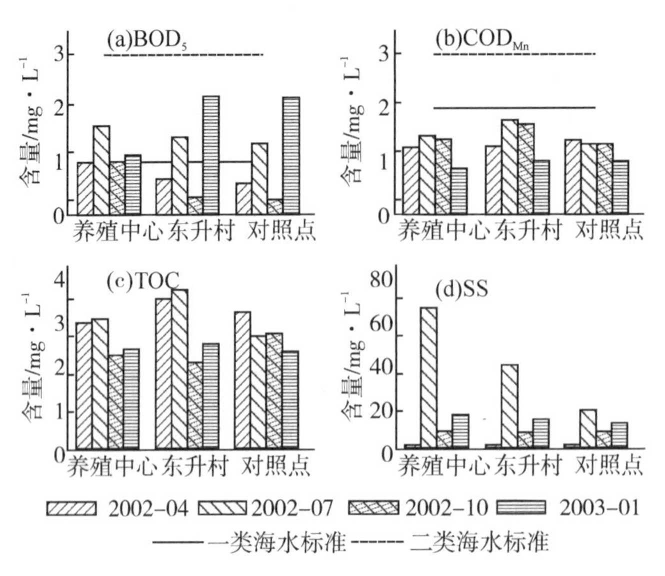

图3 底层海水 BOD、COD、TOC 和 SS 含量的季节变化

2.1.3 溶解态氮磷营养盐

网箱区和对照点 DIN 春、夏、秋季以 NH_4^+ -N 为主，冬季以 NO_3^- -N 为主，但 NO_3^- -N 和 NO_2^- -N 含量均较低。DIN 和 NH_4^+ -N 在网箱区的年平均含量分别为 0.067 ~0.089、0.046 ~ 0.066 mg/L，在对照点分别为 0.043、0.027 mg/L，网箱区分别是对照点的 1.56 ~2.1 倍和 1.7 ~ 2.4 倍，东升村分别是养殖中心的 1.3 和 1.4 倍，见图 4(a) ~ (d)。溶解态总磷（DTP）以 DIP 为主，DIP 在网箱区的含量范围为 0.0067 ~ 0.0221 mg/L，年平均值为 0.0123 ~ 0.0153 mg/L，东升村是养殖中心的 1.2 倍；DIP 在对照点的含量范围为 0.0031 ~ 0.0108 mg/L，年平均值为 0.0073 mg/L，网箱区分别是对照点的 1.68 ~ 2.1 倍。春、秋季含量较高，夏、冬季含量相对较低，见图 4(e) ~ (f)。

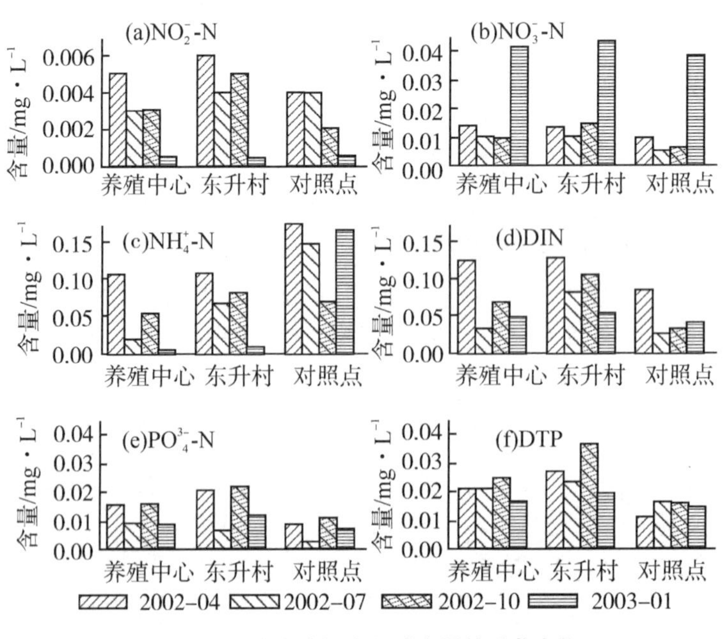

图4 底层海水溶解态氮磷含量的季节变化

哑铃湾养殖海区底层海水溶解态氮磷均表现为网箱区高于对照点，养殖期长的网箱大于养殖期短的网箱；DIN 和 DIP 的含量均低于甘居利等[10]1998 夏季在柘林湾网箱养殖区和王宪等[15]1998 年 4 月—1999 年 2 月在厦门西港网箱养殖区的研究结果，即使考虑大亚湾海域营养盐偏低的特点，DIP 含量也低于浮游植物的一般需要量（0.016 mg/L[9]）。从水质看，DIN 满足一类海水标准，DIP 年平均含量也基本满足一类海水标准（0.0015 mg/L，东升村超一类标准 2%）。因此，就哑铃湾在调查期内的养殖密度和水动力条件而言，养殖活动对底层海水溶解营养盐含量水平的影响还相对较小，低于柘林湾、厦门西港等网箱养殖区的影响；季节变化上，春、秋季的影响大于夏、冬季。

衙前村网箱（S8）的养殖历史与东升村相近，规模化网箱养殖已停止多年，冬季底层海水溶解态营养盐含量与养殖中心相近，低于东升村。这说明网箱养殖对底层水环境的影响是个长期的过程。

2.1.4 各项水化学指标的相关性分析

COD 和 DO、pH 值呈显著的负相关关系，与盐度呈负相关的趋势，与溶解态氮磷呈正相关的趋势（表 1），表明水体中 DO 的提高有助于降低 COD 的含量，本次调查冬季 DO 含量最高而 COD 含量最低也印证了这一点。BOD 和盐度、DO 均呈显著正相关，与 NH_4^+-N、DIN、DIP 呈负相关，显示 BOD 的变化与水文条件的关系较大。但 BOD 的升高并未导致溶解态氮磷的升高，而是呈负相关的趋势，与 COD 相反，反映哑铃湾网箱养殖区底层海水的有机物降解化学作用强于生化作用。

表 1 有机污染物和营养盐与环境因子的相关分析

项目	S	pH 值	DO	NH_4^+-N	DIN	DIP
BOD	0.625*	0.015	0.588*	−0.551	−0.392	−0.517
COD	−0.432	−0.630*	−0.838**	0.530	0.323	0.207
NH_4^+-N	−0.018	−0.470	−0.539			
DIN	0.123	−0.290	−0.251	0.948**		
DIP	−0.382	0.102	−0.172	0.665*	0.724**	

说明：$n=12$；* 表示显著水平 <0.05；** 表示显著水平 <0.01。

溶解态氮磷与盐度、pH 值、DO 的相关性较差，NH_4^+-N、DIN 和 DIP 相互之间呈显著的正相关关系，显示溶解态氮磷具有相同的来源。

2.2 网箱区和对照点底层海水营养状态评价

海水水质状况由多个指标来决定，国内许多研究者采用营养指数 E = COD 含量(mg/L) × DIN 含量(μg/L) × DIP 含量(μg/L)/1500 来研究海域富营养化和有机污染问题[16]。当营养指数 E 值大于 1 时，即为富营养化；E 值越大，富营养化程度越高。哑铃湾网箱养殖区底层海水的营养指数 E 值如表 2 所示。

由表 2 可知，对照点各季和网箱区夏、冬季底层海水的 E 值均小于 1；东升村春、秋

季 E 值达 2.21 ～ 2.52，春季养殖中心 E 值也大于 1。从季节变化和年平均值来看，E 值均表现为网箱区大于对照点，东升村大于养殖中心，春、秋季大于夏、冬季。哑铃湾养殖区底层海水在春、秋两季已达到富营养化水平，养殖期越长，富营养化程度越高；夏、秋两季水质尚好，未达到富营养化水平。

表 2　哑铃湾网箱区及对照点底层海水营养指数

采样点	2002－04	2002－07	2002－10	2003－01	年平均
养殖中心	1.67	0.27	0.99	0.22	0.69
东升村	2.21	0.65	2.52	0.41	1.32
对照点	0.60	0.06	0.28	0.19	0.26

2.3　网箱邻近海区底层海水的水质差异及季节变化

养殖中心网箱、对照点及邻近海区底层海水溶解态氮磷年平均含量的比较如图 5 所示。S1 和 S2 点位于养殖中心网箱涨潮上游方向，距离网箱边界分别为 100 m 和 50 m；S4 和 S5 点位于养殖中心网箱涨潮下游方向，距离网箱边界分别为 50 m 和 100 m；该区位于养殖中心网箱与其他网箱之间，与其他网箱之间的距离在 200 m 以上。网箱区与 S1 和 S2 点比较，NO_3^-－N 较近（0.9 ～ 1 倍），其他指标是 S1 点的 1.5 ～ 2 倍，是 S2 点的 1.2 ～ 2.9 倍，其中 NH_4^+－N 下降相对较明显，网箱区 NH_4^+－N 分别是 S1 和 S2 点的 2 倍和 2.9 倍。网箱区与 S4 和 S5 点比较，除 DTP 稍低（0.8 倍）、NO_3^-－N 较近（0.9 ～ 1 倍）外，其他指标是 S4 点的 1.0 ～ 1.6 倍，是 S5 点的 1.1 ～ 1.3 倍。总体上，底层海水溶解态氮磷 S1 和 S2 点与对照点相近，低于网箱区，S4 和 S5 点略高于对照点，稍低于网箱区。这说明网箱养殖对底层海水的影响随着与网箱距离的增加而降低。甘居利等[10]在柘林湾网箱养殖区的研究显示，DIP 随着与网箱距离的增加而降低，与本研究结果相似；但 DIN 与距离呈较显著的正相关，与本研究的结果相反，可能与该研究中采样选择在夏季、与网箱的距离较远（0.8 ～ 3.5 km）有关，还有待进一步研究。

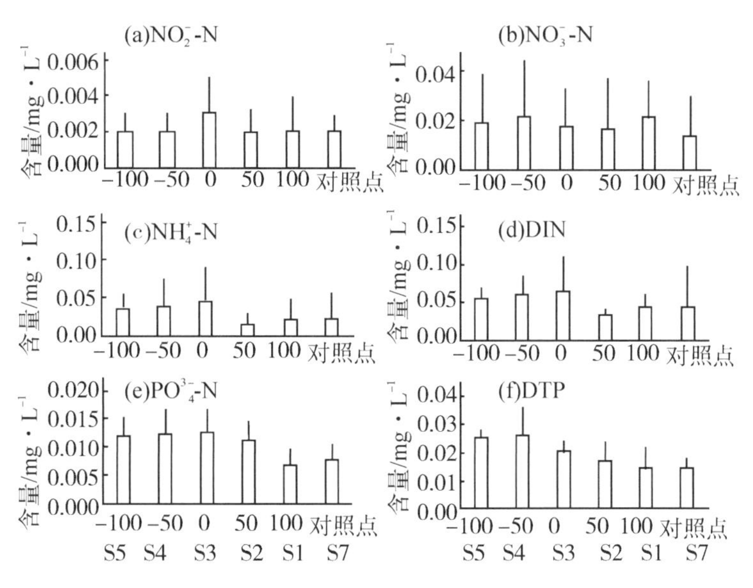

图5　S3点及邻近海区底层海水溶解态氮磷含量比较

选择 NO_2^- − N、NO_3^- − N、NH_4^+ − N、DIN 和 DIP 5 项指标对养殖中心网箱邻近海区和对照点（S1、S2、S4、S5、S7）进行单因子变量分析（ANOVA），结果见表3。基于非养殖网箱区的底层海水溶解营养盐各指标的差异性不显著，但溶解态磷的差异相对大于溶解态氮的差异。进一步 t 检验的结果显示，养殖中心网箱邻近海区和对照点之间均无显著差异。这表明短期网箱养殖尚未引起邻近非养殖海区底层海水营养盐含量与对照点出现明显的差异。可以认为，哑铃湾短期网箱养殖对该海区底层海水营养盐含量的影响较小。

表3　溶解态氮磷的单因子变量分析结果（ANOVA）

项目	NO_2^- − N	NO_3^- − N	NH_4^+ − N	DIN	DIP	DTP
F	0.168	0.102	0.2	0.603	1.4	2.607
sig.	0.195	0.957	0.894	0.629	0.305	0.116

3　结　论

（1）哑铃湾网箱养殖使底层海水中 TOC、SS、有机污染物和溶解态氮磷营养盐都有不同程度的增加，春、夏、秋三季 DO 有不同程度的下降，而对 pH 值、盐度、水温和冬季 DO 的影响较小。在数量变化上，SS、COD_{Mn}、NH_4^+ − N、DIN、DIP 的增加相对更显著；在水质状况上，DO、BOD_5 受影响最大，其次是 DIP。网箱养殖对底层海水的水质影响随着养殖时间的推移而逐渐加剧，短期网箱养殖对底层海水的水质影响较小，长期养殖对底层海水的水质影响较明显。

（2）哑铃湾养殖区底层海水在春、秋两季已达到富营养化水平，养殖期越长，富营养化程度越高；在夏、秋两季水质尚好，未达到富营养化水平。

（3）哑铃湾网箱养殖区底层海水的有机物降解化学作用强于生化作用，溶解态氮磷具有相同的来源。

（4）养殖期较短的网箱养殖尚未引起网箱邻近海区底层海水营养盐含量与对照点出现明显的差异。哑铃湾短期网箱养殖对该海区底层海水营养盐含量的影响较小。

以上结论表明，海水网箱养殖区底层水中耗氧有机物和溶解态营养盐含量的增加，不仅对养殖业本身产生影响，还导致养殖海区存在赤潮发生的潜在危险。为了减少进入水体中的营养物质，促进海水网箱养殖业的可持续发展，在海水网箱养殖过程中，应提高饵料的利用率，减少进入水体的残饵量；采取轮养或休养等措施，使养殖区底泥得到恢复。

参考文献

[1] MERCERON M, KEMPF M, BENTLEY D, et al. Environmental impact of a salmonid farm on a well flushed marine site: Ⅰ. Current and water quality [J]. J appl ichthyol, 2002, 18: 40 - 50.

[2] KEMPF M, MERCERON M, CADOUR G, et al. Environmental impact of a salmonid farm on a well flushed marine site: Ⅱ. Biosedimentology [J]. J appt ichthyol, 2002, 18: 51 - 56.

[3] MCGHIE T K, CRAWFORD C M, MITCHELL I M, et al. The degradation of fish cage waste in sediments during fallowing [J]. Aquaculture, 2000, 187: 351 - 366.

[4] 计新丽，林小涛，许忠能，等. 海水养殖自身污染机制及其对环境的影响 [J]. 海洋环境科学，2000，19 (4)：66 - 71.

[5] 林祖享，梁舜华. 探讨影响赤潮的物理因子及其预报 [J]. 海洋环境科学，2002，21 (2)：1 - 5.

[6] 国家海洋局. 海洋监测规范：第4部分 海水分析：GB 17378. 4—1998 [S]. 北京：中国标准出版社，1999.

[7] 韩舞鹰，容荣贵，黄西能，等. 海水化学要素调查手册 [M]. 北京：海洋出版社，1986.

[8] 国家环境保护局，国家海洋局. 海水水质标准：GB 3097—1997 [S]. 北京：中国标准出版社，1998.

[9] 郭锦宝. 化学海洋学 [M]. 厦门：厦门大学出版社，1997.

[10] 甘居利，林钦，李纯厚，等. 柘林湾网箱养殖场不同区域环境因子的强度变化 [J]. 浙江海洋学院学报（自然科学版），2000，20 (1)：18 - 22.

[11] 王小平，蔡文贵，林钦，等. 大亚湾水域营养盐的分布变化 [J]. 海洋湖沼通报，1996 (4)：20 - 26.

[12] 黄洪辉，王寓平. 大亚湾网箱养殖区生物—化学特性与营养状况的周日变化 [J]. 湛江海洋大学学报，2001，21 (2)：35 - 43.

[13] 韦蔓新，童万平，赖廷和，等. 广西北海湾 COD 与水文生物要素及不同形态氮磷的关系 [J]. 台湾海峡，2002，21 (2)：162 - 166.

[14] 何悦强，郑庆华，温伟英，等. 大亚湾海水网箱养殖与海洋环境相互影响研究 [J]. 热带海洋，1996，15 (2)：22 - 27.

[15] 王宪，邱海源，郑盛华. 厦门西港网箱养殖区底层水体污染状况分析 [J]. 台湾海峡，2003，22 (3)：325 - 327.

[16] 陈于望，王宪蔡，明宏. 湄洲湾海域营养盐状评价 [J]. 海洋环境科学，1999，18 (3)：39 - 42.

哑铃湾网箱养殖区底层水中各种形态P的含量和季节变化*

P是海洋水体中浮游生物正常生长所必需的生源要素之一。[1]养殖水体中P的多寡反映了饵料被利用的程度和生物新陈代谢活动规律，底层海水中P的时空变化还在一定程度上反映沉积物—水界面P的迁移转化和交换通量的差异。[2]哑铃湾是大亚湾西北部的一个半封闭的溺谷湾，是广东省重要的网箱养殖基地。大亚湾属于贫营养型海域，但初级生产力较高。[3,4]近年来，随着沿岸经济的发展和海水养殖规模的扩大，大亚湾海域的营养盐含量和结构发生了变化，P已成为大亚湾浮游植物生长的限制性因子。[3]对大亚湾海域水中P的各种形态分布特征及养殖区营养盐状况的研究已有报道[5,6]，对哑铃湾网箱养殖水体中N的含量特征也进行了总结[7]。但是，对哑铃湾网箱内及邻近网箱海域底层海水中各种形态P的含量及其季节变化的比较研究还未见报道。分析和比较网箱与邻近海区底层海水各种形态P的含量和季节变化差异，可为评价哑铃湾网箱养殖对底层水环境的影响、P的迁移转化和物质平衡、优化养殖容量提供基础数据。这对保护哑铃湾的水质和水产养殖业的可持续发展有重要意义。

1　采样区域及分析方法

在哑铃湾及澳头港网箱养殖海区设置8个采样点（S1～S8）。S3位于养殖中心网箱（养殖年限>3 a），S6位于东升村网箱（养殖年限约20 a），S7取在距离网箱区大于1 km的非养殖区（对照点），S8位于澳头港衙前村网箱（养殖年限>20 a）。沿潮流方向在距离养殖中心网箱（S3）50 m处设2个点（S2、S4），100 m处设2个点（S1、S5），S1和S2位于涨潮上游一侧S4和S5点位于涨潮下游一侧与其他网箱相间的海域。采样点图参见本书第72页图1。

于2002年4月（春季）、7月（夏季）、10月（秋季）和2003年1月（冬季）共采样4次。S3、S6和S7点每个季节进行1次周日采样，S3点采样频率为24 h 12次，S6和S7点采样频率为24 h 4次，基本对应采样当日的涨落潮时。S1、S2、S4、S5点每季采样一次，S8点仅在冬季采样1次，每次采样于高潮前后1 h内完成。用5L采水器在距离水底0.5 m处采集底层海水，并在S3、S6和S7点现场用多功能水质分析仪（美国Alpkem

---

* 原载《海洋环境科学》2005年第24卷第4期，作者：韦献革、温琰茂（通讯作者）、王文强、徐昕荣。基金项目：国家自然科学基金资助项目（40071074）、广东省环保局科技研究开发项目（2000262424027）。

公司）测定距离水底0.5 m处的水温（t）、盐度（S）、pH值和溶解氧（DO）。样品采集后，按《海洋监测规范》[8]和《海水化学要素调查手册》[9]中的分析方法，对水样中溶解无机P（DIP）、溶解态总P（DTP）、总P（TP）、化学耗氧量（COD）等项目进行分析。S1、S2、S4、S5和S8点仅分析溶解态P。溶解态有机P（DOP）和颗粒态P（PP）由差值法求得。

2　结果和讨论

2.1　网箱区及对照点底层海水中各种形态P的分布特征

2002年4月（春季）、7月（夏季）、10月（秋季）和2003年1月（冬季）哑铃湾网箱区及对照点底层海水中各种形态P的潮周日平均含量及变化见表1。

表1　哑铃湾网箱养殖区底层水中各形态P的含量及占DTP和TP的比例

时间	采样点	DIP		DOP		DTP		PP		TP
		含量	DIP/DTP	含量	DOP/DTP	含量	DTP/TP	含量	PP/TP	
2002－04	S3	0.0159	76.0	0.0050	24.0	0.0209	61.8	0.0129	38.2	0.0338
	S6	0.0203	75.0	0.0068	25.0	0.0271	76.9	0.0081	23.1	0.0352
	S7	0.0078	71.8	0.0031	28.2	0.0108	51.3	0.0103	48.7	0.0211
2002－07	S3	0.0089	42.4	0.0120	57.6	0.0209	58.7	0.0147	41.3	0.0355
	S6	0.0067	28.4	0.0169	71.6	0.0236	65.7	0.0123	34.3	0.0359
	S7	0.0031	18.7	0.0136	81.3	0.0167	55.9	0.0132	44.1	0.0298
2002－10	S3	0.0157	64.9	0.0085	35.1	0.0242	60.8	0.0156	39.2	0.0399
	S6	0.0221	61.3	0.0140	38.7	0.0361	74.7	0.0122	25.3	0.0483
	S7	0.0108	68.7	0.0049	31.3	0.0157	61.5	0.0098	38.5	0.0256
2003－01	S3	0.0086	50.8	0.0084	49.2	0.0170	75.2	0.0056	24.8	0.0226
	S6	0.0119	60.2	0.0079	39.8	0.0197	80.4	0.0048	19.6	0.0245
	S7	0.0074	51.5	0.0070	48.5	0.0143	70.3	0.0061	29.7	0.0204
	S8	0.0081	34.3	0.0155	65.7	0.0237				
年平均	S3	0.0123	59.2	0.0085	40.8	0.0207	63.0	0.0122	37.0	0.0329
	S6	0.0153	57.3	0.0114	42.7	0.0266	74.0	0.0094	26.0	0.036
	S7	0.0073	50.5	0.0071	49.5	0.0144	59.4	0.0098	40.6	0.0242

说明：含量的单位为mg/L，比例的单位为%。

2.1.1 底层海水 P 形态结构的变化

网箱区和对照点底层海水中的 DTP/TP 介于 51.3% ~ 80.4%，年平均为 59. 4% ~ 74%，东升村最高，其次是养殖中心，对照点相对低；各点均以冬季最高，其他三季相近，说明底层海水中的 P 主要以 DTP 形态存在。各点春、秋季 DIP/DTP 均大于 60%，夏季介于 18.7% ~ 42.4%，冬季养殖中心（50.8%）与对照点（51.5%）接近，东升村相对高（60.2%）。这显示底层海水中的 DTP 春、秋主要以 DIP 形态存在，夏季主要以 DOP 形态存在，冬季东升村主要以 DIP 形态存在，养殖中心和对照点 DOP 和 DIP 的含量相当。

哑铃湾养殖区 TP 的形态构成与孙丽华等[5]1999 年春季在大亚湾的调查结果相同，以 DTP 为主，其中 DTP/TP 网箱区高于对照点，养殖年限较长的网箱又大于养殖年限短的网箱。这说明养殖过程中产生的残饵、排粪和排泄物进入水体后，导致底层海水中 DTP 占 TP 的比例升高。较多的 DOP 成为浮游植物可直接利用的 DIP 的潜在来源，使得 DTP 的形态构成与大亚湾相反，以 DIP 为主，春、秋季两季最明显；冬季 DIP 所占比例下降，与 DOP 相当，但仍与大亚湾有明显差异。夏季水温高，养殖生物代谢最强，加上累积在沉积物中的有机质分解释 P 和 Fe - P 和 Al - P 的还原释 P[10]，DIP 的补充量全年最高，但 DIP/DTP 较低，原因可能是该季节浮游植物生长旺盛，被吸收的速度超过了再生的速度，使 DIP 被浮游植物以 DOP 的形式固定下来。这方面有待进一步研究。

冬季衙前村网箱底层海水 DTP 主要以 DOP 形态存在，DIP/DTP 低于其他点，但仍与东升村和养殖中心网箱 DTP 形态结构的年变化趋势相符。该网箱区作为临时中转网箱，冬季存鱼量少，残饵和排泄物也少，尽管 DIP/DTP 较小，DIP 含量仍与养殖中心相当，高于对照点，说明网箱养殖对底层海水的影响是一个长期的过程。

2.1.2 各种形态 P 的含量及其季节变化

2.1.2.1 TP 和 DTP

TP 和 DTP 的季节变化相近。网箱区 TP 和 DTP 均为秋季最高，春、夏季相近，冬季最低；对照点则表现为夏、秋季高，春、冬季相对低。网箱区 TP 和 DTP 均高于非养殖区，东升村大于养殖中心。

海水中的 *P* 主要来源于河流输送、大气沉降、沉积物释放等。[1]哑铃湾附近无河流输入，网箱区与对照点距离约 1 *km*，大气沉降条件相同，TP 和 DTP 含量的空间差异与养殖活动有关。春、夏、秋三季网箱区投饵量和生物排泄量逐渐升高，冬季因养殖生物已收获，残饵少，使网箱区 TP 和 DTP 含量春、夏、秋三季均高于冬季；秋季养殖生物接近收获，生物个体最大，残饵和生物排泄物最多，TP 和 DTP 含量达到最高。对照点由于没有残饵和排泄物的直接输入，各季 TP 和 DTP 的含量均低于网箱区，但 TP 和 DTP 夏、秋季高于春、冬季，与网箱区的变化趋势相同，显示该点底层海水中受到来自网箱区 P 的影响。

2.1.2.2 DIP

DIP 的季节变化总体表现为春、秋季高，夏、冬季低，秋季最高。网箱区均高于非养殖区，东升村大于养殖中心（夏季例外）。春季网箱区 DIP 含量达到非养殖区的 2 ~ 2.6 倍，东升村也高出养殖中心 80%；夏季 DIP 含量降至全年最低，网箱区仍达到非养殖区的 2.1 ~ 2.8 倍；秋季各点 DIP 含量均最高，网箱区是对照点的 1.5 ~ 2 倍；冬季 DIP 含量全年次低，网箱区达到非养殖区的 1.2 ~ 1.6 倍多。

在网箱养殖海区，水体中 N、P 营养盐的季节变化受养殖活动的影响较为明显，贾后磊等[7]探讨了养殖活动对水体中 N 的影响机制，对底层海水中 DIP 的影响与 N 相似，即养殖活动过程中排放的残饵、排粪和排泄物的季节变化和浮游植物的生长是影响底层海水中 DIP 季节变化最主要的因素。

从底层海水的水质看，对照点 DIP 含量占我国一类海水标准值（0.015 mg/L）[11]的 20.7%～72%（年平均占 48.7%）；养殖中心略超一类标准（超标 6%），东升村超一类标准 35.3%～40.7%，但满足二类、三类标准（0.030 mg/L）要求。就哑铃湾目前的养殖密度和水动力条件而言，养殖活动对底层海水 DIP 含量水平产生一定影响，但仍能满足养殖水体的水质要求。

冬季衙前村网箱底层海水中 DIP 含量高于对照点，与养殖年限较短的养殖中心相当，低于东升村。这说明衙前村网箱仍对底层海水的 DIP 含量有影响。

2.1.2.3 DOP 和 PP

DOP 含量除夏季养殖中心低于对照点和冬季东升村低于养殖中心外，总体上网箱区高于非养殖区，呈现东升村 ＞养殖中心 ＞对照点的特点。各点 DOP 的季节变化均为夏季最高、春季最低。

值得注意的是网箱区夏季 DOP 最高与 DIP 最低相对应。夏季是养殖活动排污较大和浮游植物生长旺盛的季节，较高的 DOP 与浮游植物的固 P 相关，而较低的 DIP 可能与生物作用吸 P 超过了生化作用释 P，这在 P 形态变化分析中已讨论。

网箱区 PP 总体上从春季到秋季逐渐升高，然后下降，冬季降至最低，与养殖生物个体的生长变化相对应，反映网箱区 PP 的季节变化以养殖活动的影响为主。对照点 PP 从春季到夏季逐渐升高，秋季下降，冬季最低，与浮游植物生物量的季节变化相对应，反映对照点 PP 的季节变化受生物作用影响。

2.1.3 各种形态 P 之间的相关性分析

根据潮周日调查数据统计，网箱区和对照点底层海水 TP－DTP、TP－PP 和 DTP－DIP 之间的正相关性较好；养殖中心 DTP－DOP 也呈极显著的正相关，但相关系数性低于 DTP－DIP；东升村 DTP－DOP 的相关性不明显。对照点 DTP－DIP 和 DTP－DOP 均呈显著正相关（表 2）。各形态 P 之间的相关性与 P 形态结构的分析结论一致。

表 2 底层海水中各种形态 P 的线性相关系数

P	养殖中心（$n=48$）	东升村（$n=16$）	对照点（$n=16$）	网箱区（$n=64$）
TP－DTP	0.739**	0.874**	0.735**	0.765**
TP－PP	0.786**	0.637**	0.648**	0.718**
TP－DIP	0.501**	0.648**	0.189	0.547**
TP－DOP	0.365*	0.290	0.668**	0.361**
DTP－PP	0.165	0.182	－0.040	0.101
DTP－DIP	0.692**	0.813**	0.530*	0.740**
DTP－DOP	0.475**	0.212	0.670**	0.438*

续上表

P	养殖中心（$n=48$）	东升村（$n=16$）	对照点（$n=16$）	网箱区（$n=64$）
PP－DIP	0.098	0.022	－0.316	0.045
PP－DOP	0.098	0.250	0.232	0.084
DIP－DOP	－0.306*	－0.396	－0.274	－0.280

说明：* 表示显著，显著水平 <0.05；** 表示极显著，显著水平 <0.01。下同。

结合孙丽华等[5]的调查结果，哑铃湾网箱养殖对底层海水DTP的形态结构已产生影响，随着养殖年限的增加，DTP的主要控制因素已由DOP转变为DIP。养殖期较短时，DTP仍由DOP和DIP共同支配，但DIP相对重要，在对照点则是DOP相对重要。

2.1.4　各种形态P与环境因素的相互关系

对照点底层海水中DIP、DOP和DTP与各环境因子的相关关系均不显著，网箱区DTP与DO和盐度以及DIP与盐度均呈极显著的负相关，DOP与各环境因子的相关性不明显（表3），反映控制网箱区底层海水中DTP的分布以物理作用和DO含量水平为主，控制DIP的分布以物理作用为主。

表3　各种形态P与环境因子的线性相关系数比较

P	对照点（$n=16$）				网箱区（$n=64$）			
	pH值	DO	S	COD	pH值	DO	S	COD
DIP	0.415	0.046	－0.366	0.202	－0.091	－0.212	－0.258*	－0.097
DOP	－0.451	－0.115	0.071	0.273	－0.123	－0.176	－0.177	0.186
DTP	－0.077	－0.066	－0.220	0.397	－0.171	－0.321**	－0.365**	0.039

2.2　网箱附近底层海水中溶解态P的分布特征

S4和S5点位于养殖中心网箱与其他网箱之间，与养殖中网箱的距离分别为50 m和100 m，DIP的变化范围与养殖中心网箱相近，年平均含量略低于养殖中心网箱，下降不明显；DTP的变化范围和年平均含量均大于养殖中心，说明该两点受到养殖中心网箱与其他网箱的交叉影响。S1和S2点位于养殖中心网箱与湾外非养殖区之间涨潮时的上游一侧，与养殖中心网箱的距离分别为50 m和100 m，退潮时受到来自网箱区潮水的影响。DIP和DTP的变化范围和年平均含量均小于养殖中心网箱，距离越远，下降越明显。距离网箱100 m处的S1点，其DIP和DTP含量已与对照点相近，说明网箱养殖对养殖区外水体中溶解态P含量的影响范围有限，对网箱区内的影响明显。

表 4　养殖中心网箱与附近海区底层海水溶解态 P 的含量比较

P	含量/mg·L^{-1}					
	S1（100 m）	S2（50 m）	S3（0 m）	S4（50 m）	S5（100 m）	S7（>1 km）
DIP	0.0042～0.0097	0.0087～0.0150	0.0086～0.0159	0.0073～0.0159	0.0084～0.0153	0.0031～0.0108
	0.0067±0.0028	0.0109±0.0036	0.0123±0.0041	0.0120±0.0043	0.0115±0.0035	0.0073±0.0032
DTP	0.0045～0.0202	0.0091～0.0227	0.0170～0.0242	0.0176～0.0369	0.0220～0.0270	0.0108～0.0167
	0.0138±0.0082	0.0168±0.0070	0.0207±0.0030	0.0254±0.0102	0.0249±0.0026	0.0144±0.0026

说明：各指标第一行为周年含量范围，第二行为年平均值±标准差；括号内为与养殖中心网箱的距离。

3　结论

（1）哑铃湾网箱养殖区底层海水中的 P 主要以 DTP 形态存在，夏季 DTP 主要以 DOP 形态存在，春、秋、冬季主要以 DIP 形态存在。

（2）网箱养殖使底层海水中各形态 P 都有不同程度的增加，尤其是 DIP 和 DTP 增加更为显著，春、秋季增量最大。但 DIP 仍能满足养殖水体的水质要求。短期网箱养殖的影响较小，长期养殖的影响明显。网箱养殖停止后仍对水体产生一定影响。

（3）哑铃湾网箱养殖对底层海水 DTP 的形态结构已产生影响，随着养殖年限的增加，DTP 的主要控制因素已由 DOP 转变为 DIP。

（4）网箱养殖对养殖区外水体中溶解态 P 含量的影响范围有限，对网箱区内的影响明显。

参考文献

[1] BENITEZ-NELSON C R. The biogeochemical cycling of phosphorus in marine systems [J]. Earth science reviews, 2000, 51 (1): 109-135.

[2] MCGHIE T K, CRAWFORD C M, MITCHELL I M, et al. The degradation of fish cage waste in sediments during fallowing [J]. Aquacutture, 2000, 187 (3): 351-366.

[3] 彭云辉，孙丽华，陈浩如，等. 大亚湾海区营养盐的变化及富营养化研究 [J]. 海洋通报，2002，21 (3): 44-49.

[4] 郑爱榕，沈海维，刘景欣，等. 大亚湾海域低营养盐维持高生产力的机制探讨 I [J]. 海洋科学，2001，25 (11): 48-52.

[5] 孙丽华，王肇鼎，彭云辉. 大亚湾海域水中各种形态磷的研究 [J]. 海洋环境科学，2002，21 (4): 19-23.

[6] 王朝晖，齐雨藻，李锦蓉，等. 大亚湾养殖区营养盐状况分析与评价 [J]. 海洋环境科学，2004，23 (2): 25-28.

[7] 贾后磊，温琰茂. 哑铃湾网箱养殖水体中 N 的含量特征 [J]. 海洋环境科学，2004，23 (2):

8 - 11.
[8] 国家海洋局. 海洋监测规范：第 4 部分 海水分析：GB 17378.4—1998 [S]. 北京：中国标准出版社，1999.
[9] 韩舞鹰，容荣贵，黄西能，等. 海水化学要素调查手册 [M]. 北京：海洋出版社，1986.
[10] HOMLER M. The effect of oxygen depletion on anaerobic organic matter degradation in marine sediments [J]. Estuarine, coastal and shelf science, 1999, 48 (3): 383 - 390.
[11] 国家环境保护局，国家海洋局. 海水水质标准：GB 3097—1997 [S]. 北京：中国标准出版社，1998.

哑铃湾网箱养殖海区表层沉积物磷的含量特征*

磷是海洋水体中浮游生物正常生长所必需的生源要素。海水中的磷主要来源于河流输送、大气沉降、沉积物释放等。[1]在无河流输入的近海水产养殖海区，磷主要来源于养殖排污、海水交换和沉积物释放等。当养殖排污受到控制后，大量累积在沉积物中的磷的再生将持续相当长的过程，成为影响这些海区营养盐水平和结构的主要因素。[2]因此，研究养殖海区沉积物中磷的含量特征，对了解海水养殖对水环境的影响程度和范围及控制对策具有重要的意义。

哑铃湾位于大亚湾西部，是一个半封闭的小湾，附近无河流输入，湾口开阔，开放性好，湾内风平浪静，水质优良，初级生产力高，十分适合发展水产养殖，是广东省重要的海水养殖基地。目前，哑铃湾以网箱养鱼为主，兼有贝类和珍珠养殖。已有研究表明，磷是大亚湾浮游植物生长的限制性因子。[3]为了解网箱养殖对哑铃湾沉积物磷的影响，对哑铃湾网箱区及邻近海区沉积物进行现场调查，以便为该海区网箱养殖的持续发展提供科学依据。

1 材料和方法

1.1 样品采集

在哑铃湾网箱养殖海区设置 8 个采样点（S1 ~ S8，采样点图参见本书第 72 页图 1）。其中 S1 ~ S5 位于哑铃湾东升村以西的养殖中心区域，S3 位于养殖中心网箱下（养殖历史 3 ~ 5 a），沿潮流方向在距离 S3 网箱 50 m 处设 S2 和 S4 点，距离 S3 网箱 100 m 处设 S1 和 S5 点，S4 和 S5 点曾养殖过滤食性珍珠贝类，该区开始网箱养鱼时已停养。S6 位于东升村网箱下（养殖历史约 20 a）；S7 为对照点（非养殖区），该点在落潮时受到来自网箱区的海水影响；S8 位于澳头港衙前村网箱下（养殖历史 ＞20 a），现已停养。于 2002 年 4 月、7 月、10 月和 2003 年 1 月采样，S1 ~ S7 共采四季，S8 点仅采一季（2003 年 1 月）。

用抓斗式底泥采样器采集表层沉积物，封存于双层干净聚乙烯袋内，置于装有冰块的泡沫箱中，1 h 内运回岸上实验室，迅速冷冻。在实验室中将样品解冻混匀后，取出约 20 g，采用重量法测定含水率[4]，其余样品在恒温干燥箱中 60 ℃烘干[5]，磨碎后过 100

---

* 原载《水产科学》2005 年第 8 期，作者：韦献革、温琰茂（通讯作者）、陈璟璇、王文强。基金项目：国家自然科学基金资助项目（40071074）、广东省环保局科技研究开发项目（2000262424027）。

目筛，封存于干净的聚乙烯袋中备用。

1.2 分析方法

采用 Aspila 法[6]分析沉积物中的总磷（TP）和无机磷（IP），采用差值法求有机磷（OP）。无机磷（IP）：称取干样 0.5 g 于 80 ml 离心管中，加入 50 ml 1 mol/L HCl 溶液，摇匀后，置于振荡器上，室温下振荡 16 h。4000 r/min 离心 8 min，取出上清液。磷钼蓝法测 P 浓度。[7] 总磷（TP）：称取干样 0.5 g，加入 1 ml 0.1 mol/L $MgCl_2$ 灰化助剂[8]，550 ℃灼烧 2 h，然后进行提取和分析，方法同无机磷。

2 结果和讨论

2.1 沉积物 P 的含量

2.1.1 网箱养殖区和对照点

三个网箱及对照点表层沉积物 TP、IP、OP 的年平均含量见图 1(a)。网箱区 P 各指标均大于对照点，其中网箱区 TP 是对照点的 3.71 ~ 9.99 倍，IP 是对照点的 4.28 ~ 11.82 倍，OP 是对照点的 1.88 ~ 4.14 倍。这说明养殖海区沉积物呈现明显的 P 累积现象。网箱养殖是一种精养或半精养的养殖模式，养殖过程中产生的大量的残饵、排泄物和粪便等进入水体后，除部分在海水中被氧化为浮游生物可利用的可溶态磷外，绝大部分最终进入沉积物中累积下来，使网箱区沉积物中的 P 远高于无大量外源磷的对照点。

不同养殖历史网箱的表层沉积物中 TP、IP 和 OP 含量顺序均为 S6 > S8 > S3，养殖历史越长，P 含量越高。衙前村（S8）虽然养殖历史最长，因已停养多年，P 含量相对比东升村（S6）低，但仍比养殖中心（S3）高。这说明养殖时间越长，沉积物中磷的累积越明显；停养后沉积物中磷的恢复是一个相当长的过程。累积于网箱底部沉积物中的残饵、排泄物和粪便等有机物质，由于上覆海水含有较多的溶氧，矿化后转为无机态磷，在一定的氧化还原条件、温度、水动力和生物扰动的作用下，在沉积物—水界面发生迁移转化和扩散，一部分磷再释放到上覆水中，沉积物中的 P 相应减少。但相对于沉积物中 P 的总量来说，沉积物—水界面 P 的释放强度有限，即使停养，沉积物中的 P 仍长期保存。衙前村网箱停养后沉积物中的磷仍高于养殖历史较短的养殖中心网箱说明了这一点。

2.1.2 养殖中心网箱及邻近海区

养殖中心网箱及邻近海区表层沉积物 TP、IP、OP 的年平均含量见图 1(b)。沉积物中 TP 和 IP 的相对大小均为 S3 > S2、S4 > S1、S5；除 S2 点外，OP 也呈现上述特征。与对照点相比，距离网箱 50 m（S2、S4）的 TP 是对照点的 1.37 ~ 1.47 倍，呈轻微的磷累积现象；距离网箱 100 m（S1、S5）的 TP 是对照海区的 0.99 ~ 1.17 倍，与对照点相近。这说明网箱养殖活动引起的沉积物累积磷限于 50 m 的范围内，这一现象与西班牙 Gran Canaria Island[9]的研究结果相近。哑铃湾网箱养殖均采用抗风浪能力较小的浅水网，养殖海区位于背风区，风浪及潮流均较小，养殖过程中产生的残饵、排泄物和粪便等颗粒物的迁移距离短，绝大部分沉积于网箱邻近海区。因此，可通过轮养的方法降低网箱养殖对沉积物磷的累积影响。

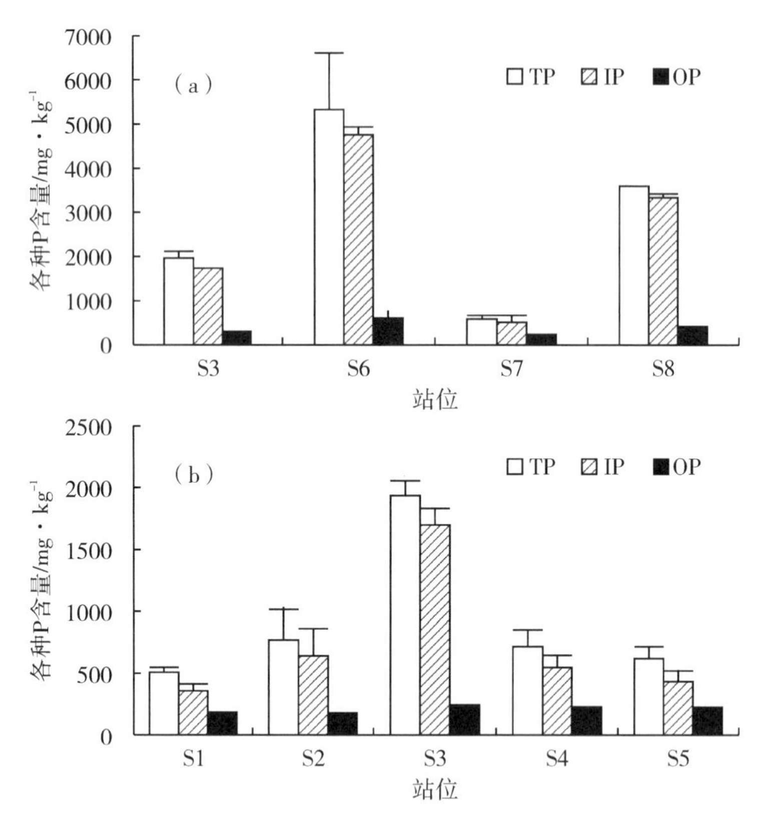

图1 哑铃湾养殖海区表层沉积物P的含量

2.2 沉积物P的构成

各采样点表层沉积物中IP和OP占TP的比例见图2。表层沉积物中IP占TP的比例均>70%（70.32%～91.43%），OP占TP的比例为8.57%～29.68%，沉积物中的P以无机磷为主。从OP占TP的比例来看，对照区和距离养殖中心网箱100 m处（S1、S5、S7）>距离养殖中心网箱50 m处（S2、S4）>网箱下（S3、S6、S8）。但从沉积物的OP含量来看，养殖中心邻近海区与对照海区相近（124.53～166.02 mg/kg），低于网箱下（233.73～515.79 mg/kg）。网箱内有机质来源丰富，沉降到沉积物表面后，使OP含量高于非网箱区；同时，因有机质矿化后P主要以IP的形式保存于沉积物中，使网箱下TP和IP均大于非网箱区。养殖历史相对长但已停养的衙前村网箱（S8）沉积物中的OP低于东升村网箱，进一步说明了有机质矿化对P构成的影响。衙前村（S8）OP大于养殖中心网箱（S3），说明有机质矿化的速度是缓慢的，养殖活动造成的有机质累积的二次污染应受重视。

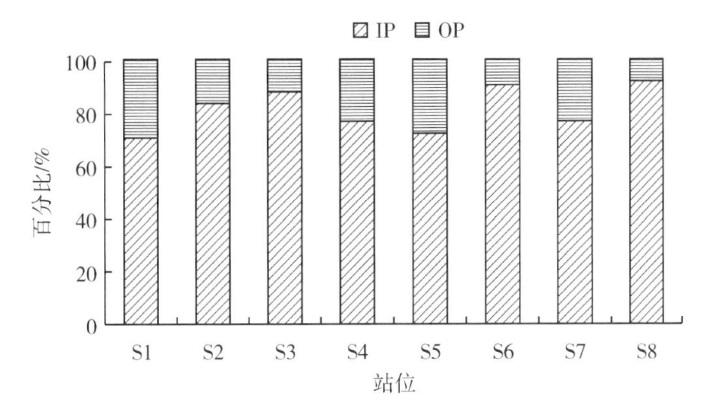

图2 哑铃湾养殖海区表层沉积物 IP 和 OP 占 TP 的比例

2.3 沉积物 P 的季节变化

东升村（S6）网箱沉积物磷的季节变化较大，其他采样点的季节变化相对较小。其中，东升村 TP 和 IP 秋季最高，春、夏、冬季较接近；OP 夏、秋季较高，春、冬季相对较低（图 3）。

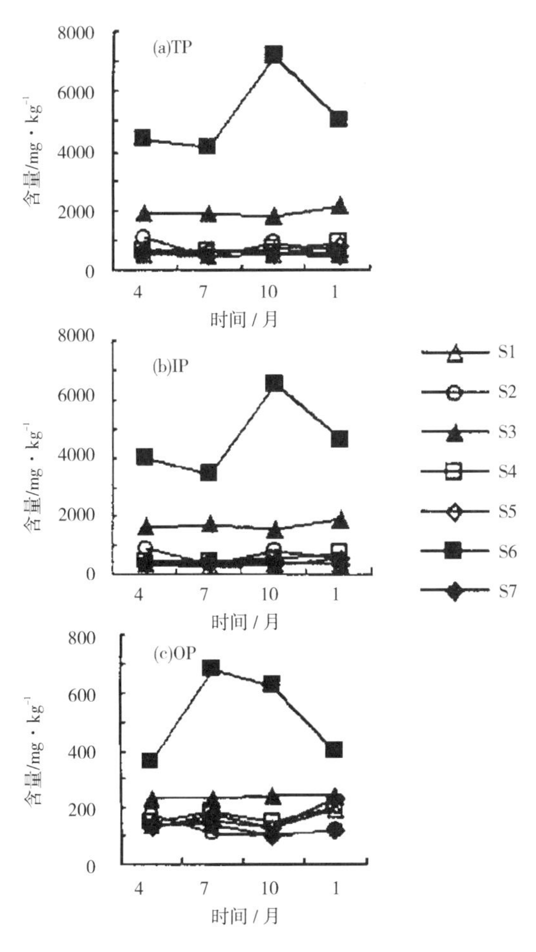

图3 哑铃湾养殖海区表层沉积物磷的季节变化

沉积物磷的季节变化及空间差异可能与沉积物采样厚度、磷的来源和累积有关。本次沉积物采样是按 0 ～ 10 cm 厚度混匀分析，东升村网箱不仅受网箱养殖的影响，还接受来自东升村的生活污水，沉积物含水率最高（78.13%），说明沉积物表层积累的松软有机质层厚度较大，使采样容易产生偏差，引起 TP 和 IP 的季节变化。东升村网箱养殖历史较长，每年网箱养殖的投饵集中在 5—11 月，鱼类的代谢活动较强，沉降的有机质多，12 月—次年 4 月投饵较少，沉降的有机质相应较少，使该点沉积物中 7 月、10 月的 OP 含量较高，而 4 月、1 月的 OP 含量相对低。而同为网箱下的 S3 点由于养殖历史较短，有机质埋藏较浅，受采样深度的影响，OP 的变化在季节变化上不明显。其余各采样点不直接受网箱养殖的影响，磷的季节变化也小。

2.4 沉积物 P 含量与其他区域的比较

与早期（1988 年）[10]大亚湾和我国其他区域[11-14]沉积物磷的含量研究结果比较（表 1），大亚湾在国内海区中磷含量相对较高，对照点磷的含量与早期大亚湾研究结果相近。海水网箱养殖区的研究较少，与武汉东湖排污口附近比较，两区沉积物均接受来自水体的大量有机质，沉积物 TP 含量远大于自然海区。网箱区沉降的有机质主要来源于养殖产生的残饵、排泄物和粪便，强度比东湖的污水颗粒物大，养殖历史较长的东升村和衙前村的 TP 含量比东湖大，养殖历史相对较短的养殖中心的 TP 含量则比东湖小。上述不同区域沉积物中 TP 的含量特征反映了磷的累积性及其对上覆水体的长期影响潜力。

表 1 哑铃湾养殖海区表层沉积物中磷的含量与其他区域的比较

研究区域		TP	IP	OP
大亚湾	全湾平均/10^{-6}	510.3	313.6	196.6
	大亚湾口/10^{-6}	458.8	349.5	109.3
厦门西海域/10^{-6}		187.9	109	78.9
黄海/10^{-6}		411		
黄、渤海/μmol · g^{-1}		14.24	11.89	2.35
武汉东湖排污口附近/10^{-6}		2780		
哑铃湾	对照海区/mg · kg^{-1}	520.54	396.01	124.53
	养殖中心网箱/mg · kg^{-1}	1930.46	1696.74	233.73
	东升村网箱/mg · kg^{-1}	5198.82	4683.03	515.79
	衙前村网箱/mg · kg^{-1}	3575.04	3268.58	306.46

3 结 论

（1）哑铃湾海水养殖网箱下沉积物磷含量明显高于对照点，沉积物中总磷是对照点的3.71～9.99倍。养殖历史越长，沉积物中的磷含量越高。网箱养殖引起的沉积物磷累积仅限于网箱下及距离网箱50 m范围内，对距离100 m以外的海区影响较小。

（2）沉积物中的磷以无机磷为主，无机磷占总磷的70%以上。

（3）养殖历史较长的东升村养殖区沉积物磷的季节变化明显，OP的变化与养殖活动密切相关。养殖历史较短的养殖区及非养殖区沉积物磷的季节变化不明显。但可能受采样深度的影响。

参考文献

[1] BENITEZ-NELSON C R. The biogeochemical cycling of phosphorus in marine systems [J]. Earth science reviews, 2000, 51 (1): 109 – 135.

[2] MCGHIE T K, CRAWFORD C M, MITCHELL I M, et al. The degradation of fish cage waste in sediments during fallowing [J]. Aquacutture, 2000, 187 (3): 351 – 366.

[3] 彭云辉，孙丽华，陈浩如，等. 大亚湾海区营养盐的变化及富营养化研究 [J]. 海洋通报，2002，21 (3)：44 – 49.

[4] 国家海洋局. 海洋监测规范：第5部分：沉积物分析：GB 17378.5—1998 [S]. 北京：中国标准出版社，1999.

[5] 周毅，张福绥，杨红生，等. 干燥方式对沉积物样品有机磷分析的影响 [J]. 海洋环境科学，2002，21 (1)：60 – 62.

[6] ASPILA K I, AGEMIAN H, CHAN A S Y. A semi-automated method for the determination of inorganic, organic and total phosphate in sediments [J]. Analyst, 1976, 101: 187 – 197.

[7] 国家海洋局. 海洋监测规范：第4部分海水分析：GB 17378.4—1998 [S]. 北京：中国标准出版社，1999.

[8] 周毅，张福绥，杨红生，等. 灰化法磷测定中不同灰化助剂的效果比较 [J]. 分析测试室，2001，20 (6)：58 – 61.

[9] DOMÍNGUEZ L M, CALERO G L, MARTIN J M V, et al. Comparative study of sediments under a marine cage farm at Gran Canaria Island (Spain). Preliminary results [J]. Aquacutture, 2001, 192 (2): 225 – 231.

[10] 何清溪. 大亚湾沉积物中磷的化学形态分布特征 [J]. 海洋环境科学，1990，9 (4)：6 – 11.

[11] 陈水土，阮五崎. 九龙江口、厦门西海域磷的生物地球化学研究：Ⅱ：表层沉积物中磷形态的分布及在悬浮过程中的转化 [J]. 海洋学报，1993，15 (6)：47 – 54.

[12] 王菊英，刘广远，鲍永恩，等. 黄海表层沉积物中总磷的地球化学特征 [J]. 海洋环境科学，2002，21 (3)：53 – 56.

[13] 冯强，刘素美，张经. 黄、渤海区沉积物中磷的分布 [J]. 海洋环境科学，2001，20 (2)：24 – 41.

[14] 谢丽强，谢平，唐汇娟. 武汉东湖不同湖区底泥总磷含量及变化的研究 [J]. 水生生物学报，2001，25（4）：305 -310.

哑铃湾网箱养殖环境容量研究
Ⅰ．网箱养殖污染负荷分析计算*

在计算网箱养殖容量的过程中，污染负荷的分析和计算是最关键的内容。国内外学者对这方面的研究大多停留在定性描述上，即使有定量分析，也还是处在比较粗糙的层面，特别是对于网箱养殖的时间累积污染的计算，仍然缺乏较好的方法和思路。本文通过对哑铃湾网箱养殖的实地调查和实验，借助数学手段，试着建立了哑铃湾网箱养殖污染负荷的数学模型，并首次考虑了底泥的累积污染影响。

1 网箱养殖污染负荷方法评述

海水网箱养殖对水环境的影响主要是人工投饵过程中大量营养物质直接进入水体，这些物质的主要形态为溶解态和非溶解态。前者最终表现为水体中某些环境因子含量的增加，后者最终表现为在网箱养殖区海底的沉积。因此，评价网箱养殖对环境的影响，主要是评价 N、P 的环境负荷量。由于网箱养殖是一个开放的系统，所以直接测定其 N、P 的污染负荷比较困难，目前国内外学者采用的方法主要有三种[1,2]：

一是根据比较封闭的池塘养殖的营养物负载结果来类推网箱养殖。营养物负载可以通过长期昼夜测定进出水源中各营养物的浓度之差再乘以流量来直接测定，也可通过营养物的物质平衡方程来间接推算，其一般的平衡方程为：

营养物负载 = 输入饲料中的营养物数量 − 输出鱼体中的营养物数量。

由于网箱养殖未食饲料所占的比例比池塘养殖的要大，且网箱养殖特别是海水养殖，它的水动力扩散以及其他环境条件要比池塘复杂得多，故推算的营养物负载结果可能比实际要偏小。

二是认为网箱养殖对水环境的负荷主要源于养殖体未食饲料、排粪及排泄，因此，只要测出生物体的摄食率及消化率，就可以确定网箱养殖对水环境的负载。但是，由于网箱养殖中未食饲料很难直接测定，养殖体的消化率的确定也有一定难度，同时，网箱养殖对养殖水体水质的影响除了饲料以外，还有底泥的释放以及动力的输送等，所以，该方法可能与实际的结果有较大出入。

三是根据网箱养殖过程中，物质的输入输出平衡方程来间接推算，即物质平衡法，其

---

* 原载《海洋环境科学》2005 年第 24 卷第 1 期，作者：舒廷飞、温琰茂（通讯作者）、周劲风、韦献革。基金项目：国家自然科学基金资助项目（40071074）；广东省环保局科技研究开发项目（2000－026－424027）。

原理即是“所投喂的营养成分，扣除积蓄在养殖物体中的量，剩余的就是环境负荷量”[3]。计算公式为：

$$L_{N,P} = (C \times F_{N,P} - P_{N,P}) \times 10^3。$$

式中：$L_{N,P}$为N或P的环境负荷量（kg/t）；C为饵料系数；$F_{N,P}$为饵料中N或P的含量（%）；$P_{N,P}$为鱼体中N或P的含量（%）。

根据上面物质平衡推算公式，很多研究者对海水网箱养殖的N、P负荷都做了具体研究，代表性的主要有黄小平和温伟英[4]、日本的竹内俊郎[5]和韩家波等[6]。

上述方法都是根据网箱养殖物质平衡方程来推算的，只考虑了养殖过程中主要的投饵和收获过程。实际上，对于一个区域的网箱养殖来说，其输入输出过程不止这些，譬如药品幼苗的投入，底泥的沉积和释放，水动力的交换等过程。

2 哑铃湾网箱养殖污染负荷计算方法

前人对网箱养殖N、P负荷物质平衡的计算，主要考虑的输入输出项就是投饵和成鱼的收获，这种估算相对来说比较粗略，它考虑的只是网箱养殖对水环境造成的外源污染。实际上，在养殖过程中，由于残饵和养殖体排泄物的沉积，释放出来的污染物质又会对水环境造成二次污染，我们称为内源污染。而且，假设在养殖规模不变的情况下，内源污染会随着养殖时间的增加而不断地增大。如果我们把某个网箱当作一个污染源，那么，在一个养殖周期内，该网箱养殖对周围水环境造成的真正污染负荷应该是它向外输送的污染物质净通量，根据网箱养殖物质平衡方程[7]：

饵料+幼鱼+动力输入+底泥释放=成鱼收获+底泥沉积+动力输出。

我们可以得到一个养殖周期内网箱向外输送的物质净通量为：

净通量=动力输出-动力输入=（饵料+幼鱼-成鱼收获-底泥沉积）+底泥释放。

上式中，假设养殖地点相同而且养殖管理方式基本一样，净通量就由两部分组成，一部分是“饵料+幼鱼-成鱼收获-底泥沉积”，这部分是养殖规模函数，在规模一定的情况下，随着养殖年限增加而基本不变，我们称为恒定污染源；另一部分是“底泥释放”，这一部分是随着养殖年限的增加和底泥富集而不断增加，既是养殖规模的函数，也是养殖时间的函数，我们称为可变污染源。由此可得，网箱养殖对周围水环境造成的污染负荷可简单表示为：

$$P(x,t) = Q(x) + C(x,t)。 \quad (1)$$

式中：P为污染负荷；Q为恒定污染源，是养殖规模（产量）x的函数；C为可变污染源，是养殖规模（产量）x的函数和养殖时间t的函数。

为计算方便，我们进行如下假设：①整个哑铃湾内网箱养殖管理模式基本一致；②整个哑铃湾内所有网箱养殖年限差别不是很大；③整个哑铃湾内的网箱养殖都基本集中在一起，而且相对于整个湾来说，网箱的大小可以忽略，这也就基本保证了整个湾所有网箱的水动力条件基本相似；④由于潮汐作用，水流在网箱内停留时间比较短，N、P营养物在输送过程中的变化主要是由于外源性投饵和底泥的交换作用造成，基本没有任何其他衰减和变化。我们就可以得到恒定污染负荷 $Q(x)$ 和养殖规模之间呈线性关系，如下式：

$$Q(x) = kx。 \quad (2)$$

这样，只要调查和计算出网箱养殖过程中 N、P 的各自转化系数，就可以求出系数 k。根据作者博士学位论文[7]的工作，我们推算得到式（3）的系数 k 的值为：

$$Q(x)_{N'} = 0.0735x, \quad (3)$$

$$Q(x)_{P} = 0.0735x。 \quad (4)$$

其中：产量 x 的单位为 kg；恒定污染负荷 Q 的单位也为 kg。

要知道可变污染负荷 $C(x,t)$ 和养殖年限 t 的关系，必须首先求出养殖年限和底泥释放通量 $W(t)$ 之间的关系。为此，我们分别对哑铃湾 6 个不同养殖区即对照点、养殖中心 1（养殖年限 5 a）、养殖中心 2（养殖年限 8 a）、东升村 1（养殖年限 10 a）、东升村 2（养殖年限 15 a）和衙前（养殖年限 20 a，现已停用）的底泥释放通量进行实测计算，主要计算方法是利用间隙水梯度法——Fick 定律计算[8]，具体结果如表 1 所示。

表 1　不同养殖年限养殖区底泥 N、P 的释放通量

单位：$mg/(m^2 \cdot d)$

采样点	PO_4-P	DIN	TP	TN
对照点	0.68	8.42	1.76	42.98
养殖中心 1（5 a）	4.00	44.38	10.36	226.54
养殖中心 2（8 a）	5.01	65.32	12.98	333.44
东升村 1（10 a）	5.71	81.12	14.79	414.09
东升村 2（15 a）	7.20	93.10	18.65	475.24
衙前（20 a）	8.53	78.15	22.10	398.93

根据表 1 的数据，利用曲线估计法对养殖年限 t 和底泥释放通量 $W(t)$ 之间的关系进行线性拟合、二次拟合和三次拟合，得到它们之间的最佳回归方程是二次方程，具体结果见表 2。

表 2　哑铃湾网箱养殖底泥释放通量和养殖年限之间拟合方程

拟合方程	R	S	f
$W(t)_N = 26.8409 + 54.4942t - 1.7574t^2$	0.9894^*	0.0030	69.8987
$W(t)_P = 2.1849 + 1.5991t - 0.0310t^2$	0.9968^{**}	0.0005	235.4496

说明：* 表示拟合显著（$p < 0.05$）；** 表示拟合极显著（$p < 0.01$）。

根据经验，养殖规模 x 和养殖占用面积 S 之间也存在着一个线性关系，即养殖规模越大，所占的海域面积也就会越大，二者的经验关系为：

$$x = 23.7S \quad 或 \quad S = x/23.7。 \quad (5)$$

即平均来说，1 m^2 的水域能够养殖约 23.7 kg 的鱼。所以，由底泥释放造成的可变污染源 $C(x,t)$ 就可以表示为：

$$C(x,t) = W(t)S = W(t)x/23.7。\tag{6}$$

那么，对于 N、P 而言，其具体的表达式可以写为：

$$C(x,t)_N = x(26.8409 + 54.4942t - 1.7574t^2) \cdot 365/(2.37 \times 10^6),\tag{7}$$

$$C(x,t)_P = x(2.1849 + 1.5991t - 0.0310t^2) \cdot 365/(2.37 \times 10^6)。\tag{8}$$

式中：产量 x 的单位为 kg；可变污染负荷 $C(x,t)$ 的单位为 kg。

综上所述，网箱养殖对水环境造成的 N、P 污染负荷可以表示为：

$$\begin{aligned} P(x,t)_N &= Q(x)_N + C(x,t)_N \\ &= 0.0735x + x(26.8409 + 54.4942t - 1.7574t^2) \cdot 365/(2.37 \times 10^6), \end{aligned}\tag{9}$$

$$\begin{aligned} P(x,t)_P &= Q(x)_P + C(x,t)_P \\ &= 0.0094x + x(2.1849 + 1.5991t - 0.0310t^2) \cdot 365/(2.37 \times 10^6)。\end{aligned}\tag{10}$$

3　结　论

本文借助水产养殖物质平衡方程，通过实验建立了哑铃湾海域网箱养殖 N、P 污染负荷计算数学模型，结果如下：

$$\begin{aligned} P(x,t)_N &= Q(x)_N + C(x,t)_N \\ &= 0.0735x + x(26.8409 + 54.4942t - 1.7574t^2) \cdot 365/(2.37 \times 10^6), \end{aligned}$$

$$\begin{aligned} P(x,t)_P &= Q(x)_P + C(x,t)_P \\ &= 0.0094x + x(2.1849 + 1.5991t - 0.0310t^2) \cdot 365/(2.37 \times 10^6)。\end{aligned}$$

该模型不仅考虑了养殖污染和养殖规模的关系，而且通过养殖的底泥累积污染计算，考虑了养殖污染和养殖时间的关系。模型不仅计算方便，而且相对比较科学合理，可为进一步估算网箱养殖环境容量提供理论基础和计算依据。

参考文献

[1] KETOLA H G. Effects of phosphorus in trout diets on water polluting [J]. Salmonid, 1982, 6 (2): 12 - 15.

[2] 林钦，林燕棠，李纯厚，等. 我国海水网箱养殖环境氮磷负荷量的评估 [J]. 热带海洋，1998，21 (3)：217 - 225.

[3] 刘家寿. 投饵网箱养鱼对水环境的影响 [J]. 水利渔业，1996 (1)：32 - 34.

[4] 黄小平，温伟英. 上川岛公湾海域环境对其网箱养殖容量限制的研究 [J]. 热带海洋，1998，17 (4)：57 - 64.

[5] 竹内俊郎. 网箱养殖 N、P 负荷估算 [J]. 国外渔业，1997 (3)：24 - 26.

[6] 韩家波，木云雷，王丽梅. 海水养殖与近海水域污染研究进展 [J]. 水产科学，1999，18 (4)：41 - 43.

[7] 舒廷飞. 近海水产养殖对水环境的影响及其可持续养殖研究：以哑铃湾网箱养殖研究为例 [D]. 广州：中山大学，2003.
[8] 宋金明. 中国近海沉积物—海水界面化学 [M]. 北京：科学技术出版社，1997.

哑铃湾网箱养殖环境容量研究
Ⅱ．网箱养殖环境容量计算*

关于网箱养殖环境容量的估算，目前国内外主要有以下方法：①实地监测估算法；②生态动力学模型；③水动力与水质数学模型等。[1-5] 目前，使用得较多的主要是实地监测估算法，这主要是因为该方法简单易行。对于利用数学模型来估算养殖环境容量的研究，这方面的工作开展得还不是很多，国内外有代表性的研究主要有黄小平等[6]、朱良生等[7]和 Beveridge[8]等。但这些研究的计算都没有包含时间的变量，没有真正能反映随着养殖时间的增加，污染累积，环境容量不断变化的过程。本文根据舒廷飞建立的网箱养殖污染负荷模型[9]，结合二维水动力和水质数学模型，对哑铃湾网箱养殖环境动态容量进行了计算，得到了比较合理的结果。

1　哑铃湾基本环境条件

哑铃湾位于广东省大亚湾西北部，东经 114°30′—114°34′，北纬 22°39′—22°43′之间，是一个半封闭型小海湾，呈哑铃形状，南临大鹏半岛，北靠澳头镇和惠州港，东面湾口直接连通大亚湾海域，平均水深约为 5 m。湾口宽约 3.6 km，湾的纵深约 8.6 km，总面积约为 30.96 km^2。

哑铃湾的潮汐运动主要受经巴士海峡和台湾海峡传来的太平洋潮波影响，属不规则半日混合潮，而且潮汐的日不等现象很显著。

根据舒廷飞等 2002 年 4 月—2003 年 1 月的水质现状调查[10]，目前哑铃湾海域各项水化学指标除了 DO 以外，均符合《渔业水质标准》（GB 11607—1989）和《海水水质标准》（GB 3097—1997）。

---

* 原载《海洋环境科学》2005 年第 24 卷第 2 期，作者：舒廷飞、温琰茂（通讯作者）、周劲风、韦献革。基金项目：国家自然科学基金资助项目（40071074），广东省环保局科技研究开发项目（2000－026－424027）。

2 哑铃湾网箱养殖环境容量计算方法

2.1 限制养殖容量的污染因子及其负荷分析

网箱养殖对水环境的主要污染负荷是营养物 N、P，因此，我们在规划水产养殖容量时就以 N 和 P 作为限制因素。

根据舒廷飞建立的网箱养殖污染负荷模型[9]，可以得到该海域网箱养殖 N、P 的污染负荷量分别为：

$$P(x,t)_N = Q(x)_N + C(x,t)_N$$
$$= 0.0735x + x(26.8409 + 54.4942t - 1.7574t^2) \cdot 365/(2.37 \times 10^6),$$
$$P(x,t)_P = Q(x)_P + C(x,t)_P$$
$$= 0.0094x + x(2.1849 + 1.5991t - 0.0310t^2) \cdot 365/(2.37 \times 10^6)。$$

式中：x 为养殖规模；t 为养殖年限。

2.2 环境容量计算的水动力模型及数值模拟

为了解哑铃湾海域污染物迁移的动力条件，我们于 2002 年 1 月在哑铃湾及其附近海域布设了 2 个测流点（养殖中心和湾口测流点）和 2 个潮位点（了哥角潮位点和码头潮位点）；所得数据同时也作为流场数值模拟结果的验证资料。首先利用这些观测资料对水动力模型进行参数率定和验证，然后用该水动力模型模拟该海域的流场。

2.2.1 控制方程

因为哑铃湾平均水深不超过 10 m，选用二维浅水潮波方程来模拟该海域的流场。假定：①海水是不可压缩的黏性流体；②海水的垂直加速度同重力加速度相比可以忽略；③压力符合静压分布；④垂直平面上的 Reynold 应力以 Boussinesq 的方式表示，湍流底摩擦以 Dronkers 的经验公式表示。则深度平均的二维潮波方程为：

$$\frac{\partial Z}{\partial T} + \frac{\partial(HU)}{\partial X} + \frac{\partial(HV)}{\partial Y} = 0, \tag{1}$$

$$\frac{\partial U}{\partial T} + U\frac{\partial U}{\partial X} + V\frac{\partial U}{\partial Y} - fV + g\frac{\partial Z}{\partial X} + g\frac{U\sqrt{U^2+V^2}}{C^2H} - Ah\left(\frac{\partial^2 U}{\partial X^2} + \frac{\partial^2 U}{\partial Y^2}\right) = 0, \tag{2}$$

$$\frac{\partial V}{\partial T} + U\frac{\partial V}{\partial X} + V\frac{\partial V}{\partial Y} + fU + g\frac{\partial Z}{\partial Y} + g\frac{V\sqrt{U^2+V^2}}{C^2H} - Ah\left(\frac{\partial^2 V}{\partial X^2} + \frac{\partial^2 V}{\partial Y^2}\right) = 0。 \tag{3}$$

式中：Z 为基面起算水位；$H = h + Z$，h 为实测水深；U、V 分别为 X、Y 方向上垂向平均流速分量；C 为摩阻系数，$C = H^{1/6}n^{-1}$，n 为 Manning 系数；f 为柯式参数，$f = 2\omega\sin\Phi$，其中 ω 为地球自转速度，Φ 为地理纬度；Ah 为侧摩擦系数。

2.2.2 模型求解、验证以及模拟结果

上述控制方程采用 ADI（显隐交替方向隐式法）的数值方法求解。空间步长为

200 m×200 m，时间步长为30 s。由于哑铃湾附近地区只有港口码头站有基准点，所以，对于码头对面的了哥角站的水位值，是通过实测资料插值得到的。经过试算和参考有关污染物质扩散数模的实施经验，确定模型各项参数。

通过模拟计算比较，结果得到流速、流向以及潮位的模拟值与实测值基本一致，总体的模拟流场与地形和岸线也是基本一致的。因此，从以上潮位时间过程、海流时间过程、流场总体趋势比较，说明该数学模型满足验证要求，可以用来进行海流特征分析和水质数模预测。

2.3　网箱养殖容量计算的水质模型及模型求解

2.3.1　水质模型

根据物质守恒原理，假定湍流场是均匀和对称的，而且，不考虑物质扩散过程的自身衰减，那么，沿深度平均的二维对流物质扩散方程可写为：

$$\frac{\partial(HC)}{\partial T}+\frac{\partial(HUC)}{\partial X}+\frac{\partial(HVC)}{\partial Y}=\frac{\partial\left(HD_x\frac{\partial C}{\partial X}\right)}{\partial X}+\frac{\partial\left(HD_y\frac{\partial C}{\partial Y}\right)}{\partial Y}+S_m。\tag{4}$$

式中：C为污染物质浓度；H为混合水深；U、V为X、Y方向上垂向平均流速分量；D_x、D_y分别为X、Y方向上的扩散系数；S_m为源强。

由于哑铃湾目前陆上污染源很少，在计算过程中，暂时不考虑陆源污染负荷，而只考虑网箱养殖过程造成的污染负荷。对于网箱养殖过程的源强S_m的计算，可以分为两个部分：外源$Q(x)$和内源$C(x,t)$。其中，外源是养殖规模（产量）x的函数，而内源是养殖规模（产量）x和养殖历史（时间）t的函数。

2.3.2　模型的求解

式（3）可采用数值方法求解，本文用目前较成熟的ADI方法进行数值离散求解。计算中所采用的水力因素，直接采用流场计算的结果；对于D_x、D_y，采用Elder公式计算。

3　结果与讨论

为了使水质预测结果具有代表性，我们选择最严格的小潮时的流场结果进行计算，得到该海域在涨潮时处于稀释状态，而在落潮时水质最差。因此，我们选择落潮时叠加上本底值后N、P的控制浓度作为该海域的环境容量，其中浓度控制区域范围为一个网格点（即实地面积是200 m×200 m）。经过计算，我们得到该海域P的环境容量为8.58 g/s，N的环境容量为168.30 g/s。

由前面养殖污染负荷的计算可以看到，对于养殖污染来说，排放的N、P的比例约为10∶1。因此，对于同样产量的鱼，P对环境容量的限制要比N的严格。所以，最终养殖容量的确定，我们是以P来计算的。

根据养殖污染负荷的式子以及P的环境容量（8.58 g/s），就可以计算出该养殖区在水环境允许的条件下不同养殖年限的养殖容量（本文暂时只计算从 1 ～ 10 a 的情况，10 a 以上的环境养殖容量可依次类推，见表 1）。

表 1　哑铃湾网箱养殖不同养殖年限的养殖容量

养殖年限/a	1	2	3	4	5	6	7	8	9	10
养殖容量/箱	54100	49700	46200	43400	41100	39200	37700	36400	35400	34500

目前，哑铃湾当地的网箱养殖规模约为 4000 箱，由表 1 可知，这个规模还远远没有达到它的环境容量。从计算的理论结果我们可以看到，如果养殖时间为 1 a，即只养 1 a 时间水质就超过标准，不能养第 2 a，那么它的最大养殖环境容量约为 54100 箱；如果想连续养殖 10 a 而水质不超标，那么它的养殖环境容量约为 34500 箱。因此，哑铃湾网箱养殖环境容量是随着养殖时间的增加而不断变小的。

本文计算的养殖环境容量是一个只考虑 N、P 营养物污染限制的环境容量。实际上，对于网箱养殖而言，当养殖投饵大量输入时，引起的环境问题不仅是 N、P 的富集污染，而且还会引起相关环境因子如 COD、BOD 和 DO 等的剧烈变化，它们同样也会对网箱养殖容量造成限制，尤其是 DO 的限制更为普遍。因此，还应该进一步计算 COD、BOD 以及 DO 等环境因子的限制容量，但由于篇幅的问题，这部分的研究将另文讨论。

4　结　论

根据养殖污染负荷公式，结合二维水动力模型和水质模型，本文计算出了哑铃湾网箱养殖的环境养殖容量。当只预计养 1 a 时，它的养殖容量为 54100 箱；当预计连续养 10 a 而且保证水质不超标，那么它的养殖容量为 34500 箱。由此可知，目前哑铃湾的网箱养殖还远没有达到其环境容量，而且，其环境容量是随着养殖时间的增加而不断地变小。

参考文献

[1] 董双林，李德尚，潘克厚. 论海水养殖的养殖容量［J］. 青岛海洋大学学报，1998，28（2）：253－258.

[2] 刘剑昭，李德尚，董双林. 关于水产养殖容量的研究［J］. 海洋科学，2000，24（9）：33－35.

[3] CARVER C E A，MALLET A L. Estimating the carrying capacity of a coastal inlet in terms of mussel culture［J］. Aquaculture，1990，88（1）：39－53.

[4] BACHER C，BIOTEAU H，CHAPELLE A. Modelling the impact of a cultiratlia oyster population on the nitrogen dynamics：The Thau Lagoon case［J］. Ophelia，1995，42（1）：29－54.

[5] FOY R H，ROSELL R. Loadings of nitrogen and phosphorus from a Northern Ireland fish farm［J］. Aquaculture，1991，96（1）：17－30.

[6] 黄小平，温伟英. 上川岛公湾海域环境对其网箱养殖容量限制的研究［J］. 热带海洋，1998，17

(4)：57－64.
[7] 朱良生，王肇鼎，彭云辉. 大亚湾大鹏澳水产养殖环境容量数值预测［C］//邹仁林. 大亚湾海洋生物资源的持续利用. 北京：科学出版社，1996：129－143.
[8] HOLLIDAY J E，MAGUIRE G B，NELL J A. Optimum stocking density for nursery culture of Sydney rock oysters（Saccostrea commercials）［J］. Aquaculture，1991，96（1）：7－16.
[9] 舒廷飞. 近海水产养殖对水环境影响及其可持续养殖研究：以哑铃湾网箱养殖研究为例［D］. 广州：中山大学，2003.
[10] 舒廷飞，温琰茂，周劲风，等. 哑铃湾网箱养殖环境容量研究Ⅰ. 网箱养殖污染负荷分析计算［J］. 海洋环境科学，2005，24（1）：21－23.

哑铃湾网箱养殖海域磷的分布及其影响因素*

哑铃湾位于广东省大亚湾西北部，是一个半封闭型的湾中之小海湾，水深为 3 ～ 6 m。网箱养殖是哑铃湾最重要的水产养殖方式，本区网箱养鱼已有 20 a 历史，目前仍采用木架浮动式网箱，其抗风浪、抗台风性能差。由于水深适宜、避风条件好的养殖区有限，本区网箱养鱼主要分布在东升和衙前两个养殖区。从养殖历史来看，衙前的网箱养殖历史最为长久，至今约为 20 a；东升村也超过了 10 a；养殖中心附近的养殖区最短，才开始 4 ～ 6 a。

P 是养殖水环境生态系统中物质循环的重要环节。Wallin 和 Hkanson[1] 研究了养殖过程中 P 的物质平衡，饲料中 15% ～ 30% 的 P 被鱼利用，16% ～ 26% 溶解在水中，51% ～ 59% 以颗粒态存在。

张晓平[2] 对厦门西海域进行调查发现，该海域海水养殖的大规模集约化使得养殖生物的代谢产物大量排放，成为海区的一个强污染源。关于哑铃湾海域的营养盐的含量变化及 N、P 形态特征，贾后垒等和舒廷飞等分别在《哑铃湾网箱养殖水环境中的营养盐含量及特征》[3]、《哑铃湾网箱养殖水体中 N、P 的形态特征及季节变化调控机制》[4] 中做了阐述。在该海域，从 N/P 比的角度来看，P 是比较缺乏的；但是从浮游植物可利用的角度看，无机磷却相对过剩。因此，对 P 和其形态间的关系及与其他营养盐及环境因子的关系进行研究，对哑铃湾网箱养殖的环境效应及关键环境因子的调控有重要的意义。

1 材料与方法

采样站位见图 1。所调查的三个水域是东升村养殖区（3 号点）、养殖中心养殖区（2 号点）和对照点（非养殖区，1 号点）。对照点取在非养殖区海域。调查项目主要有总磷（TP）、溶解态总磷（DTP）、正磷酸盐（PO_4-P）、生化需氧量（BOD）、化学需氧量（COD）、总氮（TN）、溶解态总氮（DTN）、氨氮（NH_3-N）、硝酸盐氮（NO_3-N）、亚硝酸盐氮（NO_2-N）、总有机碳（TOC）、溶解态有机碳（DOC）、悬浮物（TSS）、pH 值、电导率（γ）、溶解氧（DO）、水温（T）、盐度。各调查项目按《海水水质标准》[5]、《海水化学要素调查手册》[6]、《海洋调查规范》[7] 进行分析测试。另外，用多功能水质分析仪（美国 Alpkem 公司生产）现场测定水温、盐度、pH 值、电导率和溶解氧，并且分

* 原载《海洋环境科学》2006 年第 25 卷第 1 期，作者：徐昕荣、温琰茂（通讯作者）、舒廷飞。基金项目：国家自然科学基金项目（40071074）；广东省环保局科技研究开发项目（200－026－424027）。

上中下三层：上层为水面以下 50 cm，中层为水深的一半，下层为离底部 50 cm。采用一元和多元线性回归法，通过计算机对数据进行处理和分析，建立 P 与其他营养盐及环境因子的相关模式。

图 1　哑铃湾采样站位

2　分析与讨论

2.1　不同养殖区四个季节 P 的形态含量及变化

图 2、图 3、图 4 为不同养殖区（养殖中心、东升村、对照区）一年四季 TP、TDP、DIP 的季节变化情况。

从图 2、图 3 可以看到 TP 和 DTP 的含量养殖中心和东升村的季节变化基本一致，即从春季到夏季逐渐增加，到秋季达到最大，冬季降到最低。而对照点 TP 和 DTP 的变化很缓和。从图 4 可以看出，DIP 的含量变化趋势三点基本一致，并且三种形态 P 的含量均是东升村 ＞养殖中心 ＞对照区。

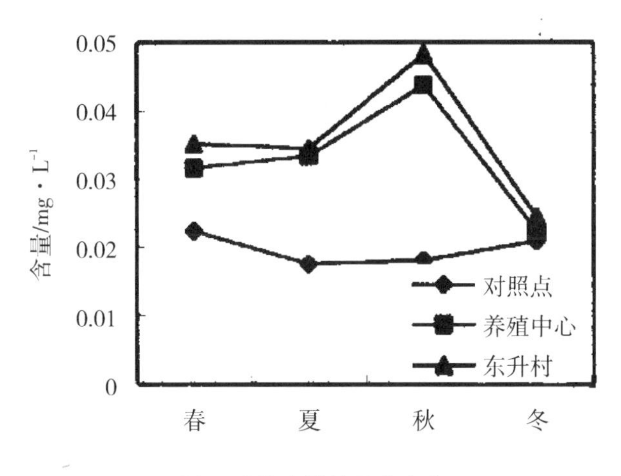

图 2　TP 含量的季节变化

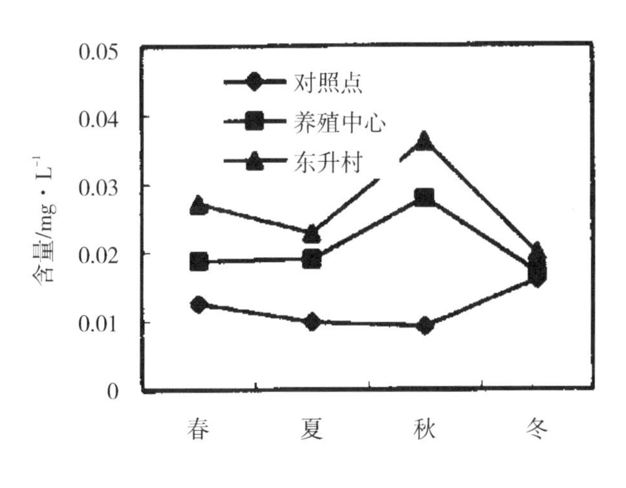

图 3　TDP 含量的季节变化

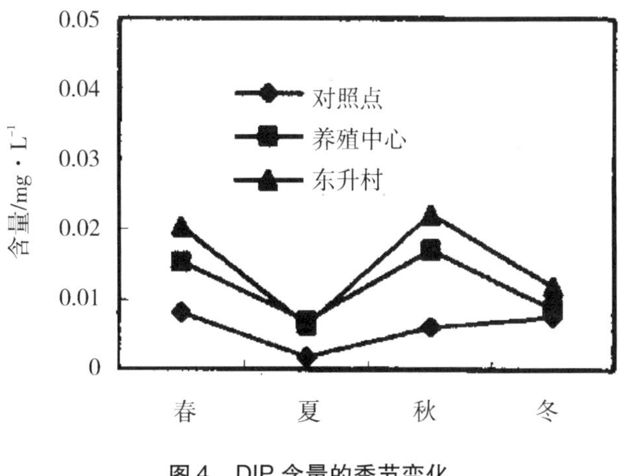

图 4　DIP 含量的季节变化

TP、DTP 和 DIP 含量均是东升村 ＞养殖中心 ＞对照点。随着养殖年限的增加，各形态磷的含量均增加，网箱养殖造成了养殖水体 P 的富集。对照点 TP 和 DTP 一年四季变化趋势一致且变化缓和，DIP 在夏季受浮游植物的同化作用的影响，含量显著降低；养殖中心和东升村变化趋势基本一致，不同于对照点，春季、秋季出现两个波峰，夏季和冬季出现两个波谷，这种变化趋势主要与网箱养殖的养殖周期有关。

2.2　各形态 P 的相关性分析

P 是海洋中重要的营养元素之一，各形态间的循环转化，受各种因素的影响，养殖水体由于人为的干扰，各形态之间的相互关系会发生变化。本文利用一元线形回归方法分析了 TP、TDP、TIP 三者之间的相互关系。

对照点春、夏季各形态 P 均显著相关，秋、冬季均不相关；东升村春季各形态 P 均不相关，夏、秋季各形态 P 均相关，冬季只有 TP 和 DTP 相关；养殖中心春、冬季各形态 P 均相关，夏、秋季只有 TP 和 DTP 相关（表 1）。

表 1　各形态 P 间的相关性分析

季节	对照点	东升村	养殖中心
春	TP、DTP 及 DIP 均显著相关	TP、DTP 及 DIP 均不相关	TP、DTP 及 DIP 均显著相关
夏	TP、DTP 及 DIP 均显著相关	TP、DTP 及 DIP 均显著相关	TP 与 DTP 相关
秋	TP、DTP 及 DIP 均不相关	TP、DTP 及 DIP 均显著相关	TP 与 DTP 相关
冬	TP、DTP 及 DIP 均不相关	TP 与 DIP 显著相关	TP、DTP 及 DIP 均显著相关

对照点与养殖中心和东升村各季节 P 的相关性不同，除东升村春季外，东升村和养殖中心 TP 和 DTP 都相关，可见 DTP 在水产养殖水体中占重要地位。

2.3　P 与环境因子的相关分析

水环境中影响 P 各形态转化的过程主要有物理过程、化学过程和生物过程。在研究过程中，通常取水温、盐度、电导率和 pH 值等表征水体的物理过程，取 BOD、COD 和 DO 等表征水体的化学过程；对于生物过程而言，在本文中，由于缺少叶绿素 a 的实测资料，没有分析在内。在这里利用一元线形和多元线形回归进行分析研究。

2.3.1　对照点 P 与环境因子的相关分析

从表 2 可知，对照点主要受物理混合作用和矿化作用的控制。春季 TP、DTP、DIP 主要受温度控制，三者之间显著相关；夏季只有 DTP 与温度显著相关，TP、DIP 与各因素均无显著相关，受多种因素的综合影响；秋季 P 受物理作用和化学作用的共同影响；冬季除 DIP 和温度显著相关外，与其他因素均无显著相关，受物理和化学多种作用控制。一年中 P 主要受温度和 pH 值的影响。

表2　对照点P与环境因子多元一次逐步回归模式

季节	相关模式	n	r	p
春	TP = −1.71 + 0.0651T	8	0.961	<0.05
	DTP = −1.58 + 0.0622T	8	0.876	<0.05
	DIP = −0.18 + 0.0068T	8	0.734	<0.05
夏	DTP = −0.10 + 0.00388T	8	0.761	<0.05
秋	TP = 0.71 − 0.086pH	8	−0.758	<0.05
	DTP = 0.00875COD	8	0.763	<0.05
冬	DIP = 0.04 + 0.00344T	8	0.706	<0.05

2.3.2　东升村养殖点P与环境因子的相关分析

表3表明，虽然影响四季各形态P的因素不同，但都以化学作用为主。春、秋季物理过程和化学过程共同作用；夏季除DTP与COD有显著相关外，其他形态受各种因素的共同作用；冬季受化学过程的控制。一年中P主要受pH值、S等物理因子和BOD、COD等化学因子的影响。

表3　东升村养殖点与环境因子多元一次逐步回归模式

季节	相关模式	n	r	p
春	DTP = −0.2 + 0.029pH	8	0.762	<0.05
	DIP = −0.03 + 0.3912COD	8	0.904	<0.05
	TP = −10.24 + 0.022BOD − 0.031DO + 0.297S （BOD：F = 25.88，p < 0.05；DO：F = 43.16，p < 0.05；S：F = 9.14，p < 0.05）			
夏	DTP = 0.03 − 0.0136COD	8	−0.71	<0.05
秋	DTP = −0.603 + 0.765pH	8	0.758	<0.05
	TP = −1.31 + 0.079S − 0.256DO （S：F = 9.24，p < 0.05；DO：F = 5.96，p < 0.1）			
冬	TP = 0.03 − 0.0039BOD	8	0.915	<0.05
	DTP = 0.013 + 0.0035BOD − 0.0013COD （BOD：F = 19.1，p < 0.05；COD：F = 5.46，p < 0.1）			
	DIP = 0.0098 + 0.0017BOD − 0.0016COD （BOD：F = 6.72，p < 0.05；COD：F = 5.82，p < 0.1）			

2.3.3　养殖中心P与环境因子的相关分析

对养殖中心而言，春季P主要与pH值和盐度显著相关，物理过程占主导地位；夏季

P 与 COD、DO 和盐度显著相关，化学过程和物理过程共同作用；秋季 P 与 pH 值显著相关，物理过程占主导，受其他各种因素的共同作用；冬季 P 与 BOD、COD、盐度、pH 值及 T 显著相关，物理过程和化学过程共同作用。一年中 P 主要受 pH 值、盐度等物理因子和 COD、BOD 等化学因子影响（表 4）。对照点 P 主要受物理过程的控制，东升村主要受化学过程的控制，养殖中心基本是化学过程和物理过程共同作用。网箱养殖改变了 P 与各环境因子的相互作用关系。

表 4　养殖中心 P 与环境因子多元一次逐步回归模式

季节	相关模式	n	r	p
春	TP = 0.92 − 0.113pH	24	−0.575	<0.05
	DTP = 1.74 − 0.132pH − 0.02S （pH：$F=17.98$，$p<0.05$；S：$F=4.65$，$p<0.05$）			
	DIP = 1.455 − 0.12pH − 0.014S （pH：$F=25.85$，$p<0.05$；S：$F=4.73$，$p<0.05$）			
夏	TP = 0.06 − 0.015COD	24	−0.4911	<0.05
	DIP = 0.02 − 0.0086COD	24	−0.5263	<0.05
	DTP = −0.184 − 0.0047COD + 0.0082DO + 0.0052S （COD：$F=5.62$，$p<0.05$；DO：$F=5.06$，$p<0.05$；S：$F=4.27$，$p<0.1$）			
秋	DIP = 0.60 − 0.074PH	24	−0.656	<0.05
冬	TP = 0.1876 + 0.0011BOD − 0.0048S （BOD：$F=8.94$，$p<0.05$；S：$F=7.77$，$p<0.05$）			
	DIP = −0.33 − 0.0052S + 0.0665pH − 0.0024COD + 0.0014T + 0.0004BOD （S：$F=15.7$，$p<0.05$；pH：$F=8.87$，$p<0.05$；COD：$F=6.35$，$p<0.1$；T：$F=5.45$，$p<0.05$；BOD：$F=4.77$，$p<0.05$）			

3　结　论

（1）TP、DTP 和 DIP 含量均是东升村 > 养殖中心 > 对照点，随着养殖年限的增加，各形态 P 的含量均增加，网箱养殖造成了养殖水体 P 的富集。对照点 TP 和 DTP 一年四季变化趋势一致且变化缓和，DIP 在夏季受浮游植物的同化作用的影响，含量显著降低；养殖中心和东升村变化趋势基本一致，不同于对照点，春季、秋季出现两个波峰，夏季和冬季出现两个波谷，这种变化趋势主要与网箱养殖的养殖周期有关。

（2）对照点与养殖中心和东升村各季节 P 的相关性不同。除东升村春季外，东升村和养殖中心 TP 和 DTP 都相关，可见 DTP 在水产养殖水体中占重要地位。

（3）对照点 P 主要受物理过程的控制，东升村主要受化学过程的控制，养殖中心基本是化学过程和物理过程共同作用。网箱养殖改变了 P 与各环境因子的相互作用关系。

参考文献

[1] WALLIN M, HKANSON L. Nutrient loading models for estimating the environmental effects of marine fish farms [M]. MAKINEN T C. Marine Aquaculture and Environment: vol. 22. Nordic: Nordic councilOf ministers, 1991, 39 -55.

[2] 张晓平. 厦门海域海上污染源对环境质量的影响 [J]. 海洋环境科学, 2001, 20 (3): 38 -41.

[3] 贾后垒, 温琰茂, 舒廷飞. 哑铃湾网箱养殖水环境中的营养盐含量及特征 [J]. 海洋环境科学, 2003, 22 (3): 12 -15.

[4] 舒廷飞, 温琰茂, 贾后垒, 等. 哑铃湾网箱养殖水体中 N、P 的形态特征及季节变化调控机制 [J]. 海洋环境科学, 2003, 23 (3): 12 -15.

[5] 国家环境保护局, 国家海洋局. 海水水质标准: GB 3097—1997 [S]. 北京: 中国标准出版社, 1998.

[6] 韩舞鹰, 容荣贵, 黄西能, 等. 海水化学要素调查手册 [M]. 北京: 海洋出版社, 1986.

[7] 海洋调查规范: 第 4 部分 海水化学要素调查: GB 12763.4—1998 [S]. 北京: 中国标准出版社, 1998.

珠江三角洲密养池塘营养物质收支的研究*

我国的池塘养殖业具有悠久的历史，珠江三角洲的“桑基鱼塘”[1]曾以它独特的地理景观和良性循环的生态结构闻名遐迩。近十几年来，在商品经济的冲击下，为了提高池塘单产，养殖方式已从过去的粗放方式转变为密集型养殖，因而池塘中的代谢产物和未食饵料增加了很多，对于池塘这种相对封闭的人工生态系统，富营养化问题将可能随之产生。废物产生量和池塘净化能力达到平衡成为池塘密养能否成功的关键。为了掌握一个池塘的最佳养殖生产量，需了解投入池塘中的营养物质的迁移、转化途径，即营养物质在池塘中的收支平衡情况，从而获得关于食物利用效率、池塘水质以及泥水界面营养物质交换等信息。笔者选择珠江三角洲的几个典型基塘进行了一个养殖周期的跟踪调查，对各养殖池塘N、P元素的收支平衡进行了分析研究。

1　材料和方法

1.1　基塘养殖情况

选择珠江三角洲两个基塘密集区的4个基塘进行了一个养殖周期的跟踪调查。两个密集区一个位于顺德市勒流镇的生态农业示范区（A区），另一个位于顺德市杏坛镇南华村（B区）。A区的基塘都是新开垦的基塘，基面水面有适当的比例，塘水养殖时间只有2～3 a；B区的基塘都是老基塘，基面严重退化，塘水养殖年限已有十几年。每个地点选择2个基塘进行定点采样调查。每个基塘的水面面积为0.3～0.5 hm^2，水深1～2 m，养殖生物量为1.5×10^4～2.2×10^4 kg/(hm^2·a)，属密养池塘。研究区的基塘是封闭的，除在干塘时将塘水抽到邻近的沟渠和基塘外，基本无水交换；基塘都装有曝气设备，傍晚至清晨持续开机。

在研究期内（2002年3月—2003年1月），各基塘的养殖情况如表1所示。

---

* 原载《水产科学》2004年第23卷第9期，作者：周劲风、温琰茂（通讯作者）、梁志谦。基金项目：国家自然科学基金资助项目（40071074）。

表 1　研究期基塘养殖情况

地点	编号	面积/hm^2	养殖时间	养殖品种	总投饵量/kg	净养殖产量/kg
A 区	A_1	0.45	2002－05－15—2003－01－15	主养加州鲈，配套养殖大头鱼	冻鲮鱼 36910	加州鲈：7500 大头鱼：1750
	A_2	0.47	2002－05－15—2003－01－15	主养加州鲈，配套养殖大头鱼	冻鲮鱼 36910	加州鲈：7500 大头鱼：1750
B 区	B_1	0.3	2002－03－07—2002－07－10	养殖家鱼	草鱼料：1575 生麸饼：750 象草：8400	鲩鱼：900 大头鱼：300 鲫鱼：100
	B_1	0.3	2002－07－14—2003－01－15	主养鳜鱼，配套养殖大头鱼	活鲮鱼：20000	鳜鱼：4141.5 大头鱼：150
	B_2	0.4	2002－07－14—2002－10－22	养殖家鱼	草鱼料：5400 生麸饼：1800 象草：22500	鲩鱼：1500 大头鱼：1000 鲫鱼：400

1.2　样品采集与分析

在研究期内，水质采样每月一次，时间为 9：00—11：00，每个池塘采集一个混合样，样品在采集后 2 h 内送到实验室进行分析，分析项目包括 pH 值、溶解氧、总氮、总磷、无机氮的 3 种形态、活性磷酸盐、有机碳、生化需氧量、化学需氧量、叶绿素 a，按文献［2］中指定方法进行分析。在 A 区和 B 区采集基面堆叠土，进行有机碳、总磷、总氮的测定，分析方法采用文献［3］中指定方法。

1.3　池塘底泥 N、P 释放测定实验

在研究期夏季（8—9 月），在 A_1（新池塘）和 B_1（老池塘）分别选择一个采样点，用长 90 cm、内径 10 cm 的有机玻璃采样管在每个样点 1 m^2 范围内采集底泥—塘水原样 3～4 个，同时采集池塘水 25 L，用 0.45 μm 孔径的微孔滤膜过滤后备用。用虹吸法小心吸出各管的上覆水，将一个原样的上层 10 cm 沉积物作为一个混合样，风干后进行有机碳、总磷、总氮的测定，在其他原样管中保持约 10 cm 厚的沉积物，将采样管下端用橡皮塞封闭，用 PVC 胶带密封接缝处，保证不漏水，虹吸法添加过滤水 1000 mL，做出水位线标记。隔 24 h 取 150 mL 水样，再添加过滤水至水位标记处，测定水样和过滤水中的氨氮、活性磷酸盐、无机氮，方法同上。定期轻度搅拌上覆水，测定样管中水中的溶解氧，如溶解氧降低，则在水面下通入经水洗的空气，实验持续了 7 d。第 i 天的释放量可用下式计算：

$$\omega_i = v(c_i - c_{i-1}) + vl(c_{i-1} - ca_{i-1}) - vv(c_i + ca_{i-1})。$$

式中：ω_i 为第 i 天的释放量（mg）；v 为实验管中水的体积（mL）；c_i 为第 i 天实验管水中某营养物质的浓度（mg/L）；vl 为每次采样量（mL）；ca_{i-1} 为第 $i-1$ 天添加的过滤水中某营养物质的浓度（mg/L）；vv 为每天实验管水的蒸发量（mL）。

1.4　池塘营养物质收支平衡模型

封闭养殖池塘营养物质的主要来源包括鱼类排泄物和未食饵料中的营养成分以及池塘底泥中释放出的营养物质，主要是鱼类对营养物质的消化吸收，浮游植物对水中营养物质的吸收以及一些自净作用（包括颗粒物的沉降、底泥吸附等）。[4] 从物质平衡角度出发，可建立如下的池塘营养物质收支平衡模型：

饵料中营养物质含量 + 养殖初期水中营养物质 + 养殖期底泥释放的营养物质
= 净养殖生产量中营养物质含量 + 养殖末期水中营养物质
+ 养殖期底泥中增加的营养物质 + 其他。

2　结果和讨论

2.1　研究期内各养殖池塘水质变化特点

研究期内养殖池塘中的营养物质没有明显的季节变化特点。A_1 点 NH_4^+ 变幅为 0.66 ～ 4.29 mg/L，均值为 2.03 mg/L；A_2 点 NH_4^+ 变幅为 0.96 ～ 4.23 mg/L，均值为 1.90 mg/L。B_1 点 NH_4^+ 变幅为 0.40 ～ 3.06 mg/L，均值为 1.58 mg/L；B_2 点 NH_4^+ 变幅 0.82 ～ 3.46 mg/L，均值为 1.96 mg/L。附近的沟渠中的营养物质则呈现一定的季节特点，春、冬季 NH_4^+ ＞2 mg/L，其余季节均在约 1 mg/L 波动，附近大河流中 NH_4^+ 质量浓度仅为 0.25 mg/L。可见密养池塘中的 NH_4^+ 有明显的升高。

密养池塘 NO_2^- 质量浓度较低，平均浓度 ＜0.4 mg/L，但相比附近大河流（NO_2^- 平均质量浓度 0.04 mg/L），密养池塘 NO_2^- 还是高出很多。

密养池塘 NO_3^- 的质量浓度变化与 NH_4^+ 和 DO 水平呈现一定的关联。A_1、A_2 点的 NO_3^- 与 NH_4^+ 呈现出交替上升、此消彼长的态势，NO_3^- 的平均质量浓度分别为 1.47、1.18 mg/L。B1、B2 点 NO_3^- 质量浓度大都小于 NH_4^+ 浓度，NO_3^- 的平均质量浓度分别只有 0.52、0.66 mg/L。

密养池塘的 SRP 在 0.05 ～ 0.1 mg/L 上下波动，与附近大河流中的 SRP 差别不大；TP 在 0.25 ～ 0.30 mg/L 上下波动，比附近水体中的 TP（0.1 ～ 0.2 mg/L）略高。

密养池塘叶绿素质量浓度高于周围水体的 Chla 质量浓度，以 B_1 点浓度最高，达 193.51 μg/L。

密养池塘营养物质含量的观测结果表明，密养池塘水中的 N 有了明显的升高，P 则没有明显升高。密养池塘中的营养物质并没有随鱼的生长、摄食量和排泄量的增加而逐渐增加，说明池塘的自净机制仍可支持当前的放养量，藻类对营养物质的吸收和池塘底泥的吸附作用是池塘主要的自净机制。因此，养殖池塘底泥对营养物质的吸附释放能力研究是探讨养殖容量的关键内容。

2.2 池塘底泥 N、P 吸附释放情况

密养池塘底质和基面土的营养成分含量分析结果见表 2。

表 2 密养池塘底质营养成分含量分析

单位：mg/kg

采样地点	位置	总 N	总 P	有机质/%
A_1	底泥	2124	970.5	3.12
B_1	底泥	1206.5	536.5	2.42

密养池塘底泥中的 TN、TP 和有机质含量都明显高出基面堆叠土，底泥 TP 的含量为基面土的 2.6 ～3.6 倍，TN 的含量为基面土的 1.15 ～1.30 倍，有机质的含量为基面土的 1.2 ～ 1.6 倍，说明底泥中 P 的富集较为强烈。

各实验管的氨氮、活性磷酸盐释放曲线分别如图 1 、图 2 所示。

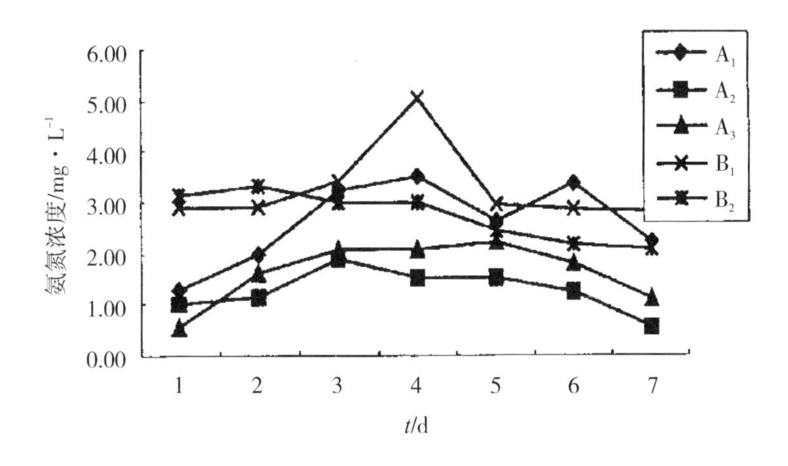

图 1 各实验管氨氮释放曲线

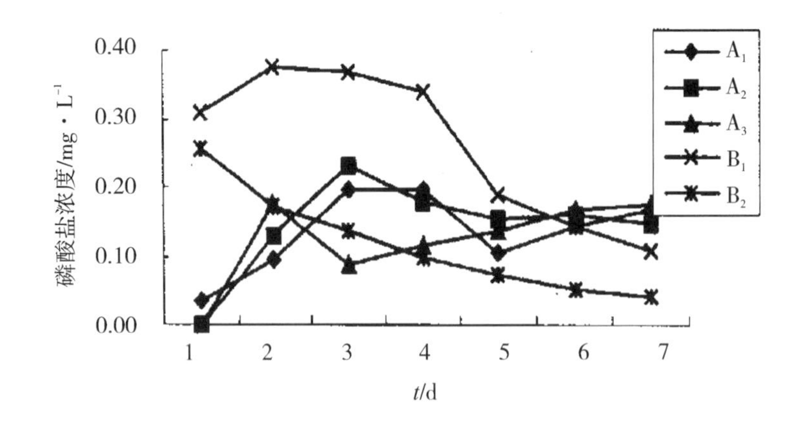

图2　各实验管活性磷酸盐释放曲线

A_1 点各实验管的氨氮释放在第 3 ～ 4 天达到平衡（图 1），随着时间的延长，各实验管的氨氮逐渐降低，而同期观测的无机氮呈平稳状态，这是由于硝化作用的发展，释放出的氨氮逐步转化为其他形态的无机氮，实验管氨氮的平衡浓度为 2 ～ 3 mg/L；各实验管活性磷酸盐的释放基本在第 3 天达到了平衡（图 2），平衡浓度约为 0. 2 mg/L。

B_1 点实验管营养盐的释放情况不太一样。B_2 实验管氨氮浓度第 1 天较高，达到 3 mg/L，以后逐渐降低，到第 6 ～ 7 天达到平衡状态（其他形态无机氮没有明显增加），稳定后氨氮浓度为 2 mg/L（图 1）；活性磷酸盐第 1 天较高，达 0. 25 mg/L，以后逐渐降低，到第 6 ～ 7 天达到平衡状态，浓度为 0. 05 mg/L（图 2）。B_1 实验管氨氮的释放在第 4 天达到高值，浓度达 5 mg/L，后几天浓度降低，到第 6 ～ 7 天达到平衡状态，浓度为 3 mg/L（图 1）；活性磷酸盐在前 4 天维持在较高的浓度（ ＞0. 30 mg/L），第 4 天开始明显降低，到第 7 天趋缓，浓度为 0. 1 mg/L（图 2）。

由图 1、图 2 可知，池塘底泥中营养盐的释放是有一定的条件的，只有池塘水中营养盐的浓度低于释放平衡浓度，底泥中的营养盐才表现为释放。[5-7] 如果池塘水中营养盐的浓度高于释放平衡浓度，且底泥仍有吸附能力，则底泥会吸附一定数量的营养盐，直至水中营养盐的浓度等于释放平衡浓度；如果底泥中营养盐已饱和，则底泥不再吸附营养盐。本研究的几个池塘，养殖期内营养物质浓度在底泥释放平衡浓度上下波动，说明池塘底泥中营养物质的吸附释放是处于动态平衡的。

2. 3　各养殖池塘 N、P 收支平衡特点

各种鱼类饵料中的营养成分测定结果如表 3 所示，各养殖池塘营养物质收支平衡计算结果如表 4、表 5 所示。

表 3　营养成分测定

单位：%

类别	N	P	含水率
草鱼料	3.02	0.88	
生麸饼	7.38	0.97	
象草	1.45	0.32	77.3
鱼类（平均）	3.05	0.24	

表 4　养殖池塘营养物质 N 收支平衡

单位：kg N

养殖种类	输入		输出		
	水体	饲料	水体	鱼类	沉积
鲈鱼（A_1）	22.10	1125.76	69.44	282.13	796.29
鲈鱼（A_1）	23.46	1125.76	52.26	282.13	814.83
家鱼（B_1）	18.08	130.93	28.52	39.65	80.83
鳜鱼（B_1）	28.52	610.00	18.34	130.89	489.29
家鱼（B_2）	40.65	370.96	36.32	88.45	286.84

表 5　养殖池塘营养物质 P 收支平衡

单位：kg P

养殖种类	输入		输出		
	水体	饲料	水体	鱼类	沉积
鲈鱼（A_1）	3.13	88.58	3.46	22.20	66.06
鲈鱼（A_1）	2.89	88.58	2.14	22.20	67.13
家鱼（B_1）	0.59	27.32	1.14	3.12	23.65
鳜鱼（B_1）	1.14	48.00	1.76	10.30	37.08
家鱼（B_2）	2.48	81.54	2.10	6.96	74.96

营养物质平衡计算结果表明，研究池塘中营养物质 N 的输入饲料占 90%～98%；N 的输出鱼类仅占 20%～27%，沉积的 N 占 54%～77%。营养物质 P 的输入饲料占 97%～98%；P 的输出鱼类仅占 8%～24%，沉积的 P 占 72%～89%。在 N 的平衡中，本研究没有计算反硝化作用和氨的挥发作用。在养殖池塘中，持续的曝气使得 DO 含量 >4.0 mg/L，反硝化作用受到抑制，氨的挥发作用在 pH 值 <7.5 时是不重要的。[8] 本研究中各池塘的 pH 值约为 7.5。因此氨的挥发作用可能不强。

在其他的密养池塘研究中，Thakur 等的研究表明[9]，养殖生物仅吸收了 23%～31% 的 N 和 10%～13% 的 P，14%～53% 的 N 和 39%～67% 的 P 沉积在底泥中；Siddiqui 等的研究表明[10]，约21.4%的N和18.8%的P被养殖生物吸收；Jackson等的研究表明[11]，约22%的N被养殖生物吸收，14%的N沉积在底泥中，57%的N被排放到环境当中。可见密养池塘释放到环境中的营养物质是相当可观的。珠江三角洲的密养池塘，由于其封闭性，养殖产生的废物不易外排，只能依靠池塘的自净作用消解产生的废物，因此有必要对池塘的自净作用机制和能力进行进一步的研究。

参考文献

[1] 曾水泉，罗毓珍，廖洪涛. 珠江三角洲基塘系统物质循环与原发性肝癌［M］. 北京：中国环境科学出版社，1991：1－5.

[2] 国家环保局《水和废水监测分析方法》编委会. 水和废水监测分析方法［M］. 3版. 北京：中国环境科学出版社，1989：246－280，354－366.

[3] 中国土壤学会农业化学专业委员会，农业土壤化学常规分析方法［M］. 北京：科学出版社，1983：69－97.

[4] 湛江水产专科学校. 淡水养殖水化学［M］. 北京：中国农业出版社，1981：82－110.

[5] 林荣根，吴景阳. 黄河口沉积物对磷酸盐的吸附与释放［J］. 海洋学报，1994，16（4）：82－90.

[6] 丘耀文，王肇鼎，高红莲. 大亚湾养殖海区沉积物中营养盐的解吸－吸附［J］. 热带海洋，2000，19（1）：76－79.

[7] 于世繁，张国峰，孟庆茹. 白洋淀底质磷的释放及与水体中磷的关系［J］. 环境科学，1995，16（增刊）：30－34.

[8] HARGREAVES J A. Nitrogen biogeochemistry of aquaculture ponds［J］. Aquaculture，1998，166（3－4）：181－212.

[9] THAKUR D P，LIN C K. Water quality and nutrient budget in closed shrimp culture systems［J］. Aquacultural engineering，2003，27（3）：159－176.

[10] SIDDIQUI A Q，AI-HARBI A H. Nurtirent budgets in tanks with different stocking densities of hybrid tilapia［J］. Aquaculture，1999，170（3）：245－252.

[11] JACKSON C，PRESTON N，THOMPSON P J，et al. Nitrogen budget and effluent nitrogen components at an intensive shrimp farm［J］. Aquaculture，2003，218（1－4）：397－411.

珠江三角洲基塘水产养殖对水环境的影响*

珠江三角洲的基塘系统（以桑基鱼塘为代表）已有400多年历史，从20世纪80年代开始，钟功甫等[1]从生态学观点出发，把桑基鱼塘作为一个人工生态系统来研究，对基塘系统的结构和功能、能量交换和物质循环进行了深入的研究，认为桑基鱼塘是一个具有良好的生态、经济、社会效益的综合体。在近十几年来，随着商品经济的发展，桑基鱼塘不论是养殖类型还是养殖方法、手段，都发生了较大的变化。传统的基塘系统是水面养殖、基面种植并重，通过合理的基水比例和养殖比例，使得外源输入最小，现在的基塘系统由于片面追求养殖的经济效益，基面种植已不受重视，系统内部的物质循环也受阻，外源（饲料）输入的猛增使得养殖水体的生态环境发生了深刻的变化。随着基塘系统的日益演变，其带来的水环境问题就不容忽视了。本文旨在探讨在现今的管理和运行模式下基塘水质变化特点和存在的环境问题。

1 材料和方法

1.1 基塘养殖情况

选择珠江三角洲顺德市两个基塘密集区的4个基塘进行了一个养殖周期的跟踪调查。2个基塘位于勒流镇的生态农业示范区（A区），另2个基塘位于杏坛镇南华村（B区）。A区基塘都是新开垦的新基塘，基面水面有适当的比例，塘水养殖时间只有2～3 a；B区基塘都是老基塘，基面严重退化，养殖年限已有十几年。在研究期内（2002年3月—2003年1月），A区的基塘（A_1、A_2）主养加州鲈；B区1个基塘（B_1）在前4个月是主养草鱼，后5个月主养鳜鱼，另一基塘（B_2）一直是家鱼混养。加州鲈的主要饵料是冷冻鲮鱼，鳜鱼的主要饵料是活鲮鱼，草鱼的主要饲料是象草和精饲料。每个基塘的水面面积为0.3～0.5 hm^2，水深为1～2 m，养殖生物量为1.5×10^4～2.2×10^4 kg/($hm^2\cdot a$)，属密养池塘。研究区的基塘基本是封闭的，除在干塘时将塘水抽到邻近的沟渠和基塘外，基本无水交换；基塘都装有曝气设备，从傍晚到次日清晨持续开机。

---

* 原载《中山大学学报（自然科学版）》2004年第43卷第5期，作者：周劲风、温琰茂（通讯作者）。基金项目：国家自然科学基金资助项目（40071074）。

1.2　水质样品采集与分析

在研究期内，水质采样频率为：养殖前期和中期（3—9 月）每月 1 次（每月 20 号），养殖后期（10 月—1 月）共采两次样，分别为10 月31 号和1 月15 号，采样时间为9：00—11：00，每个池塘采集一个混合样，同时在各区附近水体中采集一个混合样作为对照。A 区的对照点（A_3）位于 A_1、A_2 附近的沟渠，与 A_1、A_2 有着不定期的水交换；B 区的对照点（B_3）位于 B_1、B_2 附近的西江，与 B_1、B_2 基本无水交换。样品在采集后 2 h 内送到实验室进行分析，分析项目包括 pH 值、溶解氧、总氮、总磷、无机氮的 3 种形态、活性磷酸盐、有机碳、生化需氧量、化学需氧量、叶绿素 a，按文献［2］中的方法进行分析。在 A 区和 B 区采集基面堆叠土，用自制的柱状采样器采集 A_1 和 B_1 底质，进行有机碳、总磷、总氮的测定，分析方法采用文献［3］中的方法。

1.3　数据的统计分析

各采样点水质变化差异分析采用一个变量的方差分析，两个采样点的差异比较用 LSD 检验，显著性差异水平为0.05。数据的统计分析软件采用 SPSS 11。

2　结果与讨论

2.1　无机氮变化特点

2.1.1　均值变化特点

A 区的2 个池塘是养殖优质鱼的新塘，A_1、A_2 点 NH_4^+ 均值分别为2.03、1.89 mg/L，对照点 A3 的 NH_4^+ 均值为1.18 mg/L；B 区是养殖历史较长的旧塘，B_1、B_2 点 NH_4^+ 均值分别为1.58、1.96 mg/L，对照点 B_3（西江水）的 NH_4^+ 均值为0.25 mg/L。方差分析结果表明，各养殖池塘的 NH_4^+ 没有显著差异，但比对照点有了明显的升高。

A_1、A_2、A_3 点 NO_2^- 均值分别为0.42、0.30、0.24 mg/L，B_1、B_2、B_3 点 NO_2^- 均值分别为0.20、0.33、0.04 mg/L，各养殖池塘的 NO_2^- 没有显著差异，但比对照点有了明显的升高。

A_1、A_2、A_3 点 NO_3^- 的平均浓度分别为 1.47、1.18、0.89 mg/L，B1、B_2、B_3 点 NO_3^- 均值分别为0.52、0.66、1.15 mg/L。各养殖池塘的 NO_3^- 具有显著差异，A 区两个池塘的 NO_3^- 大于 B 区的2 个池塘，估计与池塘中 DO 的含量有关。A_1、A_2 点 DO 总体水平较高（有 80% 的时间都在 4 mg/L 以上），B_1、B_2 点 DO 尽管平均值不低，但变幅较大（有 50% 的时间都在 4 mg/L 以下）。因此，A_1、A_2 点的硝化作用较强，硝化作用的产物 NO_3^- 浓度也比 B_1、B_2 为高。值得注意的是，对照点 B_3（西江）NO_3^- 达 1.15 mg/L，这

与它较高的DO应是有关的。

从以上数据可以分析养殖池塘中无机氮的组成特点。养殖池塘中无机氮的组成是 NH_4^+ 52%～69%、NO_3^- 22%～37%、NO_2^- 9%～11%，对照点 B_3（西江）无机氮的组成是 NH_4^+ 17%、NO_3^- 80%、NO_2^- 3%，说明珠江三角洲养殖池塘无机氮的组成发生了明显的变化，NH_4^+ 比例上升，NO_3^- 比例下降。

2.1.2 季节变化特点

养殖池塘无机氮的季节变化特点见图1。

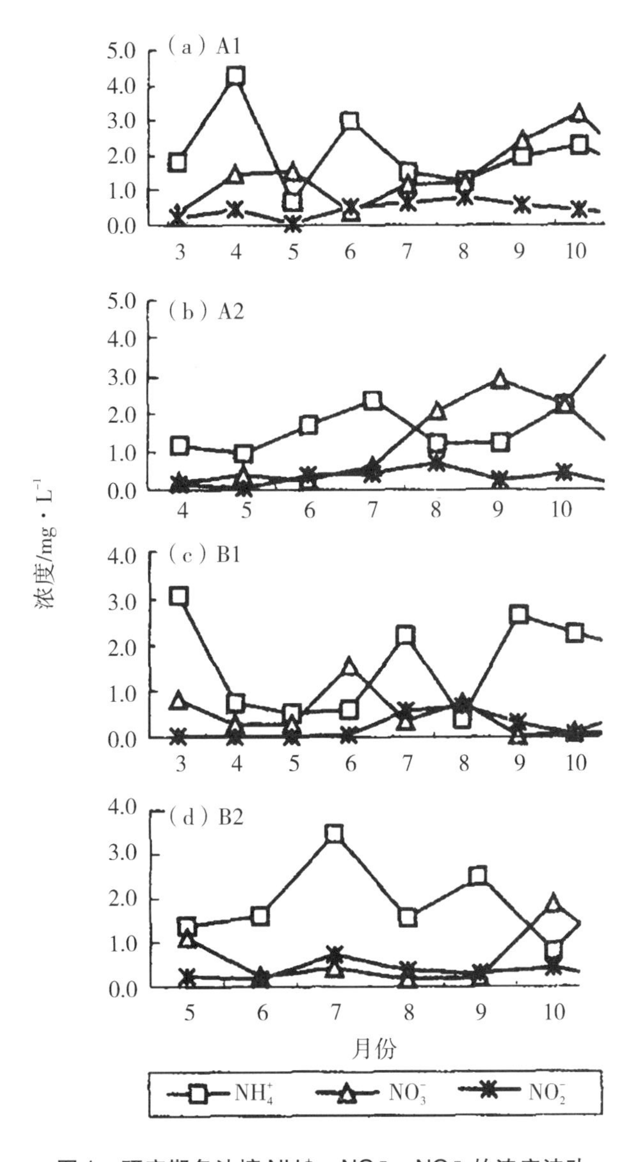

图1　研究期各池塘 NH_4^+、NO_3^-、NO_2^- 的浓度波动

养殖池塘 NH_4^+ 的浓度受到许多因素的影响，如水体体积、藻类浓度、养殖密度、塘泥释放、溶氧水平、管理水平等，因此其季节变化趋势不如一般自然水体（湖库、河流）

那样具有明显的规律，春、冬季高，夏、秋季低，而呈现出更加复杂的变化特点。

A_1 和 A_2 从5月开始养殖鲈鱼，一直到次年1月养殖结束，池塘水位随着自然的降雨和蒸发而升降，水体体积变化平稳，幅度不大。两个池塘的 NH_4^+ 变动相似：5月因养殖刚开始，NH_4^+ 最低；随着鱼的生长，排泄量的增大，NH_4^+ 逐渐升高；到了生长旺季（7—9月），NH_4^+ 没有继续升高，反而下降，这可能是藻类的繁殖导致大量的 NH_4^+ 被吸收所致；随后的月份，NH_4^+ 又呈增长的趋势。B_1 在前4个月养殖家鱼，第一个月 NH_4^+ 较高，随后的3个月维持在较低的水平（小于1 mg/L），而同期观测的藻类水平较高（大于200 μg/L）；7月份由于放水捕鱼，同时又养殖鳜鱼，NH_4^+ 出现大幅波动，明显升高；随后，随着生态系统的重新稳定，NH_4^+ 又表现出与 A_2 同样的趋势。B_2 一直养殖家鱼，生态系统较稳定，在7—10月的养殖期，NH_4^+ 在2 mg/L上下波动。上述4个养殖池塘 NH_4^+ 的季节变化特点说明：鱼类排泄和藻类吸收是调控养殖池塘 NH_4^+ 的控制因子。

从4个池塘的 NO_3^- 和 NO_2^- 季节变化图可以发现：在 NH_4^+ 呈现出最低浓度的月份（7—9月），NO_2^- 往往出现最大值；DO较充分的 A_1、A_2 点 NO_3^- 呈现与 NH_4^+ 此消彼长的趋势，DO变幅较大的 B_1、B_2 点 NO_3^- 浓度大都小于 NH_4^+ 浓度。这说明在养殖池塘 NO_3^- 和 NO_2^- 的浓度主要受到 NH_4^+ 和DO影响。

2.2　活性磷酸盐（SRP）和总磷（TP）变化特点

A_1、A_2、A_3 点SRP均值分别为0.14、0.08、0.05 mg/L，B_1、B_2、B_3 点SRP均值分别为0.0、0.05、0.06 mg/L，与对照点相比，密养池塘的SRP没有明显升高。A_1、A_2、A_3 点TP均值分别为0.39、0.26、0.14 mg/L，B_1、B_2、B_3 点TP均值分别为0.34、0.30、0.24，与对照点相比，养殖池塘的TP没有明显升高。

养殖池塘SRP和TP的季节变化见图2。养殖池塘SRP和TP的波动较小。A_1 和 B_1 点的SRP大部分时间都在0.1 mg/L上下波动，A_2 和 B_2 点的SRP大部分时间都在0.05 mg/L上下波动；A_1 和 A_2 点的TP大部分时间都在0.25 mg/L上下波动，B_1 和 B_2 点的TP在0.30 mg/L上下波动。

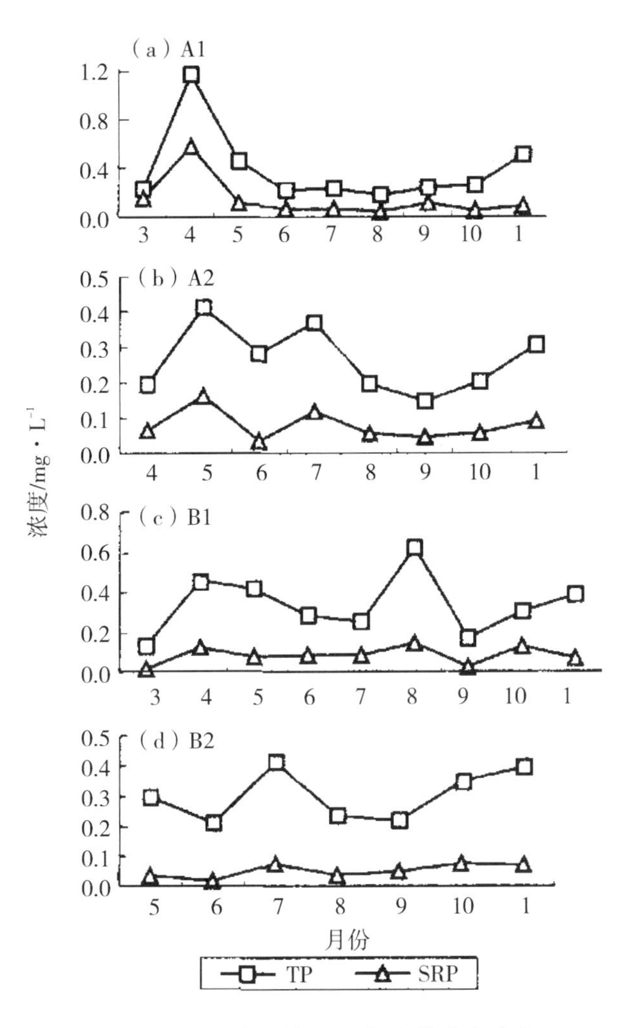

图2　研究期各池塘 TP、SRP 的浓度波动

活性磷酸盐和总磷的季节变化不明显，而且浓度没有显著升高，这可能是塘泥的净化机制在起作用。

2.3　其他水质参数变化特点

养殖池塘 COD 浓度（10 ～ 12 mg/L）高于对照点浓度（3 mg/L），且差异显著；BOD 浓度（2.3 ～3.6 mg/L）也略高于对照点浓度（1.5 mg/L），但差别不显著。

养殖池塘 DO 浓度无显著差异（4.63 ～6.11 mg/L），虽略低于对照点 B_3（6.66 mg/L），但差别不显著。珠江三角洲密养池塘中有机物虽明显升高，但由于增氧机的频繁使用，使得池塘中的 DO 没有明显降低，而没有增氧设施的沟渠 A_3 点的 DO 浓度就较低（3.49 mg/L）。

养殖池塘 Chla 浓度高于对照点（B3）浓度，且差异显著，以 B_1 点浓度最高，达193.51 μg/L。各采样点 N/P 质量比：A_1 为 18∶1，A_2 为 22∶1，A_3 为 27∶1，B_1 为 13∶

1，B_2 为 18∶1，B_3 为 11∶1，说明珠江三角洲密养池塘是以 P 为浮游植物生长的限制性因子。[7]

2.4　池塘底泥 N、P 含量

密养池塘底质和基面土的营养成分含量分析结果见表 1。

表 1　养殖池塘底质营养成分含量分析

单位：mg/kg

采样地点	总 N	总 P	有机质
A_1	2124	970.5	3.12
B_1	1206.5	536.5	2.42

密养池塘底泥中的 TN、TP 和有机质含量都明显高出基面堆叠土，底泥 TP 的含量为基面土的 2.6～3.6 倍，TN 的含量为基面土的 1.15～1.30 倍，有机质的含量为基面土的 1.2～1.6 倍，说明底泥中 P 的富集较为强烈。这也从一个侧面解释了养殖池塘中 TP、SRP 没有显著升高的原因。

2.5　池塘营养物质的收支平衡估算

封闭养殖池塘营养物质的主要来源包括鱼类排泄物和未食饵料中的营养成分以及池塘底泥中释放出的营养物质，主要是鱼类对营养物质的消化吸收，浮游植物对水中营养物质的吸收以及一些自净作用（包括颗粒物的沉降、底泥吸附等）。从物质平衡角度出发，可建立如下的池塘营养物质收支平衡模型：

饵料中营养物质含量 + 养殖初期水中营养物质 + 养殖期底泥释放的营养物质
= 净养殖生产量中营养物质含量 + 养殖末期水中营养物质
+ 养殖期底泥中增加的营养物质 + 其他。

各养殖池塘营养物质收支平衡（N/P 质量比）计算结果见表 2。

表 2　养殖池塘营养物质 N、P 收支平衡

样品	输入		输出		
	水体	饲料	水体	鱼类	沉积
鲈鱼（A_1）	$\frac{22.1}{3.13}$	$\frac{1125.76}{88.58}$	$\frac{69.44}{3.46}$	$\frac{282.13}{22.20}$	$\frac{796.29}{66.06}$
鲈鱼（A_2）	$\frac{23.46}{2.89}$	$\frac{1125.76}{88.58}$	$\frac{52.26}{2.14}$	$\frac{282.13}{22.20}$	$\frac{814.83}{67.13}$
家鱼（B_1）	$\frac{18.08}{0.59}$	$\frac{130.93}{27.32}$	$\frac{28.52}{1.14}$	$\frac{39.65}{3.12}$	$\frac{80.83}{23.65}$

续上表

样品	输入		输出		
	水体	饲料	水体	鱼类	沉积
桂花鱼（B_1）	28.52/1.14	610.00/48.00	18.34/1.76	130.89/10.30	489.29/37.08
家鱼（B_2）	40.65/2.48	370.96/81.54	36.32/2.10	88.45/6.96	286.84/74.96

说明：N、P 收支平衡为 N/P 的质量比。

营养物质平衡计算结果表明，研究池塘中营养物质 N 的输入饲料占 90% ~ 98%；N 的输出鱼类仅占 20% ~ 27%，沉积的 N 占 54% ~ 77%。营养物质 P 的输入饲料占 97% ~ 98%；P 的输出鱼类仅占 8% ~ 24%，沉积的 P 占 72% ~ 89%。在 N 的平衡中，本研究没有计算反硝化作用和氨的挥发作用。在养殖池塘中，持续的曝气使得 DO 的水平在 4.0 mg/L 以上，反硝化作用受到抑制，氨的挥发作用在 pH 值 <7.5 时是不重要的。[4]本研究中各池塘的 pH 值在 7.5 附近，因此氨的挥发作用可能不强。

在其他的养殖池塘研究中，Thakur 等的研究表明[5]，养殖生物仅吸收了 23% ~ 31% 的 N 和 10% ~ 13% 的 P，14% ~ 53% 的 N 和 39% ~ 67% 的 P 沉积在底泥中；Siddiqui 等的研究表明[6]，约 21.4% 的 N 和 18.8% 的 P 被养殖生物吸收；Jackson 等的研究表明[7]，约 22% 的 N 被养殖生物吸收，14% 的 N 沉积在底泥中，57% 的 N 被排放到环境当中。可见养殖池塘释放到环境中的营养物质是相当可观的。珠江三角洲的养殖池塘，由于其封闭性，养殖产生的废物不易外排，只能依靠池塘的自净作用消解产生的废物，因此有必要对池塘的自净作用机制和能力进行进一步的研究。

参考文献

[1] 钟功甫，邓汉增，王增骐，等. 珠江三角洲基塘系统研究 [M]. 北京：科学出版社，1987：3-5.

[2] 国家环保局《水和废水监测分析方法》编委会. 水和废水监测分析方法 [M]. 第 3 版. 北京：中国环境科学出版社，1989：246-280，354-366.

[3] 中国土壤学会农业化学专业委员会. 农业土壤化学常规分析方法 [M]. 北京：科学出版社，1983：69-97.

[4] HARGREAVES J A. Nitrogen biogeochemistry of aquaculture ponds [J]. Aquaculture, 1998, 166 (3-4): 181-212.

[5] THAKUR D P, LIN C K. Water quality and nutrient budget in closed shrimp culture systems [J]. Aquacultural engineering, 2003, 27 (3): 159-176.

[6] SIDDIQUI A Q, AI-HARBI A H. Nurtirent budgets in tanks with different stocking densities of hybrid tilapia [J]. Aquaculture, 1999, 170 (3): 245-252.

[7] JACKSON C, PRESTON N, THOMPSON P J, et al. Nitrogen budget and effluent nitrogen components at an intensive shrimp farm [J]. Aquaculture, 2003, 218 (1-4): 397-411.

珠江三角洲基塘氮磷的含量分布及与水质关系初步探讨*

基塘系统是珠江三角洲独特的人工生态系统和淡水养殖方式，由基面子系统和鱼塘子系统构成，两者密切联系，同时又自成体系。这种水陆立体种养殖体系既具有陆地种植的特点，又具有淡水养殖的特点，并且系统层次多，生态系统稳定性高。[1]而且，基塘系统还是重要的人工湿地，有时也是旅游休闲的好场所。[2-3]

氮磷是生物生长的必需元素，同时也是鱼塘水质的重要因子，尤其是对于基塘这种相对封闭的人工生态系统而言，氮磷不仅是水体中生物的营养元素，还是藻类生长的主要限制性营养元素。近年来，国内外对氮磷的研究包括氮磷在系统中的收支平衡，氨氮、硝酸盐氮和亚硝酸盐氮对鱼类的影响以及磷的污染和化学形态及其分布转化规律等方面。[1,4-5]

笔者通过对典型珠江三角洲基塘水体的研究，探讨氮磷的几种主要形态在水体中的分布规律及水化学影响因素。

1 材料与方法

1.1 研究对象与样品采集

2005 年 12 月在顺德选取两个典型的基塘——蕉基鱼塘（A）和菜基鱼塘（B）进行采样，采集水样和底泥样。A 塘深 2.5 m，水面面积 4820 m^2。采集水样时，每个塘取 3 个点，各点分 3 层取样，分别为上层、中层和下层，每层间隔深度约为样点深度的 1/2。底泥采集方法：用自制的 Beeker 型底泥采样器，每个塘采集 3 根底泥柱状样，现场密封保存，运回实验室。

1.2 试验方法与分析结果

测定方法采用文献［6］中的方法。各采样点水质变化差异分析采用一个变量的方差分析，两个采样点的差异比较用 LSD 检验，显著性水平为 0.05。数据的统计分析采用 SPSS 11[7] 和 Microsoft Excel，采用测定值进行相关关系分析。分析结果见表 1、表 2。

---

* 原载《水产科学》2009 年第 28 卷第 6 期，作者：金辉、袁野、温琰茂（通讯作者）。基金项目：广东省环境污染控制与修复技术重点实验室开放基金资助项目（2006K0002）；国家自然科学基金资助项目（40071074）。

表 1　基塘水化学特征

单位：mg/L

样点	位置	pH	DO	TOC	BOD	COD
A	上	7.05 ±0.12	3.97 ±0.32	84.93 ±5.6	9.36 ±0.54	80.00 ±3.5
	中	7.01 ±0.07	4.23 ±0.51	90.34 ±7.1	9.73 ±0.68	128.00 ±6.5
	下	7.08 ±0.08	4.23 ±0.43	73.26 ±5.4	8.09 ±0.75	73.33 ±4.8
B	上	7.78 ±0.13	6.34 ±0.78	54.04 ±6.5	10.98 ±0.59	46.67 ±3.7
	中	7.63 ±0.08	7.17 ±0.43	53.50 ±5.1	8.59 ±0.71	40.00 ±3.9
	下	7.67 ±0.07	8.44 ±0.57	58.60 ±5.8	6.39 ±0.63	93.30 ±7.1

表 2　基塘水体中氮磷的测定结果

样点	位置	NH_4^+	NO_3^-	NO_2^-	TN	TP	PO_4^{3-}
A	上	0.31 ±0.05	49.03 ±4.52	1.13 ±0.08	50.48 ±5.61	0.39 ±0.06	0.16 ±0.02
	中	0.61 ±0.11	47.95 ±4.70	1.46 ±0.10	38.87 ±4.23	0.36 ±0.04	0.22 ±0.02
	下	0.66 ±0.13	51.47 ±5.36	0.47 ±0.07	52.60 ±5.42	0.43 ±0.06	0.11 ±0.01
	底泥	41.5 ±6.5	5.03 ±4.25	3.16 ±0.13	0.08%	未测	6.14 ±0.32
B	上	1.17 ±0.25	32.33 ±4.63	1.05 ±0.07	34.57 ±3.30	0.16 ±0.02	0.05 ±0.01
	中	1.19 ±0.24	33.20 ±5.17	1.03 ±0.08	35.42 ±3.52	0.10 ±0.03	0.06 ±0.01
	下	1.14 ±0.26	35.00 ±4.81	0.98 ±0.06	37.13 ±4.13	0.16 ±0.02	0.11 ±0.03
	底泥	53.6 ±11.2	10.30 ±2.53	8.06 ±1.32	0.14%	未测	10.50 ±0.81

2　数据分析与结果讨论

2.1　氮各种形态的垂直分布

A 塘、B 塘总氮的垂直分布变化见图 1。由图 1 可见，总氮含量在两个基塘水体中波动不明显，且含量并不高；底泥中的总氮含量比较高，A 塘和 B 塘底泥总氮含量分别为 0.08% 和 0.14%。

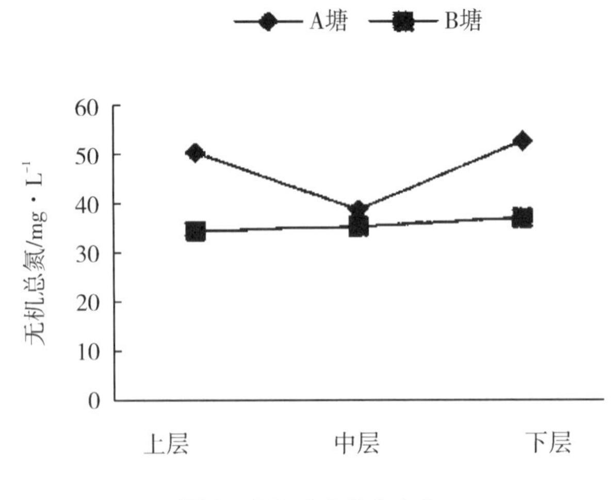

图1　总氮垂直分布变化

A 塘、B 塘三氮的垂直分布变化见图 2、图 3。由图 2、图 3 可见，两个基塘水体中三氮变化趋势差别不大，都是硝酸盐氮在水体中的含量高于亚硝酸盐氮，且波动不大，但是底泥中硝酸盐氮降低幅度较大，亚硝酸盐氮略有上升，二者趋于一致；氨氮在水体中的含量低于硝酸盐氮和亚硝酸盐氮，且基本无变化，底泥中氨氮含量大幅度上升。由此可见，底泥硝酸盐氮的释放通量较大，亚硝酸盐氮并不明显，而氨氮释放通量较小，故氮营养物质沉积于底泥当中占很大部分。

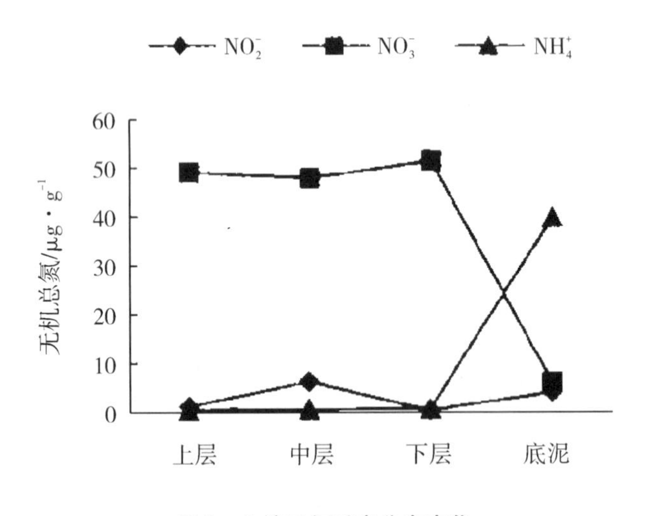

图2　A 塘三氮垂直分布变化

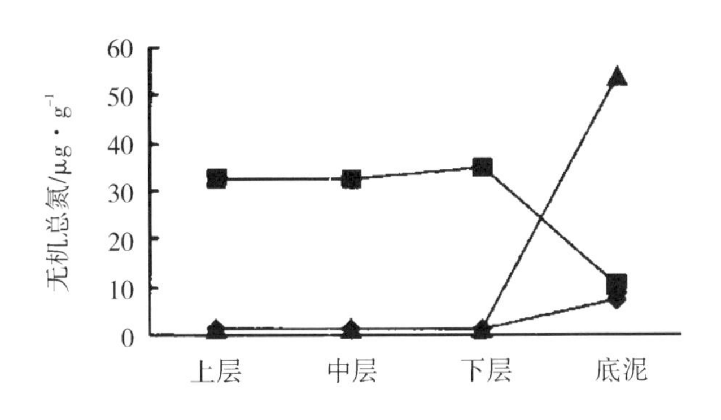

图3　B塘三氮垂直分布变化

2.2　氮的几种形态之间的相关关系

氮的几种形态之间的相关关系见表3。由表3可见，总氮和硝酸盐氮呈正相关，相关系数分别为0.993和0.997。A塘总氮和亚硝酸盐氮呈负相关，相关系数为-0.995，说明这两个基塘水体有效态无机氮的变化主要由硝酸盐氮决定。

表3　氮的几种形态之间的相关关系

项目	样点	TN	NH_4^+	NO_3^-	NO_2^-
TN	A塘	1.00	0.032	0.993**	-0.955**
	B塘	1.00	-0.252	0.997**	-0.552
NH_4^+	A塘		1.00	-0.201	-0.070
	B塘		1.00	-0.259	-0.271
NO_3^-	A塘			1.00	-0.683
	B塘			1.00	-0.573
NO_2^-	A塘				1.00
	B塘				1.00

说明：-表示负相关，* 表示显著性水平为5%，** 表示显著性水平为1%。下同。

2.3　氮与基塘水质特征的关系

2.3.1　氮与有机物的关系

基塘水体有机物指标与氮的相关关系分析结果见表4。

表4　有机物指标和水体中氮的相关关系

项目	TN	NO_3^-	NO_2^-	NH_4^+
BOD	-0.195	-0.667	0.029	0.205
COD	0.251	-0.661	-0.337	0.088
TOC	-0.751*	-0.625	0.714*	0.163

由表4可见，BOD和COD同时影响着水体中的氮。TOC与总氮呈负相关，相关系数为-0.751，与亚硝酸盐氮呈正相关，相关系数为0.714，说明总有机碳和氮相关性显著。

2.3.2　DO对基塘水体氮的影响

DO与水体生物活动联系紧密，所以对水体中的氮含量分布及其变化也有重要影响。由表5可知，DO与硝酸盐氮呈负相关，相关系数为-0.743，说明DO对底泥释放氮、磷和水体氮、磷转化分布均有直接的影响。

表5　DO和水体中氮的相关关系

基塘	TN	NO_3^-	NO_2^-	NH_4^+
A塘	0.008	-0.743*	-0.185	0.383
B塘	0.002	-0.013	-0.004	0.317

2.4　磷的垂直分布与水化学因子关系

A、B基塘水体中的总磷和磷酸盐含量垂直变化见图4、图5。由图4、图5可见，两个基塘水体中的总磷和磷酸盐含量垂直变化相似。A塘总磷的含量高于B塘总磷的含量（图4）；两个基塘水体中的磷酸盐变化也相似（图5），但底泥中磷酸盐的含量大幅度增加。

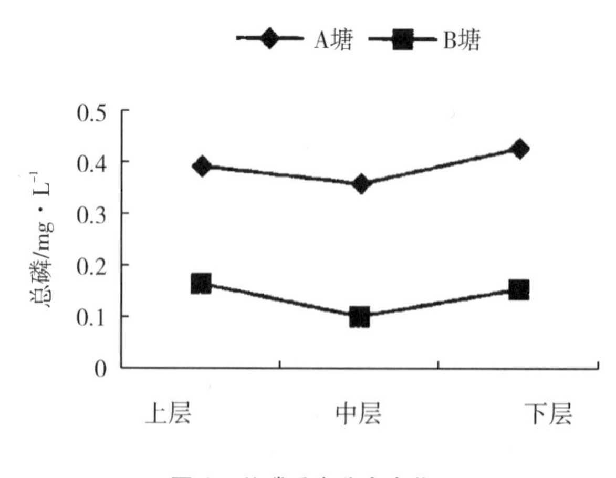

图4　总磷垂直分布变化

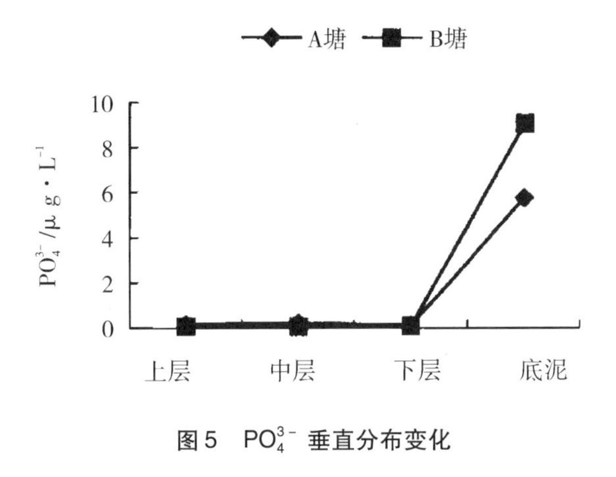

图5　PO_4^{3-} 垂直分布变化

基塘水体总磷和磷酸盐之间无显著相关关系，说明磷的转化是不完全的；磷和氮的几种形态之间亦无显著的相关关系。磷与水环境化学因子的相互关系如表6所示。由表6可见，磷主要受BOD、DO、TOC的影响，不同深度的水体，磷的影响因子也不同，下层还有底泥的释放因素。

表6　磷与水环境化学因子的回归方程

项目	位置	A塘相关模式	B塘相关模式
TP	上	TP = −0.597 −0.032DO +0.013TOC	TP = −0.040 +0.018BOD
	中	TP =0.613 −0.007DO −0.023BOD	TP = −0.107 +0.023BOD
	下	TP =1.054 −0.083BOD	TP =0.351 −0.024BOD
PO_4^{3-}	上	PO_4^{3-} =0.081 −0.037DO +0.003TOC	PO_4^{3-} =0.294 −0.024BOD
	中	PO_4^{3-} =0.171 +0.043DO −0.014BOD	PO_4^{3-} =0.296 −0.028BOD
	下	PO_4^{3-} =0.431 −0.044BOD	PO_4^{3-} =0.156 −0.007BOD

3　结　论

3.1　基塘水体中氮的垂直分布

各种水化学因子在水层的垂直变化并不明显，主要是因为基塘水不够深，且养殖鱼类、投放饵料品种不够丰富。氮几种形态在水体中的垂直分布变化也不明显，但在水体和底泥中的分布就差别很大，且含量分布受水化学因子影响明显；同时，底泥的释放也会影响水体中的氮含量分布。

3.2　氮的几种形态之间的相关关系

总氮和硝酸盐氮呈正相关，和亚硝酸盐氮呈负相关；三氮之间相关性不显著，即三氮之间的转换不够完全。总氮和硝酸盐氮呈正相关，和亚硝酸盐氮呈负相关；基塘水体有效态无机氮的变化主要由硝酸盐氮决定。

3.3　氮和水化学指标的关系

氮和水化学因子之间的关系有：pH 值对基塘水体环境中氮、磷均无显著的相关性；DO 和硝酸盐氮呈负相关；TOC 和总氮呈负相关，和亚硝酸盐氮呈正相关，即总有机碳和氮相关性显著；水体环境中的氮主要和 BOD 关系密切，塘中层水中的氮又同时受 DO 的影响。

3.4　磷与水化学因子的关系

磷和水化学因子之间的关系有：DO 和溶解性正磷酸盐呈正相关；BOD 和溶解性正磷酸盐呈负相关；COD 和总磷呈正相关；磷主要受 BOD、DO、TOC 的影响。

DO 对底泥释放氮、磷和水体氮、磷转化分布均有直接的影响，底泥的释放对水体中氮、磷含量影响也很大。

参考文献

[1] 齐振雄，李德尚，张曼平，等. 对虾养殖池塘氮磷收支的实验研究 [J]. 水产学报，1998，22 (2)：207－213.
[2] 钟功甫. 珠江三角洲的桑基鱼塘：一个水陆相互作用的人工生态系统 [J]. 地理学报，1980，35 (3)：200－209.
[3] 刘文祥. 人工湿地在农业面源污染控制中的应用研究 [J]. 环境科学研究，1997，10 (4)：6－19.
[4] 韦蔓新，童万平，何本茂，等. 北海湾磷的化学形态及其分布转化规律 [J]. 海洋科学，2001，25 (2)：50－53.
[5] 曹立业. 水产养殖中的氮、磷污染 [J]. 水产学杂志，1996，9 (1)：76－77.
[6] 国家环境保护总局《水和废水监测分析方法》编委会. 水和废水监测分析方法 [M]. 4 版. 北京：中国环境科学出版社，2002：200－238.
[7] 张文彤. SPSS 11 统计分析教程 [M]. 北京：北京希望电子出版社，2002：219－225.

城市污染河道沉积物 *AVS* 与重金属生物毒性研究*

Di Toro[1]首次报道水体沉积物中酸挥发性硫化物（acid volatile sulfide，*AVS*）对 Cd 的生物有效性的强烈影响之后，沉积物 *AVS* 已成为水体重金属生态危害研究热点。很多相关研究认为：同步提取金属（simultaneously extracted metals，*SEM*）和 *AVS* 的相对值（*SEM* - *AVS* 或 *SEM/AVS*）可作为表征沉积物重金属生物有效性的重要参数，据此可判断沉积物重金属是否具有生物毒性。[2-13]

沉积物 *AVS* 具有较强的区域性，目前各地测出来的数据相差较大。[8,12-21]因此，需要大量采集各种不同地质条件、不同污染程度的沉积物进行测定，以进一步寻找其规律性。目前关于城市重污染河道 *AVS* 的研究鲜见报道，且大部分研究都集中于 Cu、Ni、Pb、Zn、Cd 这 5 种二价金属，对其他金属较少涉及，并较少对底栖生物进行同步调查以验证分析结果。佛山水道是珠江三角洲重要工业城市佛山市的主要排污渠道，是典型城市污染河道。课题组采集了该河道沉积物、上覆水及底栖动物样本进行研究，主要目的是研究 *SEM* - *AVS* 判据在判断城市重污染河道重金属生物有效性方面的作用。

1 材料与方法

1.1 样品采集及处理

根据 2005 年 7 月对佛山水道水质和底质污染状况的调查结果[22,23]，2006 年 8 月选择了 13 个具有代表性的站位重新进行采样，各采样站位的具体位置见图 1。用于测定 *AVS* 及 *SEM* 的表层沉积物样品采集方法为：在大约 4 m^2 范围内，用自制的 Beeker 型沉积物采样器采集 3 根柱状样，取表层 10 cm 样品，现场密封保存，运回实验室后，0 ～ 4 ℃条件下原样保存，2 周内测完。同步进行底栖动物采样：平行采集 3 根柱样，带回实验室进行分析；同时在各采样站位采集 2 根柱样，现场粗测底栖动物种类和数量。上覆水采集方法如下：用柱状采样器把表层沉积物和其上覆水一起采集至船上，静置 30 min 后用虹吸管吸取离沉积物 5 ～ 10 cm 之间的上覆水。

---

* 原载《环境科学》2007 年第 28 卷第 8 期，作者：利锋、温琰茂（通讯作者）、朱娉婷。基金项目：国家自然科学基金资助项目（40071074），广东省科技计划项目（2006B13501008）。

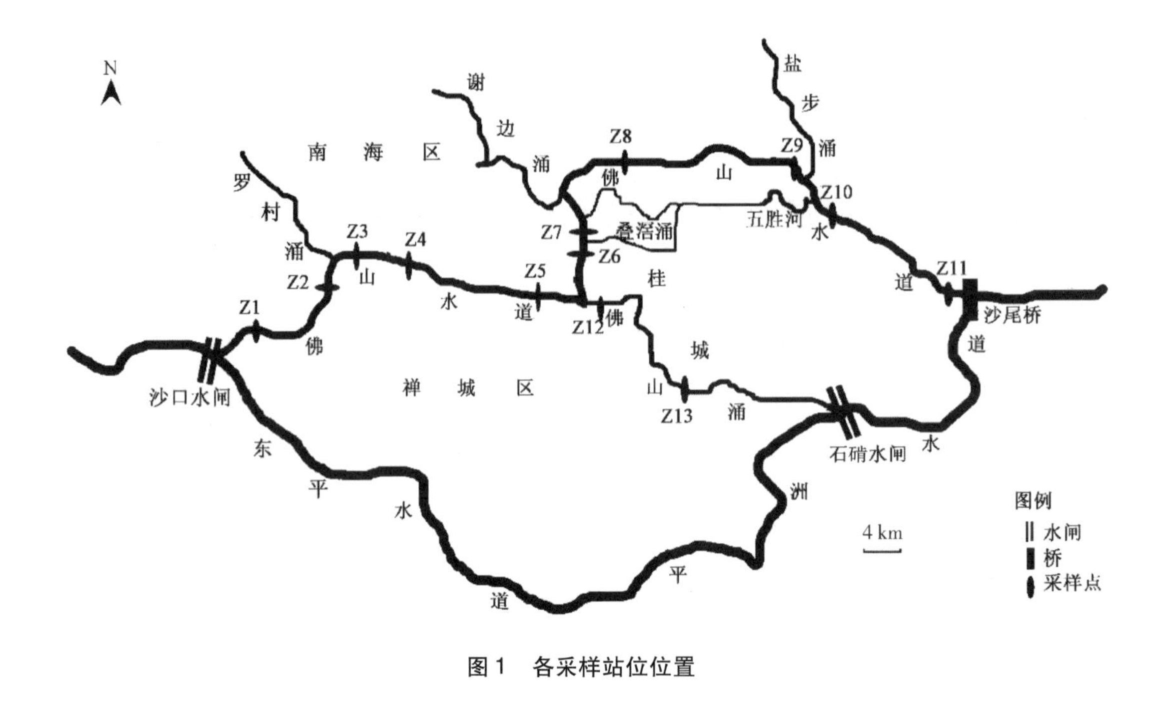

图 1　各采样站位位置

1.2　分析方法

AVS 和 *SEM* 测定采用 Allen 等提出[24]，并为其他研究者[12,16,25]广泛采用的氮载气冷酸溶硫化物法（the purge-and-trap method）。测定过程如下：通氮气完全驱除装置中的氧气，称取 2 ～5 g 湿沉积物投入内盛 1 mol/L HCl 溶液的反应瓶，经磁力搅拌，生成的 H_2S 随高纯氮载气转移到内含 0.5 mol/L NaOH 溶液的吸收瓶中，之后用亚甲蓝法测 *AVS*。反应瓶内溶液经 0.45 μm 滤膜过滤，用等离子发射光谱 ICP（PerkinElmer，Optima 5300，DV）测定滤液中的 *SEM*。

底栖动物测定：在实验室内将柱状样经 40 目分样筛筛后，放入白瓷盘中拣出底栖动物，用 70% 酒精固定，编号，装入磨砂广口瓶，经镜检、计数、称重，最后换算成单位面积的种群密度和生物量。

氧化还原电位测定采用便携式氧化还原电位计（5041 型，上海三信仪表厂）现场测量。溶解氧测定采用碘量法，现场加入 $MnSO_4$ 和碱性碘化钾作固定剂，密封后带回实验室测量。

数据分析处理采用 SPSS 14.0 和 Excel 2003。

2 结 果

各采样站位 *AVS* 与 *SEM* 的测定结果见表 1，底栖动物的测定结果见表 2（Z2 与 Z6 这 2 站位未发现底栖动物，故未列入表内），*Eh* 与 DO 含量的测定结果见表 3。

表 1　各采样点 *AVS* 与 *SEM*（平均值 ± 标准差，$n=3$）

单位：μmol/g

样点	*AVS*	SEM_{Pb}	SEM_{Zn}	SEM_{Cu}	SEM_{Cd}	SEM_{Ni}	SEM_{Cr}
Z1	0. 723 ±0. 344	0. 168 ±0. 031	0. 582 ±0. 039	0. 207 ±0. 91	0. 002 ±0. 001	0. 103 ±0. 010	0. 201 ±0. 079
Z2	8. 967 ±2. 505	0. 121 ±0. 041	1. 543 ±0. 301	0. 201 ±0. 036	0. 002 ±0. 001	0. 187 ±0. 033	0. 812 ±0. 65
Z3	11. 276 ±2. 763	0. 521 ±0. 043	7. 451 ±0. 597	4. 321 ±0. 312	0. 026 ±0. 008	1. 112 ±0. 350	6. 341 ±0. 843
Z4	49. 579 ±18. 126	0. 191 ±0. 040	3. 624 ±0. 787	1. 837 ±0. 703	0. 011 ±0. 003	0. 781 ±0. 133	2. 782 ±1. 140
Z5	11. 139 ±3. 069	0. 601 ±0. 244	3. 078 ±0. 953	1. 394 ±0. 281	0. 017 ±0. 005	0. 431 ±0. 227	1. 302 ±0. 243
Z6	59. 013 ±12. 905	0. 502 ±0. 108	5. 014 ±0. 813	3. 812 ±0. 618	0. 025 ±0. 006	1. 501 ±0. 522	4. 412 ±0. 534
Z7	31. 274 ±13. 357	1. 207 ±0. 313	10. 243 ±2. 409	7. 875 ±1. 105	0. 045 ±0. 006	3. 247 ±0. 713	9. 795 ±2. 172
Z8	9. 261 ±3. 570	0. 416 ±0. 119	2. 371 ±0. 738	0. 582 ±0. 037	0. 007 ±0. 002	0. 179 ±0. 023	0. 416 ±0. 108
Z9	19. 327 ±3. 516	0. 854 ±0. 174	14. 487 ±4. 682	5. 992 ±1. 047	0. 040 ±0. 007	1. 694 ±0. 432	7. 095 ±1. 336
Z10	13. 285 ±3. 770	0. 785 ±0. 316	11. 941 ±2. 399	3. 012 ±0. 943	0. 034 ±0. 004	1. 012 ±0. 207	5. 103 ±1. 419
Z11	11. 213 ±2. 478	0. 111 ±0. 018	1. 446 ±0. 269	0. 191 ±0. 037	0. 002 ±0. 001	0. 589 ±0. 160	0. 424 ±0. 147
Z12	26. 406 ±8. 445	0. 478 ±0. 191	5. 308 ±1. 148	0. 999 ±0. 509	0. 011 ±0. 002	0. 522 ±0. 082	0. 942 ±0. 114
Z13	12. 219 ±3. 813	0. 289 ±0. 104	5. 413 ±1. 480	0. 968 ±0. 341	0. 009 ±0. 002	0. 752 ±0. 196	1. 474 ±0.433

表 2　各采样点底栖动物栖息密度和生物量

单位：个/m^2

底栖动物		Z1	Z3	Z4	Z5	Z7	Z8	Z9	Z10	Z11	Z12	Z13
环节动物门	颤蚓（*Tubifex* sp.）						903		983	1228		
	水丝蚓（*Limnodrilus* sp.）	1474	246	38575	26983	23587	24692	3440	10073	25061	22850	29730
	尾鳃蚓（*Branchiura* sp.）				369			246				246
	仙女虫（*Naididae* sp.）						1563			1228		
软体动物门	河蚬（*Corbicula fluminea*）	246										
栖息密度		1720	246	38575	27352	23587	27158	3686	11056	27517	22850	29976
生物量/$g \cdot m^{-2}$		1141. 06	0. 25	21. 72	31. 01	19. 04	16. 12	1. 94	5. 85	16. 56	14. 89	34. 32

表 3　沉积物和上覆水 *Eh* 与 DO 含量测定结果

样点	*Eh*（沉积物）/mV	*Eh*（上覆水）/mV	DO（上覆水）/ $mg \cdot L^{-1}$
Z1	-13	46	3. 3
Z2	-171	-140	0
Z3	-107	-15	0. 2
Z4	-161	-121	0
Z5	-142	-124	0
Z6	-196	-171	0
Z7	-152	-131	0
Z8	-133	-21	0. 1
Z9	-155	-117	0
Z10	-149	-129	0
Z11	-103	-20	0. 1
Z12	-182	-165	0
Z13	-137	-19	0. 1

3　讨　论

3.1　沉积物 *AVS* 及 *SEM* 分布

所测 39 个样品（每个采样站位 3 个，共 13 个采样站位）数据先用 SPSS 软件进行正态分布检验，结果表明所得数据服从正态分布。然后用 SPSS 软件进行统计学分析，结果见表 4。

表 4　佛山水道表层沉积物 *AVS* 与 *SEM* 统计结果（$n=39$）

单位：μmol/g

项目	最大值	最小值	均值	均方差	中位数	变异系数/%
AVS	69. 579	0. 339	20. 283	17. 909	14. 139	88. 30
SEM_{Pb}	1. 457	0. 094	0. 48	0. 345	0. 389	71. 88
SEM_{Zn}	18. 665	0. 538	5. 577	4. 452	4. 212	79. 83
SEM_{Cu}	9. 124	0. 119	2. 415	2. 437	1. 517	100. 91
SEM_{Cd}	0. 052	0. 001	0. 018	0. 015	0. 012	83. 33
SEM_{Ni}	4. 048	0. 093	0. 932	0. 868	0. 705	93. 13
SEM_{Cr}	11. 558	0. 124	3. 612	3. 116	1. 673	86. 27

目前的研究认为沉积物中 *AVS* 是有机质被氧化，同时硫酸盐还原菌（SRB）还原硫酸盐的产物，故硫库和沉积物的氧化还原状况是影响 *AVS* 的关键因素。[2,7,8,10,19] 由表 4，佛山水道沉积物 *AVS* 最大值为 69. 579 μmol/g，最小值为 0. 339 μmol/g，均值达 20. 283 μmol/g。Lawra 等[15] 在研究美国 Mississippi 河时，测得 *AVS* 最大值为（1. 2 ±0. 4）μmol/g；Muchaa 等[18] 在研究葡萄牙 Duoro 河口时，测得 *AVS* 最大值为（2. 8 ± 1. 3）μmol/g；霍文毅等[20] 在研究胶州湾养殖海区沉积物中 *AVS* 时，测得 *AVS* 最大值为 19. 11 μmol/g。与上述研究结果相比，佛山水道 *AVS* 值较高，其原因可能是：表层沉积物长期处于厌氧与强还原状态；生物极少，通过生物扰动向表层沉积物进行氧传递很困难；由于岸上污染源长期影响，沉积物中积聚了大量的硫。例如 *AVS* 值最高的 Z6 站位，旁边有一规模很大的酱油厂，附近的工业区亦有大量印染厂和皮革厂，大量含硫废水的排入使得该站位污染严重；由表 3 可见其上覆水 DO 含量为 0，沉积物 *Eh* 为 －196 mV，处于强还原状态。*AVS* 值次高的 Z4 站位，位于一处废弃不久的煤码头，表层沉积物中含硫煤渣占了一大部分；从表 3 可见，其 DO 含量为 0，沉积物 *Eh* 为 －121 mV，处于绝对厌氧和强还原状态。

由表 4、表 5 可知，Z9 站位 $\sum SEM_5$（SEM_{Pb}、SEM_{Cd}、SEM_{Cu}、SEM_{Zn}、SEM_{Ni} 之和）

最高，达 23.067 μmol/g；Z1 站位 $\sum SEM_5$最低，为 1.062 μmol/g。Lawra 等[15]测得 $\sum SEM_6$（SEM_{Pb}、SEM_{Cd}、SEM_{Cu}、SEM_{Zn}、SEM_{Ni}、SEM_{Cr}之和）最大值为（1.6 ±0.2）μmol/g，Muchaa 等[18]测得 $\sum SEM_5$最大值为（1.7 ±0.6）μmol/g。与上述研究结果比较，佛山水道 SEM 值总体较高，主要原因在于其属于重金属严重污染区域，沉积物重金属总量颇高。利锋等[22,23]2005 年 7 月对该区域采样调查结果表明，其沉积物重金属在大多数采样点均较高，超过 GB 4284—84 限值的现象较普遍。从各种重金属来看，SEM_{Zn}最高，SEM_{Cr}次之，SEM_{Cd}最低，SEM_{Zn}最大值达到 18.665 μmol/g，SEM_{Cr}最大值达 11.558 μmol/g，SEM_{Cd}的最大值只有 0.052 μmol/g。SEM_{Zn}和 SEM_{Cr}占了 $\sum SEM$ 的很大比重，$\sum SEM$ 的分布模式主要由 SEM_{Zn}和 SEM_{Cr}的分布模式决定。进一步分析，佛山水道 SEM 还受岸上污染源分布和水动力条件影响。例如 Z7 站位，处滩地缓流区，河面较宽，流速较缓，上游来水中的颗粒物易沉降于此，其纳污范围内有不少五金、电镀、金属加工等污染企业，故 $\sum SEM_6$在各站位中最高。

表 5　各采样站位 $\sum SEM_5$、$\sum SEM_6$与 AVS

单位：μmol/g

样点	$\sum SEM_5$	$\sum SEM_6$	$\sum SEM_5 - AVS$	$\sum SEM_6 - AVS$
Z1	1.062	1.263	0.339	0.54
Z2	2.054	2.866	-6.913	-6.101
Z3	13.431	19.772	2.155	8.496
Z4	6.444	9.226	-43.135	-40.353
Z5	5.521	6.823	-5.618	-4.316
Z6	10.854	15.266	-48.159	-43.747
Z7	22.617	32.412	-8.657	1.138
Z8	3.555	3.971	-5.706	-5.29
Z9	23.067	30.162	3.74	10.835
Z10	16.784	21.887	3.499	8.602
Z11	2.339	2.763	-8.874	-8.45
Z12	7.318	8.26	-19.088	-18.146
Z13	7.431	8.905	-4.788	-3.314

3.2　佛山水道底栖生物

从表 2 可见，底栖动物的种类和数量均较少，且除了 Z1 站位发现有河蚬外，其余均为耐污染物种，水丝蚓为优势种；有2个站位（Z2与Z6）在本次调查中甚至未发现任何底栖动物。根据前期调查结果，Z2与Z6站位各项污染指标均较高，环境质量状况很差。[22,23]因此，底栖动物少的主要原因可能是水道被严重污染，底栖动物生存环境恶劣。

在重污染区域生物调查中，常常出现生物数据矩阵里半数以上数据为0的现象。根据这一特点，所选择衡量样本相似性的方法应不受生物数据矩阵元为0的影响。基于Bray-Curtis非相似性系数基础上的非度量多维标度排序（non-matric multi-dimentional scaling，MDS）分析方法被很多研究者认为是处理此类问题的好方法。[18,26-28]因此，根据本次佛山水道底栖动物调查的情况，采用MDS分析法对11个站位（Z2和Z6站位未发现底栖动物，故剔除）底栖动物的调查结果进行分析。处理过程如下：对各站位原始数据进行四次方根变换；计算Bray-Curtis非相似性系数；用SPSS中的MDS分析模块对数据进行分析。分析结果见图2，由图2可见：Z4、Z5、Z7、Z8、Z11、Z12、Z13这7个站位在MDS图上的距离很近，表明这些站位底栖动物群落结构相似程度高。

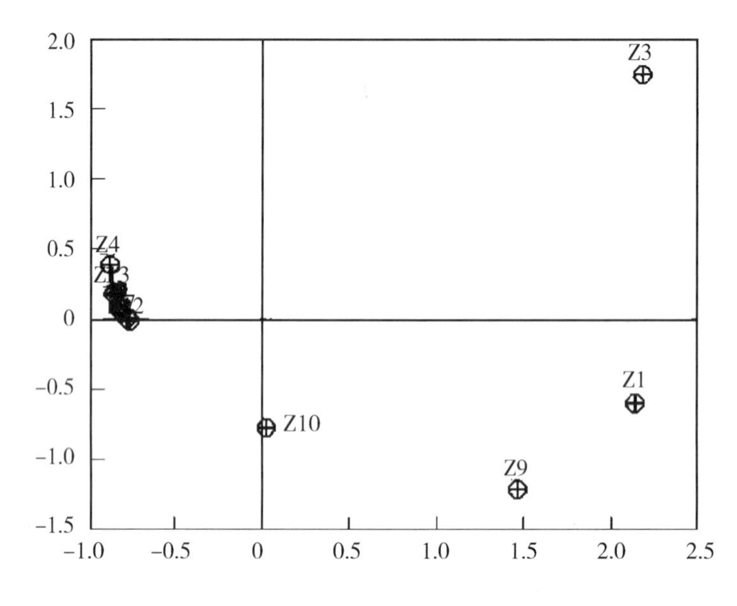

图2　佛山水道底栖动物MDS分析结果

3.3　沉积物*AVS*、*SEM*与生物毒性

Di Toro等[6]、Ankley[2]、Hansen等[3]、Berry等[4]认为当*AVS*大于*SEM*时，从理论上说，游离重金属都会被束缚，因此*SEM*－*AVS*可以作为重金属生物有效性和生态风险的指示器。这一观点已被很多同行所接受[7,8,15]，并且在室内模拟实验中得到了证实[2-4,9,11]。对这一判据的野外现场验证相对较少，有关重污染河道*SEM*－*AVS*与底栖动物群落结构关系的研究鲜有报道。从表5可见，$\sum SEM_5-AVS$的站位有9个，除了Z2和Z6站位底栖动物为0外，其余7个站位由MDS分析结果可见底栖动物群落结构均比较相似。这表明重污染河道沉积物重金属的生物毒性与*SEM*－*AVS*的值关系密切，*SEM*－

AVS 判据在判断重污染区域重金属的生物毒性方面具有较大作用；但也表明重污染河流重金属生物毒性比较复杂，不能完全由 *SEM - AVS* 解释。例如本次调查中的 Z6 站位，*AVS* 远远高于 $\sum SEM_5$，二者之间的差值达 48.159 μmol/g，但该站位未发现任何底栖动物，*SEM - AVS* 判据无法对此做出解释，其原因需要进一步研究。

虽然很多研究主要针对 Cu、Ni、Pb、Zn、Cd 这 5 种二价重金属，但这并不意味着 *AVS* 对其他重金属的生物有效性没有影响。由于重金属基本上都是亲硫元素，所以其他重金属在水体中的行为也受到 *AVS* 的影响，但是其迁移转化机理可能有所差别。Morse 等[29]的研究表明：Cr 在水体的形态变化及与硫化物结合的规律与二价重金属（Cu、Ni、Cd、Zn、Pb）有差别。从本次调查的结果来看，SEM_{Cr}的含量在各站位均占较大比例，而且 Cr 是毒性较高的污染物，故本次研究在考察重金属生物毒性时，将 SEM_{Cr}一并考虑进去了。

4 结　论

（1）佛山水道 *AVS* 和 *SEM* 均较高。高 *AVS* 是岸上污染源硫排放和水体长期处于厌氧状态的结果。高 *SEM* 的主要原因在于该区域沉积物重金属总量颇高，*SEM* 分布受岸上污染源位置及水动力条件等因素影响。

（2）佛山水道底栖动物的种类和数量均较少，且基本为耐污种，水丝蚓为优势种；这与该区污染严重、生境恶劣有关。

（3）MDS 分析结果显示：$\sum SEM_5 - AVS < 0$ 的 9 个站位中的 7 个底栖动物群落结构相似程度高。这表明重污染河道沉积物重金属的生物毒性与 *SEM - AVS* 的值关系密切，*SEM-AVS* 判据在判断重污染区域重金属的生物毒性方面具有较大作用；但也表明重污染河流重金属生物毒性比较复杂，不能完全由 *SEM - AVS* 解释。

致　谢：感谢中山大学环境科学与工程学院胡鹏杰、余光辉、邹晓锦、宋巍巍、刘宁机、邱媛、梁德星同学和中山大学生命科学学院梁建平同学在采样和实验过程中给予的帮助。

参考文献

[1] DI TORO D M, MAHONY J D, HANSEN D J, et al. Toxicity of cadmium in sediments: The role of acid volatile sulfide [J]. Environmental toxicology and chemistry, 1990, 9 (12): 1487 - 1502.

[2] ANKLEY G T, MATTSON V R, LEONARD E N, et al. Predicating the acute toxicity of copper in fresh-water sediments: Evaluations of the role acid-volatile sulfide [J]. Environmental toxicology and chemistry, 1993, 12 (2): 315 - 323.

[3] HANSEN D J, BERRY W J, BOOTHMAN W S, et al. Predicting the toxicity of metal-contaminated field sediments using interstitial concentrations of metals and acid-volatile sulfide normalizations [J]. Environmental toxicology and chemistry, 1996, 15 (12): 2080 - 2094.

[4] BERRY W J, HANSEN D J, BOOTHMAN W S, et al. Predicting the toxicity of metal-spiked laboratory sediments using acid-volatile sulfide and interstitial water normalizations [J]. Environmental toxicology and chemistry, 1996, 15 (12): 2067 -2079.

[5] SCIENCE ADVISORY BOARD of US EPA. Review of the agencies approach for developing sediment criteria for five metals [R]. Washington D C: US Environmental Protection Agency, 1995: 1 -10.

[6] DI TORO D M, MAHONY J D, HANSEN D J, et al. Acid volatile sulfide predicts the acute toxicity of cadmium and nickel in sediments [J]. Environmental science and technology, 1992, 26 (1): 96 -101.

[7] CASAS A M, CRECELIUS E A. Relationship between acid volatile sulfide and the toxicity of zinc, lead and copper in marine sediments [J]. Environmental toxicology and chemistry, 1994, 13 (3): 529 -536.

[8] VAN GRIETHUYSEN C, VAN BAREN J, PEETERS E T H M. Trace metal availability and effects on benthic community structure in floodpain lakes [J]. Environmental toxicology and chemistry, 2004, 23 (3): 668 -681.

[9] DI TORO D M, MCGRATH J A, HANSEN D J, et al. Predicting sediment toxicity using a sediment biotic ligand model: Methodology and initial application [J]. Environmental toxicology and chemistry, 2005, 24 (10): 2410 -2427.

[10] NAYLORA C, DAVISONA W, MOTELICA-HEINOA M, et al. Potential kinetic availability of metals in sulfuric freshwater sediments [J]. Science of the total environment, 2006, 357 (3): 208 -220.

[11] 韩建波，马德毅，闫启仑，等. 海洋沉积物中 Zn 对底栖端足类生物的毒性 [J]. 环境科学，2003，24 (6)：101 -105.

[12] 文湘华，ALLEN H E. 乐安江沉积物酸可挥发硫化物含量及溶解氧对重金属释放特性的影响 [J]. 环境科学，1997，18 (4)：32 -34.

[13] 梁涛，陶澍，贾振邦，等. 香港河流及近海表层沉积物和孔隙水的毒性研究 [J]. 环境科学学报，2001，21 (5)：557 -562.

[14] MACKEY A P, MACKAY S. Spatial distribution of acid volatile sulfide concentration and metal bioavailability in mangrove sediments from the Brisbane River, Australia [J]. Environmental pollution, 1996, 93 (2): 205 -209.

[15] LAWRA A G, JAMES L J H, WILLIAM I W, et al. Seasonal bioavailability of sediment-associated heavy metals along the Mississippi River Floodpain [J]. Chemosphere, 2001, 45 (4 -5): 643 -651.

[16] YU K C, TSAI L J, CHEN S H, et al. Chemical binding of heavy metals in anoxic river sediments [J]. Water research, 2001, 35 (17): 4086 -4094.

[17] FANG T, LI X D, ZHANG G. Acid volatile sulfide and simultaneously extracted metals in the sediment cores of the Pearl River Estuary, South China [J]. Ecotoxicology and environmental safety, 2005, 61 (3): 420 -431.

[18] MUCHAA A P, VASCONCELOS M, TERESA S D, et al. Spatial and seasonal variations of the macrobenthic community and metal contamination in the Douro estuary (Portugal) [J]. Marine environmental research, 2005, 60 (5): 531 -550.

[19] VAN GRIETHUYSEN C, DE LANGE H J, VAN DEN HEUIJ V, et al. Temporal dynamics of AVS and SEM in sediment of shallow freshwater floodplain lakes [J]. Applied geochemistry, 2006, 21 (4): 632 -642.

[20] 霍文毅，李全生，马锡年. 胶州湾养殖海区沉积物中酸可挥发性硫的研究 [J]. 地理科学，2001，21 (2)：135 -139.

[21] 宋进喜，李金成，王晓蓉，等. 太湖梅梁湾沉积物中酸挥发性硫化物垂直变化特征研究 [J]. 环

境科学学报，2004，24（2）：271－274.
[22] 利锋，韦献革，黄雁云，等．佛山水道底泥污染物释放动态模拟［J］．中国给水排水，2006，22（17）：88－91.
[23] 利锋，韦献革，余光辉，等．佛山水道底泥重金属污染调查［J］．环境监测管理与技术，2006，18（4）：12－14.
[24] ALLEN H E, FU G M, DENG B L. Analysis of acid-volatile sulfide（AVS）and simultaneously extracted metals（SEM）for the estimation of potential toxicity in aquatic sediment［J］. Environmental toxicology and chemistry, 1993, 12（8）：1441－1453.
[25] 林玉环，郭明新，庄岩．底泥中酸性挥发硫及同步浸提金属的测定［J］．环境科学学报，1997，17（3）：353－358.
[26] TAGLIAPIETRA D, PAEAN M, WAGER C. Macrobenthic community changes related to eutrophication in Palude Delta Rosa Benetian Lagoon, Italy［J］. Estuarine, coastal and shelf science, 1998, 47（2）：217－226.
[27] HYLAND J, BALTHIS L, KARAKASSIS I, et al. Organic carbon content of sediments as an indicator of stress in the marine benthos［J］. Marine ecology progress series, 2005, 295：91－103.
[28] 马藏允，刘海，王惠卿，等．底栖生物群落结构变化多元变量统计分析［J］．中国环境科学，1997，17（4）：297－300.
[29] MORSE J W, LUTHER Ⅲ G W. Chemical influences on trace metal-sulfide interactions in anoxic sediments［J］. Geochimica et cosmochimica acta, 1999, 63（19/20）：3373－3378.
[30] MORSE J W, RICKARD D. Chemical dynamics of sedimentary acid volatile sulfide［J］. Environmental science and technology, 2004, 38（7）：131－136.

污染沉积物 *AVS* 对水丝蚓体内重金属积累的影响*

1 引　言

很多研究者认为，底栖动物重金属积累能有效反映水体重金属污染对生物的危害程度，因此，这方面的研究颇受关注（毕春娟 等，2006；James，*et al.*，2004；Samueln，*et al.*，2005）。近年来的研究结果表明，底栖动物重金属积累主要取决于重金属的生物可利用性，而不是其总量（Yoo，*et al.*，2004；杨震 等，1996；Griethuysen，2006）。Di Toro 等（1990）首次报道了酸挥发性硫化物（acid volatile sulfide，*AVS*）对 Cd 的生物有效性具有强烈影响，此后 *AVS* 逐渐成为沉积物重金属生物有效性的研究热点。Di Toro 等（1990）认为，*AVS* 及 *SEM* 的相对值（*SEM* - *AVS* 或 *SEM*/*AVS*）可作为表征沉积物重金属生物有效性的重要判据。这一观点已被很多实验所验证（Ankley，1993；Casas，*et al.*，1994；Berry，*et al.*，1996；Leonard，*et al.*，1996），美国环保署也将其作为制订沉积物质量标准的依据之一（USEPA，2005）。

AVS 与底栖动物重金属积累关系的研究始于 1990 年。Ankley（1996）对这一阶段的研究进行了述评。大部分试验结果显示，当 $SEM/AVS < 1$ 时，底栖动物体内重金属浓度较低，但也有一些例外存在，这些例外表明此方面的研究仍有待深入。Hare 等（1994；2001）、James 等（2004）、Griethuysen（2006）认为，有关 *AVS* 与底栖动物重金属积累的野外实证研究更加贴近实际污染状况，并且能够与室内模拟实验的结果相互印证，因而具有更大的理论和现实意义。但是，由于各种原因，这方面的数据相对较少。迄今为止，有关重污染区域 *AVS* 与底栖动物重金属积累的研究鲜有报道。

本文的研究区域是珠江三角洲一条典型城市污染河道——佛山水道，对 11 个采样站位沉积物、上覆水和底栖动物样品进行分析，测定寡毛纲颤蚓科底栖动物水丝蚓（*Limnodrilus* sp.）体内的 Pb、Zn、Cu、Ni、Cd 含量及相关环境指标，旨在探讨重污染区域沉积物 *AVS* 对底栖动物重金属积累的影响。

---

* 原载《环境科学学报》2008 年第 28 卷第 11 期，作者：利锋、温琰茂（通讯作者）、朱娉婷、金辉、宋巍巍。
基金项目：国家自然科学基金资助项目（No40071074），广东省科技计划项目（No2006B13501008）。

2 材料和方法

2.1 研究区域概况

佛山水道是流经佛山市中心的唯一河流，属北江（珠江水系三大干流之一）支流，其干流西起佛山市禅城区沙口，到沙尾桥与平洲水道汇合后流入珠江的后航道（珠江广州段），全长26.4 km，河面宽45～110 m。沿途有多条河涌汇入佛山水道，最大的一条为佛山涌，长8.5 km，河面宽18～50 m。本次研究区域包括佛山水道和佛山涌。佛山水道具有纳污、航运、泄洪和灌溉等多种功能，对佛山的经济社会发展起重要作用，被誉为佛山市的母亲河。随着佛山经济的快速发展，佛山水道显得不堪重负。2005年7月对该区域采样监测结果表明其沉积物重金属含量较高，超过《农用污泥中污染物控制标准》（GB 4284—84）的现象很普遍（利锋 等，2006）。

2.2 样品采集及处理

根据2005年7月对佛山水道水质和底质污染状况调查的结果（利锋 等，2006），2006年8月选择了13个站位重新进行采样。由于只在11个站位采集了足够分析用的底栖动物，故本研究中只对这11个站位进行分析。各采样站位的具体位置见图1。

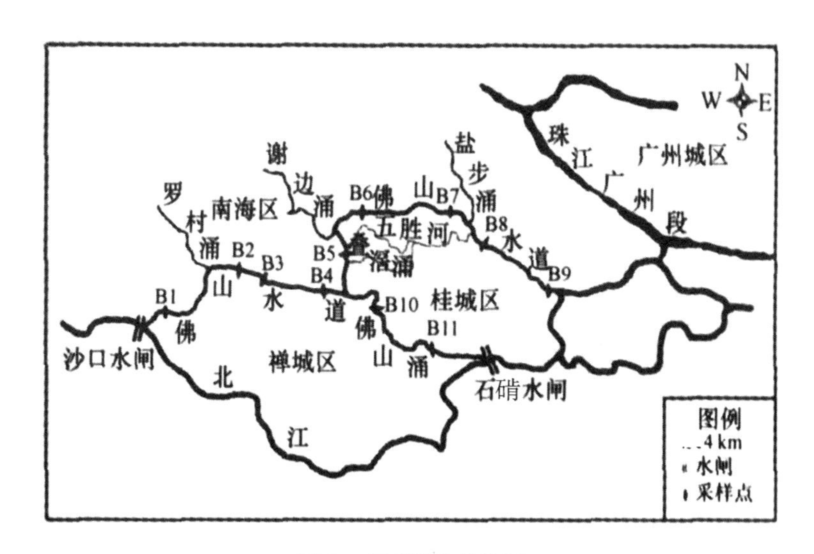

图1　各采样站位位置

沉积物、上覆水和底栖动物样品均采用柱状采样器（Beeker 型）采集。沉积物样品采集方法为：每个站位平行采集3根柱状样，取表层10 cm样品，置于预充 N_2 的聚乙烯样品袋中，立即密封并置冰水中；运回实验室后，0～4 ℃条件下原样保存，2周内测完。

底栖动物样品采集方法为：在各采样站位先采集 2 根柱样，现场粗测底栖动物种类和数量；视粗测情况采集若干柱状样，现场用胶塞塞住两端，加封口胶封装置于冰水中，带回实验室进行分析。上覆水采集方法如下：用柱状采样器把表层沉积物和其上覆水一起采集至船上，静置 30 min 后，用虹吸管吸取离沉积物 5 ～ 10 cm 之间的上覆水。

2.3　样品分析及测定

AVS 和 *SEM* 测定采用氮载气冷酸溶硫化物法（the purge-and-trap method）（Allen，*et al.*，1993；林玉环 等，1997；文湘华 等，1997；Yu，*et al.*，2001）。测定过程如下：通氮气完全驱除装置中的氧气，称取 2 ～ 5 g 湿沉积物投入内盛 1 mol/L HCl 溶液的反应瓶，经磁力搅拌，生成的 H_2S 随高纯氮载气转移到内含 0.5 mol/L NaOH 溶液的吸收瓶中，之后用亚甲蓝法测 *AVS*。反应瓶内溶液经 0.45 μm 滤膜过滤，用等离子发射光谱 ICP（PerkinElmer Optima 5300，DV）测定滤液中 *SEM*。

底栖动物测定：所采样品经 40 目分样筛筛后，放入白瓷盘中拣出底栖动物，经高纯水（Milli - Q）冲洗后用 70% 酒精固定，经镜检、计数、干燥、称重，得出丰度和生物量（利锋 等，2007）。然后将水丝蚓挑拣出来，以 $HNO_3 - HClO_4$ 法消煮后，用等离子发射光谱 ICP 测定其重金属含量。

采用便携式氧化还原电位计现场测量沉积物及上覆水 *Eh*。溶解氧测定采用碘量法。*OC* 测定采用灼烧法：样品置马弗炉中（550 ℃，3.5 h），以灼烧前后重量差为烧失量（*LOI*），*LOI* 乘以 0.58 即得到 *OC*（Griethuysen，*et al.*，2004）。透明度测量采用塞氏盘法（国家环境保护总局，2002）。粒径组成测定采用沉吸法。

质量控制：所有玻璃和塑料用具均用 10% HNO_3（体积比）浸泡 24 h 以上，以纯水冲洗后，用高纯水淋洗。分析过程中加入国家标准物质进行分析质量控制，各种重金属的回收率均在国家标准参比物质的允许范围内。

2.4　数据处理

数据处理采用 SPSS 12.0。进行相关分析的数据处理步骤如下：先用 SPSS 非参数分析中的 K-S 法进行正态分布检验。对于满足正态分布的变量，采用 Pearson 相关分析法；对于不满足正态分布的变量，则采用 Spearman 相关分析法。

3　结　果

3.1　环境变量

表 1 为各采样站位相关理化指标监测结果。表 2 为各采样站位 *AVS* 与 *SEM* 监测结果（每个采样站位 3 个样品，11 个采样站位共 33 个样品，数据经检验服从正态分布）。

表 1 各采样站位相关理化指标监测结果

站位	粒径组成			水深* /m	水温* /℃·m^{-1}	透明度* /cm	氧化还原** 电位/mV	氧化还原电位* /mV	溶解氧* /mg·L^{-1}	有机碳（OC）
	砂	粉砂	黏粒							
B1	10.36%	42.08%	47.56%	1.6	29.1	34	-13	46	3.3	5.16%
B2	74.63%	13.03%	12.34%	2	29.1	23	-107	-15	0.2	2.94%
B3	83.14%	8.87%	7.99%	3.1	30.1	25	-161	-121	0	5.55%
B4	4.49%	62.33%	33.18%	2.7	29.5	21	-142	-124	0	8.41%
B5	11.01%	61.36%	27.63%	2.3	29.2	22	-152	-131	0	7.58%
B6	46.45%	32.23%	21.32%	1.3	29.7	27	-133	-21	0.1	3.39%
B7	17.84%	54.17%	27.99%	1.6	30.2	24	-155	-117	0	5.86%
B8	48.56%	32.83%	18.61%	2.1	29.7	25	-149	-129	0	5.05%
B9	94.97%	1.23%	3.80%	1.4	29.6	26	-103	-20	0.1	1.20%
B10	48.61%	31.66%	19.73%	1.8	30.1	17	-182	-165	0	3.24%
B11	72.79%	15.51%	11.70%	1.5	29.9	24	-137	-19	0.1	2.90%

说明：** 指沉积物，* 指上覆水。

表2　各采样点 *AVS* 与 *SEM*（平均值±标准差）

单位：μmol/g

站位	*AVS*	SEM_{Pb}	SEM_{Zn}	SEM_{Cu}	SEM_{Cd}	SEM_{Ni}	$\sum SEM_5^a$	$\sum SEM_5^b - AVS$
B1	0. 723 ±0. 344	0. 168 ±0. 031	0. 582 ±0. 039	0. 207 ±0. 091	0. 002 ±0. 001	0. 103 ±0. 010	1. 062	0. 339
B2	11. 276 ±2. 763	0. 521 ±0. 043	7. 451 ±0. 597	4. 321 ±0. 312	0. 026 ±0. 008	1. 112 ±0. 350	13. 431	2. 155
B3	49. 579 ±18. 126	0. 191 ±0. 040	3. 624 ±0. 787	1. 837 ±0. 703	0. 011 ±0. 003	0. 781 ±0. 133	6. 444	-43. 135
B4	11. 139 ±3. 069	0. 601 ±0. 244	3. 078 ±0. 953	1. 394 ±0. 281	0. 017 ±0. 005	0. 431 ±0. 227	5. 521	-5. 618
B5	31. 274 ±13. 357	1. 207 ±0. 313	10. 243 ±2. 409	7. 875 ±1. 105	0. 045 ±0. 006	3. 247 ±0. 713	22. 617	-8. 657
B6	9. 261 ±3. 570	0. 416 ±0. 119	2. 371 ±0. 738	0. 582 ±0. 037	0. 007 ±0. 002	0. 179 ±0. 023	3. 555	-5. 706
B7	19. 327 ±3. 516	0. 854 ±0. 174	14. 487 ±4. 682	5. 992 ±1. 047	0. 040 ±0. 007	1. 694 ±0. 432	23. 067	3. 740
B8	13. 285 ±3. 770	0. 785 ±0. 316	11. 941 ±2. 399	3. 012 ±0. 943	0. 034 ±0. 004	1. 012 ±0. 207	16. 784	3. 499
B9	11. 213 ±2. 478	0. 111 ±0. 018	1. 446 ±0. 269	0. 191 ±0. 037	0. 002 ±0. 001	0. 589 ±0. 160	2. 339	-8. 874
B10	26. 406 ±8. 445	0. 478 ±0. 191	5. 308 ±1. 148	0. 999 ±0. 509	0. 011 ±0. 002	0. 522 ±0. 082	7. 318	-19. 088
B11	12. 219 ±3. 813	0. 289 ±0. 104	5. 413 ±1. 480	0. 968 ±0. 341	0. 009 ±0. 002	0. 752 ±0. 196	7. 431	-4.788

说明：a 为 5 种重金属 *SEM* 均值之和，b 为采用均值计算得出的结果。

3.2 生物变量

表3为水丝蚓体内Pb、Zn、Cu、Ni、Cd含量统计（共28个样品，数据经检验服从正态分布）。表4对各采样站位水丝蚓体内重金属含量水平做了统计。

表3 各种重金属在水丝蚓体内积累统计

单位：μmol/g

重金属	样本数 n	均值	标准差	范围	变异系数 CV/%
BIO_{Pb}	28	0.108	0.041	0.051～0.204	42.59
BIO_{Zn}	28	3.087	1.044	1.513～5.517	33.82
BIO_{Cu}	28	1.106	0.421	0.416～2.075	38.07
BIO_{Ni}	28	0.250	0.117	0.026～0.543	46.80
BIO_{Cd}	28	0.016	0.012	0.002～0.052	75.00

表4 各站位水丝蚓体内重金属积累情况（平均值±标准差）

站位	样本数 n	BIO_{Pb}	BIO_{Zn}	BIO_{Cu}	BIO_{Ni}	BIO_{Cd}	$\sum BIO_5^{b}$
B1	3	0.103±0.029	2.848±0.429	1.100±0.248	0.334±0.079	0.019±0.005	4.405
B2	1	0.176	4.364	2.075	0.311	0.052	6.977
B3	3	0.073±0.027	2.424±0.328	0.831±0.164	0.242±0.039	0.010±0.006	3.581
B4	3	0.122±0.051	3.078±0.277	1.343±0.279	0.180±0.014	0.009±0.003	4.732
B5	3	0.136±0.020	3.275±0.311	1.530±0.287	0.455±0.077	0.013±0.005	5.410
B6	3	0.103±0.044	2.312±0.476	0.649±0.093	0.037±0.010	0.008±0.003	3.109
B7	1	0.204	5.316	1.555	0.341	0.038	7.454
B8[a]	2	0.136	5.471	1.409	0.304	0.037	7.357
B9	3	0.064±0.012	1.641±0.156	0.506±0.127	0.192±0.022	0.006±0.004	2.409
B10	3	0.100±0.026	3.247±0.275	1.030±0.213	0.212±0.038	0.014±0.004	4.605
B11	3	0.088±0.021	3.116±0.272	1.186±0.154	0.264±0.049	0.018±0.008	4.671

说明：a 该站位数据为两个样品的平均值，b 为均值之和。

4　讨　论

4.1　水丝蚓体内重金属积累及其指示作用

各种底栖动物对重金属污染反应不一，良好的指示物种应该满足两个基本条件：在研究区域大量存在，对环境重金属浓度的变化具有一定的敏感性。此次之所以选择水丝蚓进行研究，是因为水丝蚓在本研究区域中分布普遍。根据杞桑等（1993）对珠江三角洲河道底栖动物的调查结果，广州、佛山、东莞等大中城市附近的河段以寡毛类占绝对优势，在寡毛类中居优势地位的是霍夫水丝蚓（*Limnodrilus hoffmeisteri*）。近期佛山水道底栖动物调查结果表明，水丝蚓是优势种（中山大学环境科学研究所，2006）。

从表1所示环境指标来看，研究区域水体已受严重污染。除了上游B1站位外，各站位溶解氧含量普遍很低，接近于零，沉积物与上覆水均处于强还原状态。与其他区域*AVS*调查结果相比较（Lawra，*et al.*，2001；Ana，*et al.*，2005；Mackey，*et al.*，1996），本研究区域*AVS*与*SEM*较高。佛山水道各段污染程度存在差异：上游靠近水闸，开闸时有北江水流入，水环境质量最好；中游污染企业众多，污染严重；下游与珠江广州段相通，且周围污染源相对较少，污染程度稍轻。从$\sum SEM_5$的沿程分布来看（图2），最高值（B7站位）与次高值（B5站位）均在中游，最低值（B1站位）在上游，次低值（B9站位）在下游。水丝蚓体内的重金属含量在一定程度上反映了污染程度的上下游差异。从图2可见，水丝蚓体内重金属积累总量（$\sum BIO_5$）最高值与次高值也在中游，最低值在下游（B9站位），图3显示了$\sum BIO_5$与$\sum SEM_5$的关系。由图3可见，$\sum BIO_5$与$\sum SEM_5$的共变趋势明显，Pearson相关分析结果表明二者显著相关（$r = 0.795$，$p < 0.01$）。这表明，水丝蚓体内重金属积累能够反映各个采样站位污染程度的差异，水丝蚓对环境重金属具有一定的敏感性，适合作为污染指示种。

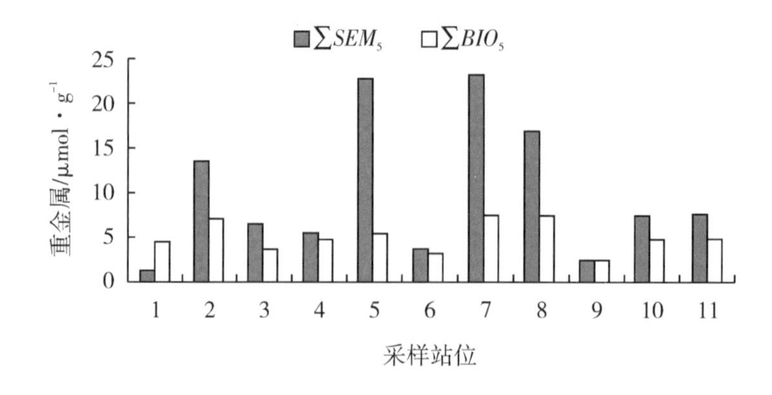

图2　佛山水道$\sum SEM_5$与$\sum BIO_5$的沿程分布

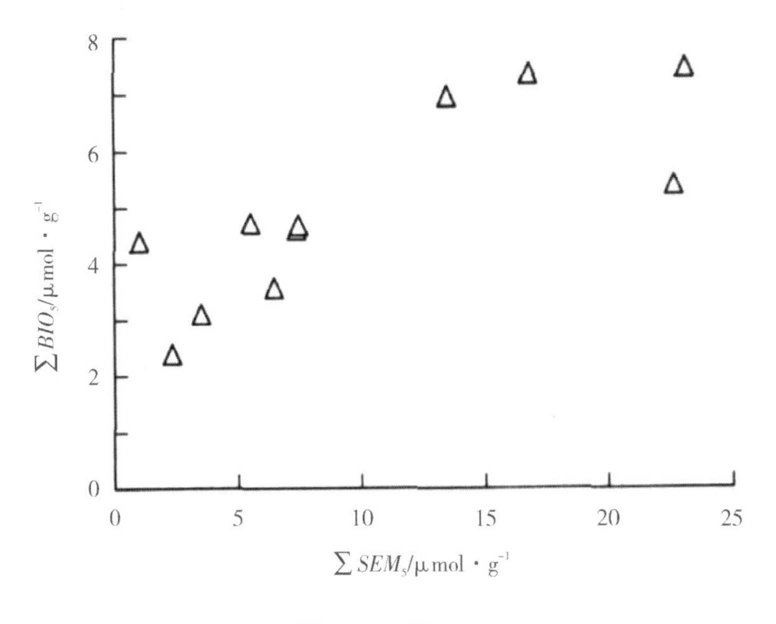

图 3　$\sum BIO_5$ 与 $\sum SEM_5$ 的关系

Griethuysen 等（2004）对荷兰低地湖泊底栖寡毛纲（oligochaeles）体内重金属含量进行了研究，王春凤等（2003）调查了广州河涌底栖寡毛纲［主要是正颤蚓（*Tubific-dae tubifexm uller*）］体内重金属的含量。表 5 为本次实验结果与上述 2 个研究的对比。由表 5 可见，研究区域底栖动物重金属生物积累与广州河涌相当，高于荷兰低地湖泊。

表 5　荷兰低地湖泊及广州河滩底栖动物体内重金属积累与本研究的对比

单位：μmol/g

地点	BIO_{Pb}	BIO_{Zn}	BIO_{Cu}	BIO_{Ni}	BIO_{Cd}
荷兰低地湖泊（Griethuysen, *et al.*, 2004）	1. 1 ～ 26. 4	82. 1 ～ 261. 5	1. 6 ～ 68. 0	—	—
广州河涌（王春凤等，2003）	4. 70 ～ 32. 83	126. 90 ～ 3822. 59	7. 79 ～ 137. 57	5. 30 ～ 25. 70	0. 20 ～ 3. 18
本研究	13. 24 ～ 42. 36	107. 33 ～ 357. 73	32. 16 ～ 131. 84	2. 15 ～ 26. 71	0. 71 ～ 5. 79

4. 2　*SEM* 与 *AVS* 的相对值对水丝蚓重金属积累的影响

Di Toro 等（1990）认为，*SEM* 小于 *AVS* 时（指单位质量沉积物中摩尔数的比较，下同），沉积物中具有反应活性的重金属基本上都以难溶的金属硫化物的形式存在，间隙水中几乎不存在重金属自由离子（此部分重金属最容易为底栖动物所利用），此时可以认为沉积物中重金属对底栖生物没有毒害作用。Hare 等（1994）、Ankley（1996）进一步指出，如果 Di Toro 的上述理论正确的话，当 *SEM* 小于 *AVS* 时（*SEM/AVS* ＜1 或 *SEM* - *AVS* ＜0），底栖动物体内重金属积累应该是较小的；当 *SEM* 大于 *AVS* 时，应该能够观察到底栖动物体内重金属含量的显著升高。图 4、图 5 分别显示了 *SEM/AVS* 及 *SEM* - *AVS* 与水丝蚓体内重金属积累总量之间的关系。从图 4、图 5 可见，在 *SEM* 大于 *AVS* 的 4 个站位中，有 3 个站位水丝蚓体内重金属积累较高，但 B1 站位水丝蚓体内重金属积累较低（4.405 μmol/g），低于 11 个站位的算术平均值（4.974 μmol/g）；当 *SEM* 小于 *AVS* 时，水丝蚓体内重金属积累仍然较高（7 个站位的算术平均值为 4.074 μmol/g）。这与 Di Toro 等（1990）的理论不完全相符。

从 *SEM/AVS* 与 *SEM* - *AVS* 这两个判据来看，虽然这两者都表征 *SEM* 与 *AVS* 的相对值，但在实际运用中还是存在一些差异。王菊英（2004）认为，在 *AVS* 很小时，*SEM/AVS* 判据无效，此时只能用 *SEM* - *AVS* 作为判据；此外，采用 *SEM* - *AVS* 可洞悉尚剩余的结合容量以及 *AVS* 已被使用量的大小。图 4、图 5 显示了 *SEM/AVS* 与 *SEM* - *AVS* 这两个判据的差别：当 *SEM* 大于 *AVS* 时，*SEM* - *AVS* 与 $\sum BIO_5$ 同向变化（图 4）；此时，*SEM/AVS* 与 $\sum BIO_5$ 却出现了反向变化（图 5）。按照相关理论，前者的解释较为合理；也就是说，当 *SEM* 大于 *AVS* 时，用 *SEM* - *AVS* 来预测水丝蚓体内重金属含量比用 *SEM/AVS* 更好。

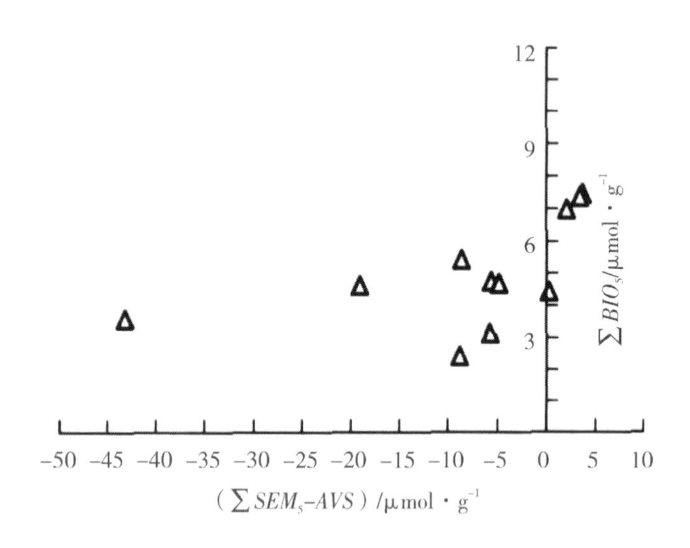

图 4　$\sum BIO_5$ 与 $\sum SEM_5 - AVS$ 的关系

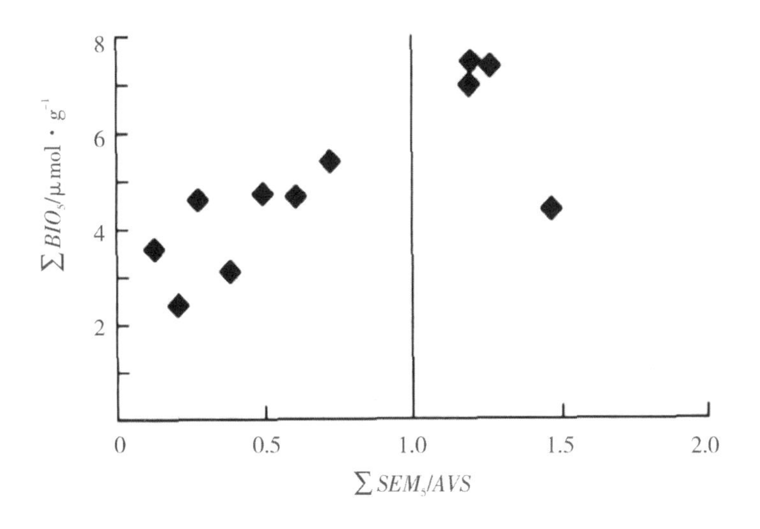

图 5 $\sum BIO_5$ 与 $\sum SEM_5/AVS$ 的关系

4.3 沉积物有机碳的影响

尽管在缺氧沉积中 *AVS* 对重金属生物可利用性起着主要作用的观点已经得到了很多研究人员（Ankley，1996；Berry，1996；Hare，2001；Griethuysen，2006）的认同，但其他结合相（如有机碳、铁锰氧化物等）的作用仍旧不能忽视。不少研究（Leonard，*et al.*，1996；Van den Berg，*et al.*，1998；Yu，*et al.*，2001）发现，当沉积物中 *SEM/AVS* 比值 >1 时，间隙水中的金属浓度也可能较低，不会产生毒性。故可认为，沉积物中的其他结合相与余下的 *SEM* 结合了。Di Toro 等（2001，2005）对 *SEM - AVS* 方法进行改进，将有机碳这一重要因子考虑进去，以有机碳来归一化 *SEM - AVS* 之差，见式（1）。

$$(SEM - AVS)/f_{oc} = K_{oc}LC_{so} \qquad (1)$$

式中：K_{oc} 为分配系数；LC_{so} 为半致死剂量。

Di Toro 等（2005）的实验结果表明，式（1）显著地改善了对实验动物致死率（亦即毒性）的预测，降低了毒性预测的不确定性。

基于底栖动物体内重金属积累主要取决于其生存环境的假设，不少研究者（马藏允等，1997；王春凤 等，2003；James，*et al.*，2004；Griethuysen，*et al.*，2004;）借助相关分析来找寻环境变量与底栖动物重金属积累的关系。Griethuysen 等（2004）对荷兰低地湖泊中底栖寡毛纲体内重金属积累与 *SEM*、*AVS* 关系的研究结果显示，底栖寡毛纲体内 Cu 的积累与 *SEM/AVS* 的相关系数为 0.53（$p < 0.01$），与 *SEM - AVS* 没有相关性；Pb 的积累与 *SEM/AVS* 的相关系数为 0.73（$p < 0.01$），与 *SEM - AVS* 的相关系数为 0.53（$p < 0.01$）。本研究中借鉴这些研究的做法，采用相关分析来找寻重污染区域 *SEM*、*AVS* 及 *OC* 与水丝蚓重金属积累的关系。相关分析结果显示，$\sum SEM_5 - AVS$ 与重金属生物积累没有相关性，加入有机碳项后，（$\sum SEM_5 - AVS$）/ f_{OC} 与重金属生物积累显著相关（$r = 0.725$，$p < 0.05$）。图 6 显示了（$\sum SEM_5 - AVS$）/ f_{OC} 与 $\sum BIO_5$ 的关系，与图 4 相比，

$(\sum SEM_5 - AVS) / f_{OC}$与$\sum BIO_5$的共变趋势更加明显。进一步分析发现，当$\sum SEM_5 - AVS > 0$时，$(\sum SEM_5 - AVS) / f_{OC}$与$\sum BIO_5$的相关系数为0.966（$p < 0.05$）。这说明，有机碳对于重金属的生物积累来说也是一个控制因子，将其作为*SEM* - *AVS* 判据的一部分，有利于提高预测效果，特别是当$SEM - AVS > 0$时。Griethuysen 等（2004）的研究也表明，*SEM* - *AVS* 与底栖寡毛纲（oligochaetes）体内 Cu 的积累没有相关性，与 Pb 积累的相关系数为0.53（$p < 0.01$）；$(SEM - AVS) / f_{OC}$与 Cu 积累的相关系数为0.37（$p < 0.05$），与 Pb 积累的相关系数为0.54（$p < 0.01$）。

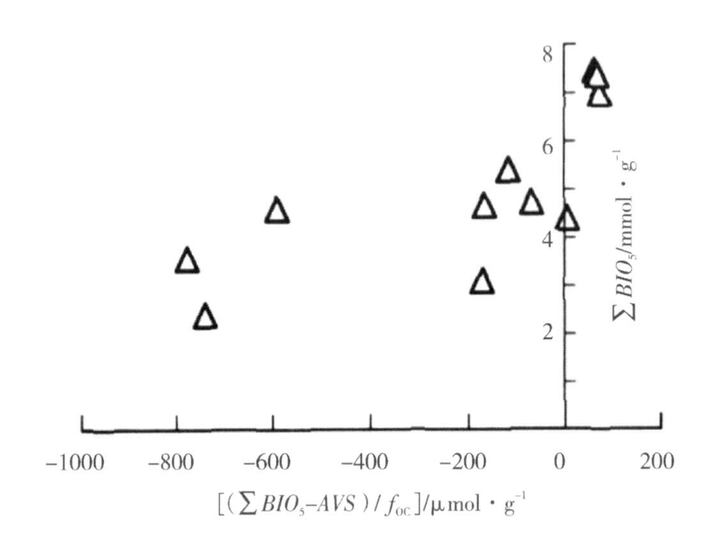

图6　$(\sum SEM_5 - AVS)/f_{OC}$ 与 $\sum BIO_5$ 的关系

5　结　论

（1）水丝蚓体内重金属积累总量（$\sum BIO_5$）与环境重金属总量（$\sum SEM_5$）的共变趋势明显，相关分析结果表明二者显著相关（$r = 0.795$，$p < 0.01$）。这表明水丝蚓体内重金属积累能够反映各个采样站位污染程度的差异。

（2）当 *SEM* 大于 *AVS* 时，大部分站位水丝蚓体内重金属积累较高，但有例外存在；当 *SEM* 小于 *AVS* 时，水丝蚓体内重金属积累仍然较高。当 *SEM* 大于 *AVS* 时，用 *SEM* - *AVS* 来预测水丝蚓体内重金属含量比用 *SEM/AVS* 更好。

（3）$\sum BIO_5$与$\sum SEM_5 - AVS$无相关性，与$(\sum SEM_5 - AVS) / f_{OC}$的相关系数为0.725（$p < 0.05$）；当$SEM - AVS > 0$时，$(\sum SEM_5 - AVS) / f_{OC}$与$\sum BIO_5$的相关系数为0.966（$p < 0.05$）。这表明，有机碳也是重金属生物积累的重要控制因子，将其作为 *SEM* - *AVS* 判据的一部分，有利于提高预测效果。

致　谢：感谢中山大学环境科学与工程学院黄海勇、胡鹏杰、邹晓锦、余光辉、邱媛、莫丹以及中山大学生命科学学院梁建平在采样和实验过程中给予的无私帮助。

参考文献

[1] ALLEN H E, FU G M, DENG B L. Analysis of acid-volatile sulfide (AVS) and simultaneously extracted metals (SEM) for the estimation of potential toxicity in aquatic sediment [J]. Environmental toxicology and chemistry. 1993, 12 (8): 1441 – 1453.

[2] ANKLEY G T, MATTSON V R, LEONARD E N, et al. Predication the acute toxicity of copper in freshwater sediments: Evaluations of the role acid-volatile sulfide [J]. Environmental toxicology and chemistry, 1993, 12 (2): 315 – 323.

[3] ANKLEY G T. Evaluation of metal/acid-volatile sulfide relationships in the prediction of metal bioaccumulation by benthic macroinvertebrates [J]. Environmental toxicology and chemistry, 1996, 15 (12): 2138 – 2146.

[4] BERRY W J, HANSEN D J, MAHONY J D, et al. Predicting the toxicity of metal-spiked laboratory sediments using acid-volatile sulfide and interstitial water normalizations [J]. Environmental toxicology and chemistry, 1996, 15 (12): 2067 – 2079.

[5] BI C J, CHEN Z L, XU S Y, et al. Heavy metal accumulation in macrobenthos in intertidal flat of Yangtze Estuary [J]. Chinese journal of applied ecology, 2006, 17 (2): 309 – 314 (in Chinese).

[6] CASAS A M, CRECELIUS E A. Relationship between acid volatile sulfide and the toxicity of zinc, lead and copper in marine sediments [J]. Environmental toxicology and chemistry, 1994, 13 (3): 529 – 536.

[7] CHINA ENVIRONMENTAL PROTECTION AGENCY. The monitoring and analysis measures of water & wastewater [M]. Beijing: China Environmental Science Press, 2002: 448 – 472 (in Chinese).

[8] DI TORO D M, ALLEN H E, BERGMAN H L, et al. Toxicity of cadmium in sediments: The role of acid volatile sulfide [J]. Environmental toxicology and chemistry, 1990, 20: 2383 – 2396.

[9] DI TORO D M, MAHONY J D, HANSEN D J, et al. Toxicity of cadmium in sediments: The role of acid volatile sulfide [J]. Environmental toxicology and chemistry, 1990, 9: 1487 – 1502.

[10] DI TORO D M, MCGRATH J A, HANSEN D J, et al. Predicting sediment toxicity using a sediment biotic ligand model: Methodology and initial application [J]. Environmental toxicology and chemistry, 2005, 24 (10): 2410 – 2427.

[11] GRABOWSKI L A, HOUPIS J, WOODS W I, et al. Seasonal bioavailability of sediment-associated heavy metals along the Mississippi river floodplain [J]. Chemosphere, 2001, 45 (4 – 5): 643 – 651.

[12] GRIETHUYSEN C V. Trace metals in floodplain lake sediments-SEM/AVS as indicator of bioavailability and ecological effects [D]. Wagening, the Netherlands: Wagening University, 2006: 25 – 29.

[13] GRIETHUYSEN C V, VAN BAREN J, PEETERS E T H M, et al. Trace metal availability and effects on benthic community structure in floodplain lakes [J]. Environmental toxicology and chemistry, 2004, 23 (3): 668 – 681.

[14] HARE L, CARIGNAN R, HUERTA-DIAZ M A. A field study of metal toxicity and accumulation by benthic invertebrates; implications for the acid-volatile sulfide (AVS) model [J]. Limnology and oceanography, 1994, 39 (7): 668 – 681.

[15] HARE L, TESSIER A, WARREN L. Cadmium accumulation by invertebrates living at the sediment-water

interface [J]. Environmental toxicology and chemistry, 2001, 20 (4): 880 - 889.

[16] LEONARD E N, ANKLEY G T, HOKE R A. Evaluation of metals in marine and freshwater surficial sediments from the Environmental Monitoring and Assessment Program relative to proposed sediment quality criteria for metals [J]. Limnology and oceanography, 1996, 39 (7): 1653 - 1688.

[17] LI F, WEI X G, YU G H, et al. The investigation on the present situations of heavy metal pollution of sediment in Foshan Waterway [J]. The administration and technique of environmental monotoring, 2006, 18 (4): 12 - 14, 18 (in Chinese).

[18] LI F, WEN Y M, ZHU P T. Acid volatile sulfide and heavy metals biotoxicity in a municipal polluted river [J]. Environmental science, 2007, 288 (8): 1810 - 1815 (in Chinese).

[19] LIN Y H, GUO M X, ZHUANG Y. Determination of acid volatile sulfide and simultaneously extracted metals in sediment [J]. Acta scientiae circum stantiae, 1997, 17 (3): 353 - 358 (in Chinese).

[20] LUOMA S N, RAINBOW P S. Why is bioaccumulation so variable? Biodynamics as a unifying concept [J]. Environmental science and technology, 2005, 39 (7): 1921 - 1931.

[21] US ENVIRONMENTAL PROTECTION AGENCY. Procedures for the derivation of equilibrium portioning sediment benchmarks (ESBS) for the protection of benthic organisms: Metal mixtures (cadmium, copper, lead, nickel, silver and zinc) [R]. EPA - 600 - R - 02 - 011. Washington, DC: US Environmental Protection Agency, 2005: 21 - 27.

[22] MA Z Y, LIU H, YAO B, et al. Studies on the bioaccumulation of Cd, Cu, Zn in some macrobenthos [J]. China environmental science, 1997, 17 (2): 151 - 155 (in Chinese).

[23] MACKEY A P, MACKAY S. Spatial distribution of acid volatile sulfide concentration and metal bioavailability in mangrove sediments from the Brisbane River, Australia [J]. Environmental pollution, 1996, 93 (2): 205 - 209.

[24] MEADOR J P, ERNEST D W, KAGLEY A. Bioaccumulation of arsenic in marine fish and invertebrates from Alaska and California [J]. Archives of environmental contamination toxicology, 2004, 47 (2): 223 - 233.

[25] MUCHA A P, VASCONCELOS M T S D, BORDALO A A. Spatial and seasonal variations of the microbenthic community and metal contamination in the Douro estuary (Portugal) [J]. Marine environmental research, 2005, 60 (5): 531 - 550.

[26] QI S, HUANG W J. The benthic macroinvertebrate community relating to the water quality in lower Zhujiang (Pearl River) [J]. Acta scientiae circum stantiae, 1993, 13 (1): 80 - 86 (in Chinese).

[27] VAN DEN BERG G A, LOCH J P G, VAN DER HEIJDT L M, et al. Vertical distribution of acid-volatile sulfide and simultaneously extracted metals in a recent sedimentation area of the river Meuse in the Netherlands [J]. Environmental toxicology and chemistry, 1998, 17 (4): 758 - 763.

[28] WANG C F, FANG Z Q, ZHENG S D, et al. Concentrations and distribution of heavy metals in sediments and benthic organisms from sewage stream in Guangzhou City [J]. Journal of safety and environment, 2003, 3 (2): 32 - 34 (in Chinese).

[29] WANG J Y. Study on environmental quality assessment of marine sediment [D]. Qingdao: China Ocean University, 2004: 47 - 51 (in Chinese).

[30] WEN X H, ALLEN H E. A primary study on the acid-volatile-sulfide (AVS) in LeAn River sediment and the effect of oxygen on the release of heavy metal in the sediment [J]. China environmental science, 1997, 16 (3): 200 - 203 (in Chinese).

[31] YANG Z, ZHANG H Z, KONG L. The Cu and Cd species in sediment of the Nanjing reach of Changjiang River, and their bioavailability to aquatic organisms [J]. China environmental science, 1996, 16 (3):

200 – 203 (in Chinese).
[32] YOO H, LEE J S, LEE B G, et al. Uptake pathway for Ag bioaccumulation in three benthic invertebrates exposed to contaminated sediments [J]. Marine ecology progress series, 2004, 270 (1): 141 – 152.
[33] YU K C, TSAI L J, CHEN S H, et al. Chemical binding of heavy metals in anoxic river sediments [J]. Water research, 2001, 35 (17): 4086 – 4094.
[34] 毕春娟，陈振楼，许世远，等. 长江口潮滩大型底栖动物对重金属的累积特征 [J]. 应用生态学报，2006，17 (2)：309 – 314.
[35] 国家环境保护总局《水和废水监测分析方法》编委会. 水和废水监测分析方法 [M]. 北京：中国环境科学出版社，2002：448 – 472.
[36] 利锋，韦献革，余光辉，等. 佛山水道底泥重金属污染调查 [J]. 环境监测管理与技术，2006，18 (4)：12 – 14，18.
[37] 利锋，温琰茂，朱娉婷. 城市污染河道沉积物 AVS 与重金属生物毒性研究 [J]. 环境科学，2007，28 (8)：1810 – 1815.
[38] 林玉环，郭明新，庄岩. 底泥中酸性挥发硫及同步浸提金属的测定 [J]. 环境科学学报，1997，17 (3)：353 – 358.
[39] 马藏允，刘海，姚波，等. 几种大型底栖生物对 Cd、Zn、Cu 的积累实验研究 [J]. 中国环境科学，1997，17 (2)：151 – 155.
[40] 杞桑，黄伟建. 珠江三角洲底栖动物群落与水质关系 [J]. 环境科学学报，1993，13 (1)：80 – 86.
[41] 王春风，方展强，郑思东，等. 广州市河涌沉积物及底栖生物体内的重金属含量及分布 [J]. 安全与环境学报，2003，3 (2)：40 – 43.
[42] 王菊英. 海洋沉积物的环境质量评价研究 [D]. 青岛：中国海洋大学，2004：47 – 51.
[43] 文湘华，ALLEN H E. 乐安江沉积物酸可挥发硫化物含量及溶解氧对重金属释放特性的影响 [J]. 环境科学，1997，18 (4)：32 – 34.
[44] 杨震，章惠珠，孔莉. 长江南京段沉积物中铜、镉形态对水生生物富集的影响 [J]. 中国环境科学，1996，16 (3)：200 – 203.

聚合氯化铝中 Al_b 和 Al_{13} 的形态分布规律*

关于铝的水解聚合形态与混凝效能的关系已有很多研究，相当多的研究者认为，Al_b 或 Al_{13} 含量愈高，混凝效果愈好，因此，聚合氯化铝的制备应当确保获得最大的 Al_b 或 Al_{13} 含量。[1-17]但是，通过对工业系列聚氯化铝样品的研究，发现聚合氯化铝混凝效果与 Al_b 含量没有明显的正相关关系，而与盐基度呈现正相关关系。[18-20]

本文模拟国内外工业聚合氯化铝（PAC）的生产条件和慢速滴碱法，制备了 4 个系列 33 个 PAC 样品，并采用 Al-Ferron 络合比色法和核磁共振^{27}A1-NMR 法研究 PAC 的形态分布规律。

1 材料与方法

1.1 聚合氯化铝的制备

A 系列：纯 PAC 样品，采用分析纯氢氧化铝和盐酸加压反应，调整盐基度制得，稀释至 Al 浓度为 2.50 mol/l。A 系列代表国外主要生产工艺的工业产品。

B 系列：慢速滴碱法样品，将一定体积一定浓度的分析纯氯化铝溶液倒入烧杯中，控制一定的温度，在强烈搅拌下，于 1.0 mol/l 的氯化铝溶液中用 0.5 mol/l 的 NaOH 溶液以 ≤0.1 ml/min 速度滴定，直到达到预定盐基度为止，继续搅拌反应 0.5 h，熟化 24 h。样品中 Al 浓度为 0.150 ～ 0.336 mol/l。B 系列代表国内外研究者使用的实验室样品。

C 系列：铝酸钙调整法样品（一），将一定体积一定浓度的分析纯氯化铝溶液倒入反应容器中，控制一定的温度，在强烈搅拌下，一次性缓慢加入达到预定盐基度所需要的铝酸钙量，同时引入 SO_4^{2-} 等多价阴离子，搅拌反应，过滤，熟化 24 h 后得到 PAC 样品。样品中 Al 浓度稀释至 2.50 mol/l。

D 系列：铝酸钙调整法样品（二），将一定体积一定浓度的分析纯氯化铝溶液倒入反应容器中，控制一定的温度，在强烈搅拌下，一次性缓慢加入达到预定盐基度所需要的铝酸钙量，搅拌反应，过滤，熟化 24 h。样品中 Al 浓度稀释至 2.50 mol/l。产品中含有氯化钙杂质。C 系列和 D 系列是目前中国最主要的工业生产方法。

---

* 原载《环境化学》2005 年第 24 卷第 2 期，作者：宁寻安、李润生、温琰茂（通讯作者）。

1.2 实验方法

Ferron 逐时络合比色法参见文献［8］。

核磁共振^{27}Al－NMR 法采用德国 Bruker 公司的 DSX－300 型核磁共振仪，共振频率为 78.2 MHz，翻转角为 10°，脉冲延迟时间为 0.2 s。测试中将内标处峰的积分面积定为 100。

2 结果与结论

2.1 Ferron 逐时比色法分析结果

A、B、C、D 系列样品的结果见表 1。分析结果表明：

（1）4 个系列所有样品的 Al_a 均随盐基度的升高而减小，Al_c 则随盐基度的升高而增加。

（2）相同盐基度的不同系列样品中 Al_b 值大小变化规律为：盐基度等于 20% 时，C > D > A > B；盐基度等于 30% 时，A > D > B > C；盐基度大于 30% 时，B > A > D > C。

（3）所有样品 Al_b 的变化规律则为：A 系列在盐基度范围为 0% ～ 30% 时，Al_b 随盐基度的升高而升高；在盐基度范围为 30% ～ 92% 时，Al_b 随盐基度的升高而降低；Al_b 的最大值（27.15%）出现在盐基度为 30% 时。C 系列在盐基度范围为 0% ～ 20% 时，Al_b 随着盐基度的升高而升高；在盐基度范围为 20% ～ 85% 时，Al_b 随着盐基度的升高而降低；Al_b 的最大值（23.12%）出现在盐基度为 20% 时。D 系列在盐基度范围为 0% ～ 40% 时，Al_b 随着盐基度的升高而升高；在盐基度范围为 40% ～ 92% 时，Al_b 随着盐基度的升高而降低；Al_b 的最大值（28.41%）出现在盐基度为 40% 时。B 系列在盐基度范围 0% ～ 92%，Al_b 一直随盐基度的升高而升高；在盐基度为 92% 时，Al_b 最大值为 74.02%。

表 1　A、B、C、D 系列 PAC 样品的 Ferron 实验结果

单位：%

盐基度/%	A 系列				B 系列				C 系列				D 系列			
	编号	Al_a	Al_b	Al_c	编号	Al_a	Al_b	Al_c	编号	Al_a	Al_b	Al_c	编号	Al_a	Al_b	Al_c
0	A0	100	0	0	B0	100	0	0	C0	100	0	0	D0	100	0	0
20	A1	90.87	9.13	0	B1	91.93	8.17	0	C1	74.03	23.12	2.85	D1	87.90	12.10	0
30	A2	72.85	27.15	0	B2	83.18	16.82	0	C2	67.79	14.81	17.66	D2	78.38	21.62	0
40	A3	66.85	22.16	10.99	B3	64.92	26.97	8.11	C3	58.44	14.55	26.75	D3	65.17	28.41	6.42

续上表

盐基度/%	A系列				B系列				C系列				D系列			
	编号	Al_a	Al_b	Al_c	编号	Al_a	Al_b	Al_c	编号	Al_a	Al_b	Al_c	编号	Al_a	Al_b	Al_c
50	A4	48.35	19.76	31.89	B4	54.11	33.93	11.96	C4	49.87	12.73	37.40	D4	60.84	24.80	14.36
60	A5	38.02	17.60	44.38	B5	38.98	48.11	12.91	C5	38.70	9.87	51.43	D5	42.10	17.60	40.30
70	A6	23.36	14.95	61.69	B6	26.01	61.32	12.67	C6	27.79	8.83	63.38	D6	33.69	14.47	51.84
80	A7	12.16	15.65	72.19	B7	16.49	69.70	13.81	C7	20.52	7.01	72.47	D7	19.97	12.28	67.75
85	—	—	—	—	—	—	—	—	C8	17.66	6.62	75.72	—	—	—	—
90	A8	3.75	6.88	89.37	—	—	—	—	—	—	—	—	—	—	—	—
92	—	—	—	—	B8	2.07	74.02	23.91	—	—	—	—	D8	10.91	4.94	84.15

说明：4个系列盐基度为0的样品均为1.026 mol/L。

2.2　核磁共振$^{27}Al-NMR$分析结果

根据核磁共振图谱，化学位移0处的共振峰代表单聚态铝；化学位移63×10^{-6}处的共振峰代表聚合阳离子Al_{13}的四面体成分；化学位移80×10^{-6}处的共振峰代表组分，即内标的响应峰；其他组分则为一些低聚组分（以$Al_{单}$表示）和聚合程度更高的羟铝络合大分子（以$Al_{其他}$表示）。PAC的形态分布计算方法参见文献资料［8］。通过计算得到各个系列样品中$Al_{单}$、Al_{13}和$Al_{其他}$的含量，计算结果见表2。由表2可以看出：

（1）A系列样品的Al_{13}值变化范围为0%～5.50%，从盐基度为60%的A_5样品开始出现Al_{13}共振峰，最大值为盐基度为80%的A_5样品的5.50%，然后逐渐降低。

（2）B系列样品的Al_{13}值随着盐基度的升高而不断提高，从盐基度为40%的B_3样品开始出现Al_{13}共振峰，最大值为B_8样品的68.69%。

（3）C系列样品的Al_{13}值均为0，即图谱中没有出现Al_{13}共振峰。

（4）D系列样品中只有盐基度等于70%、80%和92%的三个样品出现Al_{13}共振峰，且含量很小，最大值为D8样品的2.62%。

（5）相同盐基度的不同系列样品中Al_{13}值大小顺序为B＞A＞C＞D。

（6）4个系列所有样品的$Al_{单}$均随盐基度的升高而减小。A、C、D系列样品的$Al_{其他}$均随盐基度的升高而增加；B系列样品的$Al_{其他}$则先随盐基度的升高而增加，达到最大值后开始降低，然后再开始上升，最大值为B_4样品的44.40%。

表2　A、B、C、D系列样品$^{27}A1$-NMR谱图分析计算结果

单位：%

盐基度/%	A系列形态分布				B系列形态分布				C系列形态分布				D系列形态分布			
	编号	$Al_{单}$	Al_{13}	$Al_{其他}$	编号	$Al_{单}$	Al_{13}	$Al_{其他}$	编号	$Al_{单}$	Al_{13}	$Al_{其他}$	编号	$Al_{单}$	Al_{13}	$Al_{其他}$
0	A0	100	0	0	B0	100	0	0	C0	100	0	0	D0	100	0	0

续上表

盐基度/%	A 系列形态分布				B 系列形态分布				C 系列形态分布				D 系列形态分布			
	编号	$Al_单$	Al_{13}	$Al_{其他}$	编号	$Al_单$	Al_{13}	$Al_{其他}$	编号	$Al_单$	Al_{13}	$Al_{其他}$	编号	$Al_单$	Al_{13}	$Al_{其他}$
20	A1	76.25	0	23.75	B1	87.78	0	12.22	C1	71.54	0	28.46	D1	77.78	0	22.22
30	A2	60.00	0	40.00	B2	70.38	0	29.62	C2	60.72	0	39.28	D2	64.0	0	35.99
40	A3	52.76	0	47.24	B3	57.93	1.83	40.24	C3	46.10	0	53.90	D3	50.44	0	49.56
50	A4	39.71	0	60.29	B4	47.73	7.87	44.40	C4	38.85	0	61.15	D4	43.73	0	56.27
60	A5	31.33	0.07	68.60	B5	36.13	23.83	40.04	C5	28.21	0	71.79	D5	33.39	0	66.61
70	A6	20.09	0.98	78.93	B6	26.82	43.62	29.56	C6	22.62	0	77.38	D6	23.37	0.31	76.32
80	A7	12.14	5.50	82.36	B7	13.78	60.36	25.86	C7	15.70	0	84.30	D7	18.06	0.29	81.65
85	—	—	—	—	—	—	—	—	C8	14.60	0	85.40	—	—	—	—
90	A8	0	4.85	95.15	—	—	—	—	—	—	—	—	—	—	—	—
92	—	—	—	—	B8	0	68.69	31.31	—	—	—	—	D8	4.08	2.62	93.30

2.3 Al_b 与 Al_{13} 比较结果

比较表 1 和表 2 可以得到：4 个系列样品中 $Al_b \geq Al_{13}$，并且不同系列样品的变化规律也各不相同，为了方便比较，可以通过计算二者之间的差值来分析。同一样品的（$Al_b - Al_{13}$）值计算结果见表 3。

表 3 （$Al_b - Al_{13}$）计算结果

单位:%

盐基度	A 系列	B 系列	C 系列	D 系列	盐基度	A 系列	B 系列	C 系列	D 系列
0	0	0	0	0	70	13.97	17.71	8.83	14.16
20	9.13	8.17	23.12	12.10	80	10.15	9.34	7.01	11.99
30	27.15	16.82	14.81	21.62	85	—	—	6.62	—
40	22.16	25.14	14.55	28.41	90	2.03	—	—	—
50	19.76	26.06	12.73	24.80	92	—	5.33	—	2.32
60	17.54	24.28	9.87	17.60					

综上所述，A 系列工业样品中 Al_b 和 Al_{13} 的绝对数值均不大，Al_b 最大值为 27.15%，Al_{13} 最大值仅为 5.50%。因此，A 系列工业样品中 Al_b 和 Al_{13} 并不是其中的优势形态。A 系列样品的（$Al_b - Al_{13}$）值先随盐基度的增加而增加，在盐基度为 30% 时达到最大值 27.15%；然后差值逐渐减小，直到盐基度为 90% 时的 2.03%。

B系列样品中 Al_b 和 Al_{13} 的绝对数值较大，Al_b 最大值为 74.02%，Al_{13} 最大值为 68.69%，盐基度大于60%时，Al_b 和 Al_{13} 成为优势形态。B系列样品的（$Al_b - Al_{13}$）值也是先随盐基度的增加而增加，在盐基度为50%时达到最大值26.06%；然后差值逐渐减小，直到盐基度为92%时的5.33%。

C系列样品中 Al_b 和 Al_{13} 的绝对数值均不大，Al_b 最大值为23.12%，Al_{13} 值均为0%。因此，C系列工业样品中 Al_b 和 Al_{13} 并不是其中的优势形态。C系列样品的（$Al_b - Al_{13}$）值也是先随盐基度的增加而增加，在盐基度为20%时达到最大值23.12%；然后差值逐渐减小，直到盐基度为85%时的6.62%。

D系列工业样品中 Al_{13} 最大值仅为2.62%，Al_b 数值也不大，Al_b 最大值仅为28.41%。因此，D系列工业样品中 Al_b 和 Al_{13} 并不是其中的优势形态。D系列样品的（$Al_b - Al_{13}$）值也是先随盐基度的增加而增加，在盐基度为40%时达到最大值28.41%；然后差值逐渐减小，直到盐基度为92%时的2.32%。

许多研究者认为缓慢中和有利于 Al_{13} 的形成，快速中和则更趋向于 Al_c 形成，水解过程的加热也有利于 Al_{13} 的形成，并认为 Al_b 或 Al_{13} 是PAC中发挥混凝作用的优势形态。我们认为该观点只适合于慢速滴碱法制得的样品，不适用于工业样品，工业样品中的优势形态应当是 Al_c 或 $Al_{其他}$，而不是中间形态 Al_b 或 Al_{13}。正如本研究A、B、C、D系列样品的形态分布所揭示的那样。慢速滴碱法是使用结晶氯化铝（$AlCl_3 \cdot 6H_2O$）溶液与氢氧化钠溶液缓慢滴定得到的。由于溶液配制以及滴定过程的稀释作用，最终得到的PAC样品中Al浓度一般比工业产品要低很多，即采用慢速滴碱法不可能制得浓度很高的样品，加上其反应温度较低（常温）、滴定时间也较长，反应条件比较温和，可以允许铝盐发生充分的水解，因此水解产物的中间形态 Al_b 或 Al_{13} 为优势形态。本研究的A系列样品采用纯氢氧化铝和盐酸加压反应，调整盐基度制得，C和D工业系列样品均为铝酸钙调整法生产，铝的水解聚合是在高铝浓度（>2.50 mol/L）、高温（>100 ℃）、短时间（<3 h）条件下进行。温度愈高，浓度愈高，愈有利于高聚合度的 Al_c 或Al其他形态的生成。

3 结 论

（1）A、B、C、D 4个系列样品的 Al_a 均随盐基度的升高而减小，Al_c 则随盐基度的升高而增加。相同盐基度的不同系列样品中 Al_b 值大小变化规律为：盐基度等于20%时，C>D>A>B；盐基度等于30%时，A>D>B>C；盐基度大于30%时，B>A>D>C。

（2）A、B、C、D 4个系列样品的 $Al_{单}$ 均随盐基度的升高而减小。相同盐基度的不同系列样品中 Al_{13} 值大小顺序为B>A>C>D。A、C、D系列样品的 $Al_{其他}$ 均随盐基度的升高而增加；B系列样品的 $Al_{其他}$ 则先随盐基度的升高而增加，达到最大值后开始降低，然后再开始上升，最大值为B4样品的44.40%。

（3）A、C、D 3个工业系列样品中 Al_b 和 Al_{13} 的绝对数值均不大，在所研究的盐基度范围内 Al_b 和 Al_{13} 均不是其中的优势形态。B系列样品在盐基度大于60%时，Al_b 和 Al_{13} 成为其中的优势形态。

参考文献

[1] BERTSCH P M. Conditions for Al_{13} polymer formation in partially neutralized aluminum solutions [J]. Soil science society of America journal, 1987, 51 (3): 825 - 828.

[2] PARKER D R, BERTSCH P M. Identification and quantification of the "Al_{13}" tridecameric polycation using ferron [J]. Environ science & technology, 1992, 26 (5): 908 - 914.

[3] ALLOUCHE L, GÉRARDIN C. LOISEAU T, et al. Al_{30}: A giant aluminium polycation [J]. Angewandte chemie (international edition), 2000, 39 (3): 511 - 514.

[4] PERRY C C, SHAFRAN K L. The systematic of aluminum speciation in medium concentrated aqueous solutions [J]. Journal of inorganic biochemistry, 2001, 87 (1 - 2): 115 - 124.

[5] Bi S P, WANG C Y, CAO Q, et al. Studies on the mechanism of hydrolysis and polymerization of aluminum salts in aqueous solution: Correlations between the "core-links" model and "cage-like" keggin-Al_{13} model [J]. Coordination chemistry reviews, 2004 (5 - 6), 248: 441 - 455.

[6] VOGELS R J M J, KLOPROGGE J T, GEUS J W. Homogeneous forced hydrolysis of aluminum through the thermal decomposition of urea [J]. Journal of colloid and interface science, 2005, 285 (1): 86 - 93.

[7] 汤鸿霄，栾兆坤. 聚合氯化铝与传统混凝剂的凝聚—絮凝行为差异 [J]. 环境化学，1997，16 (6): 497 - 504.

[8] 汤鸿霄. 无机高分子絮凝理论与絮凝剂 [M]. 北京：中国建筑工业出版社，2006：1 - 149.

[9] 冯利，汤鸿霄. 铝盐最佳凝聚形态及最佳 pH 范围 [J]. 环境化学，1998，17 (2)：163 - 169.

[10] 栾兆坤，汤鸿霄. 聚合铝的凝聚絮凝特征及作用机理 [J]. 环境科学学报，1992，12 (2)：129 - 137.

[11] 高宝玉，岳钦艳，王炳建，等. 高 A113 纳米聚合氯化铝的结构表征及混凝效果 [J]. 中国环境科学，2003，23 (6)：657 - 660.

[12] 高宝玉，张子健，马建伟，等. 固固共混法制备聚合氯化铝混凝剂 [J]. 环境化学，2005，24 (5)：569 - 572.

[13] 石宝友，汤鸿霄. 聚氯化铝与有机高分子复合絮凝剂的形态分布研究：Al-Ferron 和 ^{27}Al - NMR 相结合 [J]. 环境科学学报，2000，20 (4)：391 - 396.

[14] 路光杰，曲久辉，汤鸿霄. 电渗析法合成高效聚氯化铝的研究 [J]. 中国环境科学，2000，20 (3)：250 - 253.

[15] 赵华章，彭凤仙，栾兆坤，等. 微量加碱法合成聚氯化铝的改进及 Al_{13} 形成机理 [J]. 环境化学，2004，23 (2)：202 - 207.

[16] 赵华章，蔡固平，栾兆坤. 高浓度聚合氯化铝的合成及其形态分布与转化规律 [J]. 环境科学，2004，25 (5)：80 - 83.

[17] HUANG L, TANG H X, WANG D S, et al. Al(Ⅲ) speciation distribution and transformation in high concentration PACl solution [J]. Journal of environmental sciences, 2006, 18 (5): 872 - 879.

[18] 李润生，李凯. 聚氯化铝水解形态与混凝效果研究 [J]. 中国给水排水，2002，18 (10)：45 - 48.

[19] 李凯，李润生，宁寻安. 不同聚氯化铝系列的水解聚合形态研究 [J]. 中国给水排水，2003，19 (10)：55 - 57.

[20] 宁寻安，李润生，温琰茂. 工业聚合氯化铝的形态分布及混凝效果 [J]. 环境化学，2006，25 (6)：739 - 742.

水体苯胺、N和P生物修复研究*

苯胺是水体的优先控制污染物，是严重污染环境和危害人体健康的有害物质，可导致溶血性贫血、中毒性肝炎和致癌（如膀胱癌等）。苯胺是广泛应用的化工原料，主要用于印染、塑料、农药和医药工业等。苯胺废水处理方法可用吸附、催化降解、微生物处理等。植物修复废水成本低，无次生污染，适合于原位修复。植物对有机污染物修复多数报道为同一植物对不同污染物作用研究，不同植物对有机污染物修复能力差异比较研究报道较少[1-5]，且已有研究基本集中在农药修复。不同植物对水体苯胺修复能力差异及影响因素的研究难见到报道，值得研究。

人工湿地对N、P的修复能力强，不同植物对N、P修复能力比较研究不多。EM（effective microorganisms）菌液可用于水体N、P修复[6]，EM菌与植物间有无交互作用，交互作用对水体有机污染物、N和P修复有何影响，难见到报道。

1　材料与方法

修复试验在夏天于温室中采用直径20 cm、高21 cm的塑料桶，盛装5 L混入30 mg/L苯胺的自来水栽培植物处理72 h进行模拟。所有试验中植物处理为：无植物，水葫芦（*Eichhornia crassipes*），水花生（*Alternanthera philoxeroides*），美人蕉（*Canna india*），水浮莲（*Pistia stratiotes*），蕹菜（*Ipbmoea aqualica*），香蒲（*Typha latifolia*），植物均采用已在水中生长半个月以上100 g均匀一致的材料。

1.1　不同植物及根际微生物对水体苯胺修复影响

试验采用随机区组设计，两因素分别为植物处理和抑菌处理。抑菌处理的水平有：抑菌和对照。采用10 mg/L氨苄青霉素抑制微生物生长[2]，以不加氨苄青霉素为对照。重复3次。处理72 h测定水体苯胺剩余量，苯胺测定方法参照GB 11889—89，采用N－（1－萘基）乙二胺偶氨分光光度法[7]。处理5 d后对3个重复植株取样混合，按1∶1加入蒸馏水，匀浆取滤液，1000 r/min离心15 min，取上清液，参照GB 11889—89测定植物体残余苯胺含量。

* 原载《农业环境科学学报》2009年第3期，作者：王忠全、温琰茂（通讯作者）。基金项目：国家自然科学基金项目（40071074），中山市科技计划项目（2005a154）。

1.2 EM 菌与植物对水体苯胺、N、P 联合修复

EM 菌液，日本株式会社 EM 研究机构驻福建诏安办事处生产，是从自然界筛选出各种有益微生物，用特定的方法混合培养所形成的微生物复合体系，其微生物组合以光合细菌、放线菌、酵母菌和乳酸菌为主。EM 菌液加入量为 1%。

1.2.1 EM 菌、抑菌、蔗糖对水体苯胺的植物修复影响

试验采用两因素随机区组设计，两因素分别为植物处理和外部因素处理。外部因素处理设 10 mg/L 氨苄青霉素（抑菌）、1% EM 菌液、100 mg/L 蔗糖 3 个水平。其中蔗糖处理模拟 COD 的影响。

1.2.2 EM 菌对水体 N、P 的植物修复影响

试验采用随机区组设计，两因素分别为植物处理和菌液处理。菌液处理设对照和加 1% EM 菌液两个水平，重复 3 次。试验采用 1/4 剂量霍格兰营养液作为模拟水体，即配方为 $Ca(NO_3)_2 \cdot 4H_2O$ 236.3 mg/L、KNO_3 151.8 mg/L、$NH_4H_2PO_4$ 28.8 mg/L、$MgSO_4 \cdot 7H_2O$ 123.3 mg/L，$FeNa_2$ EDTA 3.276 mg/L、H_3BO_3 0.286 mg/L、$MnSO_4 \cdot 4H_2O$ 0.213 mg/L、$ZnSO_4 \cdot 7H_2O$ 0.022 mg/L、$CuSO_4 \cdot 5H_2O$ 0.008 mg/L、$(NH_4)_6Mo_7O_{24} \cdot 4H_2O$ 0.002 mg/L。处理结束后测定水体中剩余的溶解态 N、P 的量。N 测定方法为水过滤后稀释 25 倍，采用过硫酸钾氧化－紫外分光光度法。P 测定方法为水过滤后稀释 20 倍，采用钼蓝比色法。

2 结果与分析

2.1 不同植物及根际微生物对水体苯胺修复影响

含 30 mg/L 苯胺模拟水体在植物处理及抑菌处理试验 72 h 后，各小区剩余苯胺质量分数结果如表 1。

随机区组设计方差分析表明抑菌处理（$F = 18.81^{**}$）及植物处理（$F = 32.34^{**}$）均极显著影响苯胺修复效果，而两者的交互作用（$F = 1.32$）对苯胺修复无显著影响。由于抑菌处理只有抑菌和对照两个水平，即抑菌（苯胺剩余平均为 10.79 mg/L）修复效果极显著低于对照（苯胺剩余平均为 6.86 mg/L），即氨苄青霉素抑制了水中原有微生物的降解作用。

由于对应抑菌处理修复效果均低于对照，因此分析抑菌条件下植物处理效果意义不大，只分析对照（不抑菌）条件下的差异。采用单因素方差分析方法，结果得到对照中植物处理对苯胺修复能力有极显著差异（$F = 35.45^{**}$）。平均数多重比较结果如表 1。与无植物比较，各种植物对苯胺均有极显著的修复作用。6 种植物之间修复能力也存在极显著差异，其中蕹菜、水葫芦、水浮莲显著好于美人蕉、水花生、香蒲。修复能力可能与植物生长快慢有关。

表1　不同植物及根际微生物对水体苯胺修复影响

单位：mg/L

处理	无植物	水葫芦	水花生	美人蕉	水浮莲	蕹菜	香蒲	平均
对照	16.98	0.72	8.39	5.35	2.62	0.78	6.89	6.86
	24.56	1.23	7.64	4.42	4.05	0.24	10.68	
	18.25	0.48	10.56	7.56	2.06	1.38	9.32	
处理平均	19.93Aa	0.81CDd	8.86Bb	5.78BCbc	2.91CDcd	0.80Dd	8.96Bb	
抑菌	17.59	1.96	19.92	14.45	6.53	3.32	9.36	10.79
	20.66	1.26	16.66	10.24	7.02	4.47	12.28	
	27.98	0.84	7.82	19.06	8.86	2.94	13.45	
处理平均	22.08	1.35	14.80	14.58	7.47	3.58	11.70	
对照5 d植株苯胺剩余量	—	0.10	0.11	0.08	0.11	0.09	0.10	—

说明：平均数后字母为新复极差法多重比较结果，以下各表同。

从修复机理上看，抑菌无植物处理苯胺剩余平均值比原处理量减少7.92 mg/L（占26.40%），由于苯胺易挥发，抑菌条件下的减少主要原因为挥发或光解。对照无植物处理比抑菌无植物处理多去除2.15 mg/L，即原有微生物修复占7.17%。在不抑菌处理（对照）中有植物处理比无植物处理多去除苯胺10.97～19.13 mg/L，即植物起的作用占36.57%～63.77%。通过测定表明对照5d后处理植株体苯胺剩余量少，推算剩余量低于处理量的0.04%，即苯胺不会在植物体内长期残留，已通过植物挥发、植物降解或植物固定去除。

2.2　EM菌与植物对水体苯胺、N、P联合修复

2.2.1　EM菌等外部条件对水体苯胺的植物修复影响

模拟研究外部条件——抑菌、加EM菌、加蔗糖对植物修复水体苯胺的影响，试验结果剩余苯胺数据如表2。方差分析结果表明不同植物对苯胺修复效果有极显著差异（$F=16.93^{**}$），且对照处理系列数据与前一试验相近。外部条件处理显著影响植物对水体苯胺的修复（$F=3.61^{*}$），多重比较结果如表2。抑菌降低苯胺修复能力与前一试验结果相似。EM菌处理虽然降低苯胺修复效果，但是与对照比较未达到显著水平。蔗糖（COD）也抑制水体苯胺的植物修复。

表 2　抑菌、EM 菌与蔗糖对植物修复水体苯胺影响

单位：mg/L

植物	对照	抑菌	EM 菌	蔗糖	平均
无植物	20. 60	20. 02	22. 00	20. 51	20. 78Aa
水葫芦	0. 42	0. 79	1. 50	1. 07	0. 95De
水花生	7. 37	18. 92	15. 67	17. 95	14. 98Bb
美人蕉	6. 34	13. 82	4. 92	12. 47	9. 39BCc
水浮莲	2. 50	4. 13	0. 85	2. 71	2. 55Cdde
蕹菜	0. 36	2. 35	9. 05	15. 67	6. 86CDcd
香蒲	10. 90	21. 86	13. 18	19. 02	16. 24ABab
平均	6. 93b	11. 70 a	9. 60 ab	12. 77a	

2. 2. 2　EM 菌对水体 N 的植物修复影响

1/4 剂量霍格兰营养液含 232. 5 mg/L 和 7. 55 mg/L P。经测定试验中 EM 菌加入的同时带入 10. 27 mg/L 和 1. 32 mg/L P。不同植物及 EM 菌处理后，水体剩余溶解态质量分数如表 3。随机区组设计方差分析表明，不同植物对 N 修复能力存在极显著差异（$F = 29.19^{**}$）。采用交互作用对平均数进行多重比较，结果如表 3。修复效果从好到差为水花生 > 水葫芦 > 蕹菜 > 香蒲 > 美人蕉 > 水浮莲 > 无植物。其中水浮莲、水花生修复效果不显著，其他植物处理效果显著或极显著。EM 菌极显著提高水体中 N 的修复（$F = 729.17^{**}$），EM 菌处理剩余平均值为 41. 20 mg/L，而对照为 168. 60 mg/L，大幅度减少，原因为 EM 菌中含有反硝化细菌，可以还原脱氮，另外也可能有一部分 N 形成了微生物菌体。加菌处理与植物处理交互作用极显著影响水体 N 的修复（$F = 17.75^{**}$）。美人蕉加 EM 菌处理及水花生加 EM 菌处理对水体 N 的修复效果最好。

表 3　EM 菌对水体的植物修复影响

单位：mg/L

处理	无植物	水葫芦	水花生	美人蕉	水浮莲	蕹菜	香蒲	平均
对照	225. 1	180. 6	56. 3	201. 9	214. 1	175. 2	189. 5	168. 60
	229. 3	139. 6	43. 9	179. 6	213. 7	164. 3	186. 4	
	218. 7	127. 4	51. 5	212. 3	201. 1	153. 8	176. 2	
处理平均	224. 37Aa	149. 20Cd	50. 57DEef	197. 93ABab	209. 63ABab	164. 43BCcd	184. 03BCbc	
加 EM 菌	56. 3	61. 1	18. 4	14. 4	83. 1	76. 2	36. 8	41. 20
	37. 2	14. 6	24. 6	16. 4	59. 3	16. 8	52. 3	
	41. 5	57. 7	28. 4	19	63. 9	38. 6	48. 6	
处理平均	45. 00DEef	44. 47DEef	23. 80Efg	16. 60Eg	68. 77De	43. 87DEef	45. 90DEef	

2.2.3　EM菌对水体P的植物修复影响

EM菌对水体P植物修复效果表达为水体剩余P的质量分数，结果如表4。方差分析显示加菌处理（$F=8.75^{**}$）、植物处理（$F=8.09^{**}$）和它们的交互作用（$F=7.14^{**}$）均对水体P修复有极显著作用。采用交互作用进行平均数多重比较，结果如表4。植物能降低水体P含量，只有美人蕉对水体P修复效果显著好于其他植物处理，蕹菜好于无植物处理，剩余处理间无显著差异，效果均未达到显著。植物加1% EM菌处理极显著增加水体P剩余量，这部分P主要是来自EM菌原液。在所有处理中水葫芦加EM菌或美人蕉不加EM菌对水体P修复效果最好，显著好于其他处理。

表4　EM菌对水体P植物修复的影响

单位：mg/L

处理	无植物	水葫芦	水花生	美人蕉	水浮莲	蕹菜	香蒲	平均
对照	5.87	5.57	5.32	2.22	5.87	3.28	4.77	5.01
	6.06	5.32	4.56	3.66	6.24	4.89	4.62	
	7.92	6.16	6.24	2.42	5.62	5.36	6.32	
处理平均	6.61ABCbc	5.68BCbcd	5.37BCDcd	2.77DEef	5.91BCbcd	4.51CDEde	5.24BCDcd	
加EM菌	8.34	2.03	7.76	7.64	4.53	6.02	7.68	6.16
	8.65	3.21	6.96	3.26	4.38	4.56	6.35	
	9.48	1.98	8.04	8.64	5.96	5.27	8.56	
处理平均	8.82Aa	2.41Ef	7.59ABab	6.51ABCbcd	4.96BCDEcd	5.28BCDcd	7.53ABab	

3　讨　论

3.1　不同植物及根际微生物对水体苯胺修复影响

本研究植物对水体苯胺修复起的作用占36.57%～63.77%。夏会龙等报道水葫芦清除水中马拉硫磷起了9%的作用[3]，水葫芦清除水中甲基对硫磷植物贡献率为67.28%，微生物降解占23.97%[2]。本试验水葫芦和蕹菜所起的作用接近于前述报道水葫芦修复甲基对硫磷的结果。水葫芦对苯胺的修复能力也与刘建武等[8]报道水葫芦对萘污水的净化率相近。本试验去除效果变化范围与傅以刚等[1]报道3种植物对水中乐果去除率36.9%～59.8%相近，降解速率也与凌婉婷等[5]报道的毛茛对水中多环芳烃的降解半衰期为58.7 h相近。本试验处理5 d后植物体苯胺残留很少，表明苯胺通过植物挥发、植物降解或植物固定去除，由于苯胺易挥发，估计植物挥发占主要作用[9]，三者所占的具体比例有待进一步研究。

氨苄青霉素抑制了水中原有微生物对苯胺的降解作用，与夏会龙等[2-3]报道结果类似。本试验微生物作用接近于前述报道[3]水葫芦修复马拉硫磷的结果。Wang 等[10]也报道了微生物能降解苯胺，分离出一株假单胞菌 PN1001，能降解 89% 的苯胺。

3.2 EM 菌与植物对水体苯胺、N、P 联合修复

3.2.1 EM 菌对水体苯胺的植物修复影响

本研究结果 EM 菌处理虽然降低苯胺修复效果，但是与对照比较未达到显著水平，说明苯胺修复微生物为特定微生物，EM 菌对苯胺的修复能力很差或无效果。降低苯胺修复可能原因为 EM 菌抑制原有微生物中降解苯胺微生物活性，水花生、香蒲处理中可能存在这方面的原因。COD（蔗糖）处理显著降低苯胺修复能力，原因可能为 COD 降低水体溶解氧，抑制好氧菌对苯胺的降解或降解苯胺微生物以蔗糖作为替代碳源而不利用苯胺，或者蔗糖的加入阻碍了苯胺被植物吸收，蕹菜处理中可能存在此方面原因。然而修复效率高的水葫芦、水浮莲影响较小，可能这两者与水体接触面积大，主要靠苯胺吸入植物体内，且不像其他植物根系分布于整个水层，使根上微生物易受 COD 影响。

3.2.2 EM 菌对水体 N 的植物修复影响

不同植物对水体 N 修复效果不同，且与植物生长速度好像关系不大，原因可能是植物体营养元素含量不同。[11]这种结果与以往报道类似，如：袁东海等[12]报道模拟人工湿地总 N 去除率石菖蒲 ＞灯芯草 ＞蝴蝶花 ＞无植物；Zhang 等[13]报道观赏植物中黄花鸢尾和石菖蒲对包括 N 和 P 在内的复合污染城市废水处理效果好；朱夕珍等[14]报道模拟人工湿地总 N 去除能力水葫芦 ＞万寿菊 ＞剑兰 ＞美人蕉 ＞花叶芋，其中水葫芦好于美人蕉的结果与本试验相同。本试验水葫芦对 N 的修复效率也与 Hu 等[15]报道的低值（41.5%）相近。

李雪梅等[6]使用 EM 菌浓度为 187 mg/L 修复水体 1 个月后 N 下降 60.2%，EM 菌能显著修复水体 N 污染与本试验结果一致，不同之处为本研究 EM 菌使用浓度高，对应 N 去除能力强。

3.2.3 EM 菌对水体 P 的植物修复影响

本试验结果植物对 P 去除能力有差异，与以往报道类似。Fraser 等[16]也报道 4 种湿地植物（水葱、苔草、草芦和香蒲）在表面流湿地微宇宙中单独栽培，使用低水平营养物（N 56 mg/L 和 P 31 mg/L）或高水平营养物（N 112 mg/L 和 P 62 mg/L），也证实栽培植物有利于渗漏液 N、P 的去除，其中水葱和草芦分别为最好和最差。王超等[17]报道对水体 P 去除率水葫芦 ＞黄花水龙 ＞水花生，水葫芦与水花生去除效果排序与本试验相同。不过本试验植物对 P 去除能力与 EM 菌交互作用明显，应以交互作用效应比较选择最佳植物与 EM 菌组合。

李雪梅等[6]采用 187 mg/L EM 菌处理水体间隔 15 d 测定水体中 P 持续下降，1 月降幅达 58.1%，与本试验结果不同，可能与溶氧条件、植物处理、处理时间及加入 EM 菌原液多少有关。程晓如等[18]报道在 SBR 试验中，好氧阶段 EM 菌可增加 P 去除量，厌氧阶段微生物释放出 P。因此在栽培植物时，由于植物根系利用而降低水体中氧可能使 EM 菌中 P 释放出来。朱夕珍等[14]报道，植物可以把体内 P 分泌到人工湿地中，也可能在 EM

菌存在条件下溶氧降低，导致植物根系无能量维持膜的透性，而使更多 P 分泌出来。这与 Adler 等[19] 报道的生菜在浅层营养液中（好氧条件下）能使稀营养液中 P 浓度由 0.52 mg/L 降低至小于 0.01 mg/L 的结果不同。

4　结　论

（1）供试植物均极显著提高水体苯胺修复，修复能力从大到小为蕹菜 > 水葫芦 > 水浮莲 > 美人蕉 > 水花生 > 香蒲。

（2）植物修复水体 N 效果从好到差水花生 > 水葫芦 > 蕹菜 > 香蒲 > 美人蕉 > 水浮莲 > 无植物。EM 菌对水体 N 有很好的修复能力。

（3）供试植物只有美人蕉、蕹菜显著提高水体 P 修复效果，EM 菌加入平均提高水体剩余 P 水平，EM 菌与植物对水体 P 修复有极显著的交互作用。

参考文献

[1] 傅以钢，黄亚，张亚雷，等. 3 种水生植物对水溶液中乐果的降解作用研究［J］. 农业环境科学学报，2006，25（1）：90－94.

[2] 夏会龙，吴良欢，陶勤南. 凤眼莲植物修复水溶液中甲基对硫磷的效果机理研究［J］. 环境科学学报，2002，22（3）：329－332.

[3] 夏会龙，吴良欢，陶勤南. 凤眼莲加速水溶液中马拉硫磷降解［J］. 中国环境科学，2001，21（6）：553－555.

[4] 夏会龙，吴良欢，陶勤南. 凤眼莲植物修复几种农药的效应［J］. 浙江大学学报（农业与生命科学版），2002，28（2）：165－168.

[5] 凌婉婷，任丽丽，高彦征，等. 毛茛对富营养化水中多环芳烃的修复作用及机理［J］. 农业环境科学学报，2007，26（5）：1884－1888.

[6] 李雪梅，杨中艺，简曙光，等. 有效微生物群控制富营养化湖泊蓝藻的效应［J］. 中山大学学报（自然科学版），2000，39（1）：81－85.

[7] 国家环境保护局. 水质苯胺类化合物的测定 N－（1－萘基）乙二胺偶氮分光光度法：GB 11889—89［S］.

[8] 刘建武，林逢凯，王郁，等. 水葫芦对萘的降解作用研究［J］. 环境污染治理技术与设备，2003，4（6）：19－23.

[9] BURKEN J G，SCHNOOR J L. Predictive relationships of uptake of organic contaminants by hybrid poplar trees［J］. Environmental science and technology，1998，32：3379－3385.

[10] WANG L，BARRINGTON S，KIM J W. Biodegradation of pentyl amine and aniline from petrochemical wastewater［J］. Journal of environmental management，2007，83（2）：191－197.

[11] 蒋跃平，葛滢，岳春雷，等. 人工湿地植物对观赏水中氮磷去除的贡献［J］. 生态学报，2004，24（8）：1718－1723.

[12] 袁东海，任全进，高士祥，等. 几种湿地植物净化生活污水 COD、总氮效果比较［J］. 应用生态学报，2004，15（12）：2337－2341.

[13] ZHANG X B, LIU P, YANG Y S, et al. Phytoremediation of urban wastewater by model wetlands with ornamental hydrophytes [J]. Journal of environmental sciences, 2007, 19 (8): 902 - 909.
[14] 朱夕珍，肖乡，刘怡，等. 植物在城市生活污水人工土快滤处理床的作用 [J]. 农业环境科学学报，2003，22 (5): 582 - 584.
[15] HU M H, AO Y S, YANG X E, et al. Treating eutrophic water for nutrient reduction using an aquatic macrophyte (ipomoea aquatica forsskal) in a deep flow technique system [J]. Agricultural water management, 2008, 95 (5): 607 - 615.
[16] FRASER L H, CARTY S M, STEER D. A test of four plant species to reduce total nitrogen and total phosphorus from soil leachate in subsurface wetland microcosms [J]. Chemosphere, 2003, 52 (9): 1553 - 1558.
[17] 王超，张文明，王沛芳，等. 黄花水龙对富营养化水体中氮磷去除效果的研究 [J]. 环境科学，2007，28 (5): 975 - 981.
[18] 程晓如，陈永祥，孙迎霞. EM 菌强化 SBR 脱氮除磷的试验研究 [J]. 重庆环境科学，2002，24 (5): 55 - 57.
[19] ADLER P R, SUMMERFELT S T, D GLENN M, et al. Mechanistic approach to phytoremediation of water [J]. Ecological engineering, 2003, 20 (3): 251 - 264.

广州市城市污泥和土壤重金属含量及其有效性研究*

土壤都含有重金属 Cd、Pb、Zn、Cu、Cr、Mn 和 Hg，其中 Zn、Cu、Mn 还是植物的营养元素。重金属在土壤中含量过高时会使农作物可食部分重金属含量超过卫生标准，还可能引起农作物中毒减产甚至失收。城市污泥因受城市污水特别是工业污水的影响，往往含有较高的重金属。

随着城市与工业的迅速发展，城市污水排放量急剧增加，水污染不断加重，对城市水源造成威胁，也对水生生态系统造成破坏。为了控制水污染，城市污水处理厂的建设势在必行。城市污水处理厂在运转过程中会产生大量的污泥，如何处置这些污泥又成为人们关注的问题。污水处理厂污泥的处置通常有农用、投海、填埋、焚烧等方法。污泥投海会污染海洋，已逐渐被禁止；填埋占用土地，也可能造成二次污染；焚烧成本很高[1]；污水处理厂产生的污泥含有大量的有机质和 N、P 等植物养分元素，施入土壤后可以提高土壤肥力，促进农作物增产，但污泥中的重金属和其他有害物质也可能对土壤、农作物系统甚至人体健康带来不良影响。国外对污泥农用做过许多研究[1-4]，国内近年来也发表了一些研究成果[5,6]。

为了探讨广州城市污泥农用的可能性，本研究采集了广州大坦沙污水处理厂（以下简称污水厂）的污泥样品，以及市区和近郊河涌污泥与农业土壤样品，进行重金属全量和有效态含量的测定，同时也测定了这些污泥与土壤的有机质和 N、P、K 等养分物质。

1　样品和测定方法

1.1　采样布点

采集了广州大坦沙污水厂污泥样品 1 个，东濠涌、猎德涌、沙河涌、鸭墩水、石溪涌、大沙头河涌、赤岗河涌等河涌污泥样品 6 个；采集市区范围和近郊菜园土样品 9 个，水稻土样品 3 个。污泥和农业土壤采样布点见图 1。

* 原载《中山大学学报》（自然科学版）1996 年第 35 卷增刊。作者：温琰茂、韦照韬。罗毓珍、董汉英、杨秀环、刘水福参加了污染土壤化学分析。基金项目：广东省自然科学基金（960039）。

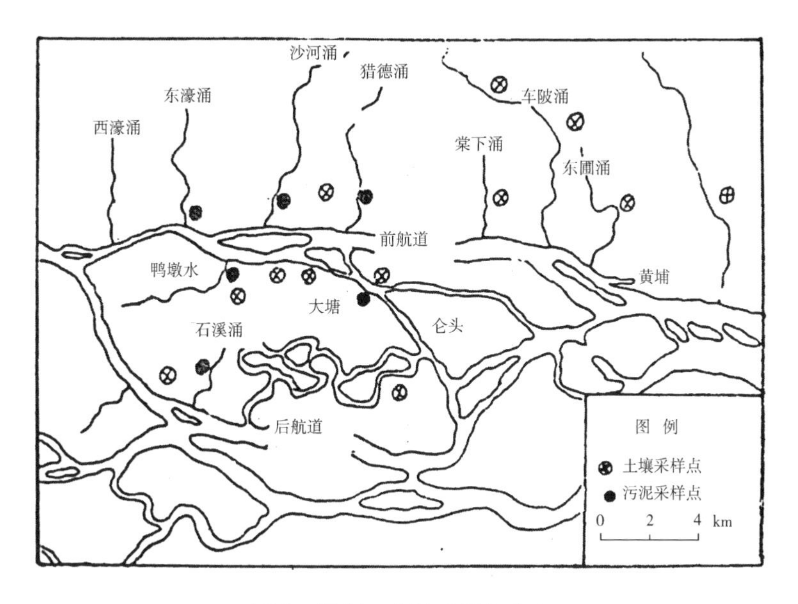

图1　污泥、土壤采样点分布

1.2　测定方法

（1）全量测定。有机质：重铬酸钾法测定；全N：浓硫酸、高氯酸消化，蒸馏测定；全P：浓硫酸、高氯酸消化，流动注射测定；全Cu、Cr、Mn：浓硝酸、氢氟酸、高氯酸消化，火焰原子吸收分光光度计测定；全K、Cd、Pb、Zn：浓硝酸、氢氟酸、高氯酸消化，ICP-AES测定；全Hg：浓硫酸、浓硝酸、高锰酸钾消化，冷原子吸收分光光度计测定。

（2）有效态含量测定有效态Cd、Pb、Zn、Cu、Cr、Mn，用0.1 mol/L盐酸浸提，测定方法、仪器与全量相同。

2　结果与讨论

2.1　污泥与农业土壤重金属全量

广州城市污泥和农业土壤重金属全量测定结果列于表1。

表1　广州城市污泥、土壤重金属和养分含量

单位：mg/kg

项目	形态	Cd	Pb	Zn	Cu	Cr	Mn	Hg	N	P	K	有机质
污水厂污泥	全量	3.98	89	2257	179	228	422	1.74	4.28	2.11	1.09	12.84
	有效态含量	0.55	0.65	758	37.9	3.15	210					
	有效率/%	13.8	0.7	33.6	21.1	1.4	49.7					
河涌污泥	全量	3.50	612	329	5.72	6.54	371	0.30	0.273	0.275	1.63	3.87
	有效态含量	0.40	19.5	87.7	2.4	0.34	134					
	有效率/%	11.4	3.2	26.7	42	6.2	36.2					
菜园土	全量	3.25	120	178	7.32	5.51	353	1.13	0.399	0.289	1.32	5.08
	有效态含量	0.21	26.1	48.4	2.21	0.05	75.1					
	有效率/%	6.5	21.7	27.1	29	0.9	21.3					
水稻土	全量	3.01	101	61.6	3.4	4.97	298	0.43	0.228	0.143	1.82	2.88
	有效态含量	0.18	16.3	12.0	0.33	0.025	93.7					
	有效率/%	6.0	16.7	19.5	9.7	0.5	31.4					
广州市土壤背景值[7]		0.144	47.1	62	21.8	60.4	304	0.161	0.124	0.087	0.6～2.5	2.60
农业土壤重金属临界标准[8]		2.0	500	800	400	500	—	1.5				
污泥农用重金属含量标准[9]		25	1000	2500	1000	1000	—	10				

（1）广州市污水厂污泥和河涌污泥Cd全量都不高，与污泥农用Cd的标准（25 mg/kg）还有很大的距离；菜园土和水稻土中Cd全量则相当高，平均值不仅大大超过广州市土壤Cd的背景值（0.144 mg/kg），也超过农业土壤Cd的临界标准值（2.0 mg/kg），这可能与这些土壤长期灌溉受Cd污染的河涌水有关。

（2）污水厂污泥Pb全量低，河涌污泥则较高，平均值为612 mg/kg，但仍在污泥农用Pb的标准（1000 mg/kg）范围内；菜园土和水稻土Pb全量虽比广州市土壤Pb的背景值（49.1 mg/kg）高出1倍多，但比农业土壤Pb的临界标准（500 mg/kg）低得多。

（3）污水厂污泥Zn全量很高，达2257 mg/kg，但仍在污泥农用Zn的标准（2500 mg/kg）范围内；河涌污泥Zn的全量为329 mg/kg，比污水厂污泥的Zn要低得多；菜园土Zn的全量为178 mg/kg，约为广州市土壤Zn背景值的3倍；水稻土中的Zn则与背景值很接近。

（4）污水厂污泥中Cu全量是比较高的，达179 mg/kg，但与污泥农用Cu的标准（1000 mg/kg）比起来并不高。河涌污泥Cu全量很低，约为污水厂污泥Cu全量的1/30；菜园土和水稻土Cu全量也低，平均值都大大小于广州市土壤Cu的背景值。

（5）污水厂污泥 Cr 全量比较低，为 228 mg/kg；河涌污泥、菜园土和水稻土 Cr 全量很低，都远未达到广州市土壤 Cr 的背景值的水平。

（6）污水厂污泥和河涌污泥 Mn 全量都不高，与菜园土和水稻土 Mn 全量差异不大，与广州市土壤 Mn 的背景值也差异不大。

（7）污水厂污泥 Hg 全量为 1.74 mg/kg，比污泥农用 Hg 的标准（10 mg/kg）低得多；河涌污泥 Hg 全量很低，只有 0.30 mg/kg；菜园土 Hg 全量为 1.13 mg/kg，是广州市土壤 Hg 背景值的 7 倍，但仍低于农业土壤 Hg 的临界标准（1.5 mg/kg）；水稻土的 Hg 含量也是比较低的。

2.2 污泥和农业土壤重金属的有效性

重金属在污泥和土壤中，只有一部分能被植物吸收进入生物循环，其余被固定在污泥和土壤中。能被植物吸收的这一部分称为有效态。广州城市污泥和土壤中重金属有效态含量列于表 1。从表 1 可以看出污泥和土壤中重金属的有效性特征。

（1）污水厂污泥和河涌污泥 Cd 的有效态含量分别为 0.55 和 0.40 mg/kg，有效率分别为 13.8% 和 11.4%，比菜园土和水稻土 Cd 的有效态含量和有效率都高得多。

（2）污水厂污泥 Pb 的有效态含量和有效率都很低；河涌污泥 Pb 的有效率也不高，但因其全量大，有效态含量还是很高；菜园土和水稻土 Pb 的有效态含量和有效率都比较高。

（3）两种污泥 Zn 的有效态含量和有效率都很高，特别是污水厂污泥；菜园土 Zn 的有效态含量也比较高；水稻土 Zn 的有效态含量和有效率相对较低。

（4）污泥和土壤中 Cu 的有效率差异比较大，最高的是河涌污泥，有效率达 42%，最低的是水稻土，为 9.7%；有效态 Cu 含量最高的是污水厂污泥，达 39.9 mg/kg。

（5）污泥和土壤中 Cr 的有效性都比较差。其中河涌污泥 Cr 的有效率最高，也只有 6.2%。

（6）污泥和土壤中 Mn 的有效率都很高，均在 20% 以上。其中，污水厂污泥 Mn 的有效态含量和有效率都是最高的，分别为 210 mg/kg 和 49.7%。

2.3 污泥和农业土壤有机质和 N，P，K 等植物营养成分

广州污泥和土壤有机质和 N、P、K 含量状况有如下特点：

（1）污水厂污泥有机质含量很高，达 12.48%，为广州土壤有机质含量的 2.5 ~ 5 倍；污水厂污泥 N、P 含量也很高，分别为 4.28% 和 2.11%，为广州市土壤背景值的数倍至 30 倍以上；但污水厂污泥 K 的含量比土壤低。

（2）河涌污泥有机质和 N、P、K 含量与土壤无明显差异。

（3）菜园土有机质和 N、P 含量比水稻土和广州市土壤背景值高得多，但 K 无明显差异。

（4）水稻土有机质与广州市土壤背景值差异不大，但 N、P 则分别高出 76% 和 64%。

3 结 论

（1）广州大坦沙污水厂污泥含有丰富的有机质和N、P等植物营养物质，具有较好的农用价值。

（2）污水厂污泥重金属含量在污泥农用含量标准范围内。

（3）污水厂污泥Pb、Cr的有效率较低；Cd、Zn、Cu、Mn的有效率高，可进入生态系统进行循环的比例较大，在污泥农用时应予以考虑。

（4）市区和近郊菜园土Cd的含量很高，被测定样品的平均值已超过土壤临界标准，表明已受到明显的镉污染，不宜施用污水厂污泥，并应对其灌溉水源Cd的污染源进行积极的治理。

（5）应对市区和近郊菜园土和生产的蔬菜的Cd、Hg等重金属进行深入的监测研究，以进一步评估其污染状况及其对居民健康的影响。

（6）因近郊菜园土、水稻土Cd、Hg等重金属含量已较高，不宜施用污泥。

参考文献

[1] 宋敬阳. 城市污水污泥的农田施用［J］. 国外环境科学技术，1993（3）：29－32.
[2] 徐颖. 污泥用作农肥处置及其环境影响［J］. 环境污染与防治，1993（4）：24－27.
[3] DAVIS R D，CARLTON-SMITH C H，STARK J H，et al. Distribution of metals in grassland soils following surface applications of sewage sludge［J］. Environmental pollution，1988，49（2）：99－115.
[4] JONES R L，HINESLY T D. Nitrate in waters from sewage-sludge amended lysimeters［J］. Environmental pollution，1988，51（1）：19－30.
[5] 耿嘉斌. 剩余活性污泥农业利用的可行性［J］. 环境保护科学，1988（1）：28－36.
[6] 钟熹光. 城市污泥直接施用对农田的生态效应研究初报［J］. 热带亚热带土壤科学，1992（2）：91－98.
[7] 广东省环境监测中心站，等. 广东省土壤环境背景值［S］. 广州：广东省环境监测中心站，等，1990.
[8] 叶嗣宗. 土壤环境背景值在容量计算和环境质量评价中的应用［J］. 中国环境监测，1993（3）：52－53.
[9] 林春野，董克虞. 污泥农用对土壤及作物的影响［J］. 农业环境保护，1994（1）：23－25.

施用城市污泥的土壤重金属生物有效性控制及环境容量*

为了控制日益严重的水污染，近年来珠江三角洲城市污水处理厂建设迅速发展，产生的污泥也日益增加。目前珠江三角洲污水处理厂日处理污水约 90 万 t，年产脱水污泥约 9 万 t；预计到 2010 年污泥将增加到约 50 万 t。符合农用标准的污泥具有丰富的有机质和 N、P 等营养元素，农用时可增加土壤肥力，促进农作物增产，被认为是可持续发展的利用方式。[1,2] 但施用污泥会增加土壤重金属含量和植物对重金属的吸收。土壤中能被植物吸收的重金属有效态含量除了与土壤重金属浓度有关外，还与土壤的理化性质、化学成分和重金属的形态组成有关。[3] 本文试图在华南有代表性的强酸性赤红壤中进行施用污泥的试验，观察施用污泥土壤上的植物对重金属的吸收状况和提高土壤 pH 值后植物对重金属吸收的变化，并对土壤施用污泥的环境容量进行探讨。

1　施用污泥土壤植物对重金属的吸收

1.1　盆栽试验

供试土壤采自广州郊区赤红壤旱作土，pH 值为 5.3。供试污泥采自广州市大坦沙污水处理厂的脱水污泥。供试土壤和污泥的化学成分见表 1。供试植物为狗牙根（Cynodon Dactylon Per.）。

表 1　供试土壤和污泥化学成分

样品	有机质	N	P	Cd	Cr	Ni	Zn
土壤	1.17	0.168	0.0395	0.01/2.36	0.18/7.48	0.27/17.42	2.18/131.99
污泥	44.87	4.612	0.687	0.75/7.48	1.59/357.4	52.9/227.3	884.5/2668.5

说明：土壤和污泥重金属含量中的分母为全量，分子为有效态含量。有机质、N、P 的单位为%，Cd、Cr、Ni、Zn 的单位为 mg/kg。

盆栽试验设计：用聚乙烯塑料盆，每盆装土壤 3 kg，设置 7 个处理：分别投加污泥

* 第六届海峡两岸环境保护研讨会会议论文，1999 年 12 月，高雄市。作者：温琰茂、鲁艳兵、鲍磊。基金项目：广东省自然科学基金（960039）资助项目。

0、7.5、15、30、60 g/kg 干土 5 个处理（CK 和处理 1 ～ 4）和加 CaO（分析纯），将土壤 pH 值分别调到 6.5、7.5，并施污泥 15 g/kg 干土 2 个处理，每个处理 4 次重复。

盆栽实验在温室进行，播种 6 天后间苗，每盆留下 10 根幼苗，50 天后第一次收割植物的地上部分，再过 50 天后第二次收割植物。对收割后的植物和土壤样品进行分析测定。

2.2　样品分析测定方法

土壤全 N 用浓硫酸、重铬酸钾消化，蒸馏测定；土壤全 P 用浓硫酸、高氯酸消化，铜锑抗比色分析；污泥全 N 用浓硫酸—水杨酸消煮，蒸馏测定；污泥全 P 用浓硫酸—浓硝酸消煮，钒钼黄比色法测定。土壤污泥重金属全量用浓硝酸、高氯酸、氢氟酸消化，ICP-AES 测定；土壤、污泥重金属有效态含量测定用 0.1 mol/1 HC1 提取，ICP-AES 测定。植物样品重金属用浓硝酸—浓硫酸、高氯酸消化，ICP-AES 测定。

2.3　施用污泥对植物生长发育的影响

盆栽植物随着施入污泥量的增加，因土壤养分的改善，其生长发育状况得到明显促进。植物的株高、平均分蘖数、植物生长量（鲜重、干重）都随污泥施用量的增加而增加，施用污泥 7.5、15、30、60 g/kg 干土的每盆植株干重分别为对照植株干重的 3.17、4.98、6.13、8.68 倍。施加污泥后，植株的含水率也有明显的提高，但不会随污泥施用量的增加而增加。施用污泥对植物生长发育的影响状况见表 2。

表 2　施用污泥盆栽植物生长状况

处理	平均株高/cm	平均分蘖数/个	平均鲜重/g·盆$^{-1}$	平均干重/g·盆$^{-1}$	植株含水率/%
CK	31.1	1.33	5.25	1.50	71.43
1	406	2.26	26.7	4.75	80.53
2	37.6	3.68	39.8	7.48	81.22
3	41.4	3.13	48.3	9.2	80.95
4	49.9	4.63	65.8	13.0	80.21

2.4　施用污泥对植物吸收重金属的影响

施用污泥后，由于土壤重金属含量的大幅增加，导致植物对重金属的吸收也明显增加，使植物体内重金属含量增加，而且增幅大（表 3）。对第二茬收割的植物样品分析测定结果表明，第二茬植物重金属含量比第一茬高，这可能是随着根系的发育，植物对重金属吸收的增加，也可能是污泥中被有机质结合的重金属逐渐释放出来被植物所吸收。

表3 盆栽植物重金属含量

单位：mg/kg

处理	第一茬植物				第二茬植物			
	Cd	Cr	Ni	Zn	Cd	Cr	Ni	Zn
CK	<0.01	0.996	3.211	76.3	<0.01	1.060	4.909	143.4
1	0.062	1.058	5.076	223.1	<0.01	1.083	5.204	194.2
2	0.062	1.247	6.349	278.1	0.124	1.275	9.114	336.8
3	0.125	1.248	8.650	277.9	0.187	1.353	15.54	487.6
4	0.156	1.362	12.14	347.0	0.281	1.491	24.15	633.9

3 加施石灰提高土壤 pH 值对施用污泥土壤重金属生物有效性的影响

污泥中的重金属进入土壤体系后，由于污泥的性质，化学组成与土壤差异很大，重金属的存在形态也会改变。这种改变将随时间的推移而加深，直到其与该土壤的性质和成分相适应。相同数量的重金属随污泥施入不同性质的土壤中，重金属的形态分布就可能存在差异，其生物有效性也可能存在差异。本研究在加施污泥 15g/kg 干土的土壤中加入石灰，提高土壤的 pH 值，以观测强酸性的赤红壤接受污泥后其重金属生物有效性的变化特征。实验结果（表4）表明，加入石灰将土壤的 pH 值从 5.3 提高到 6.5 和 7.5 后，植物对 Ni、Zn、Cd 的吸收有大幅度的降低。在第一茬收割的植物中，施入污泥后将 pH 值提高到 6.5 和 7.5 的处理的植物中，Ni 含量仅为只施污泥不加石灰的 33.3% 和 28.2%，Zn 的含量仅为 36.1% 和 19.4%。植物对 Cd 的吸收也有相同的趋势，但植物对 Cr 的吸收减少的幅度则比较小。由此可见，接受污泥的酸性土壤，适当加入石灰将 pH 值提高到中性至微碱性，将会抑制 Ni、Zn、Cd、Cr 等重金属的生物有效性，减少植物对其吸收。这可能是因为土壤由酸性变成中性或碱性后，相当一部分的 Ni、Zn、Cd、Cr 将会由离子状态转变成极难溶解的氢氧化物[4]，使植物难于吸收。将植物对重金属的吸收状况与相应土壤重金属有效态含量测定结果（表5）进行比较分析，植物对 Ni 和 Zn 的吸收与土壤 Ni 和 Zn 有效态含量是相适应的，即加施石灰的土壤 Ni 和 Zn 的有效态含量大幅度降低，植物对 Ni 和 Zn 的吸收也大大减少；但 Cd 和 Cr 并未表现出相同的趋势。这表明用 0.1 mol/LHCl 作为提取剂测定的土壤 Ni 和 Zn 的有效态含量作为其生物有效性指标是比较适合的，但对 Cd 和 Cr 就不一定适合。

表4　加施石灰的盆栽植物重金属含量

单位：mg/kg

处理	第一茬植物				第二茬植物			
	Cd	Cr	Ni	Zn	Cd	Cr	Ni	Zn
仅施污泥	0.062	1.247	6.349	278.1	0.124	1.275	9.14	336.8
污泥 + CaO（pH = 6.5）	<0.01	1.197	2.117	100.3	<0.01	1.249	1.95	81.5
污泥 + CaO（pH = 7.5）	<0.01	1.049	1.790	53.9	<0.01	1.150	1.92	55.8

表5　加施石灰后土壤重金属有效态含量

单位：mg/kg

处理	Cd	Cr	Ni	Zn
仅施污泥	0.02	0.63	1.83	22.41
污泥 + CaO（pH = 6.5）	0.02	1.08	0.94	12.37
污泥 + CaO（pH = 7.5）	0.02	0.91	0.99	12.35

4　土壤施用城市污泥的环境容量

污泥农业利用时应首先确定污泥农用土壤的环境容量，即确定土壤对污泥中的重金属和营养元素的容纳能力。为此，本文对广州市城市污泥农业利用的重金属决定的环境容量和N素决定的环境容量进行探讨。

4.1　重金属决定的环境容量

土壤重金属的环境容量与土壤重金属临界值、背景值、重金属在土壤中的残留率有关。通常计算的土壤环境容量为年容量，即在规定的年限内，保证土壤重金属含量不超过临界值的年最大输入量。本文采用如下的年环境容量计算模式[5]计算广州市土壤Cd、Cr、Ni、Zn的环境容量：

$$Q_n = (W_n - W_0 k^n)(1 - k)/[k(1 - k^n)]。$$

式中：Q_n 为年环境容量；W_n 为元素临界值；W_0 为背景值；n 为施用年限。

根据中国土壤环境质量标准（GB 15618—1995），农田和蔬菜地（pH值 <6.5）Cd、Cr、Ni、Zn的临界值（W_n）分别为0.30、150、40、200 mg/kg。广州市土壤Cd、Cr、Ni、Zn的背景值（W_0）分别为0.144、60.35、18.12、62.04 mg/kg，年残留率取值分别为0.797、0.936、0.900、0.814。每公顷耕地耕作土层以2000 t计。这样可算出广州市土壤重金属年容量（表6）。如施用的污泥符合中国农用重金属控制标准（GB 4284—84）：

Cd、Cr、Ni、Zn 分别小于 5、600、100、500 mg/kg，还可计算出污泥的年施用量（表6）。

表6 广州市土壤重金属环境容量和污泥施用量

元素	年限/a	年平均容量/kg·hm^{-2}	年污泥施用量/t·hm^{-2}
Cd	15	0.1555	31.1
	50	0.1528	30.6
Cr	15	27.72	46.2
	50	20.99	35.0
Ni	15	10.15	101.5
	50	8.92	89.2
Zn	15	94.4	188.8
	50	91.4	182.8

从表6可以看出，上述四种重金属决定的污泥年施用量中 Cd 的污泥施用量最小。根据最小限制因子原则，广州市土壤污泥 15 年和 50 年的年施用量分别为 31.1、30.6 t/hm^2。

4.2 N 素决定的污泥农用环境容量

污泥农用环境容量的决定因子除重金属外，还有污泥中的 N。土壤中 N 过量时，农作物会贪青倒伏，并可能污染地表水和地下水。在中国，通常土壤 N 肥年施用量为纯 N180 kg/hm^2，广州城市污泥中 N 含量一般为 5% 左右，如污泥中 N 的有效率为 30%，则算出以 N 为决定因子的污泥年施用量约为 12 t/hm^2。

将上述广州市土壤以重金属为决定因子和以 N 为决定因子的污泥施用量相比较，根据最小限制因子原则，符合农用要求的污泥年施用量约为 12 t/hm^2。

但是，目前珠江三角洲城市污水处理厂产生的污泥重金属含量都超过农用标准。要使城市污泥得到最好的出路——农业利用，就必须减少工业废水中重金属排放，使污水处理厂污泥的重金属含量降低到符合农用的要求。

5 结 论

（1）施用城市污泥对植物生长发育有明显的促进作用，但植物重金属含量也显著增加。

（2）加施石灰（CaO）将施用污泥的土壤 pH 值调节到 6.5 和 7.5 后，植物对 Ni、Zn

和 Cd 的吸收大幅度降低，表现出对随污泥进入土壤的 Ni、Zn、Cd 的生物有效性具有明显的抑制作用。

（3）广州市土壤施用符合农用标准污泥时，以重金属为决定因子的 15 年和 50 年的年施用量分别为 31.1 t/hm^2 和 30.6 t/hm^2，以 N 为决定因子的年施用量约为 12 t/hm^2。根据最小限制因子原则，污泥年施用量应为 12 t/hm^2 左右。

参考文献

[1] COUILLARA D. Environmental factors affecting sustainable use of sewage sludge as agricultural fertilizer [J]. Journal of environmental systems, 1995, 23 (1): 83 – 96.

[2] TOWERS W. Towards a strategic approach to sludge utilization on agricultural land in Scotland [J]. Journal of environmental plan manage, 1994, 37 (4): 447 – 460.

[3] 鲁艳兵，温琰茂. 施用污泥的土壤重金属有效性的影响因素 [J]. 热带亚热带土壤科学，1998，7 (1): 68 – 71.

[4] 刘铮. 土壤中的微量元素：微量元素的土壤化学 [C] //《中国科学院微量元素学术交流会汇刊》编辑小组. 中国科学院微量元素学术交流会汇刊. 北京：科学出版社，1980：23 – 55。

[5] 叶嗣宗. 土壤环境背景值在容量计算和环境评价中的应用 [J]. 中国环境监测. 1993，12 (3): 52 – 55.

广州市郊区农业土壤重金属含量特征*

土壤重金属污染是指人类活动将重金属带进土壤并累积到一定程度，对土壤生态系统造成损害的现象。近年来，由于污水灌溉、污泥农用、施用含有重金属元素的肥料和使用农药等，使得农业土壤重金属含量明显升高。关于土壤重金属污染及其治理技术，国内外已经做了大量的研究。[1-5]

广州市郊区是珠江三角洲重要的蔬菜、粮食生产基地，其农业土壤的环境质量与当地居民的健康有密切的联系。为了查清广州市郊区农业土壤重金属污染状况，对重金属污染土壤提出切实可行的治理技术，使城乡居民的食品质量和健康得到保障，从1997年11月起，作者对广州市郊区农业土壤的重金属污染状况及其治理技术进行了系统的研究。

1 样品采集与处理

1.1 样品采集

采样点的选择主要考虑以下3个因素，即土壤类型、污染因素和蔬菜种类。为了避免偶然性，土壤采样采取多点采样混合法，即在一定面积（约0.5 hm^2）的土壤中采集3～5个点的土壤形成一个土壤混合样和蔬菜混合样，土壤样品采集自耕作层（0～20 cm）。根据海珠区、天河区、黄埔区、芳村区、白云区5个郊区农业土壤的面积和分布，确定采样点的数量和样点分布，共采集了120个表层土壤样品，用聚乙烯薄膜袋包装。

1.2 样品的处理

土壤样品在实验室中置放于牛皮纸上自然风干，磨碎，分别过20、60、100目尼龙筛，贮于聚乙烯薄膜袋中，以备分析使用。分别测定土壤中重金属Cu、Pb、Zn、Cr、Ni、Cd、As和Hg的全量和有效态，其中有效态用0.1 mol/L的稀盐酸浸提，测定方法参照文献［6］。

---

* 原载《中国环境科学》2003年第23卷第6期，作者：柴世伟、温琰茂（通讯作者）、张云霓、董汉英、陈玉娟、龙祥葆、罗妙榕、向运荣。基金项目：广东省重点科技项目（2 KM06505S），广东省环境保护局科技攻关项目（026－423009）。

1.3　数据处理

采用EXCEL软件和SPSS统计软件进行数据处理。虽然有些土壤样品数据异常，但因为是采自特殊污染区，所以未对其进行剔除，主要剔除重金属元素中有效态与全量的比值大于1的元素。根据分析结果，表层土壤共有有效数据119个，其中海珠区14个、天河区6个、黄埔区8个、芳村区7个、白云区84个。

2　结果与分析

2.1　广州市郊区土壤重金属全量分析

由于废水、废气、固体废物的污染和化肥、农药、污泥的施用，致使重金属元素在广州市郊区农业土壤中形成了一定的累积，部分土壤中重金属元素含量较高。由表1可见，除Ni和As之外，其余元素的平均含量均已超过广东省土壤背景值和全国土壤背景值[7]，说明这些土壤均已受到污染。比值1和比值2分别指在广东省土壤背景值和全国土壤背景值下的各重金属元素的污染指数。广州市郊区土壤中以Hg和Cd的污染指数较大，Pb和Zn次之。

表1　广州市郊区表层土壤重金属全量含量概况

单位：mg/kg

项目	Cu	Pb	Zn	Cr	Ni	Cd	As	Hg
平均值	24.02	58.02	162.6	64.65	12.35	0.2808	10.85	0.7319
中位数	13.20	42.40	80.10	49.99	10.60	0.168	7.55	0.3115
标准差	24.84	47.76	196.7	49.84	8.80	0.3208	9.85	1.124
变异系数/%	103.41	82.32	120.97	77.09	71.26	114.25	90.78	153.57
最小值	4.46	11.50	15.3	11.64	2.25	0.0210	0.50	0.050
最大值	124.0	374.0	902.1	231.0	67.2	2.120	48.00	5.337
背景值1	17.65	35.87	49.71	56.53	17.80	0.094	13.52	0.085
背景值2	22	26.0	74.2	61.0	26.9	0.097	11.2	0.065
比值1	1.36	1.62	3.27	1.14	0.70	2.99	0.80	8.61
比值2	1.09	2.23	2.19	1.06	0.46	2.90	0.97	11.26

说明：背景值1为广东省土壤背景值，背景值2为全国土壤背景值，比值1为平均值/背景值1，比值2为平均值/背景值2。

长期以来，广州市郊区农用菜地大量使用河涌污泥，由于污水排放的影响，河涌污泥中含有大量的重金属，这是严重影响农业土壤的重要因素。蔬菜在其成长过程中，极易招来害虫，迫使农民大量喷洒农药，尤其是以前大量含汞农药的使用，造成广州市郊区农用土壤重金属，特别是 Hg 的污染。

2.2 土壤重金属有效态含量分析

土壤中重金属元素的有效态易于转化和迁移，其数量的多少受人类生产活动和土壤条件因子所制约，它们的有效态易被农作物吸收而进入食物链，对环境和人畜造成危害。因此，了解重金属有效态含量及其所占全量的比例，即重金属元素的有效性系数，对于深入了解土壤重金属污染非常重要。

由表 2 可见，在所有重金属元素中，Cd 的有效性系数最高，具有最强的活性，最易被植物吸收；Hg 的有效性系数最低。

表 2　广州市郊区表层土壤重金属元素有效态含量

单位：mg/kg

项目	Cu	Pb	Zn	Cr	Ni	Cd	As	Hg
平均值	6.69	13.94	23.79	2.51	2.33	0.153	0.752	0.0019
中位数	3.55	9.38	16.20	0.89	0.55	0.098	0.545	0.0007
标准差	7.45	11.61	21.24	5.83	4.17	0.264	0.644	0.0032
变异系数/%	111.4	89.03	89.28	232.3	179	172.6	85.64	166.6
最小值	1.05	3.44	4.60	0.125	0.20	0.004	0.008	0.0001
最大值	51.0	64.26	150.0	53.3	28.3	2.110	3.323	0.0216
有效性系数	0.28	0.24	0.15	0.04	0.19	0.55	0.07	0.003

说明：有效性系数为表层有效态含量平均值/表层全量含量平均值。

由图 1 可见，各种元素在广州市 5 郊区分布有很大的不同。对于 Cu 全量，海珠区、天河区、黄埔区、芳村区的含量分别比 5 郊区平均值高 194.7%、36.7%、76.2%、81.5%，只有白云区的比平均值低 49.1%；对于 Pb 全量，海珠区、天河区、黄埔区、芳村区的含量分别比 5 郊区平均值高 89%、38.4%、96.7%、52.6%，只有白云区的比平均值低 31.5%；对于 Zn 全量，海珠区、天河区、黄埔区、芳村区的含量分别比 5 郊区平均值高 67.6%、181.3%、69.1%、218.1%，只有白云区的比平均值低 49%；对于 Cr 全量，海珠区、天河区、黄埔区、芳村区的含量分别比 5 郊区平均值低 3.4%、48.1%、58.9%、13.8%，只有白云区的比平均值高 10.9%；对于 Ni 全量，海珠区和芳村区的含量分别比 5 郊区平均值高 60.3%、80.4%，天河区、黄埔区和白云区分别比平均值低 9.4%、10.2%、15.1%；对于 Cd 全量，海珠区、天河区、黄埔区、芳村区的含量分别比 5 郊区平均值高 152.4%、50%、28.1%、152.9%，只有白云区的比平均值低 44.4%；对于 As 全量，海珠区、天河区、芳村区的含量分别比 5 郊区平均值高 44.2%、52.9%、

126.5%，只有黄埔区和白云区分别比平均值低6%、21.4%；对于Hg全量，海珠区、天河区、黄埔区、芳村区的含量分别比5郊区平均值高30.5%、156.8%、258.6%、84.1%，只有白云区的比平均值低48.5%。

对于Cu、Pb、Zn有效态含量，只有白云区的分别比平均值低46.9%、29.0%、33.8%；对于Cr、Ni有效态含量，天河区和白云区的分别比平均值低37.0%、12.6%和24.8%、34.1%；对于Cd有效态含量，天河区、黄埔区、白云区的分别比平均值低22.5%、1.5%、41.2%；对于As有效态含量，芳村区和白云区的分别比平均值低10.6%和24.0%；对于Hg有效态含量，海珠区、黄埔区、白云区的分别比平均值低29.8%、35.7%、12.0%。

由于白云区处在广州市远郊，受到的工业和生活污染较其余4郊区相对少得多，所以白云区土壤重金属含量较低，重金属的有效性也比较低。

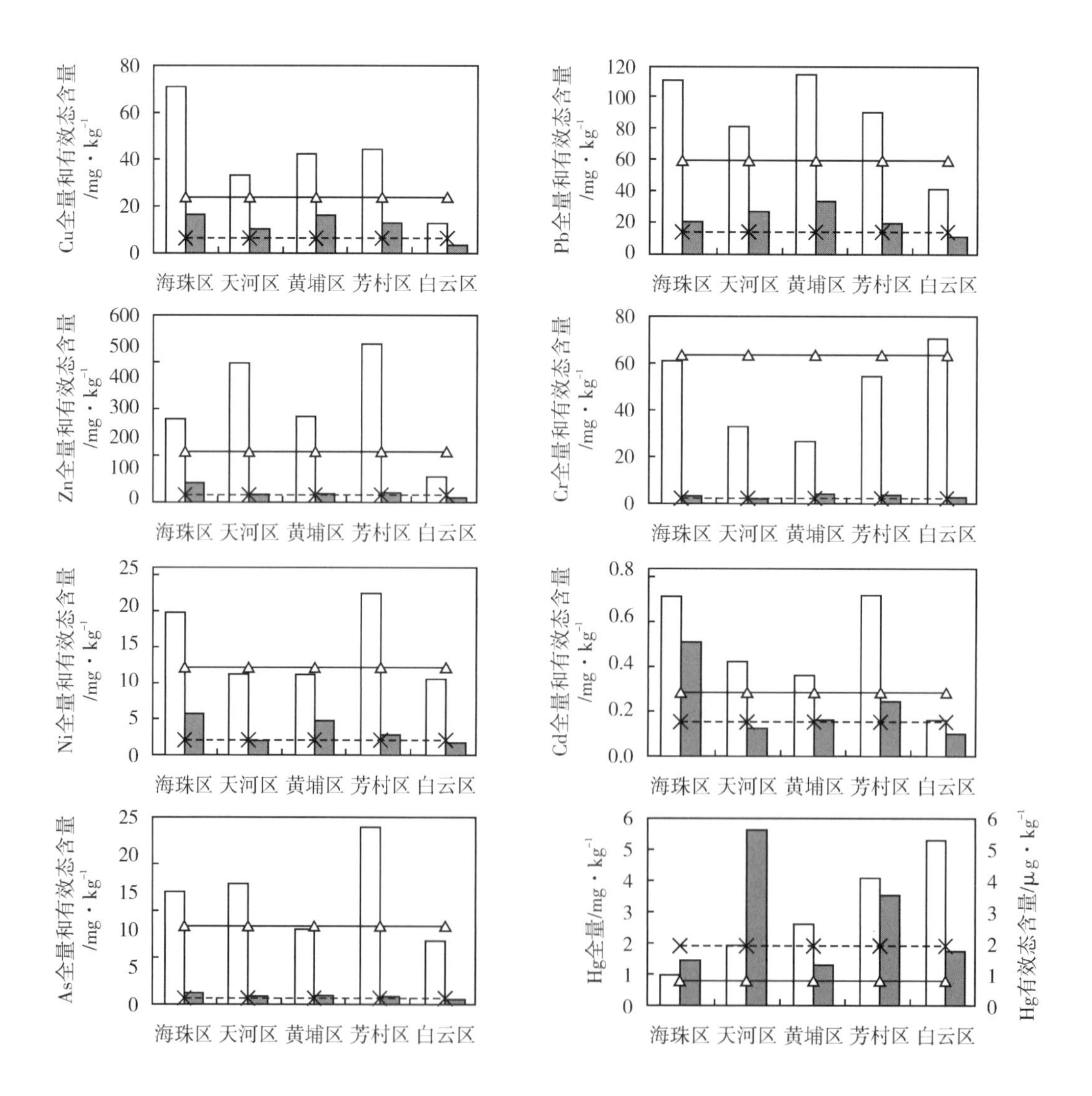

图1　8种重金属元素全量和有效态含量在广州市5郊区的分布情况

2.3　土壤重金属各元素之间的关系

2.3.1　土壤重金属全量与有效态含量之间的关系

由表3可见，重金属元素的有效态含量都与其全量正相关。其中，Hg有效态含量与全量含量的相关性不显著，说明这种元素的有效态虽然与其全量含量有关，但并不是随着全量含量的增加而无限制地增加，可能还与其他因素有很大的关系；其余7种元素的有效态含量与全量之间呈极显著相关关系，即随着元素全量的增加，这7种元素的有效态含量也随之增加。

表3　土壤重金属全量与有效态含量之间的回归关系

元素	R	回归方程	元素	R	回归方程
Cu	0.869**	$Y=4.644+2.896Q$	Ni	0.548**	$Y=9.643+1.158Q$
Pb	0.645**	$Y=21.01+2.654Q$	Cd	0.834**	$Y=0.125+1.012Q$
Zn	0.375**	$Y=80.108+3.469Q$	As	0.376**	$Y=6.514+5.742Q$
Cr	0.332**	$Y=57.499+2.830Q$	Hg	0.075	相关性不显著

说明：R为相关系数；Y为土壤重金属有效态含量；Q为土壤重金属全量；**表示显著性水平为0.01（极显著），下同。

2.3.2　土壤重金属各元素间相关关系

8种土壤重金属元素全量之间的相关系数矩阵见表4。元素间相关性显著和极显著，说明元素间一般具有同源关系或是复合污染。Cu与Cr的相关性不显著，与其他6种元素都呈极显著相关关系，即Cu与这6种元素常以复合型污染存在；Pb与Cr的相关性不显著，与其他元素呈极显著相关性；Zn也与Cr的相关性不显著，与其他元素呈极显著相关性；Cr除与Ni和As呈极显著性相关外，与其他元素的相关性均不显著，且与Hg呈不显著的负相关关系；Ni除与Hg不相关外，与其他元素呈极显著相关关系；Cd与Cr的相关性不显著，与其他元素呈极显著相关性；As与7种元素均呈极显著相关性；Hg与Cr负相关性不显著，与Ni正相关性不显著，与其他元素呈极显著相关性。

表4　土壤重金属各元素全量含量间的相关系数矩阵

元素	Cu	Pb	Zn	Cr	Ni	Cd	As	Hg
Cu	1.000							
Pb	0.811**	1.000						
Zn	0.585**	0.486**	1.000					
Cr	0.066	0.005	−0.094	1.000				
Ni	0.583**	0.407**	0.367**	0.527**	1.000			
Cd	0.677**	0.477**	0.526**	0.061	0.584**	1.000		

续上表

元素	Cu	Pb	Zn	Cr	Ni	Cd	As	Hg
As	0.476**	0.391**	0.484**	0.267**	0.477**	0.499**	1.000	
Hg	0.536**	0.669**	0.421**	-0.169	0.063	0.290**	0.277**	1.000

3　结　论

（1）在广州市郊区农业土壤中，除 Ni 和 As 元素之外，Cu、Pb、Zn、Cr、Cd 和 Hg 元素的平均含量都已超过了广东省土壤背景值和全国土壤背景值，这说明广州市郊区土壤均已受到人为因素污染。其中，广州市郊区土壤中以 Hg 和 Cd 的污染指数较大，Pb 和 Zn 次之。

（2）在所测定 8 种重金属元素中，Cd 的有效性系数最高，具有最强的活性，最易于被植物吸收；Hg 的有效性系数最低。

（3）8 种重金属元素的全量和有效态含量在广州市 5 郊区的分布有很大的不同。由于白云区处在广州市远郊，受到的工业和生活污染相对较其余 4 郊区少得多，所以白云区土壤重金属含量较低，重金属的有效性也比较低。

（4）所测定 8 种重金属元素的有效态含量都与其全量含量呈正相关关系。其中，Hg 有效态含量与全量含量的相关性不显著；其余 7 种元素的有效态含量与全量含量之间呈极显著性相关关系，即随着元素全量含量的增加，这 7 种元素的有效态含量也随之增加。

（5）污水灌溉是重金属进入土壤的重要途径之一。固体废物和农药的影响也是广州市郊区土壤重金属含量较高的原因，尤其是前些年广东地区大量河涌污泥的农用和含汞农药的使用。

参考文献

[1] PICHTEL J, SAWYERR H T, CZARNOWSKA K. Spatial and temporal distribution of metals in soils in Warsaw, Poland [J]. Environmental pollution, 1997, 98 (2): 169-174.

[2] CARPI A, LINDBERG S E, PRESTB E M, et al. Methyl mercury contamination and emission to the atmosphere from soil amended with municipal sewage sludge [J]. Journal environmental quality, 1997, 26 (6): 1650-1654.

[3] 李书鼎. 土壤植物系统重金属长期行为的研究 [J]. 环境科学学报, 2000, 20 (1): 76-80.

[4] 陈同斌，黄铭洪，黄焕忠，等. 香港土壤中的重金属含量及其污染现状 [J]. 地理学报, 1997, 52 (3): 228-236.

[5] 王庆仁，刘秀梅，崔岩山，等. 我国几个工矿与污灌区土壤重金属污染状况及原因探讨 [J]. 环境科学学报, 2002 (3): 354-358.

[6]《环境污染分析方法》科研协作组. 环境污染分析方法 [M]. 2 版. 北京：科学出版社, 1987.

[7] 中国环境监测总站. 中国土壤元素背景值 [M]. 北京：中国环境科学出版社, 1990.

广州市郊区农业土壤重金属生物有效性*

为了查清广州市郊区农业土壤重金属对当地蔬菜污染状况，揭示土壤重金属元素的有效性及其影响因素，本文探讨了广州郊区土壤－蔬菜系统中重金属的迁移转化和相互关系。

1 样品的采集与处理

1.1 采集的布点

本研究共采集了120个表层土壤和109个蔬菜样品，除少数采样时无蔬菜生长的土壤外，采样时皆同时采集土壤和在该土壤上栽培的蔬菜。为了避免偶然性，土壤和蔬菜采样皆采取多点采样混合法。按照《农业环境监测技术规范》，于1997年11月至1998年1月进行采样，采集了该秋冬季的时令叶菜，包括生菜（*L. Scriola Linn*）、菜心（*B. affpaca chinensis Linn*）、油麦菜（*Sonchus oleraceus L.*）、小白菜（*Brassica chinensis*）和芥菜（*B. juncea Coss*）5种，在本文中这5种菜分别表示为SV、CV、YV、XV和JV。其中，SV和CV样品数各21个，XV样品数20个，YV样品数33个，JV样品数14个，共有蔬菜各品种样品数109个。

1.2 样品的处理

土壤样品用聚乙烯薄膜袋包装，在实验室中置放于牛皮纸上自然风干，磨碎，分别过20、60、100目尼龙筛，贮于聚乙烯薄膜袋中，以备分析使用。蔬菜样品采集后，在实验室洗净泥沙并用蒸馏水清洗，放入控温烘箱（温度设定在70 ℃）烘干，再用碎样机粉碎，放入密封塑料袋中保存备用。

---

* 原载《城市环境与城市生态》2003年第16卷第6期，作者：柴世伟、温琰茂（通讯作者）、张云霓、龙祥葆、向运荣、董汉英、陈玉娟、张爱军、刘英对、罗妙榕、周毛。基金项目：广州市环保局科技项目“广州郊区土壤重金属污染状况调查研究”，广东省重点科技项目（2 KM065055），广东省环保局科技攻关项目（026－423009）。

1.3 重金属含量的测定

共测定了土壤和蔬菜中 Zn、Hg、Pb、As、Cr、Cd，Ni、Cu 的重金属全量及其在土壤中的有效态含量，测定方法见参考文献［1］。

1.4 蔬菜含水率的测定

烘干粉碎前按种类分别选取适量蔬菜洗净，吸干表面水分，称其鲜重 $W_{鲜}$，再将试样置于干燥搪瓷盘内，放于干燥箱中，在 105 ℃条件下烘 6 ～ 8 h，取出放入干燥器中冷却 30 min 后称重；重复烘 1 ～ 2 h，冷却后再称重，直至恒重 $W_{干}$。用下式计算蔬菜含水率：

$$C_{水} = \frac{W_{水} - W_{干}}{W_{鲜}} \times 100\%。$$

2 结果与分析

2.1 蔬菜对各种重金属富集能力比较

2.1.1 不同蔬菜种类对重金属的吸收能力比较

同种蔬菜对不同的重金属有不同的吸收能力，不同蔬菜对同种重金属的吸收能力亦有差异。我们采用同种蔬菜的平均生物吸收系数 *ABAC*（average biological absorption coefficient）来衡量不同蔬菜品种对各种重金属的吸收能力：

$$ABAC = \frac{\sum \frac{l_x}{S_x}}{n}。 \tag{1}$$

式中：l_x 为蔬菜灰分中某元素的含量；S_x 为相应土壤中某元素的含量；n 为某品种蔬菜的样品数。

从平均值而言，从 5 种蔬菜来看，Cd 和 Zn 为强烈吸收元素，其吸收系数在 10 ×（n ～n）的量级上（n 为介于 1 ～ 10 之间的一个数）；Cu、Hg、Ni 为中等吸收元素，其吸收系数在 0. n ～ n 的量级上；Cr、As 为弱吸收元素，其吸收系数在 0. 0n 量级上；Pb 为极弱吸收元素，其吸收系数在 0. 00n 量级上。吸收系数数值特征见表 1。

可以看出，5 种蔬菜对不同重金属的吸收能力大小如下：

Pb：SV ＞YV ＞CV ＞JV ＞XV；

Cu：JV ＞CV ＞XV ＞SV ＞YV；

Cr：JV ＞CV ＞YV ＞SV ＞XV；

As：JV ＞SV ＞XV ＞YV ＞CV；

Cd：SV ＞XV ＞CV ＞JV ＞YV；

Ni：YV ＞CV ＞JV ＞SV ＞XV；

Zn：CV ＞JV ＞SV ＞XV ＞YV；

Hg：SV ＞JV ＞XV ＞CV ＞YV。

表 1　不同蔬菜品种对重金属吸收系数数值特征

单位：mg/kg、%

元素	SV			CV			XV			YV			JV		
	值域	均值	变异系数	值域	均值	变异系数	值域	均值	变异系数	值域	均值	变异系数	值域	均值	变异系数
Pb	0. 0001 ～ 0. 074	0. 0097	187. 2	0. 0000 ～ 0. 026	0. 003	158. 4	0. 0001 ～ 0. 015	0. 0028	138. 2	0. 0001 ～ 0. 042	0. 0038	115. 8	0. 0001 ～ 0. 019	0. 0089	166. 4
Cd	0. 41 ～ 18. 14	5. 60	80. 6	0. 097 ～ 10. 81	3. 47	73. 6	0. 47 ～ 13. 10	4. 33	83. 6	0. 10 ～ 10. 11	3. 94	109. 5	1. 47 ～ 8. 867	2. 37	68. 7
Cu	0. 11 ～ 1. 67	0. 76	62. 6	0. 092 ～ 1. 92	0. 98	57. 4	0. 065 ～ 2. 58	0. 84	77. 9	0. 07 ～ 1. 30	0. 84	83. 9	0. 47 ～ 1. 84	0. 45	43. 2
Ni	0. 0079 ～ 0. 58	0. 11	119. 7	0. 0021 ～ 1. 82	0. 13	211. 4	0. 0009 ～ 0. 38	0. 072	136. 2	0. 0021 ～ 7. 24	0. 20	310. 4	0. 0051 ～ 0. 88	0. 41	185. 7
Cr	0. 0068 ～ 0. 20	0. 06	87. 9	0. 012 ～ 0. 28	0. 095	77. 9	0. 0034 ～ 0. 29	0. 060	119. 2	0. 015 ～ 0. 61	0. 088	120. 6	0. 0020 ～ 0. 36	0. 086	111. 0
Zn	0. 0061 ～ 7. 90	1. 21	153. 8	0. 011 ～ 3. 96	1. 50	81. 2	0. 0064 ～ 3. 95	1. 07	98. 2	0. 0064 ～ 9. 36	1. 65	167. 0	0. 0093 ～ 3. 13	1. 03	61. 0
As	0. 0003 ～ 0. 87	0. 09	245. 7	0. 0003 ～ 0. 22	0. 18	162. 5	－0. 0001 ～ 0. 30	0. 047	180. 7	0. 0001 ～ 0. 92	0. 042	363. 7	0. 0003 ～ 1. 56	0. 044	239. 3
Hg	0. 011 ～ 2. 92	0. 51	143. 1	0. 026 ～ 0. 87	0. 50	78. 0	0. 093 ～ 1. 08	0. 40	64. 1	0. 018 ～ 1. 14	0. 30	105. 1	0. 12 ～ 1. 01	0. 28	63. 6

5 种蔬菜对 Ni 的吸收能力的大小与其平均含量的大小对应得较好，其他几种元素则存在着一定的差异，尤其是 Hg，其中原因有待进一步研究。对同一种元素，5 种蔬菜对其吸收能力的大小与其平均含量的大小之间存在着一定的差异，有待进一步研究。

2.1.2　同种土壤中不同蔬菜对各种重金属的富集关系

在同一类型的土壤中，由于土壤理化性质并非完全一致，又由于蔬菜品种的差异，各蔬菜对土壤中重金属的吸收能力有很大差别。本文根据式（1）计算了 3 种土壤（GS、PS 和 RS）中各蔬菜对 8 种重金属的吸收能力大小。

在 GS 中，5 种蔬菜对不同重金属的吸收能力大小如下：

Cu：JV > SV > CV > XV > YV；　Pb：YV > SV > CV > JV > XV；

Zn：CV > JV > SV > XV > YV；　Cr：JV > CV > SV > YV > XV；

Ni：YV > JV > CV > SV > XV；　Cd：SV > CV > JV > XV > YV；

As：JV > SV > XV > CV > YV；　Hg：SV > JV > CV > XV > YV。

在 PS 中，5 种蔬菜对不同重金属的吸收能力大小如下：

Cu：CV > SV > JV > XV > YV；　Pb：SV > YV > JV > XV > CV；

Zn：YV > CV > XV > JV > SV；　Cr：CV > YV > XV > SV > JV；

Ni：YV > JV > XV > SV > CV；　Cd：SV > YV > XV > CV > JV；

As：YV > SV > JV > XV > CV；　Hg：SV > YV > XV > JV > CV。

在 RS 中，5 种蔬菜对不同重金属的吸收能力大小如下：

Cu：CV > JV > XV > SV > YV；　Pb：YV > JV > CV > SV > XV；

Zn：YV > CV > JV > XV > SV；　Cr：YV > XV > JV > CV > SV；

Ni：SV > CV > YV > JV > XV；　Cd：YV > JV > CV > SV > XV；

As：CV > XV > YV > JV > SV；　Hg：YV > JV > SV > XV > CV。

从 3 类土壤中各种重金属在 5 种蔬菜中吸收能力的比较（表 2）可看出，在同一类土壤中，各元素在 5 种蔬菜中吸收能力的顺序排列不同。这表明各重金属元素在相似的土壤成分和性质条件下，在不同蔬菜品种中的吸收富集程度存在明显差异。

表 2　3 种土壤中 5 种蔬菜的平均生物吸收系数

土壤	蔬菜	Cu	Pb	Zn	Ni	Cr	Cd	As	Hg
GS	SV（14）	0.64	0.0095	1.27	0.078	0.086	4.80	0.055	0.46
	CV（13）	0.62	0.0054	1.61	0.090	0.23	3.24	0.021	0.26
	XV（8）	0.55	0.0014	1.25	0.031	0.065	2.16	0.045	0.23
	YV（25）	0.37	0.010	0.52	0.066	0.43	1.50	0.0092	0.19
	JV（5）	0.67	0.0031	1.34	0.12	0.34	2.82	0.13	0.33

续上表

土壤	蔬菜	Cu	Pb	Zn	Ni	Cr	Cd	As	Hg
PS	SV（6）	1.07	0.0095	0.94	0.034	0.067	7.84	0.17	0.67
	CV（5）	1.16	0.0014	1.57	0.13	0.032	4.01	0.046	0.40
	XV（10）	0.97	0.0050	1.15	0.092	0.10	6.96	0.057	0.47
	YV（5）	0.77	0.0073	5.12	0.11	0.80	7.73	0.27	0.55
	JV（4）	0.98	0.0055	1.08	0.032	0.11	2.61	0.17	0.44
RS	SV（1）	0.76	0.00012	0.90	0.017	0.16	2.54	0.0023	0.69
	CV（3）	1.41	0.00087	1.79	0.034	0.14	3.76	0.11	0.24
	XV（2）	0.98	0.00010	1.47	0.10	0.0099	1.65	0.034	0.32
	YV（3）	0.69	0.0011	1.85	0.12	0.027	4.75	0.015	0.82
	JV（4）	1.02	0.00098	1.58	0.054	0.013	4.53	0.0098	0.77

说明：括号内数字为该种蔬菜的个数。

2.1.3 同一种蔬菜在不同土壤中对重金属吸收的差异

由表2还可以看出，虽然是同一种重金属元素，由于所处土壤类型不同，在同一种蔬菜中对同一种重金属的富集能力也有很大差别。

SV在3类土壤中对重金属的吸收能力大小为：

Cu：PS＞RS＞GS；　Pb：GS＞PS＞RS；

Zn：GS＞PS＞RS；　Cr：GS＞PS＞RS；

Ni：RS＞GS＞PS；　Cd：PS＞GS＞RS；

As：PS＞GS＞RS；　Hg：RS＞PS＞GS。

CV在3类土壤中对重金属的吸收能力大小为：

Cu：RS＞PS＞GS；　Pb：GS＞PS＞RS；

Zn：RS＞GS＞PS；　Cr：PS＞GS＞RS；

Ni：GS＞RS＞PS；　Cd：PS＞RS＞GS；

As：RS＞PS＞GS；　Hg：PS＞GS＞RS。

XV在3类土壤中对重金属的吸收能力大小为：

Cu：RS＞PS＞GS；　Pb：PS＞GS＞RS；

Zn：RS＞GS＞PS；　Cr：RS＞PS＞GS；

Ni：PS＞GS＞RS；　Cd：PS＞GS＞RS；

As：PS＞GS＞RS；　Hg：PS＞RS＞GS。

YV在3类土壤中对重金属的吸收能力大小为：

Cu：PS＞RS＞GS；　Pb：GS＞PS＞RS；

Zn：RS＞GS＞PS；　Cr：RS＞PS＞GS；

Ni：PS＞GS＞RS；　Cd：PS＞RS＞GS；

As：PS＞RS＞GS；　Hg：RS＞PS＞GS。

JV 在 3 类土壤中对重金属的吸收能力大小为：

Cu：RS > PS > GS；　Pb：PS > GS > RS；

Zn：RS > GS > PS；　Cr：GS > RS > PS；

Ni：GS > PS > RS；　Cd：RS > GS > PS；

As：PS > GS > RS；　Hg：RS > PS > GS。

2.2　蔬菜重金属含量与土壤中重金属含量的关系

2.2.1　蔬菜重金属含量与土壤重金属全量含量的关系

植物富集重金属的能力除了与其本身固有的基因特征有关外，还与重金属在土壤中的存在状态有关系。而重金属在土壤中的存在状态又与土壤中的环境条件（包括土壤中重金属在土壤中的含量）密切相关。

表 3 是本研究中蔬菜重金属含量与土壤重金属含量间的相关系数矩阵，可以看出，除了 Pb、Cd、Hg 这 3 种元素蔬菜重金属含量与土壤重金属含量间有极显著的相关关系外，其余 5 种元素的相关性都不显著。

表 3　蔬菜重金属含量与土壤重金属全量含量间的相关性分析

元素	Cu	Pb	Zn	Ni	Cr	Cd	As	Hg
相关系数	0.055	0.317**	−0.045	−0.063	−0.0940	0.370**	−0.0860	0.326**

说明：** 表示显著性水平为 0.01（极显著）。下同。

2.2.2　蔬菜重金属含量与土壤重金属有效态含量的关系

应该说，土壤中重金属的有效态含量与植物重金属含量有着极为密切的关系。然而，本研究的分析结果（表 4）表明，除了 Pb、Cd 两种元素的土壤有效态含量与蔬菜重金属含量间的相关极为显著外，其余元素间的相关性都不显著。本研究中 Cd 元素在土壤中的有效态含量占全量的比率是最高的，这里的结果也表明其生物吸收系数较大，与前面的结果相吻合。至于其他元素的情况，还有待于做进一步的研究。

表 4　蔬菜重金属含量与土壤重金属有效态含量间的相关性分析

元素	Cu	Pb	Zn	Ni	Cr	Cd	As	Hg
相关系数	0.070	0.525**	−0.001	−0.0033	−0.126	0.402**	−0131	0.038**

3　小　结

同种蔬菜对不同的重金属有不同的吸收能力，不同蔬菜对同种重金属的吸收能力亦有差异。即使在同一种土壤中，各种蔬菜对不同重金属的富集能力有很大的差别。而对于同一种蔬菜，在不同的土壤中对同一种重金属的吸收能力也不相同。本研究中蔬菜重金属含量与土壤重金属含量的相关性问题还需做进一步研究。

参考文献

[1] 环境污染分析方法科研协作组. 环境污染分析方法 [M]. 2 版. 北京：科学出版社，1987.

淋洗法去除土壤重金属研究*

重金属污染及其治理是当前环境科学研究中的一个重点。用含重金属的污水灌溉农田、污泥的农业利用、肥料的土壤施用以及矿区飘尘的沉降，使地球上的许多土壤已经或即将被重金属污染。随着我国人口的不断增加和对粮食需求量的持续上升以及土地资源的日趋匮乏，改良并恢复受 Pb、Zn、Cd、Ni、Cu 等重金属污染的土壤的生产力，已经成为我国农业可持续发展和环境质量改善等多学科共同关心的课题。

从文献［1，2］可知：其治理途径大都是采用生物、化学或物理方法，如固化、热处理、土壤淋洗、植物修复等。这些方法主要从下面两方面考虑：①改变重金属存在形态，降低其活性；②从土壤中去除重金属。

淋洗法就是用清水或含有能增加重金属水溶性的某些化学物质的水把污染物冲至根外层，再用含有一定配位体的化合物或阴离子与重金属形成较稳定的络合物或生成沉淀。[1,2]

目前，国内关于淋洗法去除土壤重金属的研究报道较少，特别是对华南赤红壤仍未见此方面的有关报道。广州市近郊农田已普遍受到重金属的污染，蔬菜中重金属的含量也很高。因此，本文尝试用淋洗法去除土壤中的重金属。

1　实验材料与测定方法

1.1　实验材料

（1）供试土壤。土壤 1 是广州市郊铁铝土纲的赤红壤，采自土壤表层 0 ～ 25 cm 处；土壤 2 为土壤 1 加入污水处理厂污泥后混合均匀的样品（每 1 kg 土壤加入 60 g 污泥），污泥为广州市大坦沙污水处理厂的城市污泥。供试土壤中重金属含量及土壤理化性质见表 1 和 2。

---

* 原载《中山大学学报》（自然科学版）2001 年第 40 卷增刊第 2 期。作者：陈玉娟、符海文、温琰茂（通讯作者）。基金项目：广东省环保局科技开发项目。

表1　供试土壤中重金属全量

单位：mg/kg

土样	Cr	Pb	Cu	Cd	Ni	Zn
土壤1	25.37	36.29	22.04	2.14	28.43	77.13
土壤2	46.45	34.280	74.47	5.84	27.86	108.9

表2　供试土样的基本理化性质

土样	pH值	有机质/g·kg^{-1}	阳离子交换量/cmol·kg^{-1}	各粒径（mm）所占比例/g·kg^{-1}			
				<0.05	0.01～0.005	0.005～0.001	<0.001
土壤1	5.3	1.44	5.11	17.0	13.0	11.0	7.0
土壤2	6.5	6.14	15.03	16.5	11.6	10.4	8.6

（2）淋溶柱。将直径3 cm、高25 cm的硬质聚氯乙烯管的一端用带有玻璃导管的橡皮塞塞住，并在管底铺上一层玻璃纤维及慢速定量滤纸，称取过2 mm筛的土壤样品100 g，装入管柱中，在土样上层铺一层玻璃纤维以防土粒溅出。每个样品做3个重复。将淋溶柱固定在铁架上，于玻璃导管下放一玻璃瓶收集渗滤液。淋洗前用去离子水浸润饱和淋溶柱。

（3）淋洗液。采用去离子水、酸或EDTA溶液淋洗去土壤中重金属。

在淋洗土壤1时，淋洗液分别为去离子水（pH值=6.5）、去离子水+EDTA（0.05 mol/L）、盐酸（pH值=1.3）、盐酸（pH值=1.3）+EDTA（0.05 mol/L）、EDTA溶液（0.05 mol/L）各1000 ml。

在淋洗土壤2时，淋洗液分别为0.01、0.025、0.05、0.10、0.15 mol/L的EDTA溶液各500 ml。

1.2　测定方法

淋洗柱放置室内，利用自制的自动装置（医用输液管，可控制液体流量）使淋洗液自动滴入土柱内，在整个淋洗过程中保持柱内淋洗液的高度为3～5 cm，淋洗的速度因土壤不同而不同。淋洗土壤1时，去离子水+EDTA（体积比1∶1）淋洗液先淋去离子水500 ml，后淋EDTA 500 ml；HCl+EDTA是先淋盐酸500 ml，后淋EDTA 500 ml，累积淋溶量为1000 ml；淋洗土壤2时，累积淋溶量为500 ml。收集完淋出液后即进行pH值、重金属的测定。

土壤样品中的Cd、Pb、Cu、Zn、Ni、Cr的全量，用$HCl-HNO_3-HClO_4$消解，原子吸收分光光度法测定；土壤pH值在水土比为3∶1条件下用pH计测定。

2　结果与讨论

2.1　供试土壤中金属的去除效果

本文研究表明，用酸或络合剂对重金属污染的土壤进行处理，通过离子交换作用、酸化作用、螯合剂和表面活性剂的络合作用，均可使难溶态的金属化合物形成可溶解的金属离子或金属络合物而大量溶出，该结果与文献［3，4］一致。

在淋洗土壤1时发现，用去离子水淋洗基本上不能把土壤重金属（Zn除外）洗出来。淋洗效果最好的是HCl＋EDTA组合淋洗液（表3）。

表3　土壤1中重金属的去除率

单位:%

重金属	去离子水	去离子水＋EDTA	HCl	HCl＋EDTA	EDTA
Cu	0	10.2	12.0	13.8	11.1
Zn	11.3	25.0	25.8	29.4	20.7
Cr	3.4	4.4	14.4	14.9	11.8
Cd	0	9.0	13.2	18。2	10.7
Ni	0	5.7	6.5	8.2	6.1
Pb	0	7.0	8.1	8.6	7.7

在淋洗土壤2时发现，用去离子水同样洗不掉土壤中的重金属（Zn除外），对于大部分的重金属，随着EDTA浓度的增大，它们的去除率也增大。对Cu来说，EDTA浓度为0.05 mol/L时去除率最大；对Zn来说，比较容易淋洗出来（去离子水去除率24.4%），但EDTA浓度增大，其去除率变化不大（42.04%～44.5%）（表4）。

表4　土壤2中重金属的去除率

单位：mol/L

重金属	去离子水	EDTA（0.01）	EDTA（0.025）	EDTA（0.05）	EDTA（0.1）	EDTA（0.15）
Cu	0.9	54.1	56.1	70.2	66.0	68.2
Pb	0.3	26.5	42.1	42.1	47.3	58.6
Cr	0	0	3.3	15.3	25.0	35.2
Ni	0	21.6	28.9	15.3	44.3	49.8
Cd	0	8.4	16.5	18.2	23.1	37.5

续上表

重金属	去离子水	EDTA（0.01）	EDTA（0.025）	EDTA（0.05）	EDTA（0.1）	EDTA（0.15）
Zn	24.4	42.4	43.0	42.6	41.5	44.5

2.2 影响重金属淋出的因素

（1）重金属的形态特征。在研究土壤重金属去除方法之前，不仅要研究土壤中重金属的总量，还必须研究土壤中重金属的形态特征。如重金属以交换态与水溶态居多，则通过淋洗，重金属去除率较高。本实验土壤样品中 Zn 的有效态较高（有效态/全量：土壤 1 为 6.9%，土壤 2 为 10.2%），所以用去离子水淋洗就可淋出大量的 Zn。

（2）重金属的种类。在相同处理条件下，由于不同的重金属元素在土壤中的存在状态不同，与土壤或有机物的结合力也不尽相同，其淋洗去除的效果也会不同，如表 3、4 所示。在本实验中，淋洗土壤 1 时，重金属去除率为 Zn ＞Cr、Cd ＞Ni、Cu、Pb；淋洗土壤 2 时，重金属去除率为 Cu ＞Pu ＞Ni、Zn ＞Cb、Cr。

（3）土壤的种类及其性质。由于不同类型土壤中金属的存在状态不同，土壤的种类和特性会影响金属的去除效果。用盐酸和 EDTA 处理不同类型的土壤，其中含消化污泥的土壤经消化作用后，重金属更易溶解和淋溶出来。Haye[5] 研究发现，加入好氧污泥的土壤中的金属溶出率最大。本实验所采用的土壤 1 属于黏性土，其土壤性状会影响重金属的溶出，故淋溶速率较慢；土壤 2 加入了一定量的污泥，改变了土壤的理化性质，因此淋溶速率较快，效果较好。

（4）土壤和淋洗液的 pH 值。土壤中重金属的溶解主要受 pH 值控制。被酸化土壤的 pH 值只有达到一定程度（通常 ＜3 或 ＜4）时，大部分重金属才以离子态存在，重金属的淋出率较高。由本实验可知，强酸性的淋洗效果较好。

（5）化学试剂种类、处理方式及处理时间。用硫酸、硝酸、盐酸等对重金属污染的土壤进行处理，均能淋洗出大部分重金属。在重金属污染的土壤中加入有机溶剂，可促进土壤中重金属的溶解、增加植物对重金属的吸收。处理方式对金属的去除效果也有影响。先用盐酸或水淋洗，再用 EDTA 络合剂淋洗，去除土壤中的重金属的效果也较好；反之则较差。因为前者把土壤 pH 值降得更低。蔡全英等[6] 对城市污泥中的重金属的研究也有类似的结果。

在一定 pH 值条件下，酸化时间的长短直接影响重金属的去除率。通常在 3 ～ 6 h 内，重金属的溶解接近最大，之后溶解趋缓。[4,7] 不同的金属达到最大淋溶效果所需的时间不同，易溶解的 Zn、Cd 在相对短的时间内淋溶率就可以达到最大值。Wozniak[4] 研究发现，加酸后溶解率达 50% 以上的是 Cr 和 Ni，其他金属的溶解率小于 10%。

3 结　语

本实验结果表明，利用化学试剂即各种酸或有机络合剂对土壤进行酸化或络合处理，在一定条件下可以去除大部分重金属。从本实验所用的盐酸及EDTA之间比较来看，用盐酸+EDTA去除重金属的效果较单独使用酸或EDTA好，盐酸可降低土壤的酸性，EDTA又可提高金属离子的移动性，使之易于被洗出；去离子水则基本上淋洗不出重金属。尽管用酸或有机络合剂去除土壤中重金属的效果良好，而且淋洗过程所花的时间也较短，然而酸化处理一定程度上会溶解土壤中的氮、磷和有机质，降低土壤的肥料价值，在淋洗重金属的同时，大量盐基离子也同时流失。所以 Riyad（1999）建议采用 EDTA + $Na_2S_2O_3$，这样可降低单纯采用EDTA的成本。淋洗法去除土壤重金属要注意的一个问题是，淋洗出的重金属会对地下水造成污染。其解决办法仍需进一步研究和完善，对于不同重金属污染的土壤应采用不同的方法或结合其他方法去治理。

参考文献

[1] 李永涛，吴启堂．土壤污染治理方法研究［J］．农业环境保护，1997，16（3）：115－122.

[2] 余贵芬，青长乐．重金属污染土壤治理研究现状［J］．农业环境发展，1998，4（4）：22－24.

[3] WU Q T，PASCASIE N，MO C H，et al．Removal of heavy metal from sewage sludge by low costing chemical method and recycling in agriculture［J］．Journal of environmental sciences，1998，10（1）：122－128.

[4] WOZNIAK D J，HUANG J Y C．Variables affecting metals removal from sludge［J］．Journal of water pollution control federation，1982，54（12）：1574－1580.

[5] HAYES T D，JEWELL W J，KABRICK L S．Heavy metals removal from sludge using combined biological/chemical treatment［C］//Proceedings of 34th Industrial Waste Conference．Lafayette：Purdue University Press，1979：529－543.

[6] 蔡全英，莫测辉，吴启堂，等．化学方法降低城市污泥的重金属含量及其前景分析［J］．土壤与环境，1999，8（4）：309－313.

[7] TYAGI R D，COUILLARD D，TRAN F．Heavy metals removal from anaerobically digested sludge by chemical and microbiological methods［J］．Environmental pollution，1988，50（4）：295－316.

环境医学

环境中的锌与人体健康*

1　食用施过锌的粮食对人健康的影响作用

维持人体正常生命活动所需要的锌大多数是从食物中获得的。各类食物都含有锌，但差异很大。一般来说，肉类、鱼、蛋含量高，大米、白面含量低，蔬菜最低（见表1）。

表1　食物中锌的含量

单位：$\times 10^{-6}$

食物	锌含量	食物	锌含量	食物	锌含量
蠔	1487.0	金枪鱼罐头	17.4	牛肉	56.6
牛肝	39.2	猪杂	3.6	牛奶	0.1～0.5
全蛋	20.8	白面	8.9	大米	9.0
菜豆	31.5	土豆	8.7	腰豆	0.8
莴苣	1.6				

食物进入肠胃以后，食物中的锌不是都能被吸收的，食物的易消化性能是决定的因素。人对食物中锌的吸收率为20%～30%。肉类、海产、奶类的锌对正常人来说是易消化的，比谷类、豆类和蔬菜中的锌容易吸收。因此，人体从食物中摄入锌量的大小，取决于食物的组成，并取决于食物的易消化性能。由于食物组成的差异，进入人体的锌在数量上可能有很大的变化。以吃肉食为主的西方人和以吃谷物为主的东方人之间摄入锌的数量相差悬殊。按国际肉食局1978年资料，北美洲每人每天平均吃肉达300 g以上，以含锌量50×10^{-6}计，其中含有15 mg的锌；东方人每人每天吃500 g的大米、白面，含锌还不到5 mg。其他含锌水平高的鱼、蛋等食品，西方人也比东方人吃得多得多。由此可见，西方人每天随食物进入人体的锌比东方人高达数倍。而且肉类、蛋品和鱼类中的锌又比大米、白面中的锌容易吸收，因此，锌的真正摄入量，西方人与东方人之间的差异还要

---

* 原载四川省科学技术情报研究所：《四川省微量元素试验研究技术资料选编》，1979年7月，作者：温琰茂。参加此项研究工作的还有殷义高、吕瑞康、吴桂春、贺振东、邓瑞莲、何昌慧、陈孔明、严丽媛、高原、高岚等同志。基金项目：四川省重大科技项目“四川省土壤微量元素含量分布和微量元素肥料推广试验研究”，中共中央北方地方病防治领导小组办公室科研项目“编制我国地方病图（以克山病为主）和水土病因（环境病因）研究”。

悬殊。

粮食作物施锌后，粮食中锌的含量可有变化，但看来增加并不多。1977 年本所的试验结果表明：玉米，未施锌的平均锌含量为 37.66×10^{-6}，用硫酸锌作种肥的为 39.3×10^{-6}。水稻（糙米），未施锌的平均锌含量为 15.0×10^{-6}；用硫酸锌作基肥的为 15.2×10^{-6}，用2‰硫酸锌水溶液喷三次的为 19.6×10^{-6}。因此，人们食用施过锌的粮食，从中摄入的锌增加的数量是不多的。就我们目前可以达到的食物组成而言，粮食作物施过锌后人体摄入锌的水平与西方人相比还是低得多，不会有过量的可能。因此，人们食用施过锌的粮食，不会有害处。何况锌是人体必需的营养元素，而我们摄入水平又低，通过粮食作物施适量锌提高粮食中的锌含量，提高人体对锌的摄入水平，对人体健康会有好处。

2　环境中的锌与癌症

人体需要的锌基本上是通过饮食摄入的，其中从食品中摄入的又比从饮水中摄入的要多得多。饮水中的锌含量，在我国一些地方（如西北内陆与东南沿海的过渡地带）为 $35.3\times10^{-9}\sim46.2\times10^{-9}$。如按每人每天饮水（包括饭食中所含的水分）3000 g 计算，每天从饮水中进入人体的锌有 0.11 ～ 0.14 mg。只有食物中的几十分之一到几百分之一。

粮食中锌的含量随栽培土壤含锌量的增加而增加。因此，土壤中锌的含量，特别是有效态锌的含量，能通过土壤—粮食—人体的生态纽带作用于人。因此，在我国粮食自产自食的农村，土壤有效态锌含量高的地方，人体摄入的锌就会高；反之则低。

对四川食管癌死亡率不同的盐亭、剑阁、温江等地的土壤锌含量的测定表明，食管癌的死亡率与土壤含锌量是呈反比例的。即土壤锌含量最高的则是食管癌死亡率最低的。因此，就这些地区而言，食管癌的高发区客观上是与土壤锌含量低的区域相联系的（表 2）

表 2　四川几个地区的土壤锌含量与食管癌死亡率

地区	土壤全锌含量 $/10^{-9}$	土壤有效态锌含量（0.1NHCl 提取）$/10^{-9}$	土壤有效态锌含量（DTPA 提取）$/10^{-9}$	食管癌死亡率 /10 万
盐亭	95（6）	0.73（21）	0.68（6）	78.57
剑阁	104（33）	3.70（33）	1.42（33）	65.26
温江*	138（4）	6.19（44）	2.34（5）	2.27

说明：温江土壤为岷江、沱江冲积土，表中括号内的数字为分析样品的数量。

环境化学—农业—人体健康*

人生活在环境中，环境每时每刻都从有益和有害的两个方面作用于人。在人与环境的矛盾斗争中，人和其他动物的区别在于人可以能动地避免和抵御来自环境的有害作用，因势利导地享用并不断扩大有益的恩惠，使人类在地球上得以生存和发展。

要使人更加健康地生活，就要对自然环境中对人有益和有害的两方面进行深入细致的研究。环境化学与人体健康关系的研究就是其中一个重要的课题。

健康与营养是分不开的，营养与食物的种类、数量和质量是密切相关的，而食物的种类、数量和质量又与农业的发展水平、农业的结构以及环境的质量紧密联系着。因此，把环境化学、农业、人体健康有机地联系起来进行研究，有利于揭示环境化学与人体健康关系的本质，有利于更有效地利用有益方面，避免和消除有害方面。

1 环境中的微量营养元素、农业与人体健康

人体必需的营养成分不仅包括蛋白质、脂肪、糖、维生素，也包括一些大量化学元素（氮、磷、钾、钙、镁、硫、钠、氯）和微量化学元素（铁、锰、锌、铜、钼、硒、氟、碘、钒、铬、锶）。这些化学元素被称为人体营养元素，它们在人体中的作用，至今还研究得很不够。大量营养元素氮、磷、钾、钙、镁、硫、钠、氯和组成碳水化合物的碳、氢、氧是人体组织器官和细胞的主要组成元素，它们占了人体总重量的99%以上。占不到1%的微量营养元素也是人体组织器官和细胞的组成元素，并具有重要的特异生理功能。其中一些微量营养元素不仅是维生素、蛋白质、胰岛素及核酸的成分，而且是引起占人体99%的主要组成元素的化学反应和运转到全身的必要条件。

这些人体所必需的微量营养元素基本上是通过饮食摄入的，膳食的组成、数量和质量以及饮用水的化学成分对这些元素进入人体起着决定性的作用。饮水中的微量营养元素的含量是千差万别的，是受环境化学过程和性质所控制的。因此，人从饮水中摄入的各种微量营养元素的数量依赖于其生活的环境的化学状况。控制人从膳食中摄入的各种微量营养元素数量的因素则非常复杂。作物中微量营养元素的含量水平与土壤中可利用的微量营养

---

* 原载：《四川地理》1980年第2期，作者：温琰茂、成延鏊。参加此项研究工作的还有殷义高、吕瑞康、吴桂春、贺振东、邓瑞莲、何昌慧、陈孔明、严丽媛、高原、高岚等同志。基金项目：四川省重大科技项目“四川省土壤微量元素含量分布和微量元素肥料推广试验研究”，中共中央北方地方病防治领导小组办公室科研项目“编制我国地方病图（以克山病为主）和水土病因（环境病因）研究”。

元素的含量呈密切的正相关关系。因此，在食物来源绝大多数依赖当地生产的第三世界国家的农村，环境化学的质量无疑会对膳食中的微量营养元素的组成和数量起着重要的影响作用。在某些微量营养元素缺乏的环境里，一些作物往往表现出这些微量营养元素的含量偏低的特点，这也必须反映到以这些产品作为膳食的人群，对这些微量营养元素的摄入水平也处于较低的状态，有的甚至还会发生明显的或潜在的微量营养元素缺乏性疾病。同时，在同一环境化学条件下，动物性食品与植物性食品之间，农作物不同种类和品种之间，微量营养元素的含量也可能出现差异。此外，在不同的区域里，动物性食品与植物性食品的比例不同，由于自然条件或传统习惯形成的粮食与蔬菜种类的差别，甚至生活习惯的不同，也能导致人体对微量元素的摄入水平发生差异。在动物性食品过少，微量营养元素含量低的食品比例太高，喜食、偏食微量营养元素含量低或妨碍人体对这些元素吸收利用的食物的情况下，都可能引起人们微量元素营养不良甚至发展成微量元素营养缺乏性疾病。

2　环境微量营养元素失调对人体健康的危害

2.1　碘

碘是甲状腺荷尔蒙的组成成分，在甲状腺荷尔蒙中包含了65%的碘。缺碘时可使甲状腺增生肿大，引起地方性甲状腺肿。此外，有人提出水中含有较多的碘可能是某些地区心血管病死亡率低的原因。还有人认为冰岛动脉粥样硬化发生率很低，可能与该地食物、土壤、空气中含碘较多有关。

地方性甲状腺肿是水、土和食物中缺碘所引起的环境化学性疾病。而甲状腺毒症发病的地理模式又与地方性甲状腺肿有着高度明显的相关关系。

人体内的碘40%集中于甲状腺内，人的每100 g甲状腺组织中含碘56 mg或更多一些；成人每日所需要的碘量为200～300 μg，最低量为150 μg，在正常情况下甲状腺可利用约50%。人体所需要的碘，来源于食物的占92%，来源于饮水的占4%，还有4%来源于空气。

不同地区、不同类型的土壤，由于岩石、母质、生物和气候的差异，土壤的含碘量可有很大的不同。从表1中就可看出不同类型的土壤含碘量是很不一样的。

土壤中的含碘量及其有效性是农作物以及饲养动物碘含量的最主要的控制因素。在地方性甲状腺肿非流行地区土壤生长的农作物的碘含量可比流行区高几倍甚至几十倍。然而，不同种类的农作物对碘的吸收以及农作物的含碘量也有所不同（表2）。

表 1　苏联不同类型土壤的含碘量

单位:%

土壤	含量范围	平均含量
冻土带泥灰土	$2.0\times10^{-4}\sim4.2\times10^{-3}$	1.2×10^{-3}
灰化土	$5.6\times10^{-5}\sim4.4\times10^{-4}$	2.5×10^{-4}
灰色森林土	$3.5\times10^{-5}\sim6.7\times10^{-4}$	2.6×10^{-4}
黑钙土、草原土和栗钙土	$2.4\times10^{-4}\sim9.8\times10^{-4}$	5.3×10^{-4}
灰钙土	$1.3\times10^{-4}\sim3.8\times10^{-4}$	2.5×10^{-4}
亚热带红壤	$6.4\times10^{-4}\sim1.2\times10^{-3}$	1.0×10^{-3}

表 2　不同作物的含碘量

单位:%

作物名称	含量范围
小麦	$3.06\times10^{-6}\sim1.20\times10^{-5}$
黑麦	$5.02\times10^{-6}\sim1.59\times10^{-5}$
燕麦	$3.97\times10^{-6}\sim1.25\times10^{-5}$
马铃薯	$7.62\times10^{-6}\sim1.48\times10^{-5}$
甘蓝	$5.54\times10^{-6}\sim1.59\times10^{-5}$
玉米	$1.70\times10^{-6}\sim8.16\times10^{-6}$

由此可见，由于地质和生物、气候条件造成土壤—植物（农作物）—食物碘缺乏是地方性甲状腺肿流行的原因。

饮用水中的碘含量虽然对地方性甲状腺肿的发病来说不是主要的因素，但是它反映了该地的环境化学特点，可以作为是否有此病流行及严重与否的一个参考指标，因为甲状腺肿发病率与水中碘的含量呈明显的负相关关系（表 3）。在我国饮用水卫生标准中认为，饮用水中碘含量在 10 mg/L 以下时易发生甲状腺肿。

表 3　甲状腺肿发病率与水中碘含量的关系

单位:%

患病率	水中含碘量
0 ～ 10	1.6×10^{-7}
10 ～ 20	1.3×10^{-7}
20 ～ 30	1.8×10^{-7}
30 ～ 40	0.8×10^{-7}
40 ～ 50	0.7×10^{-7}

其他环境化学因素也能造成碘的相对不足而使人罹患地方性甲状腺肿。有人指出，饮水中氟与钙的含量过高会对碘起拮抗作用或妨碍碘的吸收，也会引起地方性甲状腺流行。

2.2　氟

氟是人体必需的微量元素，主要集中在牙齿、骨骼和头发中。国内外极为常见的与氟有关的环境化学性疾病是龋齿和斑釉齿，前者是因为水中氟含量太低，而后者是由于水中氟的含量过高。流行病学的调查表明，美国饮水含氟较多的地区，主动脉硬化的发病率和严重程度比饮水少氟地区为低。环境中氟过多或过少都可以引起明显的关节障碍和背脊骨僵硬的骨硬化症。还有人指出饮水中含氟过高时对碘起抗作用，导致地方性甲状腺肿的发生。急性氟中毒可引起胃的严重腐蚀和肝肾细胞变性。

人的氟缺乏和慢性氟中毒主要与环境中水的氟含量有关。每人每日从饮食中摄取的氟大约为2.5 mg，其中65%来自来饮水，35%来自食物。而且，机体对饮水氟的吸收率可达90%，对食物氟的吸收率仅为20%左右。因此，真正参与机体新陈代谢和生命活动的氟，来自水中的大约占89%，来自食物中的占11%。由此可见，环境氟与人体健康的关系方面，饮水中的氟起决定作用。下列饮水氟含量与人体某些疾病的关系更加具体地说明上述论点（表4）。

表4　饮用水氟含量与某些疾病发病率的关系

饮水含氟量/mg·L^{-1}	疾病情况
<0.5	龋齿患病率高达70%～90%
0.5～1.0	龋齿患病率40%左右
1.5	龋齿患病率10%以下
2.0～4.0	斑釉齿患病率10%～50%，并出现氟骨病
>4.0	儿童几乎没有不患斑釉齿病，并有5%以上的人患腰痛病、骨骼畸形、骨折等症

氟在环境中广泛存在，是最活跃的迁移元素之一。氟化物溶于水后，绝大部分最终汇入海洋，但也有部分聚积在干燥区域的内陆湖泊中。因此，在降雨多的热带亚热带和冷湿的温带地区，饮水中的氟通常很低；在干旱或半干旱地区，特别是沙漠或沙漠边缘地带及氟矿床区、工业氟污染区、火山活动区以及高氟温泉区等，饮水中的氟含量都很高。前者是氟缺乏症（如龋齿）分布的地区，后者则是慢性氟中毒（如斑釉齿、氟骨病）分布的地区。美国学者迪恩（Dean）经过连续的流行病学研究后，确定饮水中的氟含量水平为1 mg/L时，对人终生供给都是安全的。

2.3　硒

硒作为动物的必需营养元素，早在1957年已被肯定；是否为人体营养所必需至今尚未定论，然而，硒在人体营养中有着重要的作用。它是体内谷胱甘肽过氧化物酶的组成部分。在低硒状态下，该酶活力下降，使过氧化氢在组织中积累，妨碍体液氧化还原反应的正常进行，还可能影响到蛋白质的合成。某些热带、亚热带地区儿童发生蛋白质、维生素缺乏的营养不良综合征——Kwashiorker，患者体内硒水平低下，可能与缺硒有关。近年来有人还怀疑低硒地区婴儿的猝死与低硒或维生素 E 不足有联系。我国农村广泛分布的克山病发生于缺硒环境，病区水、土、粮以及患者的头发、血液中的含硒量均低于非病区，因此普遍认为缺硒是重要的致病因子之一。环境中因硒过多产生的人类健康问题所见甚少，我国某地曾经发现过由于岩石、土壤及饮水中含硒丰富，使人、畜发生了地区性的硒中毒。硒与癌瘤的关系，已有的研究存在着致癌与抗癌两种相反的看法，有待进一步证实。

人体每日对硒的需要量为 60 ～ 150 μg，平均 100 μg 左右。体内的硒几乎全都来自食物。食物中的含硒量随食物种类及其产地环境化学特点的不同而异。一般地说，海产、肾、肉的含量最高，如金枪鱼含硒 5.1×10^{-6} ～ 6.2×10^{-6}，鱼粉为 1.8×10^{-6}；谷类的含硒量往往超过 0.2 mg/kg 湿重，蔬菜和水果的含硒量大多低于 0.01 mg/kg 湿重；但某些豆类的含硒量常比谷类高。饮水中的含硒量通常低于 1 μg/L，在人体摄入硒的来源中所占比率很小，个别高硒地区的水中可达 50 ～ 300 μg/L。

2.4　锌

锌是人体必不可少的微量营养元素，是人和动物体中很多重要的酶（如碳酸酐酶、羧基肽酶）的必需组分。人体内核酸和蛋白的合成，人体血球、肝、肾、男性生殖器官、骨骼、皮肤的正常生长发育和维持机能都不能缺少锌。人体内的新陈代谢、氧化还愿、肝脏合成能力等过程和机能，人和生物体对维生素的利用，以及受到创伤的组织修复，锌都起着重要的影响作用。

锌的缺乏会引起代谢紊乱，心肌梗死、动脉高血压症、毒血症、肾功能不全、活动性肠结核、老年性肝硬化等症状。在伊朗和埃及还发现因缺锌而引起的侏儒综合征。人过量地吃进锌会引起中毒，出现恶心、呕吐、痉挛、下痢和嗜睡等症状。但锌的营养需要量和中毒剂量之间的幅度似乎很大，人体长期每日分几次服用 200 mg 的元素锌，未出现明显的中毒症状。锌对癌症的作用则众说纷纭，很多见解是截然相反的。

维持人体正常生命活动所需要的锌基本上是从饮食中进入的，而且绝大多数是从食物中获得的。每人每天从饮水中摄入的锌为 0.11 ～0.14 mg，只有食物中的几十分之一到几百分之一。各类食物都含有锌，但差异很大（表 5）。一般来说，肉类、鱼、蛋含量高，大米、面粉含量低，蔬菜最低。

表 5　食物中的含锌量

单位：mg/kg

食物	含锌量	食物	含锌量	食物	含锌量
蚝	1487.0	牛奶	0.1 ～ 0.5	土豆	8.7

续上表

食物	含锌量	食物	含锌量	食物	含锌量
金枪鱼罐头	17.4	全蛋	20.8	腰豆	0.8
牛肉	56.6	白面	8.9	莴苣	1.6
牛肝	39.2	大米	9.0		
猪杂	3.6	菜豆	31.5		

食物进入胃肠以后，食物中的锌不是都能被吸收的，食物的易消化性能是决定的因素。肉、海产或奶品（这些对正常人来说是易消化的）中锌的有效性大大地超过谷类、豆类和蔬菜。有限的研究提示在西方的混合膳食中，锌的利用率为 20% ～ 40%。

因此，食物中能参与人体内代谢和生命活动的锌数量的多少，不仅决定于食物的组成，还决定于食物的易消化性能。食物种类和组成的变化可使参与代谢和生命活动的锌的数量发生很大的差异。以动物性食品为主的北美人和以植物性食品为主的远东人之间，其食物的各类和组成是很不相同的（表 6）。

表 6　北美和远东的食物消费

单位：g/(日·人)

食物组成	奶	肉	鱼	蛋	脂肪 + 油	糖果 +	淀粉质根	蔬菜 + 水果	谷物	豆类 + 坚果	合计
远东	51	24	27	8	9	22	156	128	404	56	880
北美	850	248	26	55	56	118	136	516	185	19	2204

根据表 5 和表 6 对北美和远东的居民从食物中摄入的锌进行不完全的粗略估算（牛肉代表肉，土豆代表淀粉质根，莴苣代表蔬菜，白面代表谷物，金枪鱼罐头代表鱼，腰豆代表豆类）。结果，北美每人每日大约摄入 19.6 mg 的锌，而远东每人每日只能摄入大约 7.1 mg。而且北美人大量食用的肉、蛋、奶中锌的有效性比远东人的主食谷物中的锌要大，因此，参与人体代谢和生命活动的锌的数量北美人与远东人的差异还要悬殊。按正常人日平均需锌量 10 ～ 15 mg 的标准，远东人从食物中摄入的锌远低于这个水平。由此可见，由于农业生产水平和农业结构的差异，进入人体的锌和数量是大不相同的。

粮食及作物中的锌的含量随栽培土壤锌含量的增加而增加。因此，在食物的种类和数量大致相同的两地之间，由于土壤锌含量的差异，特别是土壤有效态锌含量的差异，也会造成人从食物中摄入的锌的数量不一样，甚至会大不一样。我国存在不少缺锌的土壤，在大量分布缺锌土壤的农村，人体从食物中摄入锌的数量，比上述处于平均状态的数量［7.1 mg/(日·人)］可能还要低。在这些地区，是否会存在明显的或潜在的缺锌症，十分值得引起注意。但我国目前还未见到这方面的研究报告。

2.5　镁

镁在人体内是最丰富的阳离子之一。正常人体约含镁 25 g，其中一半存在于骨骼中，其余分布于各种软组织及体液内。镁虽属中量元素，但它在体内的功能则同微量营养元素有某些类似之处，表现在与许多酶系统的活性关系密切，在生理生化活动中居显要地位。镁对大多数磷酸基的转移反应具有重要作用，是维持核酸结构的稳定性所必需的，还能保持线粒体的完整以及心肌钾的存留。体内缺镁可引起心脏冠状动脉末梢壁的钙盐沉着和心肌坏死等。镁进入人体过多，也会导致中枢神经系统和心血管系统的机能降低。

Anderson 等（1973）对心血管的流行病学研究表明，软水地区心血管疾病患者较硬水地区为多，冠状动脉及心肌组织中镁的平均浓度也低于硬水地区。他们对安大略市水的硬度及钙、镁含量与各年龄、性别组死于缺血性心脏病的死亡率进行了比较，通过百分率变异计算，发现硬水对心脏的保护作用在于镁。另一些人的有关动物试验也得到了与上述类似的结论。镁是属于地表迁移性大的元素之列，软水地区的水中含镁量低，实质上反映出该地具有低镁的环境化学特点。因而，人类对镁的摄入量有可能不足，成为心血管病率高的原因之一。目前，尚未查见因环境镁过多引起的健康上的问题。

根据平衡法测定的结果，成年人每日需 200 ～ 300 mg，妇女每日需 300 mg 镁才能保持正平衡；不满 1 岁的婴儿需 40 ～ 70 mg，1 ～ 2 岁为 100 mg，2 ～ 3 岁为 150 mg，3 ～ 6 岁为 200 mg，6 ～ 10 岁 250 mg。在正常情况下，人体可吸收镁摄入量的 1/3。

镁广泛分布于植物和动物性食物中，谷粒的含镁量一般为 1000×10^{-6} ～ 2000×10^{-6}，如玉米 1000×10^{-6} ～ 1400×10^{-6}，小麦 1100×10^{-6} ～ 1500×10^{-6}，糙米 1400×10^{-6} ～ 2100×10^{-6}；蔬菜中的镁，以鲜重计，如韭菜 366×10^{-6} ～ 445×10^{-6}，葱 125×10^{-6} ～ 308×10^{-6}，小白菜 236×10^{-6} ～ 355×10^{-6}，莲白 55×10^{-6} ～ 100×10^{-6}，笋瓜 87×10^{-6}；牛奶是 12 mg/100 ml。饮水中的含镁量同样受到区域环境化学特征的影响而变动很大。降雨量充沛的湿润区含量很低，仅为 10^{-6} 量级；降雨量稀少的干旱区含量较高，可超过 100×10^{-6}。然而，就人体镁的总摄入量中，来自饮水中的镁所占比例相当小，对人体的镁营养起着次要的作用。

除上述元素外，环境中的铁、钼、铬、硅、钒、锡和镍等微量营养元素与人体健康的关系也开始引起人们的关注。

3　环境营养元素疾病的研究方法

3.1　疾病的发现与病因的探讨

环境微量营养元素疾病在分布上具有明显的地方性，一般通过外环境与内环境两个方面的对比研究和综合分析予以确定。就外环境而言，需要选择发病与未发病的区域，进行地理调查和发病历史、症状的了解，并采集有代表性的岩石、土壤、水、粮食、蔬菜及各种主副食制成品等样本，对各种微量营养元素及其存在形态尽可能全面地进行分析测定。内环境的研究必须严格区分病区患者、非患者与非病区人群，尤其要控制在易发病性别和年龄组，以便对比，有特异病变的组织或部位，更需要取样分析比较。根据上述研究，查明病区与非病区、患者与健康人之间存在的实质差异，进一步再做动物试验，复制模型，并探讨具有显著差异的元素在生理、生化作用中的功能和发病机理，以查明属于哪种营养元素的缺乏或过剩症。

3.2　防治途径

查明病因可以有的放矢，针对病因采取相应的防治措施。通过对某种尚未最肯定的或可疑的环境化学营养性疾病的防治，有时又能帮助进一步证实该元素是否确为致病因子。环境微量营养元素失调所致的疾病，就总体而言，大多以缺乏症出现。对于这类疾病的防治，可以采取缺什么就补什么的办法，尤其要抓住农业这一环。通过农业生产措施，不仅能防治疾病，促进健康，还有可能提高农作物的产量和品质。

（1）直接食用。利用含有所缺微量元素的化合物制成片剂口服，或加入食盐或饮水中供直接食用。但其用量要严格控制在安全剂量范围之内。很早以前就有制成碘剂和含碘食盐用来防治甲状腺肿，并收到显效之例。

（2）农业措施。对农作物施用含有所缺某种微量元素的物质，以便提高其在粮菜中的含量，增加人体的摄入量，以弥补营养上的不足。对人有营养作用的化学元素，往往也是农作物的必需元素。人们发生缺乏某种微量营养元素疾病的区域，农作物有时也会有某些不良反应。在这种情况下，将含有该微量元素的化合物作为肥料施予农作物，有可能同时起到增产和提高品质的作用。近年来，国内有些单位为防治地方性心肌病——克山病，除直接口服亚硒酸钠片剂外，还用亚硒酸钠施入土壤，或用其水溶液在玉米、小麦、大豆等作物生长期间对植株进行喷洒，既提高了籽实的含硒量，又促进了增产，人食用以后还初步显示出一定的防病效果。国外亦有施用含硒的磷矿粉和过磷酸钙，提高饲料作物含硒量，防治动物缺硒症——白肌病有效的报道。

即使在发生环境微量元素缺乏病的区域，有时并非因其在土壤中的含量少，而往往是由于该元素可被植物吸收利用的比率低，不能满足农作物生长发育的需要，进而使人体营养不足，影响到健康。若创造出有利于该元素释放的土壤环境条件，便可促进其有效化，增加农作物的吸收量，同时也改善了人体的营养状况。例如，对于碱性土壤缺锌地区，使用生理酸性肥料（硫酸铵等）能调节土壤酸碱度和氧化还原状态，促使土壤全锌向有效态锌转化，提高植株锌营养水平，增加人体对锌的摄入量，以增强人体健康。

（3）改变膳食组成和不良的膳食习惯。生长在同一环境的不同种类的作物，由于它们各自的生物学特性，吸收环境中某些营养元素的能力有异。有的吸收力强，相关元素便在作物中富集；有的吸收力弱，相关元素在植株及籽实中储存量则少。前述的资料已足以说明。对于环境微量营养元素缺乏病患区，需要生产种类繁多的粮食和蔬菜，使人们形成主副食多样化的膳食结构，尤其要提高富含所缺微量营养元素的粮食、蔬菜等主副食在整个膳食中的比例，以达到防病治病的目的；或采取与非病区换粮的办法也能起到一定的作用。

在不良的膳食习惯中，有的在制作主食时，损失了大量的营养物质，对人体可能造成不良影响。如山东省部分地区将地瓜干（红苕干）经浸泡、磨细、过滤、弃液，留下滤渣，制成煎饼，硒就损失了2/3 ～ 3/4。有的制作主食的方法不利于微量元素的释放，降低了它的可利用性。如伊朗、埃及某些地区人群爱吃不发酵的面包，其中的植酸因而未被分解，得以与锌发生络合，使人们对锌的吸收利用率降低，导致人们锌营养不良，而罹患缺锌病——侏儒综合征。对于本来就缺乏某些微量元素的环境化学区域，改变这一不良生活习惯显得更有必要。

自然环境中因微量营养元素过多引起疾病的例子甚少，由人为污染造成的有关健康问题也往往局限于极小的范围内。就其防治而言，主要从改造环境着手，使过多的微量营养元素转化为不易被作物吸收的状态。施用石灰可以使锌、铜、铁、锰等离子形成碳酸盐和氢氧化物沉淀，成为不易为作物所吸收的形态；施用含有对过剩微量营养元素有拮抗作用的元素或其化合物，以减轻甚至消除因其过剩而造成的危害作用。对饮水中微量营养元素的过量存在，还可以采用离子交换树脂法，吸附去除。此外，也可考虑改变膳食组成及向外地换粮的措施。因工矿污染引起的微量营养元素过剩危害，更要切断污染源，防止对环境的污染。业已发生中毒病患者，需要选用合适的合剂（如 EDTA 等）进行治疗以消除毒害。

以上所提出的防治途径，有些已被实践证实为有效，有些还在试验中，还有一些乃属设想，以供进一步探索参考。

4　结　语

环境化学包含的内容很多，文中仅就一些环境化学元素尤其是微量营养元素，通过农业这一重要环节，对人体营养和健康所起的作用进行了扼要阐述。由于环境化学—农业—人体健康这一课题涉及地学、生物学、化学、农学和医学等学科，综合性很强，这方面的工作只能说是刚迈出了第一步，无论在研究的深度或广度方面都还很不够。我们相信，通过有关学科的共同努力，必将使这一课题得到蓬蓬勃勃地发展，从而丰富环境与健康研究的内容，为创造一个适于人类生存、健康生活的美好环境做出应有的贡献。

(参考文献 略)[①]

① 原文如此。——编者注

广州市不同人群硒摄入量研究*

硒作为人体必需的微量元素，其缺乏和过量均会导致某些疾病。中国克山病区的研究发现，当地居民发病的主要原因是病区居民硒的摄入量不足（李继云 等，1992；王夔，1996）。当前研究表明，环境和人体血硒水平高低与人类某些癌症的死亡率呈负相关性；硒对病毒诱发肿瘤和化学致癌有抑制作用；硒与 HIV/AIDS 病之间也呈现显著的负相关性（陈以水 等，2002），通过补硒可以预防某些疾病的发生，某些疾病在补硒后症状得到明显改善（Kelsey，*et al.*，1988；Kok，*et al.*，1989；杨光圻，1990；陈以水等，2002）。因此，有关人体对硒摄入量的研究也越来越受到关注。中国营养学会推荐正常人体每日硒摄入量为 50 ～ 400 μg。据中国营养学会调查，目前我国居民硒摄入量普遍较低，约为 26 μg/d（郑建仙 等，1997）。同时，有研究表明，一些地区居民对硒的摄入量有不断减少的趋势，如英国居民对硒的摄入量由 20 年前的 60 μg/d 下降至现在的 34 μg/d，而在欧洲其他国家也有类似情况发生（Rayman，1997）。由于硒对人体的特殊生理作用，也导致了当前许多富硒产品的开发，出现了许多盲目补硒的情况。

当前，国内外评价不同地区居民每日硒摄入量时一般以标准人来衡量，很少考虑不同的人群，这可能影响结果的准确性。本文通过测定广州市食物硒含量，结合不同人群居民膳食结构，计算其每日硒摄入量，对广州市标准人、不同收入人群、大学生、儿童、老人和工人硒的摄入状况进行评价，旨在为居民平衡膳食、合理营养和合理补硒提供科学依据。

1　材料与方法

1.1　样品准备

采样地点为广州市的主要蔬菜、水产品和水果批发市场、农贸市场和超级市场，各农贸市场分布在广州市的不同区，超级市场为食品销售量相对较大的市场。在各采样地点随机采集样品，每个采样地点采集同一样品 3 ～ 5 个混合为一个样品。样品采集后立即置于实验室冰箱冷冻保存。共采集样品种类 109 种，样品数 830 个。

---

* 原载：《环境科学学报》2007 年第 27 卷第 6 期，作者：余光辉、张磊、何树悠、温琰茂（通讯作者）、董汉英、骆海萍。基金项目：广东省重点科技资助项目（2KM06505S），广州市环保局科技攻关资助项目（No. 026423009），广东省科技厅科技攻关项目（No. 321304202033）。

1.2　硒的分析

测定方法：硝酸和高氯酸混合消解，采用原子荧光法测定（毛红 等，2003）。

测定仪器：双道原子荧光分光光度计 AFS－610（北京吉天仪器有限公司）；硒空心阴极灯（北京有色金属研究总院）。

质量控制：以国家标准物质中心提供的环境标准样品（GBW08551 猪肝）［标准值 0.94 ±0.05 μg/g，测定值：0.91 ±0.03 μg/g（n =5）］和加标回收控制测定质量。

1.3　膳食调查

膳食调查采用称重法、记账法和回顾法进行。对大学生共调查了 5 所高校 18 ～ 31 岁学生 450 人，对儿童共调查了 10 所幼儿园 3 ～ 6 岁儿童 541 人，对老人共调查了 8 所敬老院 62 ～ 70 岁老人 427 人，对工人共调查了 5 个工厂和 2 个建筑工地 18 ～ 50 岁工人 601 人。标准人和不同收入水平人群使用 2002 年进行的广东省居民营养状况调查中的数据，标准人指从事轻体力活的成年男性，低收入人群指家庭人均年收入低于 2000 元以下者，中收入人群指家庭人均年收入为 2000 ～ 10000 元者，高收入人群指家庭人均年收入大于 10000 元者（马文军 等，2005）。

1.4　统计分析

数据分析与统计采用 Excel 和 SPSS 12.0 进行。

2　结果与分析

2.1　广州市食品中硒含量

从表 1 可以看出，广州市食品中硒含量变化较大，为 4.97 ～ 457.3 μg/kg，含量最高的是动物内脏，含量最低的是水果。其中动物性食品硒含量从大到小为动物内脏 > 鱼虾类 > 蛋及蛋制品 > 其他畜肉 > 猪肉 > 禽肉 > 奶及奶制品，植物性食品中硒含量从大到小为干豆类 > 米类 > 面类 > 豆制品 > 蔬菜 > 水果。可见，动物性食品硒含量要高于植物性食品。

表 1　广州市不同食品中硒含量

单位：μg/kg

食物	样本数 n	均值	标准差	含量范围	变异系数/%
米类	25	58.4	29.5	10.8 ~ 125.3	50.50
面类	22	50.6	31.2	11.3 ~ 113.4	61.70
干豆类	27	90.4	47.8	10.9 ~ 245.3	52.90
豆制品	13	32.5	11.5	10.3 ~ 60.7	35.40
蔬菜	224	15.8	9.1	1.8 ~ 78.9	57.60
水果	198	4.97	1.14	1.03 ~ 13.20	22.90
猪肉	13	179.3	96.9	51.7 ~ 960.7	54.00
其他畜肉	22	213.6	153.4	89.6 ~ 560.9	71.80
动物内脏	11	457.3	196.1	245.7 ~ 794.8	42.90
禽肉	19	136.3	52	46.3 ~ 257.7	38.20
奶及奶制品	24	53.7	28	4.1 ~ 102.7	52.20
蛋及蛋制品	24	279.1	203.9	39.1 ~ 985.6	73.10
鱼虾类	208	345	149.4	34.5 ~ 1117.0	43.30

同时，由表 1 数据可知，广州市同一类食品中硒含量变化亦较大，变异系数变化范围为 22.90% ~ 73.10%，变异系数最大的是蛋及蛋制品和其他畜肉，最小的是水果。导致广州市某些食品硒含量变异系数较大的原因主要是这些食品中不同类型食品的硒含量有较大差异，如畜肉中牛肉和羊肉硒含量有明显差异，蛋类及蛋类制品中皮蛋、鸡蛋和咸鸭蛋之间亦有明显差异；另一原因是相同食品产地来源不同，亦可能产生较大差异。

2.2　广州市不同收入人群硒摄入量

表 2 为广州市不同人群膳食硒的摄入情况。表 2 表明，广州市不同人群的膳食硒摄入量有明显的差异：日摄入量最高的人群是高收入人群，为 102.6 μg/d；最低的人群为儿童，为 44.3 μg/d。不同收入人群硒摄入量有显著的差别，其具体摄入量由大到小为高收入人群 > 中收入人群 > 低收入人群。可见，居民膳食硒的摄入量与其收入水平呈现相同趋势。低收入人群除从米类中摄入硒量明显高于其他收入人群、从干豆类摄入硒量稍高于其他收入人群外，对其他食品硒摄入量明显低于其他收入人群，尤其是在高硒食品——猪肉、禽肉、奶及奶制品、蛋及蛋制品和鱼虾类等动物性食品的摄入上远低于其他收入人群。3 种不同收入人群在蔬菜、水果和豆制品等食品的硒摄入上没有明显差别。

表2　广州市不同人群的硒摄入量人群

单位：μg/d

食物	标准人（3256人）	低收入人群（2784人）	中收入人群（3376人）	高收入人群（1309人）	老人（427人）	儿童（541人）	大学生（450人）	工人（601人）
米类	17.0	22.2	19.4	16.2	7.0	5.7	21.3	22.7
面类	2.4	0.6	1.6	2.6	2.5	0.7	2.3	0.7
干豆类	0.3	0.7	0.4	0.4	0.2	0.03	0.2	0.7
豆制品	0.9	0.8	1.1	1.0	1.1	0.5	0.8	0.7
蔬菜	4.9	4.3	4.7	5.1	4.3	2.9	4.3	4.1
水果	0.4	0.2	0.3	0.4	0.3	0.2	0.6	0.1
猪肉	22	12.8	19.5	21.9	15.8	8.2	19.3	14.3
其他畜肉	3.6	0.6	2.5	3.8	2.7	1.8	2.6	0.5
动物内脏	5.0	3.1	4.8	6.0	3.9	4.0	4.5	2.6
禽肉	7.8	2.9	5.6	8.5	5.5	3.2	5.8	4.3
奶及奶制品	2.1	0.2	0.8	2.6	0.8	1.4	1.0	0.2
蛋及蛋制品	7.7	3.8	5.5	8.4	7.1	3.4	4.9	3.9
鱼虾类	24.4	14.4	17.6	25.7	22.1	12.3	19.5	14.9
合计	98.5	66.6	83.8	102.6	73.3	44.3	86.8	69.7

由此可见，导致不同收入人群硒摄入量如此大差异的主要原因为不同收入人群在动物性食品上摄入量的差异引起的，而其他食品对硒摄入量在不同人群之间没有产生明显的差别。

2.3　广州市老人、儿童、大学生、工人及标准人硒摄入量

广州市老人硒摄入量为73.3 μg/d，儿童为44.3 μg/d，大学生为86.8 μg/d，工人为69.7 μg/d。其中，膳食硒摄入量最高的是大学生，最低为儿童，这主要是因为儿童的膳食量相对较小，而大学生膳食量较大且较其他人群膳食结构相对完善。工人的硒摄入量与低收入者极为相似，这与两者在膳食结构上的相似密切相关，两者对大米中硒的摄入量均较其他人群高，而对动物性食品硒摄入量均较低。老人的大米硒摄入量仅为7.0 μg/d，但是老人的每日总硒摄入量要高于工人和低收入人群，这主要是因为老人对动物性食品如鱼虾类和猪肉等的摄入量要高于后者。

2.4　广州市居民膳食硒营养现状

广州居民标准人每日硒摄入量为98.5 μg，低于美国居民每日硒摄入量，与加拿大、

斯洛文尼亚和日本接近，明显高于瑞典、荷兰、新西兰，明显高于我国太原市居民，是克山病区居民硒摄入量的10倍多（表3）。

表3　不同地区居民硒摄入量的比较

单位：μg/d

地区	日摄入量	地区	日摄入量
本研究	98.5	瑞典[c]	70
克山病区[a]	7	日本[b]	88.3
太原市[a]	56.4	斯洛文尼亚[c]	87
新西兰[b]	56.2	加拿大[b]	98.3
荷兰[c]	67	美国[b]	132

说明：a. 张晓燕等，1992；b. Sirichakwal, *et al.*, 2005；c. 谭见安等，1989。

对于成人膳食硒生理需要量，中国营养学会以50～400 μg/d作为正常人体每日硒摄入量推荐值；杨光圻等以50～250 μg/d作为中国膳食硒适宜供给量范围，其中以22 μg/d作为最低膳食需要量推荐值，50 μg/d作为生理需要量推荐值，90 μg/d作为最适生理需要量（杨光圻 等，1989；彭安 等，1995）。若以此来衡量广州市不同居民的硒摄入水平，可认为广州市居民标准人、中高收入人群和大学生硒摄入量处于最佳水平；低收入人群、老人和工人均明显低于最适生理需要量，但是显著高于最低膳食需要量推荐值和生理需要量推荐值。对于3～6岁儿童膳食生理硒需要量，中国营养学会推荐值为20～180 μg/d，WHO确定范围为20～120 μg/d（彭安 等，1995）。可见，广州市儿童硒摄入量达到了良好水平。整体来看，广州市不同居民的硒摄入量完全能满足机体生理的需求。

2.5　不同食品在硒摄入中的贡献

以广州市标准人为例分析不同食品对广州市居民硒摄入量贡献情况发现：贡献较大的食品是动物性食品，占了73.6%，其中鱼虾类和猪肉均为20%以上；植物性食品对硒摄入量的贡献为26.4%，其中，大米作为居民的主食，贡献了17%，蔬菜为居民必不可少的食品，但是仅占5%，水果和干豆类约为0.5%，对居民硒摄入量作用甚微。而其他人群也有相似的规律。由此可见，决定广州市居民每日硒摄入量的食品主要是动物性食品和大米。其中，鱼虾类食品一直是广州市居民膳食中的重要部分，在硒摄入量中贡献也最大。但是有研究表明，人体对水产品中硒的利用较其他食品要低很多，这可能影响人体最终对硒的吸收利用（谭见安 等，1989）。

3 讨 论

3.1 食品中硒含量

硒是生物必需的微量营养元素，主要通过食物链在动植物体内积累。因此，食品中硒的含量取决于其在土壤、植物、动物食物链的迁移状况，而不同土壤的硒含量具有显著差异，不同植物吸收和积累硒的能力不同，从而形成不同地区食品中硒含量的差异（布和敖斯尔 等，1995；陈铭 等，1996；朱建明 等，2005）。广州市乃至珠江三角洲地区暂未见土壤贫硒缺硒报道，广州市食品硒含量明显高于我国克山病区食品硒含量。此外，动物性食品的硒含量明显高于植物性食品，这可能是受食物中蛋白质含量的影响：动物性食品中蛋白质要高于植物性食品，而硒主要以与生物体内的蛋白质结合的形态存在（谭见安 等，1989；陈铭 等，1996；魏大成，2005）。

研究认为，环境无机硒通过高等植物的同化作用进入生命有机体系，植物硒不但较动物硒产品有效性高，而且，其中的有机硒还较无机硒安全有效，所以植物硒是决定食物硒水平的重要环节（彭安 等，1995；魏大成，2005）。对于食品流通量小的地区或城市，植物硒能一定程度反映居民的硒水平。但是对于食品来源广泛、流通量大的城市，本地区的环境硒水平并不能完全反映城市食品硒含量水平，要评估居民硒的摄入水平，必须获得该城市不同食品的硒含量水平。

3.2 居民硒摄入量

人体对硒的摄取主要来源于食物，从水和空气中吸收的硒非常少。本研究表明，决定广州市居民每日硒摄入量的食品主要是动物性食品和大米，鱼虾类食品一直是广州市居民膳食中的重要部分，在硒摄入量中贡献也较大。但有研究表明，植物性产品硒的利用率大于动物性产品，人体对水产品中硒的利用较其他食品要低很多，这可能影响人体最终对硒的吸收利用（董广辉 等，2002；魏大成，2005）。可见，合理膳食也是影响居民硒摄入量的重要因素。

研究结果表明，同一城市居民由于收入、职业和年龄等的不同，膳食结构有明显不同，从而导致膳食硒摄入也有显著的差异，所以用标准人来评价不同人群的膳食硒摄入量与实际情况会有较大的差异。评价不同人群的膳食硒摄入量应该在准确调查该人群膳食结构的基础上进行。

所在地区和膳食结构的不同，可导致不同地区居民硒摄入量有较大差异，对食谱中动物性食品和大米的摄取将显著影响每日硒摄入量。有研究表明，随着硒摄入量的增加，硒利用率明显降低。当人体处于低硒状态时，摄入的硒处于稳定的储备状态；在高硒状态下，人体对过量摄入的硒处于排泄状态。可见，人体内硒状态可以通过一个蓄积解毒的调控机制调整到一个较为适宜的水平（侯少范，1989；彭安 等，1995）。影响硒代谢平衡的因素较多，除膳食摄入量外，还和居民的生活习惯、不同人种体内的硒储库、不同食品中硒的生物利用率，以及食品不同加工方式中硒的损失等有关。因此，精确估算人群每日硒摄入量的工作有待于进一步的研究。

3.3　合理补硒

从广州市不同居民硒摄入情况分析，广州市居民在正常饮食、合理膳食的情况下不会出现硒缺乏情况。李小樑等（2000）的研究也表明，广州市儿童及成人的发硒水平远远高于克山病区健康人，这为当前某些居民大量盲目补硒提供了反面的依据。当前，由于硒对人体的各种特殊作用导致大量富硒产品的诞生，特别是出现了大量富硒初级农产品和富硒保健品。当前的研究认为，在本身环境不缺硒的地区，不宜盲目补硒；在某些土壤区域性缺硒的地区，要根据土壤的硒含量、居民的膳食结构来合理增施硒肥、补食富硒产品（何振立 等，1993；朱建明 等，2005）。当硒作为一种保健产品时，更应该根据其硒含量因不同地区和不同人群而合理、慎重使用。

4　结　论

（1）广州市不同食品硒含量有较大差异，为 4.97 ～ 457.3 μg/kg，其中动物性食品硒含量明显高于植物性食品。硒含量较高的食品有动物内脏、鱼虾类、蛋及蛋制品、猪肉及其他畜肉等，均大于 150 μg/kg；植物性食品硒含量普遍较低，如水果含量仅为 4.97 μg/kg，约为动物内脏的 1%。

（2）广州市不同人群膳食硒摄入量有明显差别，不同收入人群的摄入量为：高收入人群（102.6 μg/d）＞中收入人群（83.8 μg/d）＞低收入人群（66.6 μg/d）；老人硒摄入量为 73.3 μg/d，儿童为 44.3 μg/d，大学生为 86.8 μg/d，工人为 69.7 μg/d；标准人摄入量为 98.5 μg/d。动物性食品是广州市居民硒摄入量的主要来源，其次是大米，蔬菜、水果和豆类及制品等植物性食品贡献很小。

（3）广州市不同人群硒摄入量处于良好水平，能满足机体需求，需慎重补硒。

参考文献

[1] BUBER AOSEER, ZHANG D W, LIU L. Regional environmental differentiation and regional safety threshold of soil selenium [J]. Acta pedologica sinica, 1995, 32 (2): 186 - 193 (in Chinese).

[2] CHEN M, LIU G L. The selenium nutrition and action in food chain of high-grade plant [J]. Chinese journal of soil science, 1996, 27 (4): 185 - 188 (in Chinese).

[3] CHEN Y S, XIONG H. Selenium and cancer [J]. Guangdong trace elments science, 2002, 9 (10): 44 - 46 (in Chinese).

[4] DONG G H, CHEN L J, WU Z J. Research advances in plantselenium nutrition and its mechanian [J]. Chinese journal of applied ecology, 2002, 13 (11): 1487 - 1490 (in Chinese).

[5] HE Z L, YANG X E, ZHU J, et al. Oganic selenium and its distribution in soils [J]. Acta scientiae circumstantiae, 1993, 13 (3): 281 - 287 (in Chinese).
[6] HOU S F. Study on the people to reserve various form selenium and its avail effect in low selenium environment [J]. Acta scientiae circumstantiae, 1989, 9 (1): 49 - 54 (in Chinese).
[7] KELSEY J L, BERKOWITZ G S. Breast cancer epidmiology [J]. Cancer reseach, 1988, 48: 5615 - 562.
[8] KOK F J, HOFNAN A, WITTANAN J C, et al. Decreased selenium levels in acute myocardial infraction [J]. Journal of the American Medical Association, 1989, 261 (8): 1161 - 1164.
[9] LI X L, LI X J, LI Z X. Investigation of hair Se level on healthy children and adults in Guangzhou Region [J]. Guangdong trace elements science, 2000, 7 (11): 27 - 28 (in Chinese).
[10] LI J Y, CHEN D Z, REN S X, et al. The environmental factor of affect low selenium in the human body—the investigation in Shaanxi Webei Kaschin-Beck disease area [J]. Environmental science, 1992, 3 (6): 16 - 22 (in Chinese).
[11] MAO H, YANG H F, TAN PY, et al. The selenium determine of food GB/T 5009.93—2003 [M]. Beijing China Standards Press of China, 2003 (in Chinese).
[12] MA W J, DENG F, XU Y J, et al. The study on dietary intake and nutritional status of residents in Guangdong: 2002 [J]. Guangdong journal of health and epidmic prevention, 2005, 31 (1): 1 - 5 (in Chnese).
[13] PENG A, WANG Z J, WHANGER P D, et al. Environmental biology in organic chemistry of selenium [M]. Beijing: China Environmental Science Press, 1995 (in Chinese).
[14] RAYMAN M P. Dietary selenium: Time to act [J]. British medical journal, 1997, 314: 233 - 241.
[15] SIRICHAKWAL P P, PUWASTIEN P, POLNGAM J, et al. Selenium content of Thai foods [J]. Journal of food composition and analysis, 2005, 18 (1): 47 - 59.
[16] TAN J A, LI R B, HOU S H, et al. Environmental selenium and health [M]. Beijing: People's Medical Publishing House, 1989 (in Chinese).
[17] WANG K. The tace elements in life science [M]. 2nd ed. Beijing: China Metrology Publishing House, 1996 (in Chinese).
[18] WEI D C. The selenium content of food in Croatia [J]. Foreign medical sciences section of medgeography, 2005, 26 (1): 11 - 13 (in Chinese).
[19] YANG G Q. A proposal for the prevention of se-related diseases on a comprehensive consideration [J]. Chinese journal of control of endemic disease, 1990, 5 (5): 265 - 268 (in Chinese).
[20] YANG G Q, ZHOU R H, YIN S A, et al. The requirement amount of selenium of resident in China [J]. Journal of hygiene reseach, 1989, 18 (2): 27 - 30 (in Chinese).
[21] ZHANG X Y, LIU H, LI X H. Selenium content of common food and daily Se intake of resident in Taiyuan [J]. Chinese journal of public health. 1992, 11 (1): 29 - 31 (in Chinese).
[22] ZHENG J X, MAO L Z. The natural organizing of selenium and Se enriched cereal foods [J]. The food industry, 1997 (3): 25 - 27 (in Chinese).
[23] ZHU J M, LING H W, WANG M S, et al. Distribution transportation and bioavailability of selenium in Yutangba, Hubei Province, China [J]. Acta pedologica sinica, 2005, 42 (5): 835 - 843 (in Chinese).
[24] 布和敖斯尔，张东威，刘力. 土壤硒区域环境分异及安全阈值的研究 [J]. 土壤学报，1995，32 (2)：186 - 193.
[25] 陈铭，刘更另. 高等植物的硒营养及在食物链中的作用 [J]. 土壤通报，1996，27 (4)：

185－188.
[26] 陈以水，熊红. 硒与癌症 [J]. 广东微量元素科学，2002，9 (10)：44－46.
[27] 董广辉，陈利军，武志杰. 植物硒素营养及其机理研究进展 [J]. 应用生态学，2002，13 (11)：1487－1490.
[28] 何振立，杨肖娥，祝军，等. 中国几种土壤中的有机态硒及其分布特征 [J]. 环境科学学报，1993，3 (3)：281－287.
[29] 侯少范. 低硒环境中人群对不同形态硒的保留量及其效应的研究 [J]. 环境科学学，1989，9 (1)：45－54.
[30] 李小樑，李小坚，李增禧. 广州地区健康儿童及成人发硒含量调查 [J]. 广东微量元素科学，2000，7 (11)：27－28.
[31] 李继云，陈代中，任尚学，等. 影响人体硒低的环境因素：陕西渭北高塬大骨节病区的调查 [J]. 环境科学，1992，3 (6)：16－22.
[32] 毛红，杨惠芬，田佩瑶，等. 食品中硒的测定：GB/T 5009.93—2003 [S]. 北京：中国标准出版社，2003.
[33] 马文军，邓峰，许燕君，等. 广东省居民膳食营养状况研究 [J]. 华南预防医学，2005，31 (1)：1－5.
[34] 彭安，王子健，WHANGER P D 等. 硒的环境生物无机化学 [M]. 北京：中国环境科学出版社，1995.
[35] 谭见安，李日邦，侯少范，等. 环境硒与健康 [M]. 北京：人民卫生出版社，1989.
[36] 王夔. 生命科学中的微量元素 [M]. 2 版. 北京：中国计量出版社，1996.
[37] 魏大成. 克罗地亚食物中的硒含量 [J]. 国外医学：医学地理分册，2005，26 (1)：11－13.
[38] 杨光圻，周瑞华，荫士安，等. 我国人民硒需要量的研究 [J]. 卫生研究，1989，18 (2)：27－30.
[39] 杨光圻. 我国硒缺乏和硒过多及地方病预防 [J]. 中国地方病防治杂志，1990，5 (5)：265－268.
[40] 张晓燕，柳黄，李秀花. 太原市食物硒含量及居民硒摄入量的评价 [J]. 中国公共卫生学报，1992，11 (1)：29－31.
[41] 郑建仙，毛礼钟. 硒的天然有机化及富硒谷物食品 [J]. 食品工业，1997 (3)：25－27.
[42] 朱建明，凌宏文，王明仕，等. 湖北渔塘坝高硒环境中硒的分布、迁移和生物可利用性 [J]. 土壤学报，2005，42 (5)：835－843.

The Study on Safety Assessment of Daily Arsenic Intake of Various Resident Populations in Guangzhou City*

1 Introduction

Arsenic is a major public health concern worldwide. World Health Organization (WHO) and the United States Environmental Protection Agency (EPA) think arsenic (As) as a known carcinogen. International Agency for Research on Cancer (IARC) confirms arsenic class I carcinogen on human (Argos, 2015). Arsenic has a reputation as a poison, because arsenic trioxide was used during medieval times as an agent for murder. Toxicity is a property of a specific compound and varies with the composition and structure. Developments in analytical methodology made it possible not only to determine total arsenic but also the various arsenic compounds in a variety of matrices The main cause of arsenic pollution in the environment is the high concentration of arsenic in soil parent material, and the use of industrial manufacturing, mining and agricultural pesticides, disinfectants, fungicides and herbicides (Mirna, *et al.*, 2015, Robberecht, *et al.*, 2004). The soil, drinking water and food are subjected to serious pollution of heavy metal in China, the arsenic risk to human health have been more and more attention, and the study found groundwaters with arsenic concentrations higher than the WHO provisional guide value of 10 μg/L are found in many parts of the world (Yu, *et al.*, 2009; Wang, *et al.*, 2004; Liu, *et al.*, 2004; Kar, *et al.*, 2013; Carmen, *et al.*, 2015). Research shows that China is one of the countries with most serious arsenic pollution. In Xinjiang, Inner Mongolia, Hunan, Guangdong province and some have been the emergence of endemic arsenic poisoning. Xiao Xiyuan found the arsenic concentration of major grain and oil crop of 32.2% and 34.8% in arsenic polluted area higher than tolerance limit of arsenic in food for China (Xiao, *et al.*, 2009). The current study pays more attention to the regional environmental arsenic pollution and arsenic concentration of food, combined with the research on human health is relatively less.

In this paper, the comprehensive investigation of the arsenic concentration of market food,

---

* 原载：*Carpathian Journal of Food Science & Technology*, 2015, Vol. 7, No. 2, 作者：Yu Guanghui、Zhang Lei、He Shuyou、Wen Yanmao（通讯作者）、Zhu Jiawen。基金项目：Education bureau of Hunan Province and China Academy of Sciences, through the research foundation of education bureau (Grant No. 13B027) and STS project (Grant No. KFJ-EW-STS-014).

combined with dietary survey results of various resident populations, and assessed the dietary arsenic health risk and the main way of arsenic intakes of the residents in Guangzhou city. The results provide scientific basis for dietary health and arsenic pollution controlling in China.

2 Materials and methods

2.1 Sample preparation

Sampling sites located in the wholesale markets, farmers markets and super markets which sell most of the vegetables, aquatic products and fruits in Guangzhou. The farmers markets located in the different administrative region of Guangzhou. The supermarkets are a relatively large market food sale. Random samples were collected in each sampling site. Acquisition with a sample 3-5 at each sampling location, and then mixed into a sample. Samples were frozen immediately on laboratory refrigerator after being collected. A total of 109 kinds of samples, and have 830 samples.

2.2 Arsenic analysis

Method: the samples were digested in nitric acid and perchloric acid mixture. Samples were analyzed by atomic fluorescence spectrometer (GB/T 5009.11—1996).

Measuring instrument: double channel atomic fluorescence spectrophotometer AFS-610 (Beijing Titan Instruments Co. Ltd.).

Quality control: the environmental standard samples provided by National Standard Substances Center (GBWZ 19001—94 bovine liver) and recovery determination.

2.3 Dietary survey

Dietary survey methods of this study included the accounting method, survey method and weighing method. This study investigated 450 university students (13-31 years) of 5 colleges and universities, 541 childred (3-6 years) of 10 kindergartens, 427 old peoples (62-70 years) of 8 nursing homes, and 601 workers (18-51 years) of 5 factories and 2 building sites. Investigation of dietary of standard man and different incomegroups used the data of the nutritional status of residents in Guangdong province in 2002. The standard man was adult male engaged in light physical activity. Low income group referred to the people who hers average annual family income was less than 2000 yuan. Middle income group referred to the people who hers average annual family income was 2000-10000 yuan. High income group referred to the people who hers average annual family income was more than 10000 yuan (Ma, *et al.*, 2005).

2.4 Statistical analysis

Food classification method according to "Chinese food composition table in 2002". Data analysis and statistical methods are Excel and SPSS. In this study, calculation of arsenic dietary intakes of the same type food (such as vegetables), for which different types (such as leafy vegetables, tubers and other) food, are corrected according to account for in the dietary ratio. Calculating method is showed as formula 1.

$$EDA = I_i = \sum C_{ik} \cdot N_k \cdot D_j. \qquad (1)$$

where: I_i is the As daily intake; C_{ik} is the As concentration of the K food; D_j is the Daily consumption of j food; N_k is the K food proportion of j food in the diet (weight).

3 RESULTS AND DISCUSSION

3.1 The Arsenic Concentration of Food

As shown in Table 1 and Table 2, the food of higher arsenic concentration is mainly organ meat and aquatic products, 0.2226 ±0.0779 mg/kg and 0.2022 ±0.0810 mg/kg respectively.

Table 1 Percent recovery of arsenic of various food groups

Sample	Percent of recovery (%)		
	n	Range	Mean ± S. D.
Rice	5	91.8-104.6	96.5 ±4.1
Soybean	5	90.8-107.4	95.0 ±4.7
Beef	5	92.0-105.3	94.8 ±5.6
Ctenpharyngodonidellus	5	92.3-97.7	95.7 ±2.4
Palaemoncarinicauda	5	91.4-104.7	95.4 ±4.9
Loligo chinensis	5	92.3-98.1	95.7 ±3.0
Malus pumila	5	94.7-103.1	97.3 ±5.7
Musa nana	4	91.9-96.3	94.5 ±2.4
Ciltrulluslanatus	4	93.4-104.2	96.1 ±3.9

Table 2　The arsenic concentrations of various foods of Guangzhou (mg/kg)

Food item	*n*	Mean	S. D.	Range	CV%
Rice	25	0. 1500	0. 1120	0. 0280-0. 5161	74. 7
Noodle	22	0. 0496	0. 0047	0. 0050-0. 2130	9. 6
Dry legume	27	0. 0910	0. 0545	0. 0032-0. 1927	59. 9
Legume products	13	0. 0199	0. 0249	ND-0. 1248	125. 1
Vegetable	250	0. 0353	0. 0280	ND-0. 3172	79. 5
Fruit	198	0. 0178	0. 0031	ND-0. 0572	17. 5
Pork	13	0. 0733	0. 0166	0. 0351-0. 1100	22. 6
Other meat	22	0. 0883	0. 0097	0. 0481-0. 1321	11. 0
Organ meat	11	0. 2226	0. 0779	0. 0672-0. 5925	35. 0
Poultry	19	0. 0940	0. 0045	0. 0443-0. 1558	4. 8
Milk and milk products	24	0. 0397	0. 0413	ND-0. 1210	104. 0
Egg and egg products	24	0. 0508	0. 0179	0. 0007-0. 1825	35. 2
Aquatic products	208	0. 2022	0. 0810	0. 0075-1.2017	40. 1

The arsenic concentration is much higher than other types of food. The arsenic concentration of rice is second, 0. 1500 ±0. 1120 mg/kg. The arsenic concentrations of dry beans, pork and poultry are the middle level, between 0. 0733-0. 0940 mg/kg. The food of lower arsenic concentration is noodles, vegetables, milk and milk products, eggs and egg products, between 0. 0353-0. 0508 mg/kg. The arsenic concentrations of legume products and fruit are the lowest of all food, 0. 0199 ± 0. 0249 mg/kg and 0. 0178 ± 0. 0031 mg/kg respectively. In general, the order of arsenic concentration in all kinds of food: organ meat, aquatic products > rice > dry legume, pork, other meat, poultry > noodle, vegetables, milk and milk products, > eggs and egg products > bean products, fruit. Li Xiaowei (Li, *et. al*, 2006) studied arsenic concentration of food in some regions of China. According to the partition principle and methods of the total diet study, the country is divided into 4 regions: North 1st region, North 2nd region, South 1st region and South 2nd region. The arsenic concentration of food and dietary arsenic intake were researched in each region. It is seen from Table 3, the arsenic concentration of aquatic products in Guangzhou is significantly higher than that of South 2nd region, North 1st region and North 2nd region. The arsenic concentration of meat food and northern region is difference, slightly higher than the south region, significantly below the Southern District two. The arsenic concentration of milk foods is similar to the northern regions, but significantly lower than the southern region. The arsenic concentration of other food is significantly lower than that of four regions. Especially the arsenic concentration of the plant foods (such as vegetables, fruits, grains) is different to that of four regions. Overall, compared with the study, market food of Guangzhou is not contaminated with arsenic. Compared with < Tolerance Limit of Arsenic in

Food for China >, arsenic concentration of various types of food are in safe level.

Table 3 The comparison arsenic concentration of food in Chinese four regions with this study (mg/kg, firesh weight)

Food item	North 1st region	North 2nd region	South 1st region	South 2nd region	This study
Rice	0. 320	0. 284	0. 385	0. 638	0. 1500
Dry legume	0. 102	0. 151	0. 170	0. 090	0. 0910
Meat	0. 127	0. 124	0. 111	0. 183	0. 1281
Eggs	0. 124	0. 124	0. 117	0. 142	0. 0508
Aquatic products	0. 104	0. 130	0. 698	0. 176	0. 2022
Milk and milk products	0. 078	0. 069	0. 110	0. 099	0. 0508
Vegetable	0. 104	0. 107	0. 146	0. 135	0. 0353
Fruit	0. 098	0. 084	0. 059	0. 121	0. 0178

3. 2 Daily arsenic intake of various resident populations

Table 4 shows that there are great differences of the daily dietary arsenic intakes between various resident populations in Guangzhou, and the change range is 40. 2396. 30 μg/d. In all the surveyed resident populations, the daily dietary arsenic intake of university student is the highest (96. 30 μg/d) and that of child is the lowest (40. 23 μg/d), and also the difference is larger. There are some differences between daily dietary arsenic intakes of different income groups, but the difference is not big. The order of daily intake of various income resident populations shows as follows: high income groups (95. 56 μg/d) >middle income groups (90. 53 μg/d) >low income groups (86. 62 μg/d). Obviously, the dietary arsenic intakes of more income groups are higher. The main source of dietary arsenic intake of low income group is rice, significantly higher than that of high and middle income groups. Arsenic intake from other food was lower than other groups. It is obvious differences that the arsenic intake from the food of high concentration arsenic. Such as, the arsenic intake from pork, poultry, aquatic products and other food is much lower than other income groups.

Table 4 The daily arsenic intake of various resident populations in Guangzhou (μg/d)

Food item	Standard man	Low income group	Middle income group	High income group	Old people	Child	University student	Worker
Rice	43.60	57.00	49.80	41.50	18.00	14.80	54.80	58.43
Noodle	2.38	0.6	1.57	2.53	2.45	0.67	2.24	0.66
Dry legume	0.03	0.07	0.04	0.04	0.02	0.01	0.02	0.07
Legume products	0.58	0.51	0.65	0.61	0.68	0.29	0.4	0.44
Vegetable	11.10	9.54	10.40	11.40	9.68	6.57	9.704	9.14
Fruit	1.25	0.67	1.07	1.45	0.90	0.82	0.90	0.50
Pork	8.98	5.23	7.98	8.95	6.44	3.36	7.89	5.84
Other meat	1.48	0.24	1.03	1.56	0.94	0.76	1.09	0.22
Organ meat	2.43	1.51	2.32	2.94	1.91	1.94	2.18	1.27
Poultry	5.40	1.98	3.85	5.89	3.79	2.20	3.98	2.93
Milk and milk products	1.54	0.11	0.59	1.95	0.62	1.01	0.73	0.12
Egg and egg products	1.40	0.69	1.00	1.52	1.30	0.62	0.89	0.71
Aquatic products	14.30	8.41	10.30	15.00	13.00	7.2	11.40	8.74
Total	94.46	86.62	90.53	95.39	59.70	40.23	96.30	89.05

Table 4 shows that dietary arsenic intake of old people is 59.70 μg/d, child is 40.23 μg/d, college students is 96.30 μg/d, workers is 89.35 μg/d, and the standard is 94.46 μg/d. In the all resident populations, dietary arsenic intake of university student is the highest, and child is the lowest. Arsenic intake of university student from meat food is more than old people, workers and child.

Overall, the food of rice, vegetable and animal food is the main source of arsenic intake of all groups. Rice is the main food of all groups as dietary intake. Our results are different from foreign, such as the United States, Canada, Australia and France, which the main source of dietary arsenic is seafood. Especially France, seafood for arsenic dietary source of contributions to 60% (Li, *et al.*, 2006). This is mainly due to differences of dietary structure between Chineseand western.

3.3 The Safety assessment of daily arsenic intake

Food and Agriculture organization of United Nations (FAO) /WHO combine with Codex Committee announce that the Tolerance Daily Maxium Intake (TDMI) of total arsenic is 50 μg/kg body weight (BW), and calculate the intake is 3000 μg/kg of the standard body weight 60 kg.

WHO also recommends Provisional Tolerable Weekly Intake (PTWI) of total arsenic is 15 g/kg BW, based on the standard man. The arsenic acceptable daily Intake (ADI) of adult is about 0.128 mg/d (Tsuda, *et al.*, 1995; Badal, *et al.*, 2002). In this study, the total arsenic intake by dietary of the standard man in Guangzhou is 3.14% of TDMI. The other people to TDMI in Guangzhou: the high income group is 3.17%, the middle income group is 3.02%, the low income group is 2.89%, the old people are 1.99%, the university student is 3.21%, and worker is 2.97%.

There are has few studies on dietary intake of child now. For evaluating child's dietary arsenic, we try to determine the daily dietary arsenic intakes due to child's weight. If the average weight of 3-6 years old child was 1530 kg, the safe range of the daily dietary arsenic intakes of 3-6 years old child is 750-1500 μg/d according to TDMI of dietary arsenic. With such a criterion to evaluate, we think of child's dietary arsenic intakes in safe level in Guangzhou. Joyce thinks short-term and long-term arsenic exposure dose of 0-6 year old child should be less than respectively 0.015 mg/kgBW and 0.005 mg/kg BW respectively (Joice, *et al.*, 2004). Comparison of the results, arsenic intake of 3-6 years old child is safety in Guangzhou.

Li Xiaowei's study thought that arsenic intake of Chinese residents from water accounted for a large proportion (about 7%) (Li, *et al.*, 2006). In order to evaluation of arsenic intake of residents of Guangzhou, we consider the arsenic intake from water. China has formulated the relevant provisions of the sanitary standard of drinking water (the standards of drinking water health). The sanitary standard of arsenic concentration should not exceed 0.05 mg/L, and the standards of bottled purified drinking water health of arsenic concentration should not exceed 0.01 mg/L. About the characteristics of arsenic concentration of drinking water in Guangzhou, the relevant research and water quality testing report of Guangzhou that comply with the relevant standards, is generally believed that the arsenic concentration is 1/10 of the standard (Yang, *et al.*, 2001; Xu, *et al.*, 2005). Therefore, the drinking water volume of residents is 2L every day, at the same time, the arsenic content of water is 0.0025 mg/L, so the arsenic intake of residents of Guangzhou from drinking water is only 5 μg/d. Thus, even taking into account the arsenic intake from drinking water, arsenic intake of residents of Guangzhou is safety.

3.4 Comparison with other studies

The comparison of dietary arsenic intakes of adult male in different areas is shown in Table 5. Li Xiaowei (Li, *et al.*, 2006) found that daily dietary arsenic intakes of Mainland Chinese residents reached 276.1 μg/d, is 9.2% of TDMI. The result of this study is a larger difference, only for 3.14% of TDMI. Compared with other countries and areas, the dietary arsenic intakes of Guangzhou standard man higher than the United States, Canada, France, Australia, Korea, Croatia and other regions, significantly lower than the Spanish, British, Basque area, Japan and Germany, and had little difference than Mumbai.

Table 5 Dietary arsenic intakes of adult male in different areas (μg/d)

Area	Study time	Dietary arsenic intake	TDMI (%)
This study	2004-2006	94.46	3.14
Spain (Egan, 2002)	2006	261.0	8.70
Mainland China (Li, 2006)	2000	276.1	9.20
American (Ysart, 2001)	1991-1996	58.1	1.94
England (Dabeka, 1995)	1997	120.0	4.00
Canada (Urieta, 1996)	1985-1988	59.2	1.97
Basque (Tsuda, 1995)	1990	286.0	9.53
Japan (Haeng, 2006)	1992	280.0	9.33
France (Li, 2006)	2000-2001	36.9	1.23
Australia (Li, 2006	1998	62.3-80.4	2.08-2.68
Korean (Michael, 2005)	1998-1999	38.5	1.28
Germany (Tripathi, 1997)	1998	291.0	9.70
Bombay (Jasenka, 1996)	1993-1994	100.0	3.30
Croatia (Roser, 2008)	1988-1993	81.9	2.73

4 Conclusions

(1) The order of arsenic concentration of food as follows: organ meat (0.2226 ± 0.07791 μg/kg) > aquatic products (0.2022 ± 0.0810 μg/kg) > rice (0.1500 ± 0.1120 μg/kg) > poultry (0.0940 ± 0.0045 μg/kg) > dry legume (0.0910 ± 0.0545 μg/kg) > other meat (0.0883 ± 0.0097μg/kg) > pork (0.0733 ± 0.0166 μg/kg) > egg and egg products (0.0508 ± 0.0179 μg/kg) > noodles (0.0496 ± 0.0047 l μg/kg) > milk and milk products (0.0397 ± 0.0413 μg/kg) > vegetable (0.0353 ± 0.0280 μg/kg) > legume products (0.0199 ± 0.0249 μg/kg) > fruit (0.0178 ± 0.0031 μg/kg).

(2) There is obvious different of daily intake of arsenic among various resident populations. The order of daily intake of various income resident populations as follows: high income groups (95.56 μg/d) > middle income groups (90.53 μg/d) > low incomegroups (86.62 μg/d). The dietary arsenic intakes of more income groups are higher. Daily intake of other resident populations as follows: old people (59.70 μg/d), child (40.23 μg/d), university student (96.30 μg/d), worker (89.05 μg/d), standard man (94.46 μg/d).

(3) The rice was major contributor to the daily arsenic dietary intake of resident. Vegetable and animality food (pork, chicken and aquatic products) were the secondly contributor. Fruit,

egg and egg products and legume and legume products and so on, were very little contributor.

(4) The daily intakes of arsenic of various resident populations of Guangzhou are safe to human health, but it is necessary to avoid arsenic accumulate contamination in food chain.

References

[1] ARGOS M. Arsenic exposure and epigenetic alterations: Recent findings based on the illumina 450K DNA methylation array [J]. Current environmental health reports, 2015, 2: 137 - 144.

[2] BADAL K M, KAZUO T S. Arsenic round the world: A review [J]. Talanta, 2012, 58: 201 - 235.

[3] CARMEN L V, CLEBER P S, HALINA B D, et al. Bioconcentration and bioaccumulation of metal in freshwater Neotropical fish Geophagusbrasiliensis [J]. Environmental science and pollution research, 2015, 22: 8242 - 8252.

[4] DABEKA R W, MCKENZIE A D. Survey of lead, cadmium, fluoride, nickel and cobalt in food composites and estimation of dietary intakes of these elements by Canadians in 1986-1988 [J]. Journal of association official agricultural chemists international, 1995, 78: 897 - 909.

[5] GB/T5009. 11—1996. The determination methods of total arsenic in food. Beijing: Standards Press of China, 1996.

[6] HAENG L S, YANG C H, SEON PO, et al. Dietary exposure of Korean population to arsenic, cadmium, lead and mercury [J]. Journal food composition analysis, 2006, 19: 31 - 37.

[7] JASENKA S P, DAVORIN B, HELENA K. Estimation of dietary of arsenic in the general population of the Republic of Croatia [J]. Science of the total environment, 1996, 192: 119 - 123.

[8] JOYCE S T, ROBERT B, ROSALIND A, et al. Health effect levels for risk assessment of childhood exposure to arsenic [J]. Regulatory toxicology and pharmacology, 2004, 39: 99 - 110.

[9] KAR S, DAS S, JEAN J S, et al. Arsenic in the water-soil-plant system and the potential health risks in the coastal part of Chianan plain, Southwestern Taiwan [J]. Journal Asian earth science, 2013, 77: 295 - 302.

[10] LI X W, GAO J Q, WANG Y F, et al. 2000 Chinese total dietary study-the dietary arsenic intakes [J]. Journal of hygiene research, 2006, 35: 63 - 66.

[11] LIU Y. L, XU Y, DU K B, et al. Absorption and metabolism mechanisms of inorganic arsenic in plants: A review [J]. Chinese journal of applied ecology. 23: 842 - 848.

[12] MA W J, DENG F, XU Y J, et al. The study on dietary intake and nutritional status of residents in Guangdong, 2002 [J]. Guangdong journal of health and epidemic prevention, 2005, 31: 1 - 5.

[13] MICHAEL W, JURGEN W, PETRA S, et al. Consumption of homegrown ptoducts does not increase dietary intake of arsenic, cadmium, lead and mercury by young child living in an industrialized area of Germany [J]. Science of the total environment, 2005, 343: 61 - 70.

[14] MIRNA H S, MARIJA N. Arsenic removal by nanoparticles: A review [J]. Environmental science and pollution research, 2015, 22: 8094 - 8123.

[15] ROBBERECHT H, VAN CAUWENBERGH R, BOSSCHER D, et al. Daily dietary total arsenic intake in Belgium using duplicate portion sampling and elemental content of variousfoodstuffs [J]. European food research technology, 2004, 214: 27 - 32.

[16] ROSER M C, JUAN M L, VICTORIA C. Dietary intake of arsenic, cadmium, mercury, and lead by the population of Catalonia, Spain [J]. Biological trace element research, 2008, 125: 120 - 132.

[17] TRIPATHI R M, RAGHUNATH R, KRISHNAMOORTHY T M. Arsenic intake by the adult population in Bombay City [J]. Science of the total environment, 1997, 208: 89 -95.

[18] TSUDA T, BABAZONO A, YAMAMOTO E, et al. Ingested arsenic and internal cancer: A historical cohort study followed for 33 years [J]. American journal of epidemiology, 1995, 141: 198 -209.

[19] TSUDA T, INOUE T, KOJIMA M, et al. Market basket and duplicate portion estimation of dietary intakes of cadmium, mercury, arsenic, copper, manganese, and zinc by Japanese adults [J]. Journal of association official agricultural chemists international, 1995, 78: 1363 -1368.

[20] URIETA I, JALON M, EGUILERO I. Food surveillance in the Basque Country (Spain). Ⅱ. Estimation of the dietary intakes of organochloride perticides, heavy metals, arsenic, aflatoxin M1, iron and zinc through the total diet study, 1990/91 [J]. Food aditives & contaminants, 1996, 13: 29 -36.

[21] XIAO XY, CHEN T B, LIAO X Y, et al. (2009). Comparison of concentrations and bioconcentration factors of arsenic in vegetables, grain and oil crops in China [J]. Acta scientiae circumstantiate, 2009, 29: 291 -296.

[22] XU S L. Hygienic condition of drinking water quality in Huadu District of Guangzhou [J]. China tropical medicine, 2005, 5: 1755 -1756.

[23] EGAN S K, TAO S S, PENNINGTON J A, et al. US Food and drug administration's total diet study: Intake of nutritional and toxic elements, 1991 - 1996 [J]. Food aditives & contaminants, 2002, 19: 103 -125.

[24] YANG Y, ZHANG C W, LU Y Q, et al. The investigation on sanitary quality of bottled purified drinking water in Guangzhou City 1996-1999 [J]. Chinese journal of health laboratory technology, 2001, 4: 195 -196.

[25] YSART G, MILLER P, CROASDALE M, et al. 1997 UK total diet study-dietary exposures to aluminum, arsenic, cadmium, chromium, copper, lead, mercury, nickel, arsenic, tin and zinc [J]. Food aditives & contaminants, 2001, 17: 775 -786.

[26] YU G H, WEN Y M, XU Z J, et al. Study of arsenic concentrations in vegetables and soils in Guangzhou and the potential risk to human health [J]. Journal of soil and water conservation, 2009, 23: 61 -65.

[27] WANG M G, LI S H, WANG H, et al. Distribution of arsenic in surface water in Tibet [J]. Environmental science, 2004, 23: 3411 -3416.

Acknowledgement

The authors gratefully acknowledge the financial support education bureau of Hunan Province and China Academy of Sciences, through the research foundation of education bureau (Grant No. 13B027) and STS project (Grant No. KFJ-EW-STS-014) to conduct this study.

广州市居民食物碘含量与膳食摄入研究*

碘是一种重要的营养素，也是人体必需的微量元素之一。缺碘与摄入过量对人体均会带来伤害。据 WHO 统计，全球 130 个国家和地区存在碘缺乏问题。我国是世界上碘缺乏最严重的国家之一，也是碘缺乏病流行的大国。我国自 1995 年开始实施全民食盐加碘（USI），2000 年在全国范围内开展碘缺乏病评估工作，结果表明 87.1% 的省、市、自治区实现和基本实现消除碘缺乏病阶段目标。根据总膳食研究结果和全国营养调查结果，碘摄入量低于我国居民膳食碘摄入推荐量（RNI）的比例（总膳食研究结果为 30%，全国营养调查为 13.4%）明显高于摄入量超过可耐受最高摄入量（UL）的比例（总膳食研究结果为 1% ～ 10%，全国营养调查为 5.8%）。[1] 可见我国绝大多数地区碘摄入不足的风险大于碘摄入过量。例如，在碘缺乏病较为流行的新疆阿克苏地区，通过食用加碘食盐，妊娠期和哺乳期妇女的碘营养得到明显改善[2]，表明食用加碘食盐控制碘缺乏病（IDD）是较为有效的方法。但是，全民食盐加碘是否造成人群碘摄入过量并诱发危害，不少学者对此抱有忧虑或明确提出 USI 已经造成我国高碘甲状腺肿的流行。[3] 韩树清等[4] 研究表明，高水碘地区人群同时接受碘盐干预，存在碘营养过剩问题。2020 年，单忠艳[5] 等根据两年多对全国 31 个省份居民碘营养进行调查，认为我国居民目前的碘营养正处于充足状态，其中食盐对碘摄入量的贡献率是 84.2%，食物是 13.1%，饮水仅有 2.7%。碘盐是人体摄入碘的主要途径，食盐加碘必须持续进行下去，否则又将回到碘缺乏状态。关于食盐加碘是否过量成为研究者、政府部门和居民共同关注的热点问题。本研究测定广州市 8 个城区主要代表性农贸集市、超市的食品和家庭食盐样品的碘含量，并计算广州市标准人、不同收入和职业居民的每日每人膳食碘摄入量，拟为居民合理膳食、营养膳食提供科学依据，并为区域食盐加碘浓度调整提供理论依据。

1　材料与方法

1.1　样品采集

样品采样时间为 2005 年 4—10 月，采样地点为广州市不同区域主要批发市场、农贸

---

* 作者：董汉英、何树悠、温琰茂（通讯作者）、余光辉、张磊、仇荣亮。基金项目：广东省重点科技资助项目（No.2KM06505S），广州市环保局科技攻关资助项目（No. 026423009），广东省科技厅科技攻关项目（No. 321304202033）。

市场和超市。在各采样地点随机采集蔬菜、水果、谷物（干品）、禽肉、畜肉、蛋品、乳品、水产品等居民日常食品样品，蔬菜、水果和水产品等采集同一种类样品 3 ～5 个混合为一份样品，谷物、豆类、肉类和奶粉采集 1 kg 以上。样品采集后立即送回实验室，置于冰箱内 0 ～4 ℃保存。每个区随机选取 3 户以上家庭采集食盐样品，每份居民用户盐样用小塑料袋密封，贴好标签，共采集 30 份，带回实验室测定碘含量。

1.2　样品预处理

蔬菜、水果、肉类及水产品等样品先用自来水冲洗 3 ～5 次，去除飞尘、泥土和其他干扰样品测定的附着物，再用蒸馏水冲洗 2 ～3 次，最后用 Milli－Q A10 系统制备的高纯水（0.182 μS/cm，25 ℃）冲洗 3 次，用洁净干纱布或者粗滤纸把样品擦干。大米、面粉、大豆等直接混匀，将 500 g 样品磨成粉状取样；水果、蔬菜类食品按市民习惯去除不可食部分，小型蔬果将样品混合均匀用四分法取样，大型蔬果从多个单独样品中取样，散叶型蔬菜取各个不同部位的混合样；肉类与水产品分不同部位取样，去除骨头和刺；蛋类去壳后搅拌均匀。所有样品都经捣碎混匀。鲜奶和酸奶在称样前摇匀。

1.3　碘测定方法

食品碘的测定采用比色法。先以碳酸钾固定，碳酸锌助灰化，高温干灰化破坏有机物，然后利用碘离子催化亚硝酸钠还原硫氰酸钾显色。食盐碘的含量按照《制盐工业通用试验方法　碘离子的测定》（GB/T 13025.7—1999）采用硫代硫酸钠滴定法进行测定。采用精密度实验、平行样法和加标回收实验保证测定结果的准确性。对同一样品进行 6 次重复测定，变异系数均在 10% 以下。每批样品全程做 3 份试剂空白，每 10 个样品做 2 个随机平行样，平行样间误差均控制在 5% 以内。在每批测定样品中，抽取两个加入标准样进行测定，回收率超过 90%，达到质量控制要求。

1.4　膳食调查

调查采用称重法、记账法和回顾调查法进行。通过膳食调查的称重法和记账法得到广州市不同人群的膳食结构[6]，再利用所获得的不同食品碘含量，计算不同人群膳食碘摄入量。选取不同人群进行调查，其中包括 5 所高校大学生 450 人，10 所幼儿园 3 ～6 岁儿童 541 人，8 所敬老院老人 427 人，5 家工厂和 2 个建筑工地工人 601 人。标准人和不同收入水平人群使用 2002 年进行的广东省居民营养状况调查数据。

1.5　统计学分析

食品分类参照《中国食物成分表 2002》，食品碘含量为该类食品所有测定样品的平均值，食品品种间的差异采用 SPSS 12.0 的 t 检验进行统计分析，检验水准为 0.05。

2 广州市居民食品碘含量与特征分析

2.1 植物性食品碘含量

2.1.1 谷物与豆类

从表1可以看出，谷物中大米、面条和面粉的碘含量有差异，其中大米碘含量最高（66.7 μg/kg），其次为面粉（39.7 μg/kg），面条含量最低（22.4 μg/kg）；豆类中黄豆和花生的碘含量最高，绿豆最低（17.0 μg/kg）；豆制品中豆腐和腐竹的碘含量低于干豆碘含量。总体来看，谷物与豆类食品碘含量由高到低为干豆类＞大米＞面类＞豆制品。

表1 谷物和豆类样品碘含量

单位：μg/kg（湿重）

品种	样品数/件	平均值±标准差	范围
大米	25	66.7±16.9	26.1～91.1
面条	11	22.4±12.3	9.40～37.2
面粉	11	39.7±10.7	29.4～55.7
黄豆	6	36.8±14.9	10.8～55.0
绿豆	7	17.0±6.30	10.4～25.4
红豆	7	18.8±5.60	13.4～27.2
花生	7	43.0±10.1	72.4～97.6
豆腐	6	5.80±4.20	2.60～10.4
腐竹	7	15.7±8.70	6.90～31.5

2.1.2 蔬菜

由表2可以看出，不同类型蔬菜碘含量有较大差异，其中碘含量的平均值为27.2～57.7 μg/kg。蔬菜碘含量最高的是菌类（57.7 μg/kg），其次为葱蒜类（45.2 μg/kg）。不同类型蔬菜碘含量由高到低为菌类＞葱蒜类＞豆类＞叶菜类 ＞瓜菜类＞根茎类＞茄类。

表2 蔬菜样品碘含量

单位：μg/kg（湿重）

品种	样品数/件	平均值±标准差	范围
菌类	30	57.7±24.9	34.9～92.4

续上表

品种	样品数/件	平均值±标准差	范围
葱蒜类	29	45.2±4.19	40.5～49.8
豆类	31	42.3±25.3	18.9～77.4
叶菜类	138	36.2±12.2	16.1～62.5
瓜菜类	48	30.2±10.1	16.8～48.5
根茎类	53	28.7±16.9	10.5～56.8
茄类	27	27.2±2.42	25.6～30.4

2.1.3　水果

由表3可以看出，水果碘含量的平均值为22.3～46.0 μg/kg。不同类型水果碘含量有差异，含量最高的是浆果类（46.0 μg/kg）和仁果类（44.7 μg/kg），含量最低的是柑橘类（22.3 μg/kg）。不同类型水果碘含量由高到低为浆果类＞仁果类＞热带及亚热带水果＞核果类＞瓜果类＞柑橘类。

表3　水果样品碘含量

单位：μg/kg（湿重）

品种	样品数/件	平均值±标准差	范围
浆果类	30	46.0±16.7	20.4～63.0
仁果类	32	44.7±5.32	38.2～52.6
热带与亚热带水果	29	36.1±8.79	24.8～45.0
核果类	23	35.7±13.6	17.1～42.1
瓜果类	25	24.4±16.8	9.30～45.9
柑橘类	23	22.3±1.73	22.5～25.9

2.2　动物性食品碘含量

由表4可见，肉类碘含量较高的品种是牛肉和猪肝，明显高于其他肉类，鸡肉碘含量最低（58.5 μg/kg）；水产品中不同类型的食品碘含量有差异，软体类含量最高（343 μg/kg），其次是甲壳类（252 μg/kg）和海水鱼（175 μg/kg），含量最低的是淡水鱼类（61.8 μg/kg）；蛋类中鸡蛋和咸鸭蛋的碘含量高于皮蛋；奶类中奶粉的碘含量远高于牛奶。

表4　动物性食品样品碘含量

单位：μg/kg（湿重）

品种	样品数/件	平均值±标准差	范围
肉类			
猪肉	13	64.7±2.90	61.4～68.9
牛肉	12	114±31.9	80.4～153.3
羊肉	10	68.2±3.32	64.5～72.4
鸡肉	13	58.5±0.4	46.5～70.4
鸭肉	6	71.3±8.64	62.5～80.4
猪肝	6	100±21.3	76.5～127
猪腰	5	71.9±11.9	60.5～89.4
水产品			
淡水鱼	74	61.8±16.9	39.1～89.0
海水鱼	61	175±63.0	68.5～266
甲壳类	35	252±99.2	71.9～353
软体类	25	343±361	124～883
蛋类			
鸡蛋	11	118±14.8	103～135
咸鸭蛋	7	92.2±11.0	80.9～106
皮蛋	6	83.7±11.3	71.4～96.8
奶类			
奶粉	10	81.7±25.3	57.9～120
牛奶	14	19.3±5.00	13.4～24.7

2.3　食盐碘含量

对采集到的30份食盐样品进行分析测定，得到食盐平均碘含量为31.7±6.20 mg/kg，符合我国2001年10月1日执行的食盐加碘标准（35±15）mg/kg。根据卫生部2011年9月发布的食品安全国家标准《食用盐碘含量》（GB 26878—2011），食盐产品碘含量的平均水平（以碘元素计）为（20～30）（1±30%）mg/kg，2012年3月15日起广东省采用25 mg/kg（允许波动范围为18～33 mg/kg）作为全省食用盐碘含量标准。本次测定的30份食盐样品碘含量略高于允许波动范围上限。2016年颁布的国家标准《食用盐》（GB/T5461—2016）碘添加量仍然与2011年一致。随着食盐加碘量标准的修订，预计目前广州市居民食盐碘含量会调整到相应标准范围。

2.4　广州市食品碘含量特征

综上所述，广州市各种食品碘的平均含量从大到小为鱼类 168.0 μg/kg、蛋类 97.0 μg/kg、畜禽肉类 72.8 μg/kg、米类 64.5 μg/kg、豆类 48.5 μg/kg、面类 39.7 μg/kg、蔬菜 36.92 μg/kg、水果类 33.96 μg/kg、奶类 15.64 μg/kg。鱼类显著高于其他食品种类，米类、豆类、面类、蔬菜、水果类、奶类之间碘含量差异不显著。变异系数比较大的是鱼肉和豆类，分别为 94.42% 和 108.3%；最小的是蛋类，只有 16.74%。从广义的角度看，动物性食物碘含量高于植物性碘含量。动物性食物碘含量由高到低依次为鱼肉＞蛋类＞畜禽肉类＞奶类；植物性碘含量以豆类较高，其次是米类等谷物，最低的是水果蔬菜。调查结果与周瑞华等[7]、沈钧等[8]、赵文德等[9]对北京市和天津市居民食物碘含量研究结果一致。

3　广州市居民碘摄入量调查结果

广东省卫生厅、科技厅和统计局于 2002 年联合开展了广东省居民营养和健康状况调查。本研究中广州市居民各类膳食每日摄入量采用此次调查结果，通过对广州市食品碘含量的调查获得各类膳食碘含量。

3.1　广州市标准人膳食碘摄入量

从表 5 可知，广州市标准人膳食碘的日摄入量为 91.80 μg。占膳食碘摄入量的百分比最大的是饮用水，达到 32.5%，其次是米类，为 20.4%。蔬菜、水果、坚果占摄入量的 15.0%。动物性食物（含蛋及蛋制品）碘摄入量占膳食碘摄入量的 26.3%，其中鱼类占 10.0%、猪肉占 8.3%。由此可知，水为广州市居民提供了丰富的碘来源，其次是动物性食物和大米。广州市居民的膳食碘摄入量比较低。与杨国光等[10] 1996 年研究的广东居民碘营养状况调查对比表明，广州市居民膳食碘摄入量高于南海（76.25 μg/d）、顺德（79.30 μg/d）和番禺（82.46 μg/d），低于珠海（106.04 μg/d）和中山（98.83 μg/d）。

表 5　广州市标准人各类食品碘每日摄入量

食品种类	重量/g	碘含量/mg·kg^{-1}	碘摄入量/mg	占碘总摄入量/%
米类	290.7	64.5	18.75	20.4
面类	48	39.7	1.91	2.1
其他谷物	9.1	29.4	0.27	0.3
薯类	10.2	12.0	0.12	0.1

续上表

食品种类	重量/g	碘含量/mg·kg^{-1}	碘摄入量/mg	占碘总摄入量/%
干豆类	3.3	48.5	0.16	0.2
豆制品	29.1	77.3	2.25	2.5
蔬菜	313.8	34.2	10.72	11.7
水果	70.1	36.9	2.58	2.8
坚果	4.8	102.0	0.49	0.5
猪肉	122.5	63.6	7.79	8.5
其他畜肉	16.8	32.5	0.55	0.6
动物内脏	10.9	26.4	0.29	0.3
禽肉	57.4	61.1	3.51	3.8
奶及奶制品	38.8	15.6	0.61	0.7
蛋及蛋制品	27.6	102.3	2.82	3.1
鱼虾类	70.8	129.8	9.19	10.0
水	2000	14.9	29.80	32.5
合计	1276.4		91.80	100.0

3.2 广州市不同收入人群膳食碘摄入量

从表6可知，随着收入的增加，膳食碘的摄入量增加，低、中、高收入人群的每日膳食碘摄入量分别为81.46、87.17、93.24 μg。米类碘的摄入量占膳食碘摄入量的百分比随着收入的增加，比例下降，分别为30.1%、24.6%和19.1%，动物性食物消费所占的比例则增加，分别为15.9%、21.7%和27.9%。中、低收入人群米碘摄入量所占的膳食碘摄入量的百分比大于动物性食物消费所占的比例，高收入人群则动物性食物消费所占的比例比米类大。

表6　广州市不同收入人群各类食品碘每日摄入量

食品种类	家庭平均年收入											
	低				中				高			
	Ⅰ	Ⅱ	Ⅲ	Ⅳ	Ⅰ	Ⅱ	Ⅲ	Ⅳ	Ⅰ	Ⅱ	Ⅲ	Ⅳ
米类	380.3	64.5	24.53	30.1	331.8	64.5	21.40	24.6	276.7	64.5	17.85	19.1
面类	12.1	39.7	0.48	0.6	31.6	39.7	1.25	1.4	51.1	39.7	2.03	2.2
其他谷物	2.2	29.4	0.06	0.1	4.7	29.4	0.14	0.2	9.6	29.4	0.28	0.3
薯类	24.2	12.0	0.29	0.4	20.6	12.0	0.25	0.3	9.5	12.0	0.11	0.1

续上表

食品种类	家庭平均年收入											
	低				中				高			
	Ⅰ	Ⅱ	Ⅲ	Ⅳ	Ⅰ	Ⅱ	Ⅲ	Ⅳ	Ⅰ	Ⅱ	Ⅲ	Ⅳ
干豆类	7.9	48.5	0.38	0.5	4.1	48.5	0.20	0.2	4.2	48.5	0.20	0.2
豆制品	25.7	77.3	1.99	2.4	32.5	77.3	2.51	2.9	30.7	77.3	2.37	2.5
蔬菜	270.3	34.2	9.23	11.3	294	34.2	10.04	11.5	322.5	34.2	11.02	11.8
水果	37.4	36.9	1.38	1.7	60.3	36.9	2.22	2.6	81.6	36.9	3.01	3.2
坚果	3.7	102.0	0.38	0.5	4.1	102.0	0.42	0.5	5.4	102.0	0.55	0.6
猪肉	71.4	63.6	4.54	5.6	108.8	63.6	6.92	7.9	122.1	63.6	7.77	8.3
其他畜肉	2.7	32.5	0.09	0.1	11.7	32.5	0.38	0.4	17.7	32.5	0.58	0.6
动物内脏	6.8	26.4	0.18	0.2	10.4	26.4	0.27	0.3	13.2	26.4	0.35	0.4
禽肉	21.1	61.1	1.29	1.6	41	61.1	2.51	2.9	62.7	61.1	3.83	4.1
奶及奶制品	2.8	15.6	0.04	0.1	14.9	15.6	0.23	0.3	49.1	15.6	0.77	0.8
蛋及蛋制品	13.6	102.3	1.39	1.7	19.7	102.3	2.02	2.3	30	102.3	3.07	3.3
鱼虾类	41.6	129.8	5.40	6.6	50.9	129.8	6.60	7.6	74.4	129.8	9.65	10.4
水	2000	14.9	29.80	36.6	2000	14.9	29.80	34.2	2000	14.9	29.80	32.0
合计	1004.1		81.46	100.0	1158.3		87.17	100.0	1323		93.24	100.0

说明：Ⅰ代表膳食摄入量（g），Ⅱ代表膳食碘含量（μg /kg），Ⅲ代表膳食碘摄入量（μg），Ⅳ代表占碘总摄入量的百分比（%）。

3.3　广州市敬老院老人膳食碘摄入量

广州市5所老人院采用记账的方法进行老人膳食碘摄入量调查，首先获得各类膳食每日摄入量，通过对广州市食品碘含量的调查获得各类膳食碘含量和老人碘摄入量（表7）。

表7　广州市敬老院老人膳食碘每日摄入量

食品种类	重量/g	碘含量/mg · kg^{-1}	碘摄入量/mg	占碘总摄入量/%
米类	219.8	64.5	14.18	19.5
面类	49.3	39.7	1.96	2.7
其他谷物	10.2	29.4	0.30	0.4
薯类	10.4	12.0	0.13	0.2
干豆类	2.3	48.5	0.11	0.2
豆制品	34.2	77.3	2.64	3.6

续上表

食品种类	重量/g	碘含量/mg·kg^{-1}	碘摄入量/mg	占碘总摄入量/%
蔬菜	274.1	34.2	9.36	12.9
水果	50.3	36.9	1.85	2.5
坚果	1.3	102.0	0.13	0.2
猪肉	87.9	63.6	5.59	7.7
其他畜肉	10.6	32.5	0.34	0.5
动物内脏	8.6	26.4	0.23	0.3
禽肉	40.3	61.1	2.46	3.4
奶及奶制品	15.6	15.6	0.24	0.3
蛋及蛋制品	25.6	102.3	2.62	3.6
鱼虾类	64.2	129.8	8.33	11.4
水	1500	14.9	22.35	30.7
合计	988.9		72.83	100.0

从表7可见，广州市敬老院老人膳食碘每日摄入量为72.83 μg。占膳食碘摄入量的百分比最大的是饮用水，达到30.7%；其次是米类，为19.5%；蔬菜、水果碘摄入量占膳食碘摄入量的15.4%；动物性食物消费碘摄入量占膳食碘摄入量的27.2%，其中鱼虾类占11.4%、猪肉占7.7%。敬老院老人碘的日摄入量偏低，膳食中需要添加加碘食盐。

3.4 广州市高校学生膳食碘摄入量

通过对广州市典型的5所高校进行膳食调查，获得高校学生各类膳食每日摄入量；通过对广州市食品碘含量的调查，获得各类膳食碘含量和高校学生碘摄入量（表8）。

表8 广州市高校学生膳食碘日摄入量

食品种类	重量/g	碘含量/mg·kg^{-1}	碘摄入量/mg	占碘总摄入量/%
米类	365.3	64.5	23.56	25.8
面类	45.2	39.7	1.79	2.0
其他谷物	6.5	29.4	0.19	0.2
薯类	6.5	12.0	0.08	0.1
干豆类	2.1	48.5	0.10	0.1
豆制品	24.3	77.3	1.88	2.1
蔬菜	274.9	34.2	9.39	10.3
水果	50.3	36.9	1.85	2.0

续上表

食品种类	重量/g	碘含量/mg·kg^{-1}	碘摄入量/mg	占碘总摄入量/%
坚果	3.5	102.0	0.36	0.4
猪肉	107.6	63.6	6.84	7.5
其他畜肉	12.3	32.5	0.40	0.4
动物内脏	9.8	26.4	0.26	0.3
禽肉	42.3	61.1	2.59	2.8
奶及奶制品	18.5	15.6	0.29	0.3
蛋及蛋制品	17.5	102.3	1.79	2.0
鱼虾类	56.4	129.8	7.32	8.0
水	2200	14.9	32.78	35.8
合计	1168.5		91.47	100.0

从表8可以看出，广州市高校学生膳食碘每日摄入量为91.47 μg。占膳食碘摄入量的百分比最大的是饮用水，达到35.8%；其次是米类，为25.8%；蔬菜、水果占摄入量的12.3%；动物性食物消费碘摄入量占膳食碘摄入量的21.3%，明显低于广州市标准人所占的比例27.9%，高于其米类所占的比例，其中鱼虾类占8.0%、猪肉占7.5%。所以，高校学生膳食碘的摄入量是偏低的，属于轻度碘缺乏，通过食用加碘食盐可以满足其对碘的需求。

3.5　广州市工人膳食碘摄入量

通过对广州市典型的5所工厂进行膳食调查，获得工厂工人各类膳食每日摄入量；通过对广州市食品碘含量的调查，获得各类膳食碘含量和工人碘摄入量（表9）。

表9　广州市工人膳食碘日摄入量

食品种类	重量/g	碘含量/mg·kg^{-1}	碘摄入量/mg	占碘总摄入量/%
米类	389.5	64.5	25.12	29.5
面类	13.2	39.7	0.52	0.6
其他谷物	2.3	29.4	0.07	0.1
薯类	18.9	12.0	0.23	0.3
干豆类	7.8	48.5	0.38	0.4
豆制品	21.9	77.3	1.69	2.0
蔬菜	259	34.2	8.85	10.4
水果	27.9	36.9	1.03	1.2

续上表

食品种类	重量/g	碘含量/mg · kg⁻¹	碘摄入量/mg	占碘总摄入量/%
坚果	2. 2	102. 0	0. 22	0. 3
猪肉	79. 6	63. 6	5. 06	5. 9
其他畜肉	2. 5	32. 5	0. 08	0. 1
动物内脏	5. 7	26. 4	0. 15	0. 2
禽肉	31. 2	61. 1	1. 91	2. 2
奶及奶制品	3	15. 6	0. 05	0. 1
蛋及蛋制品	14	102. 3	1. 43	1. 7
鱼虾类	43. 2	129. 8	5. 61	6. 6
水	2200	14. 9	32. 78	38. 5
合计	1000. 9		85. 18	100. 0

从表9 可见，广州市工人的膳食碘每日摄入量为85. 18 μg。占膳食碘摄入量的百分比最大的是饮用水，达到38. 5%；其次是米类，为29. 5%；蔬菜、水果占摄入量的11. 6%；动物性食物消费碘摄入量占膳食碘摄入量的 16. 8%，远低于广州市标准人所占的比例27. 9%，也低于其米类所占的比例。由此可见，广州市工人的膳食碘摄入量属于轻度碘缺乏，可通过食用加碘食盐满足其对碘的需求。

3.6 广州市儿童（2 ～ 5 岁）膳食碘摄入量

通过荔湾区医院于2002 年对荔湾区2001 年所有开办的托幼园所共111 间的调查，获得儿童膳食摄入量；通过对广州市食品碘含量的调查，获得各类膳食碘含量和儿童碘膳食摄入量（表10）。

表10 广州市儿童（2 ～ 5 岁）膳食碘日摄入量

食品种类	重量/g	碘含量/mg · kg⁻¹	碘摄入量/mg	占碘总摄入量/%
米类	181. 6	64. 5	11. 71	22. 0
面类	23. 5	39. 7	0. 93	1. 8
其他谷物	12. 3	29. 4	0. 36	0. 7
薯类	2. 6	12. 0	0. 03	0. 1
干豆类	0. 3	48. 5	0. 01	0. 0
豆制品	24. 5	77. 3	1. 89	3. 6
蔬菜	210. 2	34. 2	7. 18	13. 5
水果	46. 3	36. 9	1. 71	3. 2

续上表

食品种类	重量/g	碘含量/mg・kg^{-1}	碘摄入量/mg	占碘总摄入量/%
坚果	0. 9	102. 0	0. 09	0. 2
猪肉	85. 8	63. 6	5. 46	10. 3
其他畜肉	8. 6	32. 5	0. 28	0. 5
动物内脏	8. 7	26. 4	0. 23	0. 4
禽肉	23. 4	61. 1	1. 43	2. 7
奶及奶制品	25. 4	15. 6	0. 40	0. 7
蛋及蛋制品	22. 3	102. 3	2. 28	4. 3
鱼虾类	55. 6	129. 8	7. 21	13. 6
水	800	14. 9	11. 92	22. 4
合计	787. 4		53. 14	100. 0

从表 10 可以看出，广州市儿童（2 ～ 5 岁）的膳食碘每日摄入量为 53. 14 μg。占膳食碘摄入量的百分比最大的是饮用水，达到 22. 4%，显著低于广州市标准人所占的比例 32. 0%；其次是米类，为 22. 0%，与饮用水所占比例相近；蔬菜、水果占摄入量的 16. 7%，是所有人群中占膳食碘摄入量比例最高的；动物性食物消费碘摄入量占膳食碘摄入量的 32. 5%，也是所有人群中占膳食碘摄入量比例最高的，其中猪肉占 10. 3%、鱼虾类占 13. 6%。由此可见，广州市儿童的大部分膳食碘来源于动物性食品、米类和饮用水。

4　广州市居民碘摄入量及评估

4. 1　碘摄入评估标准

中国营养学会根据正常人碘摄入情况，分年龄段制订推荐摄入标准，目前使用的是 2013 年发布的标准。各年龄段碘的参考摄入量（RNI）、适宜摄入量（AL）、可耐受最高摄入量（UL）见表 11。

表 11　中国营养学会制定的正常中国人碘 RNI、UL（2013 年）

单位：μg/d

年龄/岁	RNI（或 AL）	UL
0 ～ 0. 5	80（AL）	—
0. 5 ～ 1	115（AL）	—
1 ～ 3	90	—

续上表

年龄/岁	RNI（或 AL）	UL
4～6	90	200
7～10	90	300
11～13	110	400
14～17	120	500
18～49	120	600
50～64	120	600
65～79	120	600
≥80	120	600

4.2 广州市居民食物碘摄入量及评估

本次调查的广州市食品和食盐碘含量的结果表明，动物性食品碘含量高于植物性食品碘含量。动物性食品碘含量中，水产品＞蛋类＞畜禽肉类＞奶类；植物性食品碘含量中，米类较高，其次是花生、面粉等主食，最低的是水果、蔬菜。通过对广州市食品碘含量进行分析和对不同群体膳食摄入量进行调查，计算出广州市居民不同群体碘摄入量（表 12），广州市标准人、低收入人群、中收入人群、高收入人群、敬老院老人、高校学生、工厂工人和儿童的每日膳食碘摄入量分别为 91.80、81.46、87.17、93.24、72.83、91.47、85.18 和 53.14 μg。与中国营养学会推荐摄入量对比，广州市居民膳食碘摄入量不足，属于轻度碘缺乏。若不食用加碘盐，单纯依靠食品摄取碘，广州市不同人群通过食物（包括水）摄入碘量不足。碘摄入量最高的是高收入人群，膳食碘摄入量为 93.24 μg/d，只有推荐量的 77.7%；敬老院老人碘摄入量只有 72.83 μg/d，只有推荐量的 60.7%；儿童碘摄入量最低，只有推荐量的 59%。为了满足广州市各类人群对碘的需求，必须推行食盐加碘。

表 12 广州市居民膳食碘摄入量

单位：μg/d、%

人群	调查值	参考值	调查值/参考值
标准人	91.80	120	76.5
低收入人群	81.46	120	67.9
中收入人群	87.17	120	72.6
高收入人群	93.24	120	77.7
敬老院老人	72.83	120	60.7
高校学生	91.47	120	76.2

续上表

人群	调查值	参考值	调查值/参考值
工厂工人	85. 18	120	71. 0
儿童	53. 14	90	59. 0

说明：单以食品碘含量计。

4.3　广州市居民食盐碘摄入量

根据广东省盐业总公司的统计数据，广东省每人每天食用食盐约为 8 g。以本次居民食盐含碘量调查结果（31. 7 mg/kg）计算，不计烹饪过程中碘的损失，广州市居民从加碘食盐中可以获得碘 253. 6 μg/d。加碘盐在烹调和储存过程中碘损失较多，世界卫生组织（WHO）、联合国儿童基金会（UNICEF）和国际控制碘缺乏病理事会（ICCIDD）推荐的盐碘烹饪损失率为 20%。考虑烹饪过程中碘的损失，广州市居民单从食盐中摄入的碘高达 202. 9 μg/d，再加上食品碘摄入量，以标准人计算碘摄入量高达 294. 7 μg/d。

5　讨论、结论与建议

5.1　广州市居民碘营养状况评估

各国制定膳食碘摄入标准略有不同：2001 年，美国和加拿大的膳食参考摄入量委员会选择 95 μg/d 作为成人的平均需要量；2000 年，德国以 200 μg/d 作为青春期和成人的推荐摄入量（RNI）；瑞士、日本等国家采用 150 μg/d 作为成人 RNI；欧共体 RNI 为 130 μg/d。WHO、UNICEF、ICCIDD 推荐的碘摄入量标准为：6 岁以下儿童 90 μg/d，6 ~ 12 岁 120 μg/d，12 岁以上 150 μg/d。2013 年，中国营养学会制定了“中国居民膳食营养素参考摄入量”，评价婴幼儿碘日摄入量分别采用 80、115 μg/d，儿童采用 90 μg/d，青少年采用 110 μg/d，标准人、高校学生、工人以及敬老院老人可以采用 120 μg/d。

从广州市居民碘摄入量和中国营养学会制定的标准来看，如果不食用加碘盐，不同人群均达不到摄入标准；但在食用盐全部为加碘盐的情况下，摄入量又超标，以标准人计，超过膳食 RNI 近 1 倍多。采用 2013 年食盐加碘标准（25 mg/kg）计算，如果广州市居民食用盐摄入量可以控制在中国营养学会推荐成年人标准（ <6 g/d），考虑烹调损失 20% 碘的情况，单从食盐中摄入碘量就可以达到推荐标准，再加上食品中摄入碘，广东现行的食盐加碘标准偏高，广州市居民碘摄入量存在超过 RNI 的风险。

5.2　碘摄入安全性评估

在一些缺碘地区，由于增加食盐和面包加碘量，使用含碘食品防腐剂以及其他含碘食品或强化食品，已经引起某些国家碘摄入量明显增加。人体过量摄人碘可能存在造成甲状腺功能失常的危险性，其副作用包括甲状腺功能减退症、促甲状腺激素（TSH）升高、甲状腺肿、自身免疫性甲状腺疾病和可能的乳头状甲状腺癌发生率增加。

WHO 于 1994 年提议将 1000 μg/d 作为对健康人有害的高碘摄入界限值。澳大利亚以 2000 μg/d 作为健康成人的安全摄入量上限水平，儿童为 1000 μg/d。英国推荐 17 μg/kg 作为安全上限水平，即不超过 1000 μg/d。我国制定的成人 UL 为 600 μg/d；鉴于我国对高碘流行病学调查表明，儿童尿碘大于 800μg/L 可造成高碘甲状腺肿的流行，故儿童的推荐 UL 为 200 ～ 300 μg/d。

本研究调查结果表明，广州市居民从食品和食盐中摄入的碘为 250 ～ 300 μg/d，虽然高于中国营养学会制定的 RNI 值，但尚未超过成人 UL。冯杰等[11]调查哈尔滨市居民碘摄入量为 147.7 μg/d（不包括碘盐中碘的摄入量，下同），赵文德等[9]研究表明天津市居民碘摄入量为 154 μg/d，张卫红等[12]研究表明上海市居民碘摄入量为 129 ～ 164 μg/d。从上述城市膳食碘摄入量调查来看，居民通过膳食摄入碘较为充足。在食用加碘食盐后，每天的碘摄入量会增加 120 ～ 300 μg/d，表明在这些城市，即使食用加碘食盐也没有超过 1000 μg/d 的界限值，与本研究结果一致。

国外研究结果与我们类似。碘缺乏在欧洲许多国家普遍存在。丹麦在 1998 年通过食盐与面包补碘后，居民的尿碘明显增加，缺碘现象有一定改善，但是儿童与 40 ～ 45 岁妇女的碘摄入量仍然没有达到 RNI。[13]斯洛文尼亚青少年通过补碘后，居民碘摄入量（155.8 μg/d）达到 RNI，没有严重的碘摄入过量现象。[14]非洲的难民营居民依靠国际援助食品生活，但相关的调查显示，部分难民的尿碘严重超标，原因主要是碘盐中碘含量超标。[15]可见，要合理调整区域食盐加碘问题，还需要对区域膳食摄入组成和食品碘含量进行调查研究。

5.3 建　议

综上所述，广州市居民食品碘含量以动物性食品含量较高，而植物性食品碘含量较低。在未食用加碘盐的情况下，广州市居民碘摄入量不足；根据目前食盐中碘加入量计算，食用加碘盐后碘摄入量超出 RNI，但仍然低于 UL。建议以区域膳食结构调查和居民食品碘含量调查结果作为食盐加碘量调整的重要依据，分级细化市售加碘盐含碘量，指导市民选择适宜的碘盐。同时，建议医院体检科增设尿碘检测项目，配合超声波检查，确定甲状腺结节等疾病与居民碘摄入水平的关系。

参考文献

[1] 国家食品安全风险评估专家委员会. 中国食盐加碘和居民碘营养状况的风险评估［M］. 2010.

[2] 丁文娟，阿不来提，杨鹤超，等. 应急补碘后拜城和乌什县孕妇及哺乳期妇女碘营养现状调查［J］. 环境与健康杂志，2011，28（2）：140 – 142.

[3] 于志恒. 从 1999 年中国碘缺乏病检测报告看当前我国碘缺乏病防治中存在的问题［J］. 中国地方病学杂志，2001，20（1）：70 – 71.

[4] 韩树清，曾强，李炜，等，1995—2005 年天津市碘盐干预防治碘缺乏病效果评价 [J]. 环境与健康杂志，2006，23 (6)：522 - 524.

[5] 单忠艳. 长期全民食盐加碘的有效性和安全性：中国大陆 31 省流行病学证据 [J]. 国际内分泌代谢杂志，2020，40 (5).

[6] 马文军，邓峰，许燕君，等. 广东省居民膳食营养状况研究 [J]. 华南预防医学，2005，31 (1)：1 - 5.

[7] 周瑞华，石磊，王光亚. 北京市部分市售食物中碘含量 [J]. 营养学报，2001 (1)：85 - 97.

[8] 孙伟，沈钧，刘嘉玉，等. 天津市售食品碘含量及部分大学学生碘营养状况的研究 [J]. 中华预防医学杂志，2007，41 (2)：126 - 129.

[9] 赵文德，胡新，王若涛. 天津市居民碘摄入量考察 [J]. 中华预防医学杂志 [J]. 1993，27 (3)：157 - 159.

[10] 杨国光，黄明骆，邱建锋. 广东居民碘营养状态调查 [J]. 卫生研究，2001，30 (4)：225 - 226.

[11] 冯杰，张玲，刘宁，等. 哈尔滨城区居民膳食碘摄入量的调查分析 [J]. 中国地方病学杂志，2000，19 (3)：205 - 206.

[12] 张卫红，何倩琼，吴其乐. 上海地区 85 种常用食物中的碘含量 [J]. 营养学报，1996，18 (4)：321 - 324.

[13] RASMUSSEN L B, CARLE A, JORGENSEN T, et al. Iodine intake before and after mandatory iodization in Denmark: Results from the Danish investigation of iodine intake and thyroid diseases (DanThyr) study [J]. The British journal of nutrition, 2008, 100 (1): 166 - 173.

[14] STIMEC M, MIS N F, SMOLE K, et al. Iodine intake of Slovenian adolescents [J]. Annals of nutrition & metabolism, 2007, 51 (5): 439 - 447.

[15] SEAL A J, CREEKE P I, GNAT D, et al. Excess dietary iodine intake in long term African refugees [J]. Public health nutrition, 2006, 9 (1): 35 - 39.

广州市居民食物锌含量与膳食摄入研究*

锌是人体必需的营养元素，广泛分布于皮肤、毛发、血液、骨骼、肝、肾、膜等组织及睾丸、附睾和前列腺等器官中。正常成年人体内锌含量虽仅占 0.003% （1.4 ～ 2.3 g），但人体中有 100 多种酶以锌为活性中心或结构构成元素，对维持人体健康起着重要的作用，锌作为人体必需营养素在临床和公共卫生上具有重要意义。可见，人体生长发育过程中都需要锌，人体缺锌可以导致许多疾病的产生。但是，过量摄入锌可能引起急性锌中毒（表现为恶心、呕吐、急性腹痛、腹泻和发热等症状），或慢性锌中毒（表现为贫血、免疫功能下降、高密度脂蛋白胆固醇降低等）。[1,2]

人体内锌的含量取决于人们摄入食品中锌含量的多少。在过去 20 年中，我国城市居民膳食结构发生了很大的变化，高热量、高脂肪、低纤维含量的食物摄入量增加，与此同时，各种营养素的摄入相应发生了变化。[3]本研究通过测定广州市食物锌含量，结合居民膳食结构计算广州市不同人群每日锌摄入量，对广州市居民锌的摄入状况进行评价，为居民合理膳食、营养膳食提供科学依据。

1　研究方法

1.1　样品采集

样品采样地点为广州市不同区域的主要批发市场、农贸市场和超市。样品采集时间为 2005 年 4— 12 月。在各采样地点随机采集样品，蔬菜、水果和海产品等采集同一种类样品 3 ～ 5 个混合为一份样品，谷物、豆类、肉类和奶粉采集 1 kg 以上。其中新鲜样品采集后立即送回实验室，置于冰箱内 0 ～ 4 ℃ 保存。

1.2　样品预处理

蔬菜、水果、肉类及水产品等样品先用自来水冲洗 3 ～ 5 次，去除飞尘、泥土和其他干扰样品测定的附着物，再用蒸馏水冲洗 2 ～ 3 次，最后用高纯水（Milli - Q A10,

---

* 作者：董汉英、何树悠、温琰茂（通讯作者）、余光辉、张磊。基金项目：广东省重点科技资助项目（NO. 2KM06505S），广东省科技厅科技攻关项目（NO. 32130 - 4202233），广东省环保局科技攻关资助项目（NO. 026 - 423009）。

18. 2MΩ. cm @25 ℃）冲洗3次，用洁净干纱布或者粗滤纸把样品擦干。

大米、面粉、大豆等直接混匀，将500 g样品磨成粉状取样；水果、蔬菜类食品按市民习惯去除不可食部分，小型蔬果将样品混合均匀用四分法取样，大型蔬果从多个单独样品中取样，散叶型蔬菜取各个不同部位的混合样；肉类与水产品分不同部位取样，去除骨头和刺；蛋类去壳后搅拌均匀。所有样品都经捣碎混匀。鲜奶和酸奶在称样前摇匀。

1.3　测定方法

样品消解后采用原子分光光度法（日立Z－5000型）进行测定，采用精度实验、平行样法和加标回收实验保证测定结果的准确性。对同一样品进行6次重复测定，变异系数均在10%以下。每批样品全程做3份试剂空白，每10个样品做2个随机平行样，平行样间误差均控制在5%以内。在每批测定样品中，抽取2个加入标准样进行测定，同时测定国家标准物质中心提供的环境标准样品（西红柿叶），回收率超过90%，达到质量控制要求。

1.4　统计学分析

食品分类参照《中国食物成分表2002》，食品中锌含量为该类食品所有测定样品的平均值，食品品种间的差异显著性采用SPSS 12. 0的平均值t检验法进行统计分析，显著性水平为$p<0.05$。

2　广州市居民食物锌含量与特征分析

2.1　植物性食物锌含量

2.1.1　谷物与豆类锌含量

谷物与豆类锌含量范围在9. 51～39. 5 mg/kg之间（表1）。谷物中，大米、面条和面粉锌含量有明显的差异，其中大米锌含量最高（16. 9 mg/kg），其次为面条（11. 5 mg/kg），面粉含量最低（10. 9 mg/kg）；豆类中，黄豆、绿豆、红豆和花生之间锌含量没有明显的差异，花生锌含量最高（39. 5 mg/kg），其次是黄豆，红豆最低（34. 2 mg/kg）；豆制品中，豆腐和腐竹皮锌含量明显低于干豆中锌含量，与面粉和面条锌含量相似。总体来看，谷物与豆类食品锌含量由高到低为干豆类＞大米＞面类＞豆制品。

表1　谷物和豆类锌含量

单位：mg/kg（湿重）

品种	样品数	均值	标准差	范围
谷物				
大米	25	16. 9a	3. 13	13. 3 ～ 21. 9
面条	11	10. 9b	3. 21	8. 46 ～ 21. 7
面粉	11	11. 5b	2. 75	8. 60 ～ 13. 9
豆类及其制品				
黄豆	6	39. 1a	3. 64	34. 4 ～ 44. 0
绿豆	7	36. 3a	4. 74	30. 5 ～ 42. 9
红豆	7	34. 2a	3. 43	31. 5 ～ 39. 1
眉豆	6	34. 05a	0. 42	32. 14 ～ 34. 53
花生	7	39. 5a	2. 08	36. 9 ～ 40. 2
豆腐	6	9. 51b	2. 61	7. 58 ～ 13. 5
腐竹皮	7	10. 8b	14. 9	17. 6 ～ 50. 7

说明：各种类内部，不同字母表示处理间差异达5%显著水平。下同。

2.1.2　蔬菜类锌含量

由表2可知，不同蔬菜品种锌含量存在一定的差异。叶菜类锌含量范围是1.23～5.68 mg/kg，其中比较高的是雪里蕻、大青菜、西兰花、甘蓝，均在4.5 mg/kg以上。雪里蕻锌含量显著高于其他叶菜类，大青菜、西兰花和甘蓝差异不显著，但是显著高于除雪里蕻以外的其他叶菜类。较低的是紫背菜、花菜、苦麦菜和芹菜，锌含量低于2.00 mg/kg。苦麦菜与芹菜和西洋菜、油麦菜、紫背菜及花菜差异不明显，但是显著低于其他叶菜类。变异系数较大的是西兰花、香菜、豆芽、小白菜、西洋菜、油麦菜、花菜、芹菜，变异系数达30%以上。广州市的叶菜多产于广州市郊区，不同品种锌含量差异的原因是复杂的，它与不同品种对锌的选择吸收、锌在它们中的分布迁移特性以及植物生长的自然环境地理、地质条件等因素有关。而不同品种对锌的选择吸收可能是造成它们自身含量差异的主要原因。

表2　不同蔬菜种类锌含量

单位：mg/kg（鲜重）

蔬菜	样品数	含量范围	中位数	平均含量	标准差	变异系数/%
叶菜类						
雪里蕻	4	5. 22 ～ 6. 25	5. 72	5. 68a	0. 43	7. 57
大青菜	6	4. 21 ～ 419	4. 55	4. 65b	0. 30	6. 45
西兰花	8	2. 84 ～ 6. 69	3. 84	4. 55b	1. 60	35. 16

续上表

蔬菜	样品数	含量范围	中位数	平均含量	标准差	变异系数/%
甘蓝	5	4. 34 ～ 5. 23	4. 56	4. 50b	0. 37	8. 22
豌豆苗	6	2. 85 ～ 4. 10	3. 18	3. 22c	0. 52	16. 15
菠菜	8	2. 52 ～ 4. 15	3. 10	3. 06cd	0. 65	21. 24
芥蓝	7	1. 70 ～ 2. 62	2. 25	3. 02cd	0. 75	24. 83
香菜	7	1. 88 ～ 4. 04	3. 37	2. 87cde	0. 91	31. 71
豆芽	6	1. 73 ～ 4. 00	3. 55	2. 85cdef	0. 98	34. 39
芥菜	7	2. 44 ～ 3. 53	2. 85	2. 80 cdef	0. 43	15. 36
空心菜	6	2. 44 ～ 3. 03	2. 57	2. 60 cdef	0. 26	10. 00
生菜	8	1. 66 ～ 3. 80	2. 58	2. 57cdef	0. 72	28. 02
大白菜	4	1. 64 ～ 3. 57	2. 51	2. 56cdef	0. 64	25. 00
菜心	5	2. 24 ～ 3. 32	2. 60	2. 55cdef	0. 39	15. 29
上海青	6	1. 70 ～ 2. 64	2. 37	2. 28cdef	0. 4	17. 54
小白菜	7	1. 65 ～ 3. 65	2. 44	2. 22cdef	0. 74	33. 33
西洋菜	5	1. 40 ～ 3. 66	2. 22	2. 18defg	1. 01	46. 33
油麦菜	8	1. 60 ～ 3. 72	1. 93	2. 04defg	0. 74	36. 27
紫背菜	6	1. 55 ～ 2. 66	1. 84	1. 96efg	0. 47	23. 98
花菜	8	1. 10 ～ 2. 64	1. 98	1. 83fg	0. 58	31. 69
苦麦菜	5	0. 80 ～ 1. 52	1. 20	1. 24g	0. 27	21. 77
芹菜	6	0. 72 ～ 2. 10	1. 30	1. 23g	0. 53	43. 09
葱蒜类						
韭菜	8	1. 68 ～ 4. 83	2. 35	2. 47a	1. 11	44. 94
大蒜	7	1. 25 ～ 2. 94	2. 07	2. 06ab	0. 76	36. 89
葱	6	1. 35 ～ 1. 97	1. 46	1. 50ab	0. 27	18. 00
洋葱	8	0. 95 ～ 1. 61	1. 22	1. 27b	0. 26	20. 47
茄类						
圆椒	6	0. 92 ～ 2. 02	1. 65	1. 46a	0. 45	38. 20
尖椒	5	1. 15 ～ 1. 48	1. 23	1. 30ab	0. 13	10. 00
茄子	6	0. 85 ～ 1. 24	1. 02	1. 01b	0. 15	14. 85
西红柿	10	0. 22 ～ 0. 77	0. 44	0. 46c	0. 23	47. 83
瓜类						
冬瓜	5	0. 61 ～ 3. 62	1. 24	1. 80a	1. 33	73. 89

续上表

蔬菜	样品数	含量范围	中位数	平均含量	标准差	变异系数/%
云南小瓜	6	0.91～2.28	1.35	1.40 ab	0.56	40.00
黄瓜	6	0.94～2.10	1.64	1.38abc	0.43	31.16
丝瓜	5	0.74～1.65	1.28	1.28abc	0.36	28.13
佛手瓜	7	0.77～1.35	1.26	1.04bc	0.27	25.96
节瓜	7	0.60～1.21	0.92	0.82bc	0.25	34.90
苦瓜	7	0.63～1.12	0.74	0.80bc	0.19	22.5
南瓜	5	0.61～0.73	0.66	0.62c	0.05	8.06
豆菜类						
蚕豆	9	3.74～4.02	3.86	3.85a	0.15	3.64
长豆角	8	3.01～3.54	3.24	3.20b	0.23	6.88
扁豆	7	2.33～3.24	2.54	2.64c	0.37	13.64
四季豆	7	2.02～3.01	2.34	2.46c	0.47	18.7
菌类						
草菇	5	5.31～6.08	5.64	5.88a	0.30	4.93
香菇	7	2.28～5.98	3.96	4.23b	1.5	33.10
金针菇	5	2.84～3.75	3.25	3.22c	0.40	12.42
平菇	6	2.33～3.79	3.57	3.08c	0.72	23.38
木耳	6	0.72～0.94	0.86	0.84d	0.09	9.52
块茎类						
芋头	10	1.81～2.86	2.34	2.28a	0.41	17.54
土豆	10	1.42～2.64	1.96	2.00a	0.47	23.5
莲藕	7	0.81～2.13	1.77	1.42b	0.52	36.62
红萝卜	10	0.92～2.04	1.52	1.23b	0.45	32.52
萝卜	10	0.96～1.40	1.14	1.08bc	0.20	18.52
莴笋	6	0.64～0.78	0.65	0.64c	0.05	7.81
海洋植物类						
海带	6	5.20～7.34	6.35	6.34	0.88	13.86

葱蒜类只有韭菜、大蒜、葱、洋葱。其中韭菜锌含量最高，达到2.35 mg/kg；洋葱锌含量最低，只有1.22 mg/kg。韭菜锌含量显著高于洋葱，大蒜、葱与韭菜、洋葱差异不显著。葱蒜类的变异系数均不小于18%。

茄类锌含量最高的是尖椒，为1.46 mg/kg，与圆椒锌含量差异不显著，但是显著高于茄子、西红柿；西红柿锌含量最低，只有0.46 mg/kg。茄子、西红柿和尖椒之间的锌含量差异显著。尖椒与西红柿的变异系数较大，分别是38.20%和47.83%。

瓜类锌含量范围是0.62～1.80 mg/kg。其中比较高的是冬瓜、云南小瓜、黄瓜和丝瓜，均高于1.20 mg/kg，其中锌含量最高的是冬瓜，为1.80 mg/kg，与云南小瓜、黄瓜和丝瓜差异不显著，但是显著高于其他瓜类；比较低的是节瓜、苦瓜、南瓜，锌含量低于1.00 mg/kg，它们之间的锌含量差异不显著。变异系数较大的是冬瓜、云南小瓜、黄瓜、节瓜变异系数达30%以上。

豆菜类锌含量范围是2.46～3.85 mg/kg。锌含量最高的是蚕豆，最低的是四季豆，扁豆和四季豆锌含量差异不显著，但是与蚕豆、长豆角之间比较差异显著。变异系数均不大，最大的是四季豆（18.7%）。

菌类锌含量范围是0.84～5.88 mg/kg。锌含量最高的是草菇，达到5.88 mg/kg；最低的是木耳，为0.84 mg/kg。金针菇和平菇锌含量差异不显著，其他的菌类品种之间差异显著。变异系数较大的是香菇和平菇，分别是33.10%和23.38%。

块茎类锌含量范围是0.64～2.28 mg/kg。锌含量最高的是芋头、土豆，分别是2.28 mg/kg和2.00 mg/kg，差异不显著，但是显著高于其他品种；莴笋锌含量最低，显著低于其他品种。莲藕、红萝卜变异系数超过30%。

采集的7类54种植物性食物锌含量统计结果（表3）显示：不同类型蔬菜锌含量有较大差异，除了受到品种影响外，还受到产地的影响。蔬菜锌含量最高的是菌类，为3.41 mg/kg；其次为豆类，为3.07 mg/kg。不同类型蔬菜锌含量由高到低为海洋植物类＞菌类＞豆类＞葱蒜类＞叶菜类＞根茎类＞瓜类＞茄类。可见，海洋植物类代表性食品海带锌含量最高。总体而言，广州市蔬菜锌含量明显低于徐州[4]、上海[5]等地。广州市蔬菜锌含量同一个品种变异较大，主要是市面上销售的蔬菜来源广泛，除了来自广州市郊区以外，还有来自广西、海南、云南等地方。不同种类、不同品种蔬菜对锌的选择吸收、锌在它们中的分布迁移特性有区别外，蔬菜还受不同地区环境因素、土壤、肥料等影响而异，所以蔬菜锌含量差异也较大。已有的一些调查[4,6-13]也发现不同蔬菜种类和品种之间差异较大。以下为不同种类植物性食物的锌含量调查结果。

表3　不同种类植物性食物锌含量比较

单位：mg/kg（湿重）

蔬菜种类	菌类	豆菜类	叶菜类	葱蒜类	根茎类	瓜菜类	茄类
样本数	5	4	23	4	6	8	4
均值	3.41a	3.07ab	2.79b	1.95c	1.45cd	1.13d	1.02d
标准差	1.84	0.63	1.09	0.54	0.61	0.39	0.44
范围	0.86～5.84	2.34～3.86	1.84～5.72	1.22～2.35	0.65～2.34	0.66～1.94	0.44～1.65

2.1.3　水果类锌含量

对6类水果进行分析比较，结果（见表4）表明水果种类之间锌含量差异达到极显著。各类水果锌平均含量从大到小为热带与亚热带水果＞瓜果类＞核果类＞柑橘类＞

浆果类＞仁果类。浆果类与仁果类锌含量差异不显著，其他各类水果之间的差异显著。变异系数最大的是核果类，为 42.72%；其次是瓜果类和仁果类，分别为 39.39% 和 31.03%；最低的是柑橘类，只有 2.56%。

表 4　不同种类水果锌含量比较

单位：mg/kg（鲜重）

水果种类	热带与亚热带水果	瓜果类	核果类	柑橘类	浆果类	仁果类
含量	5.83a	3.91b	3.02c	2.34d	1.52e	1.16e
标准差	1.34	1.54	1.29	0.06	0.44	0.36
样本数	4	4	4	3	5	4
变异系数/%	22.98	39.39	42.72	2.56	28.95	31.03

采集的 6 类 25 种水果锌含量统计结果（表 5）显示：瓜果类中，木瓜锌含量最高，达 5.52 mg/kg；哈密瓜锌含量最低，为 2.34 mg/kg。木瓜和香瓜锌含量差异不显著，西瓜和哈密瓜锌含量差异也不显著，木瓜、西瓜和香瓜、哈密瓜锌含量差异显著。变异系数最大的是香瓜和西瓜，分别是 40.13% 和 25.93%；变异系数最小的是哈密瓜，只有 3.76%。

表 5　水果锌含量

单位：mg/kg（鲜重）

水果	样品数	含量范围	中位数	平均含量	标准差	变异系数/%
瓜果类						
木瓜	6	4.54 ～ 7.06	5.40	5.52a	1.08	19.64
香瓜	5	3.50 ～ 6.04	5.16	5.06a	1.31	25.93
西瓜	8	1.76 ～ 4.98	3.18	3.02b	1.21	40.13
哈密瓜	6	2.24 ～ 2.50	2.32	2.34b	0.09	3.76
热带及亚热带水果						
杨桃	8	4.52 ～ 9.10	7.60	7.26a	1.94	26.75
火龙果	7	5.96 ～ 6.80	6.48	6.36ab	0.35	5.57
香蕉	8	3.92 ～ 6.38	5.14	5.28bc	0.92	17.46
番石榴	6	3.52 ～ 5.36	3.96	4.16c	0.72	17.31
核果类						
冬枣	6	4.10 ～ 4.90	4.76	4.62a	0.34	7.40
青甜枣	7	3.02 ～ 3.96	3.50	3.50b	0.33	9.37
黑布霖	4	1.96 ～ 2.68	2.16	2.28c	0.31	13.42

续上表

水果	样品数	含量范围	中位数	平均含量	标准差	变异系数/%
桃子	6	1.52 ～ 1.88	1.68	1.72d	0.13	7.66
柑橘类						
橙子	8	1.76 ～ 3.04	2.50	2.42a	0.50	20.50
柚子	9	1.92 ～ 3.02	2.22	2.32a	0.43	18.36
柑子	6	2.02 ～ 2.50	2.32	2.30a	0.17	7.22
浆果类						
猕猴桃	4	1.78 ～ 2.46	2.28	2.06a	0.38	18.64
葡萄	7	1.38 ～ 1.84	1.64	1.61b	0.19	11.94
柿子	6	1.28 ～ 1.86	1.50	1.59b	0.22	13.87
提子	5	0.94 ～ 1.50	1.08	1.20c	0.25	20.76
巨峰葡萄	8	0.76 ～ 1.04	0.90	0.90c	0.10	11.09
仁果类						
酥梨	5	1.64 ～ 1.90	1.70	1.79a	0.11	6.05
鸭梨	6	0.96 ～ 1.44	1.12	1.17bc	0.19	16.52
香梨	6	0.86 ～ 1.52	1.04	1.08bc	0.26	23.80
蜜梨	8	0.78 ～ 1.36	1.06	0.99c	0.23	23.53
苹果	7	0.70 ～ 12.2	0.86	0.86c	0.098	22.69

热带及亚热带水果中，杨桃锌含量最高，达到 7.26 mg/kg；番石榴锌含量最低，只有 4.16 mg/kg。杨桃锌含量显著高于香蕉和番石榴，火龙果锌含量与杨桃及香蕉差异不显著。变异系数最大的是杨桃，达到 26.75%。

核果类锌含量最高的是冬枣，达 4.62 mg/kg；最低的是桃子，为 1.72 mg/kg；青甜枣和黑布霖锌含量分别是 3.50 mg/kg 和 2.28 mg/kg。各个品种之间锌含量差异显著。变异系数均小于 15%。

柑橘类的橙子、柚子和柑子锌含量之间差异不显著，均在 2.30 mg/k 左右。变异系数最大的是橙子，达 20.50%。

浆果类中，锌含量最高的是猕猴桃，最低的是巨峰葡萄，锌含量分别为 2.06、0.90 mg/kg。猕猴桃锌含量显著差异于其他浆果，葡萄和柿子差异不显著，提子和巨峰葡萄差异不显著，但是葡萄、柿子和提子、巨峰葡萄的差异显著。变异系数基本上在 10% ～ 20% 之间。

仁果类锌含量最高的是酥梨，为 1.79 mg/kg，显著高于鸭梨、香梨、蜜梨、苹果；锌含量最低的是苹果，只有 0.86 mg/kg。鸭梨、香梨、蜜梨、苹果锌含量差异不显著。变异系数最大的是香梨和蜜梨，分别为 23.80% 和 23.53%。

在所有水果中，杨桃锌含量最高，达到 7.26 mg/kg；其次是火龙果，为 6.36 mg/kg；

最低的苹果只有 0.86 mg/kg。

2.2 动物性食物锌含量

2.2.1 鱼类锌含量特征

本研究将鱼类分为甲壳类、软体类、淡水类、海鱼类 4 种，其主要含量见表 6。

表 6 不同种类鱼类锌含量比较

单位：mg/kg（鲜重）

鱼类种类	甲壳类	软体类	淡水鱼	海鱼类
含量	19.91a	13.78b	11.44b	8.60c
标准差	9.65	2.19	5.73	3.68
样本数	6	5	12	10
变异系数/%	48.47	15.89	50.09	42.79

鱼类种类之间锌含量差异达到极显著。各类鱼锌含量由高到低为甲壳类 > 软体类 > 淡水鱼 > 海鱼类。鱼类同一品种之间的差异较大。软体类与淡水鱼锌含量差异不显著，其他各类鱼之间的差异显著。变异系数最大的是淡水鱼类，为 50.09%；其次是甲壳类和海鱼类，分别为 48.47% 和 42.79%；最低的是软体类，只有 15.89%。

与其他地区报道的鱼类锌含量[4,7-8]相比，广州市的鱼类锌含量高于武汉市、郑州市上街区，而低于徐州地区；此外，品种之间的含量差异较大[14-15]。胡敏予[15]对长沙地区 64 种常用食物的锌含量进行测定，并与国家食物成分表的代表值进行对比，长沙地区鱼类锌均高于国家代表值，广州市的鱼类锌含量低于长沙地区。在国外，克罗地亚的鱼和鱼制品以及贝类食物样品中锌的含量，鱼类为 3.12 ~ 19.5 mg/kg，鱼制品为 12.3 ~ 31.2 mg/kg，贻贝为 21.1 ~ 30.9 mg/kg，牡蛎为 129 ~ 431 mg/kg[16]，低于广州市鱼类食品中的锌含量。尼日利亚学者研究结果表明，当地食物中锌含量范围为 0.014 ~ 13.2 mg/kg[17]，属于锌摄入量偏低的地区。

各种鱼之间锌含量差异显著（表 7）。淡水鱼锌含量范围是 5.56 ~ 25.47 mg/kg。泥鳅锌含量最高，达到 25.47 mg/kg，其次是黄鳝，锌含量为 17.52 mg/kg，它们之间锌含量差异显著，并且显著高于其他品种的淡水鱼；锌含量最低的是大头鱼，只有 5.56 mg/kg；鲫鱼、鲮鱼、罗非鱼和草鱼锌含量均在 10.00 mg/kg 左右。鲈鱼、鲶鱼、桂花鱼和大头鱼锌含量之间没有显著差异。变异系数比较大的是草鱼和大头鱼，分别为 27.69% 和 23.88%。

海水鱼锌含量范围是 4.75 ~ 16.05 mg/kg。泥猛鱼锌含量最高，达到 16.05 mg/kg，其次是沙尖鱼，锌含量为 13.24 mg/kg，它们之间锌含量差异显著，并且显著高于其他品种的海水鱼；锌含量最低的是红线鱼，为 4.75 mg/kg。带鱼、九肚鱼、金线鱼和红线鱼锌含量之间没有显著差异。变异系数比较大的是池鱼，为 25.38%。

甲壳类中，蚌锌含量最高，达到 37.07 mg/kg，显著高于其他品种的甲壳类。锌含量比较低的是虾和虾仁，锌含量分别为13.36、12.48 mg/kg，差异不显著。花蟹和大甲蟹锌含量差异不显著。甲壳类变异系数均小于12%。

软体类中，鱿鱼锌含量最高，达到18.75 mg/kg，显著高于其他品种的软体类；锌含量比较低的是海蜇和章鱼，锌含量分别为14.00、13.36 mg/kg，它们之间差异不显著。八爪鱼和墨鱼锌含量差异不显著。软体类变异系数均小于14%。

本研究只测定两个样品的生蚝，锌含量分别为685.4、721.6 mg/kg，是一种良好的锌食品来源。另外，花蟹、大甲蟹和泥鳅也含有较高的锌。

表7　鱼类锌含量

单位：mg/kg（鲜重）

鱼类	样品数	含量范围	中位数	平均含量	标准差	变异系数/%
淡水鱼类						
泥鳅	6	24.59～26.43	25.25	25.47a	0.99	3.92
黄鳝	5	16.17～18.02	17.52	17.52b	0.72	4.08
鲤鱼	8	13.37～15.87	14.64	14.39c	1.11	7.72
塘角鱼	4	12.98～14.05	13.87	13.55c	0.49	3.64
鲫鱼	6	10.30～14.14	11.52	11.73d	1.68	14.36
鲮鱼	4	10.95～12.72	11.52	11.67d	0.65	5.63
罗非鱼	8	8.15～12.65	10.18	10.1e	1.71	17.01
草鱼	8	6.11～12.72	9.42	8.92e	2.47	27.69
鲈鱼	7	5.75～8.44	6.33	7.04f	1.04	14.77
鲶鱼	4	5.45～7.62	6.49	6.49f	0.77	11.9
桂花鱼	5	5.72～5.68	6.52	6.18f	0.32	5.28
大头鱼	9	5.53～9.23	6.54	5.56f	1.32	23.88
海水鱼类						
泥猛鱼	4	14.65～17.86	16.65	16.05a	1.36	8.5
沙尖鱼	8	12.46～14.35	13.54	13.24b	0.92	6.97
池鱼	7	7.59～13.05	12.29	10.56c	2.68	25.38
秋刀鱼	6	8.78～11.45	9.70	10.01c	1.13	11.25
金昌鱼	5	6.87～8.68	7.45	7.7d	0.66	8.53
黄花鱼	8	7.09～8.25	7.45	7.49d	0.52	6.92
带鱼	8	5.89～6.64	6.30	6.32de	0.32	4.97
九肚鱼	4	5.06～6.54	5.83	5.86e	0.57	9.69
金线鱼	5	4.54～6.05	5.56	5.53e	0.61	10.94
红线鱼	6	4.48～5.23	4.98	4.75e	0.34	7.09

续上表

鱼类	样品数	含量范围	中位数	平均含量	标准差	变异系数/%
甲壳类						
蚌	5	35.37 ～ 38.52	37.66	37.07a	1.44	3.90
花蟹	5	21.52 ～ 28.98	25.47	25.26b	2.79	11.03
大甲蟹	6	20.87 ～ 28.05	24.82	24.48b	2.71	11.07
花甲	7	12.94 ～ 15.74	14.28	14.19c	1.05	7.41
虾	8	9.92 ～ 15.00	13.21	13.36c	1.57	11.77
虾仁	4	11.66 ～ 12.77	12.77	12.48c	0.69	5.54
软体类						
鱿鱼	5	17.43 ～ 19.6	18.24	18.75a	0.92	4.93
八爪鱼	7	16.32 ～ 18.05	16.56	16.97b	0.76	4.5
墨鱼	8	13.32 ～ 19.59	15.54	15.85b	2.19	13.8
海蜇	7	12.0 ～ 15.60	13.40	14.0c	0.16	11.36
章鱼	6	12.56 ～ 13.90	13.42	13.36c	0.57	4.25

2.2.2 畜、禽肉锌含量

畜禽肉之间锌含量差异达到极显著（表8）。锌含量畜肉 ＞猪内脏 ＞禽肉。在畜肉类中，肝的含量最高，其次是羊肉、牛肉和鹌鹑，鸡肉最低；颜色越深含锌量越高。猪肝、羊肉、牛肉等含锌量高，是良好的食物锌来源。肉和肉制品、鱼和鱼制品以及贝类样品中测定了锌浓度。各类畜禽肉锌平均含量由高到低为畜肉 26.40 mg/kg、猪内脏 26.40 mg/kg、禽肉 17.10 mg/kg。畜肉与猪内脏锌含量差异不显著，但是两种都与禽肉差异显著。变异系数都在 29% 左右。

表 8　不同种类畜禽肉锌含量比较

单位：mg/kg（鲜重）

畜禽肉种类	畜肉	猪内脏	禽肉
含量	26.40a	26.40a	17.10b
标准差	7.48	8.37	4.98
样本数	4	3	4
变异系数/%	28.33	31.70	29.12

三种肉类中（表 9），以畜肉中牛肉和羊肉锌含量较高，分别是 33.57 mg/kg 和 31.55 mg/kg，差异不显著，但是显著高于猪瘦肉和五花猪肉；猪瘦肉与五花猪肉差异不显著。变异系数较大的是猪瘦肉和五花肉，分别为 24.05% 和 22.22%。禽肉中锌含量最高的是鹌鹑，达到 24.15 mg/kg，禽肉锌含量由高到低为鹌鹑 ＞鸭肉 ＞鹅肉 ＞鸡肉，四

种禽肉之间差异显著。变异系数最大的是鸭肉，为17.73%。猪内脏中锌含量最高的是猪肝，达到34.82 mg/kg，其次是猪腰和猪心，它们之间锌含量差异显著。

表9　禽、畜肉锌含量

单位：mg/kg（鲜重）

禽、畜肉	样品数	含量范围	中位数	平均含量	标准差	变异系数/%
畜肉						
牛肉	7	26.87～39.37	32.95	33.57a	4.81	14.32
羊肉	8	26.74～36.94	28.68	31.55a	4.05	12.83
猪瘦肉	7	15.50～27.39	19.52	20.41b	4.91	24.05
五花猪肉	6	15.20～23.45	18.42	19.02b	3.49	22.22
禽肉						
鹌鹑	4	23.21～26.66	24.45	24.15a	1.51	6.25
鸭肉	5	15.10～21.15	18.55	19.15b	3.40	17.73
鹅肉	6	14.28～16.24	14.76	15.14c	1.28	8.42
鸡肉	7	10.29～15.39	13.98	12.76d	1.97	15.42
猪内脏						
猪肝	8	31.76～37.53	33.75	34.82a	2.30	6.6
猪腰	5	23.45～26.86	24.16	25.96b	2.46	9.46
猪心	4	17.82～19.06	18.24	18.08c	0.79	4.35

2.3　粮食及其他食品锌含量

广州市各种米类、奶类、蛋类锌含量见表10。

表10　粮食及其他食品锌含量

单位：mg/kg（鲜重）

种类/品种	样品数	含量范围	中位数	平均含量	标准差	变异系数/%
米类						
杂优米	5	17.56～20.02	18.56	18.97a	0.90	4.75
丝苗米	4	15.60～20.32	16.78	17.45ab	1.89	10.85
东北米	6	16.52～18.56	17.54	17.45ab	0.89	5.08
油粘米	7	14.08～20.29	16.52	16.80ab	2.42	14.39
泰国香米	8	13.78～21.57	16.22	16.31ab	3.13	19.22

续上表

种类/品种	样品数	含量范围	中位数	平均含量	标准差	变异系数/%
珍珠米	7	13. 25 ~ 19. 45	15. 65	15. 73b	2. 57	16. 31
奶类						
全脂奶粉	5	26. 32 ~ 29. 81	27. 45	27. 80	1. 55	5. 56
高锌奶粉	6	56. 27 ~ 59. 72	57. 89	58. 63	0. 90	1. 53
纯牛奶	9	3. 03 ~ 4. 13	3. 81	3. 82	0. 46	12. 09
酸奶	5	1. 68 ~ 2. 81	2. 38	2. 31	0. 45	19. 39
蛋类						
鸭蛋	5	15. 43 ~ 18. 92	17. 54	17. 31a	1. 46	8. 44
鸡蛋	6	12. 83 ~ 16. 65	14. 84	14. 82a	1. 45	9. 78
咸蛋	7	10. 35 ~ 19. 5	13. 49	14. 39a	3. 95	27. 48
皮蛋	6	8. 00 ~ 12. 97	10. 11	9. 98b	2. 35	23. 59
土鸡蛋	5	8. 28 ~ 10. 69	9. 62	9. 35b	0. 89	9. 55

各种米锌含量差别不大，其含量范围是 15. 73 ~ 18. 97 mg/kg。最高的是杂优米，最低的是珍珠米，只有杂优米和珍珠米锌含量差异达到显著，其他品种的米类之间差异不显著。变异系数最大的是泰国香米，达 19. 22%。

全脂奶粉锌含量是 27. 80 mg/kg；高锌奶粉锌含量达到 58. 63 mg/kg，比普通奶粉多 1 倍；纯牛奶和酸奶锌含量分别为 3. 82 mg/kg 和 2. 31 mg/kg。

蛋类锌含量范围是 9. 35 ~ 17. 31 mg/kg。最高的是鸭蛋，其次是鸡蛋、咸蛋、皮蛋，最低的是土鸡蛋；鸭蛋、鸡蛋和咸蛋锌含量差异不显著，皮蛋与土鸡蛋锌含量差异不显著。变异系数最大的是咸蛋，为 27. 48%。

由以上可知，米类锌含量差异不显著，作为人们的主食，为人们提供了丰富的锌源；奶粉也有较高的锌含量，主要是锌等营养元素常常与蛋白质伴生。

2. 4 广州市居民食物锌含量特征

利用 SPSS 数据统计软件，比较不同食物种类锌的含量差异（表 12）。

表 12 不同种类食品锌含量比较

单位：mg/kg（鲜重）

种类	含量	标准差	品种数	变异系数/%
豆类	36. 81a	2. 38	4	6. 47
畜禽肉类	23. 64b	7. 50	11	31. 73
米类	17. 04c	1. 13	6	6. 63

续上表

种类	含量	标准差	品种数	变异系数/%
蛋类	13. 16d	3. 40	5	25. 84
鱼肉	12. 60de	7. 09	33	56. 27
面类	10. 52e	2. 75	6	26. 14
奶类	2. 89f	1. 07	2	37. 02
水果类	2. 78f	1. 84	24	66. 19
蔬菜类	2. 25f	1. 25	54	55. 56

可见，食品种类之间锌含量差异达到极显著。各种食品锌的平均含量由高到低为豆类 >畜禽肉类 > 米类 > 蛋类 > 鱼肉 > 面类 > 奶类 > 水果类 > 蔬菜。豆类、畜禽肉类、米类、蛋类之间差异显著，蛋类与鱼类差异不显著，奶类、水果类和蔬菜类差异不显著。豆类、畜禽肉类、米类锌含量显著高于其他种类。变异系数比较大的是鱼肉、水果类和蔬菜类，分别为 56. 27% 、66. 19% 和 55. 56% ；最小的是豆类，只有 6. 47% 。

其中，肉类中锌含量较高的是猪肝、牛肉和羊肉，明显高于其他肉类；鸡肉锌含量最低，为 12. 76 mg/kg。蛋类中鸭蛋、鸡蛋和咸蛋的锌含量明显高于皮蛋。奶类中奶粉的锌含量远高于牛奶。水产品中不同类型的食品锌含量也有显著差异：甲壳类含量最高，为 19. 91 mg/kg；其次是软体类（17. 78 mg/kg）和淡水鱼（11. 44 mg/kg）；含量最低的是海鱼类，为 8. 60 mg/kg。

整体而言，动物性食物锌含量高于植物性食物锌含量。动物性食物锌含量中，畜禽肉类 > 蛋类 > 鱼肉 > 奶类；植物性食物锌含量中，黄豆、绿豆等豆类较高，其次是米类等谷物，最低的是水果、蔬菜。这与以往的研究和报道相符。动物性食品中的生蚝、羊肉、牛肉，植物性食品中的豆类都是良好的锌食物来源。德国食物化学研究所的学者对欧洲、亚洲、非洲、美洲国家的研究结果进行统计[18]，显示食品中以内脏、鱼类、软体动物和甲壳类、肉类锌含量比较高。本研究结果与此类似。

3　广州市不同人群锌摄入量调查结果

广东省卫生厅、科技厅和统计局于 2002 年联合开展了广东省居民营养和健康状况调查，本研究中广州市标准人各类膳食每日摄入量采用此次调查结果。

3. 1　广州市标准人膳食锌摄入量

从表 13 可知，广州市标准人膳食锌的日摄入量为 13. 06 mg。占膳食锌摄入量的百分比最大的是米类，达到 37. 90% ；其次是猪肉，为 18. 47% ；蔬菜、水果为 6. 70% ；作为动物性食物消费的猪肉、其他畜肉、动物内脏、禽肉、奶及奶制品、蛋及蛋制品、鱼虾类占摄入量的34.21%，少于米类所占的比例。张继国等[3]研究表明，2009年中国九省区（辽宁、黑龙江、山东、江苏、河南、湖南、湖北、广西、贵州）成年居民人均锌摄入量11.2 mg，男性高于女性。2009年居民人均锌摄入量与1989年（12.3 mg）比下降1.1 mg，其中女性摄入锌下降较男性明显，表明近20年来居民膳食结构发生了一定的变化。

表13　广州市标准人各类膳食锌每日摄入量

食品种类	重量/g	锌含量/mg·kg^{-1}	锌摄入量/mg	占锌总摄入量/%
米类	290.7	17.04	4.95	37.90
面类	48	10.52	0.50	3.86
其他谷物	9.1	18.52	0.17	1.29
薯类	10.2	2.20	0.02	0.17
干豆类	3.3	36.81	0.12	0.93
豆制品	29.1	16.70	0.49	3.72
蔬菜	313.8	2.18	0.68	5.23
水果	70.1	2.75	0.19	1.47
坚果	4.8	22.73	0.11	0.83
猪肉	122.5	19.71	2.41	18.47
其他畜肉	16.8	32.56	0.55	4.19
动物内脏	10.9	26.40	0.29	2.20
禽肉	57.4	12.02	0.69	5.28
奶及奶制品	38.8	2.89	0.11	0.86
蛋及蛋制品	27.6	15.21	0.42	3.21
鱼虾类	70.8	12.08	0.86	6.54
植物油	37.5	3.02	0.11	0.87
动物油	0.1	8.05	0.00	0.01
糕点小吃类	25.2	10.21	0.26	1.97
糖、淀粉	7.4	0.72	0.01	0.04
盐	8.7	2.41	0.02	0.16
酱及酱油	14.4	2.54	0.04	0.28
酒精	5.5	11.76	0.06	0.49
合计	1276.4		13.06	100.00

3.2 广州市不同收入人群锌摄入量

从不同收入群体看，随着收入的增加，膳食锌的摄入量增加，低、中、高收入人群的每日膳食锌摄入量分别为11.17、12.34、13.33 mg（表14）。米类锌的摄入量占膳食锌摄入量的百分比随着收入的增加而下降，分别为58.02%、45.82%和35.37%；动物性食物消费所占的比例则增加，分别为23.69%、34.44%和41.85%。各类人群米锌摄入量所占的百分比均大于动物性食物消费所占的比例。蔬菜、水果锌的摄入量占膳食锌摄入量的百分比在不同人群中差别不大。

表14 广州市不同收入人群各类膳食锌每日摄入量

食品种类	家庭平均年收入											
	低				中				高			
	Ⅰ	Ⅱ	Ⅲ	Ⅳ	Ⅰ	Ⅱ	Ⅲ	Ⅳ	Ⅰ	Ⅱ	Ⅲ	Ⅳ
米类	380.3	17.04	6.48	58.02	331.8	17.04	5.65	45.82	276.7	17.04	4.71	35.37
面类	12.1	10.52	0.13	1.14	31.6	10.52	0.33	2.69	51.1	10.52	0.54	4.03
其他谷物	2.2	18.52	0.04	0.36	4.7	18.52	0.09	0.71	9.6	18.52	0.18	1.33
薯类	24.2	2.2	0.05	0.48	20.6	2.2	0.05	0.37	9.5	2.2	0.02	0.16
干豆类	7.9	36.81	0.29	2.60	4.1	36.81	0.15	1.22	4.2	36.81	0.15	1.16
豆制品	25.7	16.7	0.43	3.84	32.5	16.7	0.54	4.40	30.7	16.7	0.51	3.85
蔬菜	270.3	2.18	0.59	5.28	294	2.18	0.64	5.19	322.5	2.18	0.70	5.27
水果	37.4	2.75	0.10	0.92	60.3	2.75	0.17	1.34	81.6	2.75	0.22	1.68
坚果	3.7	22.73	0.08	0.75	4.1	22.73	0.09	0.76	5.4	22.73	0.12	0.92
猪肉	71.4	19.71	1.41	12.60	108.8	19.71	2.14	17.38	122.1	19.71	2.41	18.05
其他畜肉	2.7	32.56	0.09	0.79	11.7	32.56	0.38	3.09	17.7	32.56	0.58	4.32
动物内脏	6.8	26.4	0.18	1.61	10.4	26.4	0.27	2.22	13.2	26.4	0.35	2.61
禽肉	21.1	12.02	0.25	2.27	41	12.02	0.49	3.99	62.7	12.02	0.75	5.65
奶及奶制品	2.8	2.89	0.01	0.07	14.9	2.89	0.04	0.35	49.1	2.89	0.14	1.06
蛋及蛋制品	13.6	15.21	0.21	1.85	19.7	15.21	0.30	2.43	30	15.21	0.46	3.42
鱼虾类	41.6	12.08	0.50	4.50	50.9	12.08	0.61	4.98	74.4	12.08	0.90	6.74
植物油	16.5	3.02	0.05	0.45	33.5	3.02	0.10	0.82	41.8	3.02	0.13	0.95
动物油	15.3	8.05	0.12	1.10	5.3	8.05	0.04	0.35	0.3	8.05	0.00	0.02
糕点小吃类	4.5	10.21	0.05	0.41	12.5	10.21	0.13	1.03	28	10.21	0.29	2.14
糖、淀粉	3.4	0.72	0.00	0.02	7.1	0.72	0.01	0.04	7.2	0.72	0.01	0.04
盐	10.6	2.41	0.03	0.23	10.3	2.41	0.02	0.20	9.1	2.41	0.02	0.16

续上表

食品种类	家庭平均年收入											
	低				中				高			
	Ⅰ	Ⅱ	Ⅲ	Ⅳ	Ⅰ	Ⅱ	Ⅲ	Ⅳ	Ⅰ	Ⅱ	Ⅲ	Ⅳ
酱及酱油	9.7	2.54	0.02	0.22	11.9	2.54	0.03	0.24	15.5	2.54	0.04	0.30
酒精	4.3	11.76	0.05	0.45	4.3	11.76	0.05	0.41	8.7	11.76	0.10	0.77
合计	1004.1	—	11.17	100.0	1158.3	—	12.34	100.00	1323	—	13.33	100.0

说明：Ⅰ代表膳食摄入量（g），Ⅱ代表食品锌含量（μg/kg），Ⅲ代表膳食锌摄入量（μg），Ⅳ代表占锌总摄入量的（%）。

3.3 广州市敬老院老人膳食锌摄入量

本研究对广州市5所老人院采用记账的方法进行老人膳食结构调查，获得各类膳食每日摄入量（表15）。

表15 广州市敬老院老人膳食锌每日摄入量

食品种类	重量/g	锌含量/mg·kg^{-1}	锌摄入量/mg	占锌总摄入量/%
米类	219.8	17.04	3.75	36.76
面类	49.3	10.52	0.52	5.09
其他谷物	10.2	18.52	0.19	1.85
薯类	10.4	2.2	0.02	0.22
干豆类	2.3	36.81	0.08	0.83
豆制品	34.2	16.7	0.57	5.60
蔬菜	274.1	2.18	0.60	5.86
水果	50.3	2.75	0.14	1.36
坚果	1.3	22.73	0.03	0.29
猪肉	87.9	19.71	1.73	17.00
其他畜肉	10.6	32.56	0.35	3.39
动物内脏	8.6	26.4	0.23	2.23
禽肉	40.3	12.02	0.48	4.75
奶及奶制品	15.6	2.89	0.05	0.44
蛋及蛋制品	25.6	15.21	0.39	3.82
鱼虾类	64.2	12.08	0.78	7.61
植物油	21.1	3.02	0.06	0.63

续上表

食品种类	重量/g	锌含量/mg・kg^{-1}	锌摄入量/mg	占锌总摄入量/%
动物油	1.1	8.05	0.01	0.09
糕点小吃类	14.2	10.21	0.14	1.42
糖、淀粉	5.6	0.72	0.004	0.04
盐	8.6	2.41	0.02	0.20
酱及酱油	10.3	2.54	0.03	0.26
酒精	2.3	11.76	0.03	0.27
合计	988.9		10.19	100.00

从表15可以看出，广州市敬老院老人膳食锌每日摄入量为10.19 mg。占膳食锌摄入量的百分比最大的是米类，达到36.76%，低于广州市标准人所占的比例；其次是猪肉，为17.00%；蔬菜、水果占7.22%。动物性食物消费锌摄入量占膳食锌摄入量的39.24%，高于广州市标准人所占的比例（34.44%），也高于其米类所占的比例。

3.4　广州市高校学生膳食锌摄入量

通过对广州市典型的5所高校进行膳食调查，获得高校学生各类膳食每日摄入量（表16）。广州市高校学生膳食锌每日摄入量为12.86 mg。占膳食锌摄入量的百分比最大的是米类，达到48.40%，显著高于广州市标准人所占的比例；其次是猪肉，为16.49%；蔬菜、水果占5.74%。动物性食物消费锌摄入量占膳食锌摄入量的33.35%，与广州市标准人所占的比例（34.44%）相差不大，低于其米类所占的比例。

表16　广州市高校学生膳食锌日摄入量

食品种类	重量/g	锌含量/mg・kg^{-1}	锌摄入量/mg	占锌总摄入量/%
米类	365.3	17.04	6.22	48.40
面类	45.2	10.52	0.48	3.70
其他谷物	6.5	18.52	0.12	0.94
薯类	6.5	2.2	0.01	0.11
干豆类	2.1	36.81	0.08	0.60
豆制品	24.3	16.7	0.41	3.16
蔬菜	274.9	2.18	0.60	4.66
水果	50.3	2.75	0.14	1.08
坚果	3.5	22.73	0.08	0.62
猪肉	107.6	19.71	2.12	16.49

续上表

食品种类	重量/g	锌含量/mg · kg⁻¹	锌摄入量/mg	占锌总摄入量/%
其他畜肉	12.3	32.56	0.40	3.11
动物内脏	9.8	26.4	0.26	2.01
禽肉	42.3	12.02	0.51	3.95
奶及奶制品	18.5	2.89	0.05	0.42
蛋及蛋制品	17.5	15.21	0.27	2.07
鱼虾类	56.4	12.08	0.68	5.30
植物油	20.6	3.02	0.06	0.48
动物油	12.7	8.05	0.10	0.79
糕点小吃类	19.6	10.21	0.20	1.56
糖、淀粉	7.2	0.72	0.01	0.04
盐	10.3	2.41	0.02	0.19
酱及酱油	11.3	2.54	0.03	0.22
酒精	1.3	11.76	0.02	0.12
合计	1168.5		12.86	100.00

3.5 广州市工人膳食锌摄入量

通过对广州市典型的5所工厂进行膳食调查，获得工人各类膳食每日摄入量（表17）。广州市工人的膳食锌每日摄入量为11.46 mg。占膳食锌摄入量的百分比最大的是米类，达到57.92%，显著高于广州市标准人所占的比例；其次是猪肉，为13.69%；蔬菜、水果占5.60%。动物性食物消费锌摄入量占膳食锌摄入量的25.47%，远低于广州市标准人所占的比例（34.44%），也低于其米类所占的比例。由此可见，广州市工人的大部分膳食锌来源于大米等谷物消费，占膳食锌摄入量超过60%。

表17 广州市工人膳食锌日摄入量

食品种类	重量/g	锌含量/mg · kg⁻¹	锌摄入量/mg	占锌总摄入量/%
米类	389.5	17.04	6.64	57.92
面类	13.2	10.52	0.14	1.21
其他谷物	2.3	18.52	0.04	0.37
薯类	18.9	2.2	0.04	0.36
干豆类	7.8	36.81	0.29	2.51
豆制品	21.9	16.7	0.37	3.19

续上表

食品种类	重量/g	锌含量/mg·kg^{-1}	锌摄入量/mg	占锌总摄入量/%
蔬菜	259	2.18	0.56	4.93
水果	27.9	2.75	0.08	0.67
坚果	2.2	22.73	0.05	0.44
猪肉	79.6	19.71	1.57	13.69
其他畜肉	2.5	32.56	0.08	0.71
动物内脏	5.7	26.4	0.15	1.31
禽肉	31.2	12.02	0.38	3.27
奶及奶制品	3	2.89	0.01	0.08
蛋及蛋制品	14	15.21	0.21	1.86
鱼虾类	43.2	12.08	0.52	4.55
植物油	14.6	3.02	0.04	0.38
动物油	18.2	8.05	0.15	1.28
糕点小吃类	4.1	10.21	0.04	0.37
糖、淀粉	2.8	0.72	0.00	0.02
盐	10.4	2.41	0.03	0.22
酱及酱油	10.2	2.54	0.03	0.23
酒精	4.5	11.76	0.05	0.46
合计	1000.9		11.46	100.00

3.6　广州市儿童（2～5岁）膳食锌摄入量

本研究采用荔湾区医院于2002年对荔湾区共111间托幼园儿童膳食摄入量调查结果（表18）。广州市儿童（2～5岁）的膳食锌每日摄入量为8.35 mg。占膳食锌摄入量的百分比最大的是米类，达到37.06%，接近于广州市标准人所占的比例（37.90%）；其次是猪肉，为20.25%，是所有人群中所占比例最高的；蔬菜、水果占7.01%。动物性食物消费锌摄入量占膳食锌摄入量的42.72%，高于广州市标准人所占的比例（34.44%），及其米类所占的比例。由此可见，广州市儿童的大部分膳食锌来源于动物性食品和米类，两者占膳食锌摄入量的79.78%。

表18　广州市儿童（2～5岁）膳食锌日摄入量

食品种类	重量/g	锌含量/mg·kg^{-1}	锌摄入量/mg	占锌总摄入量/%
米类	181.6	17.04	3.09	37.06

续上表

食品种类	重量/g	锌含量/mg·kg^{-1}	锌摄入量/mg	占锌总摄入量/%
面类	23.5	10.52	0.25	2.96
其他谷物	12.3	18.52	0.23	2.73
薯类	2.6	2.2	0.01	0.07
干豆类	0.3	36.81	0.01	0.13
豆制品	24.5	16.7	0.41	4.90
蔬菜	210.2	2.18	0.46	5.49
水果	46.3	2.75	0.13	1.52
坚果	0.9	22.73	0.02	0.24
猪肉	85.8	19.71	1.69	20.25
其他畜肉	8.6	32.56	0.28	3.35
动物内脏	8.7	26.4	0.23	2.75
禽肉	23.4	12.02	0.28	3.37
奶及奶制品	25.4	2.89	0.07	0.88
蛋及蛋制品	22.3	15.21	0.34	4.06
鱼虾类	55.6	12.08	0.67	8.04
植物油	16.8	3.02	0.05	0.61
动物油	0.1	8.05	0.00	0.01
糕点小吃类	9.8	10.21	0.10	1.20
糖、淀粉	5.3	0.72	0.00	0.05
盐	5.3	2.41	0.01	0.15
酱及酱油	5.8	2.54	0.01	0.18
合计	787.4		8.35	100.00

4 广州市居民食品锌摄入量水平评估

4.1 居民膳食锌摄入量评估标准

本研究采用中国营养学会于2013年制定的正常中国人锌的参考摄入量（*RNI*）、适宜摄入量（*AL*）、可耐受最高摄入量（*UL*）（表19）。值得注意的是，对于1岁以下幼儿锌的可耐受摄入量，目前因为研究资料不足，尚没有定值。

表19　中国营养学会制定正常中国人锌 *RNI*、*UL*

Age/岁	*RNI*（或 *AL*）/mg·d^{-1}		*UL*/mg·d^{-1}
0～0.5	2（AL）		—
0.5～1	3.5（AL）		—
1～3	4		8
4～6	5.5		12
7～10	7		19
	M	F	
11～13	10.0	9.0	28
14～17	11.5	8.5	35
18～49	12.5	7.5	40
50～64	12.5	7.5	40
65～79	12.5	7.5	40
≥80	12.5	7.5	40

说明：M 代表男性，F 代表女性。

由表19可知，评价日摄入量，儿童可以采用4.0 mg，标准人、高校学生、工人采用10.0 mg，敬老院老人采用10.0 mg的标准进行。

4.2　广州市居民膳食锌摄入量评估

本研究以2013年中国营养学会的参考摄入量为标准，对广州市不同人群的锌摄入量进行评估，可以得到广州市不同人群膳食锌摄入等级，以及膳食锌摄入量与膳食参考摄入量之比（表20）。

表20　广州市居民膳食锌摄入量占膳食参考摄入量 RNIs 的百分比

不同人群	膳食锌摄入量（Ⅰ）/mg·d^{-1}	RNI（Ⅱ）/mg·d^{-1}	Ⅰ/Ⅱ	等级
标准人	13.06	10.0	1.31	正常
低收入人群	11.17	10.0	1.11	正常
中收入人群	12.34	10.0	1.23	正常
高收入人群	13.33	10.0	1.33	正常
敬老院老人	10.19	10.0	1.02	正常
高校学生	12.86	10.0	1.29	正常
工厂工人	11.46	10.0	1.15	正常
儿童	8.35	4	2.18	偏高

从表20可知，广州市标准人的锌摄入量与参考摄入量的比值较高，其次为高校学生；对于不同收入人群，随着收入的增加，锌的摄入量增加，但均高于参考摄入量；工厂工人、敬老院老人的锌摄入亦达到参考摄入量。值得关注的是，儿童锌摄入量远高于参考摄入量，甚至超过耐受摄入量，这表明广州市儿童不需要补锌，不需要食用添加锌的食品。因为锌是毒性小的人体必需营养元素，在广州也未出现日常膳食摄入锌过量致病的报告。

5 结论和建议

5.1 广州市居民食用食品种类之间锌含量差异极其显著

动物性食品锌含量高于植物性食品。动物性食物锌含量中，畜禽肉类 > 蛋类 > 鱼肉 > 奶类；植物性食品锌含量中，黄豆、绿豆等豆类较高，其次是米类等谷物，最低的是水果、蔬菜。所以，动物性食品中的生蚝、羊肉、牛肉，植物性食品中的豆类都是良好的锌食物来源。动物性食品锌的吸收率可达 35% ～ 40%，植物性食品中因含有阻碍锌吸收的纤维素和植酸，故锌的吸收率仅为 10% ～ 20% 或者更低，所以在膳食上要注意搭配好动物性食品和植物性食品的比例；对于锌摄入量不足的低收入人群，可以适当选择一些锌含量高的食品进行膳食补充，如生蚝、黄鳝、牛肉、羊肉等。

5.2 广州市居民锌摄入量与人群收入和群体类型有关

广州市标准人、低收入人群、中收入人群、高收入人群、敬老院老人、高校学生、工厂工人和儿童的每日膳食锌摄入量分别为 13.06、11.17、12.34、13.33、10.19、12.86、11.46 和 8.35 mg。对于不同收入人群，随着收入的增加，锌的摄入量增加。各个人群膳食锌的摄入中，米类所占的比例最大，动物性食物也占比较大的比例。

5.3 广州市各类人群锌摄入量普遍较高

广州市各类人群锌摄入量充足，标准人的锌摄入量与参考摄入量的比值较高，其次为高校学生；对于不同收入人群，随着收入的增加，锌的摄入量增加，且均高于参考摄入量；工厂工人、敬老院老人的锌摄入亦达到参考摄入量。值得关注的是，儿童锌摄入量远高于参考摄入量，甚至超过可耐受摄入量，这与广州儿童的膳食结构有关。广州市儿童米类、肉类和鱼虾类等含锌量较高的食品食用较多，导致膳食锌摄入量较高。锌是人体必需的营养元素，对生长发育期的儿童特别重要。适当提高儿童食用肉类和鱼虾的数量也是提高儿童营养水平、增强儿童体质的重要途径。从实际情况看来，2013 年中国营养学会的参考摄入量对儿童摄入量的定位偏低。

参考文献

[1] 陈清，卢国强. 微量元素与健康 [M]. 北京：北京大学出版社，1989.
[2] 葛可佑. 90 年代中国人群的膳食与营养状况 [M]. 北京：人民卫生出版社，1999.
[3] 张继国，张兵，王惠君，等. 1989—2009 年中国九省区膳食营养素摄入状况及变化趋势（七）：18 ～ 49 岁成年居民膳食锌的摄入状况及变化趋势 [J]. 营养学报，2012，34（6）.
[4] 翟成凯，徐令璧，马云，等. 徐州地区 78 种常用食物中锌、铜、铁的含量及其意义 [J]. 营养学报，1990，12（1）：110 – 113.
[5] 洪昭毅，郭迪，周建德，等. 上海地区 50 种常用食物中锌、铜、铁的测定 [J]. 营养学报，1988，5（3）：271 – 273.
[6] 刘晓青，杨惠芳. 银川地区食物中锌、铜、铁含量检测分析 [J]. 预防医学文献信息，1998，4（4）：333 – 334.
[7] 陈恒初，谢能泳. 武汉市常用食物中锌、铜等 7 种营养元素含量的分析 [J]. 武汉大学学报，1998，15（3）：19 – 23.
[8] 曹冠伟，郭树霞，周丽. 上街地区 50 余种食物中锌、铁的含量测定 [J]. 河南预防医学杂志，1994，5（4）：196 – 197.
[9] 王东兰，杨生奎，蒋幼和. 唐山地区 40 余种食物中锌含量 [J]. 营养学报，1988，10（1）：92 – 93.
[10] 李荣杰，汪振林，李正银，等. 我国粮食中八种元素含量分析 [J]. 营养学报，1990，12（1）：106.
[11] 周宏博，于首洋，包纯义，等. 哈尔滨 69 种常用食品锌含量的测定 [J]. 哈尔滨医科大学学报，1995，29（1）：18 – 19.
[12] 赵道辉，陈松青，林弈清. 福建省常见食物种微量锌含量调查 [J]. 海峡预防医学杂志，1996，2（4）：17 – 18.
[13] 周忠泽，杨久峰，陈一军，等. 凤阳地区部分植物性食品中锌的含量测定 [J]. 安徽技术师范学院学报，2003，17（3）：193 – 195.
[14] 余文三，龙飞，肖玉华，等. 成都市 126 种食物锌、铜、铁含量的测定 [J]. 营养学报，1990，12（1）：114 – 116.
[15] 胡敏予，周光宁，谢朝辉，等. 长沙地区 64 种常用食物中锌、铜、钙含量的测定及分析 [J]. 中国现代医学杂志，2002，12（16）：52 – 55.
[16] BILANDŽIĆ N，SEDAK M，ĐOKIĆ M，et，al. Determinationof zinc concentrations in foods of animal origin，fifish and shellfifish from Croatia and assessment of their contribution to dietary intake，Nina [J]. Journal of food composition and analysis，2014，35（4）：61 – 66.
[17] SHOKUNBIAO S，ADEPOJUAO T，MOJAPELOCETC P E L. Copper，manganese，iron and zinc contents of Nigerian foods and estimates of adult dietary intakes [J]. Journal of food composition and analysis，2019，82：103 – 245.
[18] SCHERZ H，KIRCHHOFF E. Trace elements in foods：Zinc contents of raw foods—A comparison of data originating from different geographical regions of the world [J]. Journal of food composition and analysis，2006，19（5）：420 – 433.

可持续发展研究

广东沿海经济高速发展区人地系统可持续发展研究*

深圳、东莞地区是广东中部沿海经济高速发展区改革开放10余年来人口急剧增加、城市不断扩大，经济活动急剧强化，规模也迅速扩大，人为活动对自然资源和环境的干预非常强烈。本文将对该地区在社会经济高速发展过程中的人地系统特征和可持续发展进行探讨。

1　深圳、东莞地区人地系统特征

1.1　社会经济高速发展

改革开放以来，深圳、东莞地区凭借区位优势和政策优惠，吸引了国内外大量的发展投资，也吸引了省内外甚至国外大量的劳务人员和科技、管理人才，社会经济高速发展。

1.1.1　人口急剧增加，城市迅速扩大

深圳市土地总面积1865.57 km^2[1]，东莞市土地面积2465 km^2。1980年，深圳、东莞地区总人口为146.0万人，其中暂住的外来人口1.2万人；1994年，总人口增加到616.0万人，其中暂住的外来人口也增加到380.6万人，占总人口的61.8%。在14年间，全地区人口密度从337 人/ km^2增加到1422 人/ km^2。

1980—1994年间，本地区城市化进程十分迅速。深圳市城镇人口从2.3万人增加到69.6万人，另有241.5万暂住外来人口，也基本上住在城镇中，实际上城镇人口占总人口335.5万人的93%。1994年，东莞市城镇人口和暂住外来人口也已达173.6万人，占总人口280.5万人的62%。1994年，本地区人口超过100万人的城市1个，20万～30万人的城镇4个，10万～20万人的镇9个。

1.1.2　经济高速增长，人民收入持续提高

深圳市1980—1994年间国内生产总值从2.70×10^8元增加到567.15×10^8元，年平均增长率为36%；人均值从835元上升到17990元。同期，东莞市国内生产总值从7.04×10^8元增加到154.54×10^8元，年平均增长率为15.6%，人均值从627元上升到11026元。

在经济高速发展过程中，两市人民生活水平也有很大提高。深圳市1994年城镇居民人均生活费支出9473元，年末城乡储蓄存款余额人均8655元；同年东莞市城镇居民人均

* 原载：《地理科学》1994年第14卷第1期。作者：温琰茂、柯雄侃、王峰。基金项目：国家自然科学基金资助项目（49371059）。

生活费支出 6302 元，年末城乡储蓄存款余额人均 5402 元。

随着经济的高速发展，两市的财政收入也快速增长。深圳市 1994 年财政收入已达 74.4×10^8元，人均 2217 元。

1.2　水资源供需关系日趋紧张，水环境质量明显下降

1.2.1　水资源分布不平衡，供需矛盾日益突出

深圳、东莞地区属南亚热带海洋性气候，降水丰富，多年平均地表径流量为 $41.2 \times 10^8\ m^3$，过境水资源 $257 \times 10^8\ m^3$，地表水资源总量为 $298.2 \times 10^8\ m^3$；人均水资源占有量 4841 m^3，约为全国人均水资源量的 2 倍。但是，水资源在区域内的分布很不平衡。按照行政区域计算，东莞市水资源总量为 $280 \times 10^8 m^3$，人均 10000 m^3；深圳市水资源总量只有 $18.145 \times 10^8\ m^3$，人均仅 541m^3，是广东也是全国严重的缺水区。

改革开放以来，本地区人口、城市和工业高速发展，其中发展最快的是广九铁路和主要公路沿线的台地、低丘区，如深圳市的深圳特区，宝安区西部，龙岗区布吉、平湖、龙岗一带和东莞市的中西部。这些经济发展的核心地带本来水资源就相对缺乏，社会经济的大规模高速发展使这些地区水资源短缺的状况进一步加剧。预测到 2000 年和 2010 年，深圳市需分别从境外调水 $10.1 \times 10^8\ m^3$ 和 $14.4 \times 10^8\ m^3$[2]；东莞市中西部由于需水量的增加和原来水源的污染，也需分别引水 $7.67 \times 10^8\ m^3$和 $9.33 \times 10^8\ m^3$[3]。

1.2.2　水环境质量明显下降，威胁社会经济的持续发展

由于工业废水和城市生活污水排放量的不断增加，地表水水质明显下降。深圳市有比较完整监测资料的 12 个水体中，有 7 个水体超过地表水Ⅴ类水质标准，1 个为Ⅴ类水，2 个为Ⅳ类水，2 个为Ⅱ类水，绝大部分水体都超过其应有功能的水质标准，其中一些还是重要的水源性水体。东莞市经济发展最快的中西部地带供水水源东引运河，由于污染严重而丧失了其供水功能。

在深圳、东莞地区社会经济高速发展过程中，由于污水处理工程建设滞后，水污染不断加重，已对供水水源的水质构成严重威胁，成为本地区人地系统可持续发展的主要问题。

1.3　大气环境质量下降

在社会经济高速发展过程中，深圳、东莞地区大气污染物排放量不断增加。从 1985 年到 1994 年，深圳特区工业废气排放量从 $2.7 \times 10^8\ Nm^3$ 上升到 $276 \times 10^8\ Nm^3$，东莞市工业废气排放量也从 $33.5 \times 10^8\ Nm^3$ 上升到 $533.2 \times 10^8\ Nm^3$。1994 年两市的机动车辆已达 45.8 万辆。由于大气污染物的排放量不断增加，大气环境质量逐渐下降。1985—1994 年，深圳市 NO_x 的年日均值由 0.04 mg/m^3 上升到 0.12 mg/m^3，已超过国家大气质量二级标准；1994 年，两市的降尘量也都超过大气二级标准［8 t/(km^2·月)］。深圳市 1984 年酸雨频率只有 8.8%，1992 年上升到 51.8%，1993 年、1994 年分别为 33.5% 和 37.3%。

1.4 生态系统的结构发生巨大变化

由于10余年大规模的经济发展、城市扩大，深圳、东莞地区生态系统结构发生了巨大变化。

（1）城市生态系统规模迅速扩大。随着城市的发展，城市生态系统已成为生态系统的重要组成部分。深圳市和东莞市1994年城市人均绿地面积分别为24.0 m^2和12.6 m^2。深圳特区城市生态景观结构和空间配置日趋合理和完善，建成区绿化覆盖率已达到43.9%，接近全国平均水平的2倍。

（2）农田生态系统萎缩。深圳、东莞地区在经济高速发展过程中，由于城市、工业、交通、村镇建设等非农业用地的迅速增长，农业用地逐渐减少。深圳市1979年耕地面积为35473 hm^2，1994年减少到4573 hm^2；同期，东莞市耕地面积也从78800 hm^2减少到47867 hm^2。农田生态系统萎缩导致了对区域环境调节功能的减弱，加重了水旱灾害。仅1993年和1994年，洪涝灾害就给深圳市造成15亿元的经济损失。[4]

（3）无林地扩大，水土流失加剧。近年来，本区域森林植被破坏比较严重，仅1991—1994年的3年间，深圳、东莞地区无林地从4000 hm^2上升到6733 hm^2。深圳市的宝安区1987—1992年期间森林覆盖率从35.46%下降到23.52%。1994年，东莞市推平待建的新开发区达100 km^2。由于自然植被破坏、无林地和裸露地面积增加，水土流失加剧，1986—1994年8年间，东莞市水土流失面积增加了600 km^2。深圳市宝安区水土流失面积已占总面积的46.5%，平均侵蚀模数达1340 t。

（4）滩涂和近海水域生态系统受到损害。由于水污染和城市发展用地的蚕食，局部近海水域的生态系统遭到破坏。海岸带的红树林面积不断缩小，赤潮频繁发生，使鱼类、贝类和一些名优海产品遭受损失。

2 深圳、东莞地区人地系统可持续性评价

2.1 人地系统可持续性评价模式

人地系统的可持续性是一个动态概念，是对人地系统的各种人地关系的运行状况和整个系统综合的运行状况的度量。人地系统可持续性主要由社会经济亚系统的发展水平，资源环境亚系统的数量、质量状况和两个亚系统之间的协调程度来决定的。

可持续发展首先是社会经济发展，并且应该有足够的发展速度，以改善人民物质文明和精神文明的需求。可持续发展又是社会经济与资源环境相协调的发展。因此，人地系统的可持续性可用下列公式求出：

$$ASSI_X = DL_X \cdot C_X。 \quad (1)$$

式中：$ASSI_X$为年可持续性指数；DL_X为社会经济发展水平指数或资源环境状态指数；C_X为协调度。

2.2　人地系统可持续性综合评价体系

本研究利用模糊数学、灰色系统理论等数学方法，提出如下评价体系（图1）。

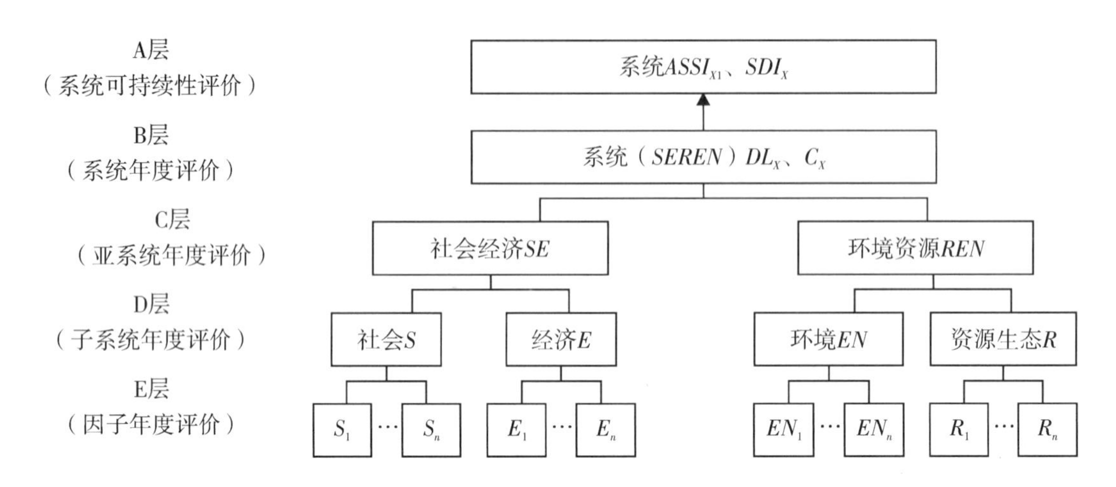

图1　人地系统可持续性综合评价体系

2.3　人地系统可持续性综合评价

2.3.1　E 层因子选择

用灰色关联方法筛选 E 层因子。根据区域的人地系统特征选出主要因子，然后用灰色关联的方法评价其他因子，并对关联度大于 0.8 的因子予以剔除。结果，本文筛选出 16 个 SEREN 因子：社会子系统的人口素质、人口自然增长率，经济子系统的人均 GDP、人均工资、人均住房面积，大气环境子系统的 NO_X、SO_2、总降尘和降水 pH 值，水环境子系统的 COD、BOD_5、DO、NH_3-N，资源生态子系统的耕地年均减少率、森林覆盖率和人均绿地面积。

2.3.2　体系模糊综合评价

（1）确定评议集。根据各因子的发展水平和质量状况分成 5 个评价等级（1，2，3，4，5），分别代表优、良、中、差、很差。

（2）确定隶属函数。采用环境科学中广泛应用的降半梯形分布和升半梯形分布函数：对于其值越大，对系统的负效应越大的因子采用降半梯形分布函数，如人口自然增长率，大气环境的 NO_X、SO_2、总降尘，水环境的 COD、BOD_5、NH_3-N 及资源指标中的耕地年均减少率；对于其值越大，对系统的正效应越大的因子采用升半梯形分布函数，如人口素质、人均 GDP、人均工资、人均住房面积、降水 pH 值、水体 DO、人均绿地面积、森林覆盖率。

（3）确定权重。E 层因子权重用对系统贡献率的计算方法进行，C、D 层因子定权采用经验估算法。D 层中社会、经济权重分别为 0.3、0.7，大气环境、水环境和资源生态权重分别为 0.3、0.4、0.3；C 层中社会经济与环境资源的权重均为 0.5。

（4）确定单项 SEREN 因子综合评价模型并进行 Fuzzy 矩阵复合运算。采用多级 Fuzzy 综合评价方法，单因子评价完毕以后，还要对评议集 $Y = \{y_1, y_2, \cdots, y_n\}$ 与上一级的权重集进行再一次复合运算，求出决策集。

（5）对决策集的评价。采用 Fuzzy 综合指数法进行评判，综合考虑 Fuzzy 综合评价中的隶属度与评价标准等级，进行评价。

经过 3 级模糊综合评价，我们可以得出整个系统社会、经济、资源、环境（SEREN）的发展或状态水平指数（DL_X）。

2.3.3 协调度、年可持续指数、可持续性指数计算

（1）协调度计算。人地系统的协调主要是人的社会经济活动与环境资源的协调，协调度是衡量区域社会经济与资源环境的协调状态。年协调度求算公式为：

$$C_X = \frac{k - |SE - REN|}{k}。 \tag{2}$$

式中：C_X 为年协调度；SE 为年社会经济发展水平指数；REN 为年资源环境状态指数；k 为发展水平（状态）起始指数，本文 $k = 5$。

（2）年可持续性指数（$ASSI_X$）计算。根据各年社会经济与资源环境的发展（状态）水平 DL_X 与年协调度 C_X，用式（1）求出年可持续性指数（$ASSI_X$）。$ASSI_X$ 等级定界如下：$1 \leqslant ASSI_X < 2$ 为极弱可持续，$2 \leqslant ASSI_X < 3$ 为弱可持续，$3 \leqslant ASSI_X < 4$ 为一般可持续，$4 \leqslant ASSI_X < 5$ 为较强可持续，$5 \leqslant ASSI_X$ 为强可持续。

（3）可持续性指数（SDI_5）计算。考虑到区域的发展过程是动态的，为了更好地表现系统可持续性变化规律，每 5 年分为一个时期，计算每个时期的可持续性指数（SDI_5）。计算 SDI_5 的公式为：

$$SDI_5 = \sum_{i=1}^{5} ASSI_{(m+i)}/5。 \tag{3}$$

式中：m 为基准年度的前一年；SDI_5 等级定界同 $ASSI_X$。

2.3.4 人地系统可持续性评价结果

从表 1 可以看出，1980 年以后深圳市人地系统可持续性逐渐增强，但到 1991 年开始下降；东莞市人地系统的可持续性从 1980 年起也逐渐增强。目前，深圳市和东莞市人地系统均处于弱可持续状态。

表1　深圳、东莞历年可持续性指数

<table>
<tr><th rowspan="2">年代</th><th colspan="2">深　圳</th><th colspan="2">东　莞</th></tr>
<tr><th>$ASSI_X$</th><th>SDI_5</th><th>$ASSI_X$</th><th>SDI_5</th></tr>
<tr><td>1980</td><td>1.220</td><td rowspan="5">1.448</td><td>1.724</td><td rowspan="5">1.315</td></tr>
<tr><td>1981</td><td>1.218</td><td>1.138</td></tr>
<tr><td>1982</td><td>1.339</td><td>1.169</td></tr>
<tr><td>1983</td><td>1.600</td><td>1.254</td></tr>
<tr><td>1984</td><td>1.861</td><td>1.291</td></tr>
<tr><td>1985</td><td>2.208</td><td rowspan="5">2.208</td><td>1.326</td><td rowspan="5">1.460</td></tr>
<tr><td>1986</td><td>2.116</td><td>1.416</td></tr>
<tr><td>1987</td><td>2.317</td><td>2.330</td></tr>
<tr><td>1988</td><td>2.227</td><td>2.578</td></tr>
<tr><td>1989</td><td>2.320</td><td>2.648</td></tr>
<tr><td>1990</td><td>2.415</td><td rowspan="5">2.008</td><td>1.824</td><td rowspan="5">2.211</td></tr>
<tr><td>1991</td><td>2.131</td><td>1.899</td></tr>
<tr><td>1992</td><td>1.920</td><td>2.087</td></tr>
<tr><td>1993</td><td>1.777</td><td>2.520</td></tr>
<tr><td>1994</td><td>1.795</td><td>2.727</td></tr>
</table>

3　深圳、东莞人地系统的调控

深圳市人地系统的可持续性从1991年开始下降，主要原因是环境质量下降和自然资源消耗过快，使协调度下降，并导致其可持续性下降。因此，深圳市人地系统必须进行合理调控，以避免因其可持续性下降而阻碍社会经济的发展。调控的方向是加强环境建设的投资和自然资源的保护，特别是要加强水环境保护建设的投资。

东莞市人地系统10多年来其可持续性在不断上升。但是，如果东莞市不注意环境和资源的保护，环境质量的进一步下降和资源的破坏也会使其协调度下降，从而导致可持续性下降。因此，东莞市从现在起也应有计划地加强对环境建设的投资和自然资源的保护，以避免其人地系统可持续性下降而阻碍社会经济的发展。

人地系统可持续性发展可归纳为两种典型模式：①在发展中对人地系统不进行有效调控的SEREN模式（图2）；②在发展中对人地系统进行合理调控的SEREN模式（图3）。图2中，第一阶段是社会经济发展的同时环境资源的状况下降，在这一阶段其可持续性因其经济能力的增强而增强；在第二阶段，经济仍然可以发展，但由于环境资源的状况严重下降，其可持续性开始下降，经济发展速度也逐渐下降；在第三阶段，环境资源状态的严重恶化使人地系统的可持续性进一步下降，导致社会经济的衰退。图 3 中第一阶段的状况与图 2 相同；但在第二阶段加强了环境建设与资源保护，使其环境资源的状况在继续下降一段时间后走出低谷，开始回升，其可持续性也从下降转向回升；第三阶段是社会经济与环境资源协调发展阶段，也就是人地系统具有良好的可持续发展阶段。

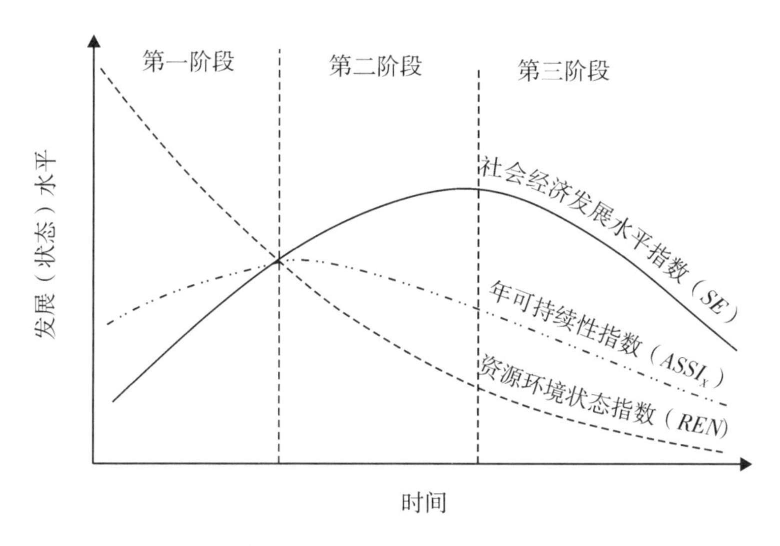

图 2　对人地系统不进行有效调控的 SEREN 模式

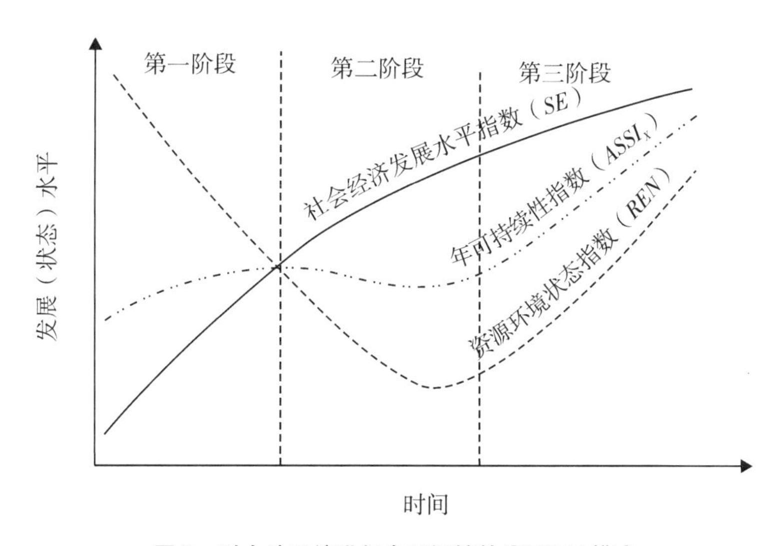

图 3　对人地系统进行合理调控的 SEREN 模式

目前，深圳市人地系统已开始进入图 2 的第二阶段，如进行合理调控，将会按照图 3 模式发展，如不进行合理调控，就难以避免进入图 2 模式的第三阶段。东莞市人地系统目前处于第一阶段的后期，如不进行合理调控，也将进入图 2 运行模式。

参考文献

[1] 广州地理研究所. 深圳自然资源与经济开发 [M]. 广州：广东科技出版社，1986：103－105.
[2] 广东省计划委员会，珠江三角洲经济区规划办公室. 珠江三角洲经济区规划研究：下卷 [M]. 广州：广东经济出版社，1995：106－107.
[3] 广东省东江流域综合治理开发研究协作组. 广东省东江流域治理开发专题研究 [M]. 北京：海洋出版社，1993：54－55.
[4] 杨军，宋强. 深圳城市化的环境水利问题 [J]. 广州环境科学，1996，11 (3)：16－19.

三江源地区生态系统生态功能分析及其价值评估*

在自然和人为因素的干扰下，生态环境破坏已成为全世界面临的一个严峻问题，生态系统结构和功能的保护已显得越来越重要。生态系统功能是指生态系统的自然过程和组分直接或间接地提供满足人类需要的产品和服务的能力。价值评估的结果将影响政策的制定和管理措施的确定，从而影响生态系统的结构和过程。国内外学者在不同空间尺度采用不同的方法对不同类型的生态系统进行了研究，推动了生态系统服务功能和价值评估理论研究与实践的广泛开展。Costanza 等（1997）13 位科学家在 *Nature* 上发表文章，对全球生态系统类型、服务功能进行分类，列举了相关例子，同时计算出了全球各类型生态系统服务的平均价值。De Groot 等（2002）提出了生态系统功能、产品和服务的总体评价框架。Boumans 等（2002）使用动态模型对生态系统功能和价值评估进行研究。李金昌等（1999）提出用社会发展阶段系数来校正生态价值核算结果。欧阳志云等（1999、2004）系统阐述了生态系统的概念、内涵及其价值评价方法，并以海南岛生态系统为例，深入开展生态系统服务功能价值评价的研究工作。陈仲新等（2000）、谢高地等（2001）参考 Costanza 等人的价值评价方法，分别对中国生态系统、自然草地生态系统效益的价值进行了估算。郭中伟等（2001）对神农架地区兴山县森林生态系统服务功能及其价值进行了评价，评价过程中，他们首先根据植被类型、土壤壤质及坡度利用 GIS 将评价区划分为 90 个类型并分区进行计量。

三江源地区是长江、黄河、澜沧江的发源地，素有“江河源”之称，是我国江河中下游地区和东南亚国家生态环境安全和区域可持续发展的生态屏障。同时，三江源地区也是生态系统最敏感的地区之一。近几十年来，由于自然和人类活动的双重作用，其生态环境逐渐退化。在全球变化和西部大开发的背景下，本文对三江源地区生态系统生态功能及其价值进行研究，对保护江河源区的生态系统结构和功能具有重大意义。以往的研究主要是根据有关资料和参考国外的方法进行评估。本研究在地理信息系统的支持下，与数学模型相结合，从物质量和价值量两方面定量定位地研究三江源地区生态系统土壤保持、涵养水源、固定 CO_2、释放 O_2 等生态服务功能，并利用市场价值法、机会成本法和影子工程法等评估其生态服务功能的价值。

---

* 原载：《环境科学学报》2005 年第 25 卷第 9 期，作者：刘敏超、李迪强、温琰茂（通讯作者）、栾晓峰。基金项目：国家科技部社会公益项目（No. 201DIB1058），国家林业局自然保护区社会经济与生态价值评估项目资助。

1　研究区概况

三江源地区介于东经 89°24′—102°23′、北纬 31°39′—36°16′之间，面积 $31.8\times10^4\ km^2$，地处青藏高原腹地，生态环境独特，地形地貌复杂，自然环境类型多样，生物多样性丰富。其总的气候特征是热量低，年温差小，日温差大，日照时间长，辐射强烈，风沙大，植物生长期短。全年平均气温一般在 -5.6 ～ 3.8 ℃之间，年平均降水量为 262.2 ～ 772.8 mm，年平均蒸发量为 730 ～ 1700 mm。三江源地区热量和水分由东南向西北递减，植被的水平带谱和垂直带谱均十分明显，植被空间分布呈明显的高原地带性规律，自东而西（自低而高）依次为山地森林、高寒灌丛草甸、高寒草甸、高寒草原、高寒荒漠，沼泽植被和垫状植被则主要镶嵌于高寒草甸和高寒荒漠之间（李迪强 等，2002；《三江源自然保护区生态环境》编辑委员会，2002）。

2　数据来源和研究方法

2.1　数据来源

数据来源主要有：1/100 万中国植被图集，1/100 万青海省土地利用现状图，全国1/25万地形数据库，三江源地区气象台站 1971—2000 年气候数据（国家气象中心），青海省农业自然资源数据集（青海省农业资源区划办公室，1999），《青海土壤》（青海省农业资源区划办公室，1997）。

2.2　研究方法

2.2.1　生态系统土壤保持价值评估方法与模型

在地理信息系统的支持下，将相关地图数字化，并利用已有的地形数据库等资料，把三江源整个区域划分为 1 km×1 km 栅格，并以栅格为单元对其生态系统土壤保持功能进行分析和计算。运用通用土壤流失方程研究三江源地区生态系统土壤侵蚀量和土壤保持量及其空间分布，运用市场价值法、机会成本法和影子工程法评估土壤保持功能的价值。

2.2.1.1　土壤保持量测评模型

土壤保持量是根据三江源地区每个 1 km ×1 km 栅格的潜在土壤侵蚀量与现实土壤侵蚀量之差进行评估。现实土壤侵蚀量指当前地表覆盖情形下的土壤侵蚀量，潜在土壤侵蚀量则是没有地表覆盖因素和土地管理因素情形下可能产生的土壤侵蚀量，即

$$A_c = RKL_S(1 - CP)。\tag{1}$$

式中：A_c 为土壤保持量（$t/hm^2\cdot a$）；R 为降雨侵蚀力指标（先计算三江源地区气象台站

的 R 值，然后用 ArcGIS 8.3 软件以 Kriging 插值方法插值得到每个 1 km×1 km 栅格的 R 值）；K 为土壤可蚀性；L_S 为坡长坡度因子（由 1/25 万地形数据库提取计算）；C 为地表植被覆盖因子；P 为土壤保持措施因子（王万中 等，1996；肖玉 等，2003）。

2.2.1.2 土壤保持价值评估模型

运用市场价值法、机会成本法和影子工程法，从保护土壤肥力、减少土地废弃和减轻泥沙淤积 3 个方面来评价生态系统对土壤保持的经济价值（欧阳志云 等，1999，2004）。

（1）保护土壤肥力的经济价值。根据三江源地区不同土壤中养分的平均含量，采用式（2），可计算保持土壤营养物质的经济价值：

$$E_n = \sum_i (Q_{SCi} C_i n_i P_i)。\tag{2}$$

式中：E_n 为保持土壤养分经济价值（元/a）；Q_{SCi} 为第 i 种生态系统类型土壤保持量（t/a）；C_i 为第 i 种生态系统类型土壤中养分（N、P、K）平均含量；n_i 为土壤中碱解氮、速效磷和速效钾折算为硫酸铵、过磷酸钙和氯化钾的系数；P_i 为氮、磷、钾的价格（元/t）。

（2）减少废弃土地的经济价值。根据三江源地区生态系统保持土壤总量和土壤容重计算出保持土壤的体积，再根据全国土壤平均厚度 0.5 m 推算出因为土壤侵蚀而造成的废弃土地面积，最后应用机会成本法计算废弃土地的经济价值：

$$E_d = \sum_i [Q_{SCi}(p_{oi}/10^4)\rho h]。\tag{3}$$

式中：E_d 为减少废弃土地的经济价值（元/a）；ρ 为土壤容重（t/m^3）；p_{oi} 为第 i 种生态系统单位面积的机会成本或者第 i 种生态系统的年均效益（元/hm^2·a）；h 为土壤厚度（m）。

（3）减少泥沙淤积的经济价值。根据我国主要流域泥沙运动规律，土壤流失的泥沙有 24% 淤积在水库、江河、湖泊（欧阳志云 等，2004）。采用蓄水成本来计算生态系统减少泥沙淤积的经济价值：

$$E_a = 0.24 Q_{SC} \cdot C/\rho。\tag{4}$$

式中：E_a 为减少泥沙淤积的经济价值（元/a）；Q_{SC} 为土壤保持总量（t/a）；ρ 为土壤容重（t/m^3）；C 为水库工程费用（元/m^3）。

2.2.2 生态系统涵养水源价值评估方法与模型

本研究从凋落物层和土壤蓄水能力角度来定量评价生态系统涵养水分功能，然后以生态系统涵养水分量为基础，使用影子价格法定量评价生态系统涵养水分功能的价值（欧阳志云 等，1999，2004）。凋落物层持水量的大小取决于凋落物干重、凋落物最大持水率、面积等因子。用公式表示为：

$$W_L = \sum_{i=1}^{k} S_i L_i W_i。\tag{5}$$

式中：W_L 为生态系统凋落物持水能力（m^3）；S_i 为第 i 植被类型的面积（hm^2）；L_i 为第 i 种植被类型单位面积凋落物积累量（t/hm^2）；W_i 为凋落物最大持水率。土壤的降水贮存能力用下式计算：

$$W_t = \sum_{i=1}^{k} P_i H_i A_i \gamma。\tag{6}$$

式中：W_t 为土壤蓄水能力（t）；P_i 为第 i 类土壤的非毛管孔隙度；H_i 为第 i 类土壤水分

渗透的峰面厚度（cm）；A_i 为第 i 类土壤的面积（hm^2）；γ 为水的密度（t/m^3）。

2.2.3　生态系统固定 CO_2 和释放 O_2 价值评估方法与模型

生态系统固定 CO_2 和释放 O_2 功能评价，是根据评价区域的森林蓄积量、草地年产鲜草量的统计资料，通过计算得到各类生态系统的净初级生长量，进而估算其固定 CO_2 和释放 O_2 的量及其价值。根据光合作用和呼吸作用方程式，生态系统每生产 1.00 g 植物干物质能固定 1.63 g CO_2，释放 1.20 g O_2。以此为基础，从各类生态系统的净初级生长量可推算出三江源地区各类生态系统固定 CO_2 和释放 O_2 的量，再使用造林成本法和碳税法可估算出各类生态系统固定 CO_2 的价值。本研究采用中国造林成本（以 1 t 碳计）为 260.90 元（1990 年不变价）和瑞典税率法（以 1 t 碳计）为 150 美元。使用造林成本法和工业制氧法可估算出各类生态系统释放 O_2 的价值。本研究采用中国造林成本法（以 1 t 氧计）为 352.93 元（1990 年不变价）和氧气工业成本法（以 1 kg 氧计）为 0.4 元（欧阳志云 等，1999，2004）。

森林生态系统的年净生长量包括森林和林下植被（灌木和草本）的年净生长量。森林的生物量用下列公式计算（方精云 等，1996）：

$$B = aV + b。\qquad (7)$$

式中：B 为生物量（t/hm^2）；V 为蓄积量（m^3/hm^2）；a、b 为参数。

森林的年净生长量 Q 为：

$$Q = Br。\qquad (8)$$

式中：r 为年生长率。

农作物生物量与农作物经济产量的关系式为：

$$Q = B(1 - R)/f。\qquad (9)$$

式中：Q 为农作物生物量；B 为经济产量；R 为经济产量含水率；f 为经济系数。

草地生态系统（包括林下草本植物）的年净生长量计算式为：

$$Q_n = Q_f f S(1 + 1/R)。\qquad (10)$$

式中：Q_n 为草地的年净生长量（干重 kg）；Q_f 为草地年产鲜草量（kg/hm^2）；f 为鲜草折算为干草的系数（中华人民共和国农业部畜牧兽医司 等，1996）；S 为面积（hm^2）；R 为茎根比（0.38）。

3　生态功能价值评估结果

3.1　土壤保持价值评估结果

按 2.2.1 节的计算方法，三江源地区生态系统土壤保持总量为 1.0383×10^9 t/a，其价值总计为 1.2528×10^9 元/a。其中保持土壤养分的经济价值为 1.1029×10^9 元/a，减少废弃土地的经济价值为 1.6404×10^7 元/a，减少泥沙淤积的经济价值为 1.3357×10^8 元/a（表 1）。从植被类型来看，高寒草甸、高寒草原、高寒草甸草原、沼泽的保持土壤经济价值分别占三江源地区生态系统保持土壤总经济价值的 61.77%、14.99%、

8.21%、8.21%。

表1　三江源地区生态系统保持土壤价值

单位：元/a

类别	面积/hm^2	保持养分	减少废弃地	减少淤积	合计
水浇地	746.4	625	442	127	1194
旱地	3917	103718	73433	21101	198252
高寒草甸草原	2629037	86098875	1785858	14956563	102841297
高寒草甸	15754938	691526315	8787340	73593976	773907631
高寒草原	4576785	155715027	3426121	28693762	187834910
高寒荒漠草原	102634.6	336086	11187	93688	440961
灌丛	955578.2	68026838	702649	5884682	74614168
森林	132897.5	8905930	477909	787375	10171215
沼泽	2150670	92148934	1138948	9538686	102826568
合计	26307203.7	1102862348	16403887	133569961	1252836196

3.2　涵养水分价值评估结果

按2.2.2节的计算方法，三江源地区生态系统涵养水分能力为1.6469×10^{10} t，涵养水分能力总价值为1.1034×10^{10}元。植被凋落物涵养水分能力为1.55×10^{8} t，涵养水分能力总价值为1.04×10^{8}元。其中，落叶灌丛、草甸、常绿灌丛和云杉林凋落物涵养水分价值分别为4.5×10^{7}、2.6×10^{7}、1.0×10^{7}、1.0×10^{7}元。土壤涵养水分能力为1.6314×10^{10} t（包括可可西里），价值为1.0930×10^{10}元。

3.3　固定CO_2和释放O_2价值评估结果

按2.2.3节的计算方法，三江源地区生态系统年净初级生长量为8.6678×10^{7} t，根据光合作用和呼吸作用方程式推算出三江源地区各类生态系统固定CO_2的量为1.4128×10^{8} t。其中，草甸、落叶灌丛、沼泽和草原固定CO_2的量分别为8.5426×10^{7}、2.0282×10^{7}、1.3298×10^{7}、1.1228×10^{7} t，分别占固定CO_2总量的60.47%、14.36%、9.41%、7.95%。使用造林成本法和碳税法估算出三江源地区生态系统固定CO_2的价值分别为1.0053×10^{10}、4.7798×10^{10}元。根据光合作用方程式推算出三江源地区生态系统能释放1.0401×10^{8} t O_2。其中，草甸、落叶灌丛、沼泽和草原释放O_2的量分别为6.2890×10^{7}、1.4931×10^{7}、9.7901×10^{6}、8.2660×10^{6} t。用造林成本法和工业制氧法估算出各类生态系统释放O_2的价值分别为3.6709×10^{10}、4.1605×10^{10}元。

4 讨 论

4.1 三江源地区生态系统土壤侵蚀和土壤保持

GIS 计算的结果（表2）表明，三江源地区现实土壤侵蚀量总计为 8.23×10^7 t/a，其均值为 3.13 t/(hm^2·a)，各类生态系统单位面积现实土壤侵蚀量变化范围为 1.16～37.80 t/(hm^2·a)。如按无流失级别［5.00 t/(hm^2·a) 以下］标准分析，旱地、高寒草原和灌丛的平均现实土壤侵蚀量相对较大，分别为 37.80、8.54、7.32 t/(hm^2·a)。高寒草原平均现实土壤侵蚀量小于邓贤贵（1997）计算的金沙江和雅砻江上游草地生态系统的单位面积土壤侵蚀量 25 t/(hm^2·a)。灌丛和森林的平均现实土壤侵蚀量分别为 7.32、2.92 t/(hm^2·a)，小于刘国强等（1998）计算的青海省森林生态系统单位面积土壤侵蚀量 10 t/(hm^2·a)。潜在土壤侵蚀量总计为 1.12×10^9 t/a，其均值为 42.60 t/(hm^2·a)。各类生态系统单位面积潜在土壤侵蚀量变化范围为 2.49～79.67 t/(hm^2·a)。其中，旱地、高寒草原和灌丛的潜在土壤侵蚀量相对较大，分别为 79.67、57.28、55.19 t/(hm^2·a)。土壤保持量总计为 1.04×10^9 t/a，其均值为 39.47 t/(hm^2·a)，各类生态系统单位面积土壤保持量变化范围为 1.32～48.74 t/(hm^2·a)，其中森林、灌丛、高寒草原、高寒草甸草原单位面积土壤保持量较大。从现实土壤侵蚀情况来看，66.95% 的区域土壤侵蚀在 1 t/(hm^2·a) 以下，面积为 2015.23×10^4 hm；24.90% 的区域土壤侵蚀为 1～5 t/(hm^2·a)，面积为 749.57×10^4 hm^2。现实土壤侵蚀在 5 t/(hm^2·a) 以上的面积占整个区域的 8.15%，其中土壤侵蚀在 50 t/(hm^2·a) 以上的面积只占整个区域的 1.12%。从土壤保持情况来看，49.23% 的区域土壤保持在 10 t/(hm^2·a) 以下，面积为 1345.36×10^4 hm^2；43.55% 的区域土壤保持量为 10～100 t/(hm^2·a)，面积为 1189.97×10^4 hm^2。土壤保持在 100 t/(hm^2·a) 以上的面积占整个区域的 7.22%，面积为 197.31×10^4 hm^2。由此可见，三江源生态系统的土壤保持功能具有非常重要的作用。

本研究将三江源地区生态系统分为 9 种类型（表2）。

表2 三江源地区不同生态系统土壤侵蚀量和土壤保持量

类别	面积/hm^2	按质量计/10^4 t·a^{-1}			按面积计/t·hm^{-2}·a^{-1}		
		现实侵蚀量	潜在侵蚀量	土壤保持量	现实侵蚀量	潜在侵蚀量	土壤保持量
水浇地	746.4	0.09	0.19	0.10	1.16	2.49	1.32
旱地	3917	14.81	31.21	16.40	37.80	79.67	41.88
高寒草甸草原	2629037	506.72	12133.40	11626.68	1.93	46.15	44.22
高寒草甸	15754938	2559.45	59768.69	57209.25	1.62	37.94	36.31

续上表

类别	面积/hm^2	按质量计/10^4 t · a^{-1}			按面积计/t · hm^{-2} · a^{-1}		
		现实侵蚀量	潜在侵蚀量	土壤保持量	现实侵蚀量	潜在侵蚀量	土壤保持量
高寒草原	4576785	3908.17	26213.64	22305.47	8.54	57.28	48.74
高寒荒漠草原	102634.6	12.78	85.61	72.83	1.25	8.34	7.10
灌丛	955578.2	699.10	5273.63	4574.53	7.32	55.19	47.87
森林	132897.5	38.84	650.92	612.08	2.92	48.98	46.06
沼泽	2150670	493.96	7908.98	7415.02	2.30	36.77	34.48
合计	26307203.7	8233.90	112066.27	103832.37			
平均					3.13	42.60	39.47

不同类型生态系统的空间分布、地形地貌、土壤性质、植被覆盖率、气候条件等都不尽相同，所以其生态系统土壤保持功能在空间上也存在差异；同一类型的生态系统其土壤保持功能在空间上也同样存在差异。通过 GIS 分析结果表明，土壤保持能力在 100 t/(hm^2 · a) 以上的栅格在全区域范围内森林、灌丛、沼泽高寒草甸、高寒草原内存在零星分布；土壤保持能力在 20 ～ 100 t/(hm^2 · a) 以内的栅格呈较集中分布，主要分布于三江源地区的东部和南部，植被类型主要是森林、灌丛和草甸。三江源地区的西部和北部土壤保持能力较差，土壤保持能力在 20 t/(hm^2 · a) 以下，其中大部分区域在 10 t/(hm^2 · a) 以下。

源头地区地势较高，位于内陆，冰川发育，寒冷、干燥，山地裸露，冻融侵蚀是水土流失的重要原因。土壤因成土时间短，机械组成粗，腐殖质层薄，砾石含量高，土层浅薄，植被稀疏，沙化严重，是风力侵蚀的主要地带。本区平均年降水量 300 ～ 600 mm，5—9 月份降水量最多，占年降水量的 80% ～ 90%。降水高度集中、雨强度较大是引发水土流失，特别是引发泥石流的主导因素。水土流失的主要社会原因包括草地过牧、垦殖、森林灌木资源不合理利用、黄金开采、药材挖掘等。

4.2 三江源地区生态系统涵养水源

三江源地区各植被类型凋落物最大持水量变化范围为 0.51 ～ 125.00 t/hm^2，其中云杉林、落叶灌丛、常绿灌丛凋落物最大持水量较大，分别为 125.00、45.00、38.31 t/hm^2。三江源地区植被凋落物涵养水源能力为 1.55×10^8 t，其中落叶灌丛、草甸、常绿灌丛和云杉林凋落物涵养水源能力分别为 0.6747×10^8、0.3939×10^8、0.1512×10^8、0.1509×10^8 t，分别占总量的 43.48%、25.38%、9.75%、9.72%.

土壤涵养水源能力为 163.14×10^8 t，其中，高山草甸土、高山草原土、沼泽土和山地草甸土涵养水源能力分别为 82.07×10^8、34.47×10^8、16.16×10^8、1.49×10^8 t，分别占总量的 50.30%、21.13%、9.90%、7.05%。三江源地区土壤涵养水源能力总价值为

109.30×10^8 元，其中高山草甸土、高山草原土涵养水源价值分别为 54.98×10^8、23.10×10^8 元。各土壤类型最大持水量变化范围为 129.00 ～ 1169.75 t/hm^2，其中潮土、黑钙土、泥炭土、灰褐土、栗钙土、山地草甸土最大持水量较大，分别为 1169.75、1109.68、888.13、800.32、754.65、746.36 t/hm^2。

生态系统涵养水源是生态系统为人类提供的重要服务功能之一。生态系统涵养水分功能主要表现为截留降水、抑制蒸发、涵蓄土壤水分、缓和地表径流、补充地下水和调节河川流量等。它是植被 3 个作用层即植被层、植被凋落物层和土壤层对降雨进行再分配的复杂过程。尽管如此，由于植被层对一次性降水的截留大部分散失于蒸发蒸腾中，不能对河川径流做出贡献。因此，如果就涵养土壤水分和补充地下水、调节河川流量的功能而言，水源涵养能力主要包括植被凋落物层和土壤层中涵养的水资源，故本研究仅从凋落物层和土壤蓄水能力角度来定量评价生态系统涵养水分功能。

4.3　生态系统固定 CO_2 和释放 O_2

生态系统中绿色植物通过光合作用过程与大气中的物质进行交换，主要是 CO_2 和 O_2 的交换。植物吸收大气中的 CO_2，将碳储存植物体内，固定为有机化合物。其中，一部分有机物通过植物自身的呼吸作用（自养呼吸）和土壤及枯枝落叶层中有机质的腐烂（异养呼吸）返回大气。这样就形成了大气—陆地植被—土壤—大气整个陆地生态系统的碳循环。本研究以三江源地区生态系统有机物质生产为基础，根据光合作用和呼吸作用的反应方程式来定量评估生态系统固定 CO_2 与释放 O_2 的功能和价值。

5　结　论

（1）三江源地区生态系统生态功能价值巨大，保护其生态系统结构和功能具有重大意义。4 项生态功能合计总价值为 5.9049×10^{10} ～ 1.0169×10^{11} 元/a。三江源地区生态系统释放 O_2 的价值最大，为 3.6709×10^{10} ～ 4.1605×10^{10} 元/a，其他依次是生态系统固定 CO_2 的价值为 1.0053×10^{10} ～ 4.7798×10^{10} 元/a，植被凋落物和土壤涵养水源能力的价值为 1.1034×10^{10} 元/a，土壤保持的价值为 1.2528×10^9 元/a。

（2）在三江源地区生态系统涵养水源功能中，主要是土壤发挥着重要作用，其涵养水源能力为 163.14×10^8 t。其中高山草甸土、高山草原土、沼泽土和山地草甸土涵养水源能力分别占其总量的 50.30%、21.13%、9.90%、7.05%。而植被凋落物涵养水源能力仅为 1.55×10^8 t。

（3）按无流失级别［5.00 $t/(hm^2\cdot a)$ 以下］标准分析，现实土壤侵蚀在 5 $t/(hm^2\cdot a)$ 以上的面积占整个区域的 8.15%，其中土壤侵蚀在 50 $t/(hm^2\cdot a)$ 以上的面积只占整个区域的 1.12%；66.95% 的区域土壤侵蚀在 1 $t/(hm^2\cdot a)$ 以下，面积为 2015.23×10^4 hm^2；24.90% 的区域土壤侵蚀在 1 ～ 5 $t/(hm^2\cdot a)$ 之间，面积为 749.57×10^4 hm^2。

（4）在三江源地区生态系统固定 CO_2 和释放 O_2 功能中，主要是草甸、落叶灌丛、沼泽和草原发挥着重要作用，它们固定 CO_2 和释放 O_2 的量分别占其总量的 60.47%、14.36%、9.41%、7.95%。

参考文献

[1] BOUMANS R C, OSTANZA R, FARLEY J, et al. Modeling the dynamics of the integrated earth system and the value of global ecosystem services using the GUMBO model [J]. Ecological economics, 2002, 41: 529 - 560.

[2] CHEN Z X, ZHANG X S. Ecosystem values in China [J]. Bulletin of science, 2000, 45 (1): 17 - 2 (in Chinese).

[3] Compilation Council of Ecology and Entironment in Reserve Area of Sanjiangyuan. Ecology and Entironment in Reserve Area of Sanjiangyuan [M]. Xining: Renming Press of Qinghai, 2002: 9 - 127 (in Chinese).

[4] COSTANZA R, D'ARGE R, GROOT R, et al. The value of the world's ecosystem services and natural capital [J]. Nature, 1997, 387 (15): 253 - 260.

[5] DE GROOT R S, WILSON M A, BOUMANS R M J. A typology for the classification, description and valuation of ecosystem functions, goods and services [J]. Ecological economics, 2002, 41: 393 - 408.

[6] DENG X G. Analysis of soil erosion in Jinsha River Basin and influences of human activities [J]. Environment in Sichuan, 1997, 16 (2): 47 - 51 (in Chinese).

[7] Department of Pasturage and Veterinary in China, Total Station of Pasturage and Veterinary. Pasture resource of China [M]. Beijing: Science and Technology Press in China, 1996 (in Chinese).

[8] FANG J Y, LIU G H. Biomass and net primary productivity of forest in China [J]. Acta ecologic asinica, 1996, 16 (5): 497 - 508 (in Chinese).

[9] GUO Z, XIAO X, GAN Y, et al. Ecosystem functions, services and their values—a case study in Xingshan County of China [J]. Ecological economics, 2001, 38 (1): 141 - 154.

[10] LI D Q, LI J W. Biodiversity in Sanjiangyuan region [M]. Beijing: Science Press, 2002 (in Chinese).

[11] LI J C, JIANG W L, LE L S, et al. Study on ecological valuation [M]. Chongqing: Chongqing University Press, 1999 (in Chinese).

[12] LIU G Q, LIU Y G. Study on the ecological efficiency of natural forest in Datong County [J]. Science and Technology of Agriculture and Forestry in Qinghai Province, 1998 (2): 21 - 22 (in Chinese).

[13] Office of Agriculture Resource Layouting of Qinghai. Soil in Qinghai [M]. Beijing: Agricultural Press of China, 1997 (in Chinese).

[14] OUYANG Z Y, WANG X K, MIAO H. A primary study on Chinese terrestrial ecosystem services and their ecological-economic values [J]. Acta ecologic asinica, 1999, 19 (5): 607 - 613 (in Chinese).

[15] OUYANG Z Y, ZHAO T Q, ZHAO J Z, et al. Ecological regulation services of Hainan Island ecosystem and their valuation [J]. Chinese journal of applied ecology, 2004, 15 (8): 1395 - 1402 (in Chinese).

[16] WANG W Z, JIAO J Y. Qutantitative evaluation on factors influancing soil erosion in China [J]. Bulletin of soil and water conservation, 1996, 16 (5): 1 - 20 (in Chinese).

[17] XIAO Y, XIE G D, AN K. The function and economic value of soil conservation of ecosystems in Qinghai-Tibet Plateau [J]. Acta ecologic asinica, 2003, 23 (1): 2367 - 2378 (in Chinese).

[18] XIE G D, ZHANG Y l, LU C X, et al. Study on valuation of rangeland ecosystem services of China

[J]. Journal of natural resources, 2001, 16 (1): 47 - 53 (in Chinese).
[19] 陈仲新，张新时. 中国生态系统效益的价值 [J]. 科学通报，2000，45 (1): 17 - 22.
[20] 邓贤贵. 金沙江流域水土流失与人类活动影响分析 [J]. 四川环境，1997，16 (2): 47 - 51.
[21] 方精云，刘国华. 我国森林植被的生物量和净生产量 [J]. 生态学报，1996，16 (5): 497 - 508.
[22] 李迪强，李建文. 三江源生物多样性 [M]. 北京：科学出版社，2002.
[23] 刘国强，刘远光. 大通县天然林生态效益的研究 [J]. 青海农林科技，1998，(2): 21 - 22.
[24] 李金昌，姜文来，勒乐山，等. 生态价值论 [M]. 重庆：重庆大学出版社，1999.
[25] 欧阳志云，王效科，苗鸿. 中国陆地生态系统服务功能及其生态经济价值的初步研究 [J]. 生态学报，1999，19 (5): 607 - 613.
[26] 欧阳志云，赵同谦，赵景柱，等. 海南岛生态系统生态调节功能及其生态经济价值研究 [J]. 应用生态学报，2004，15 (8): 1395 - 1402.
[27] 青海省农业资源区划办公室. 青海土壤 [M]. 北京：中国农业出版社，1997.
[28]《三江源自然保护区生态环境》编辑委员会. 三江源自然保护区生态环境 [M]. 西宁：青海人民出版社，2002.
[29] 王万中，焦菊英. 中国的土壤侵蚀因子定量评价研究 [J]. 水土保持通报，1996，16 (5): 1 - 20.
[30] 肖玉，谢高地，安凯，青藏高原生态系统土壤保持功能及其价值 [J]，生态学报，2003，23 (1): 2367 - 2378.
[31] 谢高地，张镱锂，鲁春霞，等. 中国自然草地生态系统服务价值 [J]. 自然资源学报，2001，16 (1): 47 - 53.
[32] 中华人民共和国农业部畜牧兽医司，全国畜牧兽医总站. 中国草地资源 [M]. 北京：中国科学技术出版社，1996.

西南（川、滇、黔、桂）石灰岩山地区经济发展战略探讨*

我国石灰岩（包括其他碳酸盐岩类）分布广泛。据不完全统计，全国石灰岩出露面积约137万km^2，约占全国面积的1/7，如果包括埋藏的石灰岩，面积可达200万km^2[1]，约占全国总面积的1/5。西南地区是我国石灰岩分布最集中的地区，石灰岩分布总面积41.05万km^2，占西南地区总面积的30%。在这些石灰岩山地区，聚居着汉、壮、苗、布依、侗、瑶、彝、水、仡佬等民族，许多地方还是老革命根据地。

西南石灰岩山地区绝大部分处在亚热带气候条件下，山川秀丽，水热资源、生物资源和矿产资源丰富。新中国成立后近40年，特别是十一届三中全会以来10年的建设，地方经济得到很大的发展，人民群众的生活水平有明显的提高。但由于石灰岩山地山丘崎岖，溶洞、地下河发育，地表水缺乏，生态环境恶化，交通比较困难，经济发展水平还很低，科技文化落后，部分群众的温饱问题仍未完全解决，是我国南方主要的贫困地区。

为探讨西南石灰岩山地区社会经济发展战略，在中国科学院西南资源开发考察队的统一部署下，我们于1986年下半年至1988年上半年，对广西、云南、贵州、四川的石灰岩山地进行了广泛的综合考察，并对典型的石灰岩山地县——广西平果县、贵州独山县做了比较深入的研究。本文是本次研究的综合性成果，在分析该区社会经济状况、自然条件和自然资源特征的基础上，对该区经济发展的途径进行了初步探讨。

1　西南石灰岩山地概况

西南地区的石灰岩山地主要分布在广西的河池、柳州、南宁、百色、桂林等地、市，贵州除黔东南州部分县以外的地、市、州，云南的文山、红河、曲靖、玉溪、昆明、东川、昭通等地、市、州，以及四川的宜宾、泸州、涪陵、黔江、万县等地、市［图1（略）］，总人口9467万人。广西石灰岩山地（包括浅埋藏的岩溶地貌）面积为8.95万km^2，占全区面积的37.8%；贵州石灰岩山地面积为12.95万km^2，占全省面积的

---

* *原载：周性和、温琰茂主编：《中国西南部石灰岩山区资源开发研究》，四川科学技术出版社1990年版，第3～23页。作者：温琰茂、周性和、文传甲、张建平、王飞。

1. 石灰岩山地（简称石山）指裸露或半裸露碳酸盐岩岩溶山地，石灰岩山地区主要指岩溶山地面积占30%以上的县、市所组成的区域。

2. 本文的资料主要来源于西南四省（区）的农业区划、农业经济统计年鉴、统计年鉴及四省区的石山统计数据。

3. 本文附图的国界按地图出版社1979年中华人民共和国地图集绘制。

73.6%；云南石灰岩山地面积11.02万km^2，占全省面积的28.8%；四川石灰岩山地面积为8.13万km^2，占全省面积的14.3%。西南四省的494个县、市中，石灰岩山地占总面积70%以上的有89个县、市，面积占50%～70%的有51个县、市，面积占30%～50%的有72个县、市，面积30%以下的有170个县、市，无石灰岩山地的有112个县、市［表1、图2（略）］。由此可见，石灰岩山地在西南国土资源中占有重要的地位。

表1　西南石灰岩分布面积分级

级　别	云　　南	贵　　州	四　　川	广　　西
石灰岩分布面积大于70%的县市	开远、蒙自、文山、西畴、曲靖、陆良、罗平、个旧、马关	贵阳、水城特区、六枝特区、遵义县、遵义市、梓桐、湄潭、凤冈、余庆、务川、正安、清镇、平坝、修文、开阳、息烽、普定、兴义、普安、安龙、铜仁、思南、石阡、玉屏、毕节、赫章、纳雍、黔西、大方、威宁、都匀市、龙里、贵定、福泉、瓮安、荔波、惠水、长顺、罗甸、凯里、麻江、仁怀、绥阳、关岭、紫云、织金、金沙、道真、安顺市、安顺县、德江、沿河、独山、平塘、施秉、盘县	巫溪、巫山、酉阳、彭水、古蔺、得荣	桂林市、忻城、宜山、靖西、大新、天等、柳城、河池市、富川、隆安、武宣、扶绥、柳江、都安、来宾、龙州、崇左、象州、马山、合山
石灰岩分布面积占50%～70%的县市	嵩明、澄江、宣威、奕良、镇雄、弥勒、泸西、镇康、耿马、永德、保山、富源、师宗、鲁甸、威信、建水、屏边、砚山、华坪、施甸	镇宁、兴仁、印江、江口，万山、三都、岑巩、黄平、镇远	武隆、秀山、华云区、白沙区、城口、云阳、乐山市、金口河区、宁南、雅安市	德保、阳朔、上林、南丹、宾阳、罗城、环江、全州、平果、武鸣、东兰、柳州市

续上表

级 别	云 南	贵 州	四 川	广 西
石灰岩分布面积占30%～50%的县市	呈贡、富民、宜良、路南、通海、江川、会泽、马龙、寻甸、昭通、巧家、盐津、禄劝、玉溪、易门、华宁、德钦、维西、沧源、广南、富宁、麻栗坡、大关、永善、河口、丘北、鹤庆、丽江、宁浪、中甸、畹町	习水、晴隆、贞丰、丹寨	盐源、甘洛、雷波、金阳、天全、芦山、旺苍、安县、乐山市、南川、黔江、会东、盐边、汉源、峨边、洪雅、峨眉、珙县、筠连、叙永	鹿寨、凌云、巴马、灵川、荔浦、隆林、恭城、田阳、凤山、平乐、贵县、钟山、那坡、田东、融安、临桂、永福

西南地区的石灰岩山地可划分为11个区域［图3（略）］。水热状况和岩溶地貌特征等自然条件的相似性是我们分区的主要根据。不同区域的资源结构和工农业生产条件都有较大的差异，现简要分述如下。[1,2]

1.1 桂西南区

包括广西北回归线以南及附近的南宁和百色地区的石灰岩山地。本区地处南亚热带，热量资源十分丰富，年平均气温21～22 ℃，≥10 ℃的活动积温7000～8000 ℃。降水量偏少，一般为1100～1200 mm。年日照时数达1600～1800小时。寒潮影响极小，基本无霜，农作物可一年三熟，海拔高度为100～200米，地貌形态多为峰林谷地，也有部分为峰丛洼地。在峰林谷地区地下水埋藏较浅，易提灌，泉水出露多，地表径流比较发育。峰丛洼地地下水埋藏深，极难利用。本区域大多数地区农业生产的最大障碍是干旱。右江河谷春季常常出现的焚风效应加剧了本地区的春旱。本区盛产水稻、甘蔗、玉米、黄豆。龙眼、芒果、菠萝、荔枝、香蕉、木瓜等南亚热带水果的生产具有相当的规模。本区蕴藏着丰富的铝土矿。姆拉水牛、巴马香猪是本区具有特色的畜产品。

1.2 滇东南、桂西区

包括云南文山州、红河州和广西的靖西、德保、那坡等县的石灰岩山地、高原。海拔一般为800～1500米，主要为溶原—峰林和溶洼—峰林山地地貌。本区气候以南亚热带气候为主，热量资源丰富，≥10 ℃的积温6000～8000 ℃。元江河谷及其他海拔低的地段年平均气温可达20～24 ℃，≥10 ℃的积温7300～8500 ℃，一般年份无霜。降水比较丰富，年平均雨量1200～1500 mm。干湿季分明，雨季集中了80%以上的降水。日照时间长，年平均日照时数1500～2000小时。在平远街、文山、蒙自、草坝等断陷盆地的边缘，常有泉水出露，但在峰林山地及南盘江与元江的分水岭地段，地下水埋藏深，地表径流不发育，干旱十分严重。本区有丰富的植物资源，主产水稻、玉米、甘蔗，同时也是我国著名的南药和香料产地。三七、八角、砂仁、草果等土特产品名闻中外。本区还有丰富的草场资源，发展畜牧业有良好的条件，文山牛是役肉兼用的优良牛种，牛肉远销广东和港澳。主婴的矿产资源有锡、锌、锑等有色金属。

1.3 桂中、桂东北区

主要包括柳州市、柳州地区、桂林市、桂林地区和河池地区的一部分。岩溶残峰台地平原、峰林谷地、峰丛洼地是本区的主要地貌构成。台地平原海拔高度一般在200米以下，山地海拔可达1000～1500米。气候夏热冬暖，水热资源丰富。年平均气温一般为20～21℃，山地区气温低些。≥10℃的积温5000～7000℃，无霜期长。日照时间比较长，年平均日照1500～1800小时。年均降水量1200～1500 mm，降水主要集中在夏季。春旱频繁，伏旱、秋旱也时有发生。在本区的岩溶残峰台地平原区，地表径流比较发育，地下水埋藏浅、出露多，灌溉水源相对比较丰富，是我国石灰岩山地区灌溉条件较好的地区之一，但在峰丛洼地和一些峰林谷地区，地表渗漏大，地表径流不发育，地下水位深，蓄、引、提都很困难，抵御旱灾的能力很差。本区农业比较发达，主要农产品有稻米、玉米、柑橘、板栗、罗汉果、柿子等。本区北部还是我国南方重要的杉木林区。桂林山水是中外闻名的旅游胜地，对本区的经济发展起着重要的促进作用。

1.4 桂西北、黔南区

包括广西河池地区的大部分、百色地区的一部分，贵州的黔南州、黔西南州沿红水河、南盘江的河谷地带。本区是贵州高原向广西盆地过渡的斜坡地带，海拔高度由西北向东南从1200 m左右下降至500 m左右，河谷地带可低于300 m。主要的地貌形态是峰丛洼地和峰林谷地。峰丛洼地区地势高、山坡陡、山弄深、光照少，易涝易旱。地表径流很不发育，地下水埋藏很深，极难利用。本区是我国石灰岩山地区溶蚀切割最强烈、地表最为破碎、起伏的地区，虽然降水量可达1300～1400 mm，但因地表渗漏十分厉害，生产和生活用水极端困难，是西南石灰岩山地区最缺水、最贫困、生活最艰苦的区域。本区热量资源比较丰富，≥10℃的积温为5500～6500℃，在红水河河谷地带可超过6500℃。年平均日照1400～1800 h，冬天霜雪很少。在河谷地带龙眼、香蕉等喜热水果生长良好，作物可一年三熟。主要农产品有稻米、玉米、柑橘、香蕉。本区水力资源非常丰富，正在开发为我国南方最重要的水电基地。

1.5 黔中区

包括贵阳市、安顺地区以及遵义地区、黔南州、黔西南州和毕节地区的一部分。海拔高度一般为1000～1500 m，为一溶原丘峰与峰林山原。在高原面上，切割微弱，谷地比较宽阔，溶原孤峰、丘峰洼地和峰丛谷地为本区的主要地貌形态。从主要河流的分水岭地区到高原边缘的深切峡谷区，地貌类型的过渡依次为峰林盆地—峰林谷地—峰丛洼地—峰从峡谷，山体相对高度逐渐增大，坡度变得越来越陡。地下水埋藏也逐渐加深。本区大部分属于中亚热带气候，冬暖夏凉。≥10 ℃的积温为 4000 ～ 6000 ℃，年降水量 1000 ～ 1500 mm。日照少、阴雨云雾多。作物一年两熟。本区主要农产品有稻米、玉米、小麦、油菜、烟叶、茶叶等。因为本区岩溶地貌广泛发育，地表径流缺乏，旱灾是农业生产的主要威胁。本区有丰富的煤炭，也有丰富的铝、锑、锌等有色金属以及磷矿等非金属矿产资源。本区草场资源也很丰富，对畜牧业的发展十分有利。

1.6 滇东、黔西区

包括云南东部的广大地区和贵州西部的部分地区，为一溶原—丘峰高原。乌蒙山呈北北东向横贯黔西高原，系乌江与金沙江的分水岭，海拔 2400 ～ 2500 m。滇东高原面向南递降，由海拔 2000 m 左右降至 1100 m。贵州威宁向东也逐渐降低，是乌江与北盘江的源头，海拔 1900 ～ 2400 m。气候垂直差异较大，海拔 2400 m 以上地区，气候冷、霜期长，≥10 ℃的积温不足 3000 ℃，作物只能一年一熟；海拔 1400 ～ 2400 m 地区，≥10 ℃的积温 3000 ～ 5500 ℃，作物可一年两熟或二年三熟；海拔 1400 m 以下地区，≥10 ℃的积温一般可达 6000 ℃以上，作物可一年三熟。主要作物有水稻、玉米、小麦、油菜、马铃薯、烟草。本区地势高的地方热量不足，冻害严重，面海拔低的地方干旱缺水则是农业生产的最大障碍。本区草场资源丰富，发展畜牧业有良好的条件。

11. 7 黔东北、川东南区

包括贵州的铜仁地区和遵义地区的部分县，四川黔江地区和涪陵地区、万县地区的部分县，以及川东平行岭谷区的石灰岩山地。除北部的大巴山区外，大都有一系列北东—南西向的平行岭谷组，主要山脉有巫山、武陵山、大娄山。海拔一般为 1500 ～ 2000 m。长江流过本区的北部，形成著名的长江三峡，切割深度达 1500 m 左右。乌江对本区石灰岩山地的切割也很强烈，因而形成地面切割破碎、沟谷深切的岩溶山地。本区属中亚热带气候，冬无严寒，无霜期超过 300 天。雨量充沛，年降水量 1100 ～ 1600 mm。≥10 ℃的积温超过 5500 ℃。本区海拔高的山区春秋低温对农作物有较大的影响，较低的河谷地带则常受干旱的威胁。主要农作物为水稻、玉米、小麦、油菜。本区是我国最大的桐油、生漆、乌桕产区，还盛产柑橘、蚕茧、苎麻、油茶、茶叶以及黄连、当归、党参、天麻等。以长江三峡为主体的旅游资源在我国占有很大的优势。长江三峡和乌江是我国水力资源最丰富的区域之一。

1.8 川、滇、黔接壤区

主要包括贵州毕节地区大部分、遵义地区的一部分，云南昭通地区，四川宜宾地区、泸州市和重庆市的南部，为一溶洼丘峰山地区。高差大，海拔 200 ～ 2000 m，为云贵高原向四川盆地过渡的斜坡地带。区内溶洞、伏流发育，溶洼规模大，地表切割强烈，水土流失严重。本区属中亚热带气候，≥10 ℃的积温一般为 5000 ～ 6000 ℃，无霜期 300 天左右。降水 1000 mm 以上。本区北部气候冬暖夏热，柑橘、甘蔗、龙眼、荔枝生长良好，部分地区可种双季稻。主要农作物有水稻、玉米、小麦、油菜、烟叶等。本区因岩溶地貌发育，地表破碎，地表径流缺乏，水利设施难于修建，农业生产经常受到干旱的威胁。本区煤炭资源丰富，并是我国茅台、五粮液、泸州大曲等名酒的产地。

1.9　四川盆地西部、北部区

包括四川盆地西部和北部，分布不甚连续的石灰岩山地。海拔一般 1000 ～ 3000 m，为一切割强烈的中、高山地。因为新构造运动表现为强烈的上升，岩溶地貌发育程度较低，溶洞、地下河比较少见，规模也较小。≥10 ℃的活动积温一般为 4000 ～ 6000 ℃。气候垂直差异大。海拔较高的山地热量条件较差，农作物易受春、秋低温的危害。本区降水量 1300 mm 以上，湿度大，云雾多，日照偏少，适宜茶叶和多种中药材的生长，还盛产核桃、木耳。农作物主要为水稻、玉米、小麦、油菜。区内的峨眉山、九寨沟、黄龙寺和卧龙保护区是我国著名的风景游览胜地和自然保护区。本区也是我国最重要的大熊猫产地。

1.10　川西北区

包括四川阿坝州和甘孜州北部高原范围内零星分布的石灰岩出露地区，海拔一般为 3000 ～ 4500 m。年平均气温 0 ～ 6 ℃，≥10 ℃的积温 400 ～ 1500 ℃，无霜期 100 天以下，热量资源不足，但日照充足，昼夜温差大。降水量 500 mm 以下。流水侵蚀、冰川作用和融冻作用是本区地貌发育的主要外营力，地下水溶蚀作用比较微弱，岩溶地貌特征不明显。本区草场资源韦富，以畜牧业为主，盛产牦牛和绵羊。农作物主要为青稞、甜菜。本区也是麝香、贝母、天麻、虫草等名贵中药材的重要产地。

1.11　滇西、川西南区

包括四川西部的甘孜州南部、凉山州和云南西部横断山区域内的石灰岩山地。本区多为海拔 3500 ～ 5000 m 的高山和极高山地。构造运动和变质作用十分强烈。强烈的流水侵蚀形成了许多高山深谷，江面与山峰的高差常达 1000 ～ 1500 m，有的甚至达 2500 ～ 3000 m。由于地壳上升和河流下切迅速，石灰岩的溶蚀作用一般都不充分。流水作用、冰川作用、物理风化、冰川与泥石流的作用成为本区域地貌过程的主要外营力。岩溶地貌只有在本区的南部才有较好的发育，出现一些溶盆、溶洼、溶斗、岩溶湖泊和岩溶泉。气候垂直变化大。海拔 2400 m 以上的山地气候寒冷、霜期长，≥10 ℃的积温低于 3000 ℃，只能一年一熟，农作物以马铃薯、荞麦、早熟玉米为主，产量低而不稳，但却宜林宜牧；海拔 1400 ～ 2400 m 为温带，≥10 ℃的积温一般为 3000 ～ 5500 ℃，降水量 800 ～ 1000 mm，作物一年二熟或二年三熟，主产玉米、水稻、小麦、油菜、烟叶、茶叶；海拔 1400 m 以下为低热地带，≥10 ℃积温可达 6000 ℃以上，作物可一年三熟，一般喜热作物和亚热带经济林木均宜生长。有的低热河谷可种植咖啡、剑麻、芒果、香蕉等热带作物和水果，也是良好的紫胶生产区域。本区蕴藏着丰富的水力资源和有色金属矿产资源。

2　西南石灰岩山地区经济发展的影响因素分析

2.1　有利因素

2.1.1　水热资源丰富，气候类型多样

西南石灰岩山地大多数地区都处在亚热带气候条件下，水热资源都比较丰富；因幅员广大，地势变化复杂，内部差异比较大。

（1）水热资源丰富，且匹配良好。区内大部分地区热量资源丰富，年均温 14 ～ 21 ℃，≥10 ℃的活动积温一般为 5000 ～ 7000 ℃，无霜期长，在南亚热带区域终年无霜。降水充沛，年均降水量大都在 1000 mm 以上，东南部最高，向西北方向减少。

本区属亚热带季风气候，雨、热、日照的变化基本协调，雨季也正是热量高、日照长的季节，十分有利于生物的生长繁衍和农、林、牧业的发展。

（2）内部差异大，类型丰富。由于西南石灰岩山地幅员广大，随着山地所处的经纬度不同和海拔高度的变化，光、热、水资源的数量和搭配状况都会发生变化，形成从南亚热带到温带、从湿润到半干旱的多种多样的气候类型。在高差较大的山地区，气候的垂直变化也十分明显；在一个山体中，随着高度的变化也可由亚热带气候过渡到温带气候。

西南石灰岩山地区气候水平变化和垂直差异所形成的丰富的气候类型为内涵丰富的大农业发展提供了良好的基础，并为发展种类丰富的商品生产，满足国内外市场的需要提供了良好的条件。

（3）河川径流大，岩溶地下水丰富。在西南石灰岩山地分布最为集中的主体部分范围内（研究区面积约为 39 万 km^2），多年平均产水量有 2381 亿 m^3，产水模数为 61.82 万 $m^3/(a \cdot km^2)$，为全国产水模数 27.08 万 $m^3/(a \cdot km^2)$ 的 2.28 倍；在西南地区内，除低于广西外，比云、贵、川三省的平均值都高。产水模数最高的区域位于本区的东南部，最高值可达 105.3 万 $m^3/(a \cdot km^2)$。

因本区碳酸盐岩类广泛分布，岩溶地貌发育，降水入渗形成了丰富的地下水。研究区内地下径流量为 619.85 亿 m^3，为水资源总量的 26.0%，平均地下径流模数为 16.09 万 $m^3/(a \cdot km^2)$。若按降水入渗补给地下水的实测资料计算，地下径流在水资源总量中的比例远较该值为大。如贵州独山县南部，地下径流可占总径流量的 74.3% ～ 94.5%。初步估计，在石灰岩山地区的径流总量中，地下径流一般可占 50% 以上。此外，岩溶山区尚有丰富的地下水储存资源。在地下水季节变化带以下，溶洞裂隙含水层很厚。在独山县南部，该含水层厚约 200 m，其地下水储存资源相当于同一范围内年径流量的 13 倍。这部分地下水资源也有较大的开发潜力。

西南石灰岩山地区丰富的地表水和地下水资源为石灰岩山地区开发提供了前提条件。

2.1.2　丰富的生物资源

西南石灰岩山地区丰富的水热资源和类型多样的气候十分有利于品种丰富的生物的生

长繁衍，使之成为我国野生植物资源种类最丰富的区域之一。

（1）林产资源。西南石灰岩山地区森林覆盖率不高，但仍有广阔的面积。西南石灰岩山地区林地总面积为37446.06万亩（其中四川5736.05万亩、云南18548.5万亩、贵州7049.08万亩、广西6112.43万亩），为本区内外提供了宝贵的木材和林副产品，并拥有一些珍贵稀有树种，如枧木、擎天树、珙桐、银杉、桫椤等；还拥有一些优良速生树种，如红椿、苦楝、任豆树、牛尾树等。西南石灰岩山地区有许多具有重要经济价值的经济林木，如油桐、乌桕、八角、漆树和竹类，重要的林副产品有木耳、香菇、银耳、竹荪、茶叶、五倍子、紫胶、茴油、生漆、安息香脂等。

（2）药用植物。西南石灰岩山地区药用植物资源非常丰富，有些名贵的中药材在国内外市场上占有重要的地位。广西的药用植物就有1300多种分布在石灰岩山地区；石灰岩山地比较集中的四川南部地区，药用植物就达1915种。三七、杜仲、砂仁、草果、金银花、罗汉果、天麻、天冬、胆草、青天葵、牛膝、肉桂等都是西南石灰岩山地区著名的中草药材。水果资源。

（3）果树。西南石灰岩山地区果树种类十分丰富。从南亚热带水果到温带水果应有尽有。如芒果、香蕉、龙眼、荔枝、木瓜、枇杷、柑橘、苹果、桃、梨、李子、大果山楂、杨梅、柿、杏子、柚子等。还有丰富的刺梨、猕猴桃等野生高维果品植物资源。

（4）草场资源。西南石灰岩山地区有广阔的草场。据统计，四省石灰岩山地区草地面积达13109.2万亩，占四省石灰岩山地区总面积的16.08%，其中四川2563.27万亩，云南2900万亩，贵州5521.71万亩，广西2124.22万亩。广阔的草场为畜牧业的发展提供了良好的基础。除此之外，西南石灰岩山地区还有丰富的油脂植物、香料植物、纤维植物、淀粉植物和单宁植物。

区内野生动物资源比较半富，其中珍贵稀有动物有大熊猫、小熊猫、金丝猴、蜂猴、猕猴、短尾猴、水鹿、毛冠鹿、大灵猫、小灵猫、云豹、豹、穿山甲、华南虎、红腹锦鸡、白腹锦鸡、白冠长尾雉、白鹇、大鲵等。其他具有经济价值的皮毛动物、肉用动物、香料动物、实验动物、观赏动物等都较丰富。

丰富的生物资源为西南石灰岩山地区的工业生产、医药卫生和对外贸易提供了丰富的原材料和商品，也为本地区的经济发展和脱贫致富提供了多种多样的途径。

2.1.3 土壤养分状况良好

西南石灰岩山地的主要土壤为黑色石灰土、棕色石灰土、黄色石灰土和红色石灰土，以及与这些土壤有关的水稻土和旱作土。

黑色石灰土零星分布在亚热带的石灰岩山地中，土壤碳酸钙淋溶微弱，呈中性至微碱性反应，腐殖质含量高（可达6%～7%），土壤呈团粒结构或核粒状结构，土质泡松，容易耕作，保水保肥，能回潮抗旱，肥力高。[3]

棕色石灰土主要分布在热带、亚热带比较矮的石灰岩山丘，常见于山麓坡地和微起伏的山间谷地，土壤碳酸钙淋溶比较强烈，呈中性、微酸性反应，仅在心土层有石灰反应。土壤常呈灰棕色，质地黏重，土层较厚。有机质含量比黑色石灰土低，一般2%～4%。棕色石灰土一般肥力比较高，耕性较好，保水保肥能力强。[3]

黄色石灰土分布在四川、贵州和广西海拔较高的石灰岩山地区，日照少，云雾多，水分条件好，土壤中氧化铁的水化程度较高，土壤呈鲜黄色。土壤剖面中碳酸盐淋溶不强烈，尚呈石灰反应。土壤呈中性至微碱性，质地黏重，但粒状结构好。有机质含量一般也比较高，抗旱保水能力强，易于耕作，肥力较高。

红色石灰土主要分布在云南高原，在热带、亚热带石灰岩山丘地区也有零星分布。因气候夏凉冬暖，虽然降水量不低，但蒸发量大于降水量，且干湿季明显，土壤中含水的氧化铁被脱水、结晶，形成赤铁矿，而呈红色。土壤排水良好，碳酸钙淋溶弱于棕色石灰土，但剖面上部多无石灰反应。土壤一般呈中性。有机质含量不高，质地黏重，但有团粒或粒状结构。[3]

上述石灰岩山地土壤为我国热带、亚热带地区比较肥沃的土壤，氮、磷、钾、钙、镁和营养微量元素含量一般都比其他毗邻的土壤高，特别是黑色石灰土，常被作为肥料，施于附近的田地。石灰岩土壤很适于农作物特别是豆科植物的生长，也很适合油桐、乌桕、柏木、棕榈、香椿等经济林、用材林的生长。有些石灰岩土壤还可种植价值很高的中药材，如广西靖西和那坡县的黑泡土，特别适合种植三七。

2.1.4　矿产资源丰富

西南石灰岩山地区矿产资源是相当丰富的。煤、锰、铝、铜、锡、铅、锌、磷、硫、岩盐、石膏、钾盐、芒硝等矿藏在全国都占有重要的地位，大理石、方解石、白云石和石灰石更是广泛分布。

丰富的矿产资源为西南石灰岩山地区的经济发展提供了很好的物质条件，矿产资源的开采和工矿企业的发展将成为本区域经济和科学技术发展的活跃因素，将会带动石灰岩山地区经济的全面开发和科学技术的普及，并使这些地区早日脱贫致富。

2.1.5　旅游资源丰富

亚热带湿热的气候为西南石灰岩山地的岩溶作用提供了良好的条件，塑造了许多风景秀丽的山川和神秘媚人的溶洞，成为中外游人向往的旅游胜地。桂林山水、长江三峡、路南石林、昆明西山、大理风光、贵州黄果树瀑布和安顺龙宫等都是分布在西南石灰岩山地区的中外闻名的风景旅游胜地。此外，贵州织金的打鸡洞，广西的伊利岩，四川的九寨沟、黄龙寺、大宁河小三峡、兴文石林等也是西南石灰岩山地区有着很好开发前景的旅游风景区。

2.2　不利因素

2.2.1　经济发展水平低，人民群众生活比较贫困

西南石灰岩山地区是集老、少、边、穷于一体的特殊区域，社会生产水平落后，地区经济贫困，部分群众的温饱问题尚未很好解决。

（1）社会生产力落后。川、滇、黔、桂是我国经济落后的地区，经济发展水平大大低于全国的平均数。而西南石灰岩山地区在整个西南地区的经济发展中又处于落后地位，经济发展水平与西南地区的平均水平还有明显的差距，是我国经济最落后的区域之一。1985 年，西南石灰岩山地区工农业总产值为521.25 亿元，占西南地区的39.35%，全国的4.28%，低于其人口和面积的比重（西南石灰岩山地区人口占西南地区的46.31%，占全国的9.06%；面积占西南地区的42.50%，占全国的6.10%）。从表 2 可以看出，西南石灰岩山地区一些重要的国民经济指标都大大低于全国平均水平，也低于西南地区的平均水平。

表2　1985年西南石灰岩山地区和西南地区及全国经济发展水平对比

单位：元

项目	西南石灰岩山地区	西南地区	全国
人均农业产值	210	263.5	370.5
人均粮食产量/kg	291.5	317	362.5
人均油料产量/kg	7.45	10.7	15.1
人均工业产值	339.4	385.2	793.5
人均轻工业产值	167.3	185	391
人均重工业产值	171	200	446.6
人均社会商品零售额	229.3	257.3	411.8
人均财政收入	58.3	59.1	178.5
人均储蓄存款余额	75.1	83.8	155.2
人均国民收入	365.44[1)]	439.12	652.62

1）人均国民收入一项中，石灰岩山地区为贵州省统计数。

资料来源：据有关统计年鉴编制。

（2）商品经济不发达。目前西南大部分石灰岩山地区仍以自然经济占主导地位，商品经济极不发达，农产品的商品率很低。如贵州省，1986年农副产品的商品率只有35%，大大低于全国的平均水平（58%）。农产品的利用率也不高，加工程度很低，农村工农业产品的商品率仅41.1%，比全国的平均水平（68.1%）低得多。在石灰岩山地区的一些城镇中，工业虽具有一定的基础，但因信息闭塞、效益不高、产品更新换代慢，应变能力差，有些产品的竞争能力也不强。

（3）地方财政入不敷出，群众生活比较贫困。1985年，西南石灰岩山地区财政缺口25671万元，29个地、市、州中有21个支出大于收入。其中，贵州82个县、市中，财政赤字县就达64个，占74.4%。西南石灰岩山地区农业人口的年平均收入只有300元左右，只有全国农业人口年平均收入（397.60元）的75%、江苏的61%、浙江的55%。一些石灰岩山地县人民的收入水平比全石灰岩山地区的平均水平还低得多，如四川省14个石灰岩山地区贫困县1985年人均年收入只有154元，只有整个西南石灰岩山地区平均水平的一半左右。目前，仍有一些群众生活在温饱线以下，还有不少家庭徘徊在温饱线上。地处石灰岩山地区的四川黔江地区，广西的河池地区、百色地区，云南的昭通地区、文山州，贵州的毕节地区、黔南州、黔西南州等都是我国著名的贫困地区。

西南石灰岩山地区的许多县都是缺粮县，每年要靠国家从外地调进大量的粮食。贵州省26个贫困县（其中21个是石灰岩山地县）1984年返销粮总数就达2.725亿kg。在一些贫困的石灰岩山地区，穿衣吃饭主要依靠国家救济的现象依然存在。

2.2.2 科技、文化水平落后

西南大多数石灰岩山地县，由于历史、社会、自然、经济等诸方面的原因，长期处在十分封闭的环境中，教育相当落后，文化水平很低，科技信息和先进技术传播缓慢，且难于被接受，有些地方甚至还处于愚昧落后的习俗之中。以贵州为例，全民受教育的程度只有4.1年，低于全国5.2年的平均水平，每万人中具有大学文化程度的只有38.7人，而全国平均为58.3人；12岁以上的文盲、半文盲占47.9%，比全国的平均水平高16个百分点。一些石山贫困县的情况更为严重。如贵州的紫云县，文盲率高达60%，相当于全国的2.7倍；每万人中大学文化程度的人数为9人，只有全国平均数的15%。而且人才外流严重，紫云县仅在1983年就外流人才53人，其中大学本科31人，大专7人，中专15人。人才外流使本地区的教育和科学技术的普及面临更加严重的困难。

由于教育和科技文化水平低，目前西南石灰岩山地区大多数地方的工农业生产都很落后。农业先进的耕作技术的吸收，良种的引进、推广，熟制的改革，病虫害的防治，施肥水平、施肥技术等都处于相当落后的水平。由于科技文化水平低、科技人员缺乏和财政困难，石灰岩山地区地方工业的发展也十分缓慢，规模有限的工矿企业的经济效益也较差，资源浪费严重。

2.2.3 资源型的产业结构

新中国成立以来，西南石灰岩山地区的经济有了较大程度的发展，但仍处于低层次的发展阶段，产业结构比较单一，经济运行效率低，资源开发处在初级阶段。尽管六七十年代在本区的局部地方建设了一批技术水平较高的机械、电子等“三线”企业，但由于交通、信息、社会、产品销路、设备更新换代等方面存在的问题较多，这些企业的相当部分未能发挥其应有的经济效益，对本地其他工业企业的技术指导方面也没有发挥应有的作用。目前在地方经济中起主要作用的仍是以农产品为原料的轻工业，特别是制烟、酿酒、制糖工业和以本地矿产资源为依托的采矿、冶炼等原材料工业。除烟、酒、糖外，其他工矿产品多数加工程度较低，产品增值小，经济效益低。近年来，由于国家投资的相对减少，重工业的比重有所下降，以农产品为原料的轻工业比重有所上升。

在农业内部结构方面，种植业比重约占55%，粮食生产又是种植业的主体，林、牧、副、渔业比重小，发展慢，自然资源未得到充分的利用，农副产品的加工业不发达，增值也小。

西南石灰岩山地区三次产业的结构呈菱形，中间大、两头小。以贵州为例，1985年三次产业的比例为39∶43∶18，与全国同年构成（32∶47∶21）相比，二、三产业有明显的滞后现象，与发达国家的一、二、三次产业的比例逐渐增加的结构相比，其产业经济结构低层次发展阶段的特征显得更加突出。

2.2.4 水资源开发程度低，农业生产和群众生活用水困难

（1）水资源开发程度极低。西南石灰岩山地区水资源丰富，但降水和径流的季节变化甚大，各地夏半年（5—10月）的降水量占全年雨量的70%以上。径流的枯水期一般是12月—次年4月，汛期水量可占年水量的70%～80%。这是本区旱涝灾害频繁的根源，水资源的利用也因此受到较大的限制，所以必须采取各种措施对天然水源进行调节和控制。新中国成立后，西南石灰岩山地区修建了大量的水利工程，灌溉面积和粮食产量得到大幅度的提高。但由于耕地分布分散，地高水低，工程地质条件差，地下水开发难度大，资金、技术缺乏等原因，本地区水资源的开发程度仍然很低，水利工程的可控水量与水资源量相比，一般只有百分之几。开发程度随自然条件不同而有较大差异，在耕地集中、水土资源配合良好的地区，如广西的个别地区，开发程度稍高；在自然条件恶劣、水土矛盾突出的地区，如红水河上游，开发程度只有2.5%。石灰岩山地区水利工程的效益也极为低下，按农业人口人均有效灌溉面积比较，贵州人均0.35亩，广西27个石灰岩山地县人均0.39亩，云南文山州只有0.29亩，大大低于全国人均有效灌溉面积0.78亩的水平。耕地没有足够的灌溉水量，粮食单产就只能长期停留在很低的水平上，而且十分不稳定。

近年来，石灰岩山地区农田水利设施的效益又普遍下降，主要原因是工程老化失修，设备遭到废弃和破坏等。广西平果县1985年的实灌面积比1980年减少了3万亩，减少了22%，南宁地区9个县的有效灌溉面积在同期也减少了11%，情况是十分严重的。

（2）农业生产和群众生活用水仍十分困难。因为石灰岩山地区地表渗漏严重、地表水缺乏，岩溶发育的地质环境又十分不利于水利工程的修建，已修建的水利工程中有渗漏问题甚至报废的情况较多，而且这些水利工程又以小型为主，调蓄能力差，无法抗御较大的自然灾害，一些石灰岩山地区在一定程度上仍处在靠天吃饭的境况。目前，西南石灰岩山地区旱灾频率高、范围广、影响大。贵州1978年春旱使全省粮食减产2.5亿kg；1986年春旱和夏旱又使受灾面积达到694.7万亩，占当年播种面积的20%。广西石灰岩山地区易旱面积占耕地的26%。云南文山州易旱面积占全州的40.2%，1980年该州出现百年一遇的大旱，水利工程的蓄水量仅及正常年份的一半，严重影响大春作物的栽插。

西南石灰岩山地区不仅农业用水严重缺乏，人畜饮水也普遍存在困难，在峰丛洼地区尤为严重。广西27个石灰岩山地县缺水的人数近300万人，约占总数的32%；都安县缺水的人数达到总人口的61.8%。农忙季节，大批劳动力为吃水而奔波，致使耕作更加粗放，并耽误农时。各级政府对石灰岩山地区群众饮水困难的问题极为关注，采取了一系列的措施，吃水难问题得到一定的缓解，但已解决缺水困难的人数仍在缺水总人数的50%以下。由于缺水的人多面广，要根本改善石灰岩山地区人畜饮水困难的状况，仍需做很大的努力。

2.2.5 土地资源质量差，且利用不合理

西南石灰岩山地区地貌崎岖不平，生产水平和科学技术处于比较落后的状态。由于这

些自然因素和社会因素的影响，本区大部分地方土地资源的质量都比较差，利用也不合理。

（1）土地质量差。西南石灰岩山地区土地质量差主要表现在如下几个方面：

第一，农业用地质量差，水田比例小，坡耕地多且分散，水土流失严重。根据近年的土壤普查资料，西南石灰岩山地区共有耕地15569.43万亩，其中水田5296.29万亩，占总耕地的34.02%，比整个西南地区水田的比例（44.73%）低10.71个百分点。其中贵州石灰岩山地区水田占耕地面积28.01%。云南石灰岩山地区占29.84%，四川石灰岩山地区占27.99%，广西石灰岩山地区占50%，都比各省的水田比例低（广西水田比例为60.13%，四川为47.02%，云南为35.46%，贵州为31.26%）。在峰丛洼地区，水田占耕地总面积的比例更低。如广西平果县一些地处峰丛洼地的村寨，完全无水田，还有许多村寨人均水田在五厘以下。广西西北部与贵州南部红水河两岸的峰丛洼地区的情况也相类似。

石灰岩山地区的耕地中，坡耕地的比例很大，而且还有不少耕地分布在坡度大于25度的陡坡。四川石灰岩山地县的耕地中，分布在25度以上山坡的就达640.38万亩，占这些县总耕地面积的23.97%。而且一些耕地常常分散在石芽中，耕作管理十分不便，水土流失也十分严重。

石灰岩山地区的耕地，由于用养不协调，土壤肥力明显下降。如广西平果县石灰岩山地区的土壤，与50年代相比，有机质一级含量的土壤从70%下降到33%，高钾含量的土壤从70%下降至9.9%。

第二，森林覆盖率低。西南石灰岩山地区现有林业用地37446.06万亩，其中有林地不足一半，其余皆为灌丛和疏林草地。石灰岩山地区森林覆盖率很低，如贵州的中部、西部和北部，森林覆盖率在10%以下，毕节地区只有5%，明显低于贵州全省森林覆盖率（12.6%）；广西石灰岩山地区森林覆盖率为12%，只占广西全区森林覆盖率的54%。

第三，天然草场质量差。西南石灰岩山地区草地面积虽大，但质量差。这些草地基本上为天然草地，人工草场只占2%左右。这些天然草场以高大禾草和杂草为主，适口性和营养均较差，产草量也不高。

第四，未利用和难于利用的土地面积大。西南石灰岩山地区未利用的土地面积达11280.62万亩，占该区总面积的13.8%。在目前条件下，这些土地的利用还有较大的困难。如四川石灰岩山地区的1124.81万亩未利用土地中，宜农荒地只有5.58万亩，后备耕地资源是极少的，宜林荒地282.12万亩，宜牧荒地133.33万亩；目前无法利用的仍有703.78万亩，约占未利用土地的63%。在石灰岩山地区，裸岩石砾地的面积也很大，而且有明显的扩大趋势。四川石灰岩山地区裸岩石砾地就达到821.24万亩，占四川石灰岩山地区总面积的6.38%；广西平果县裸岩石砾地为124.6万亩，占全县总面积的33.43%；据贵州省普定县12个乡的普查资料，1958年裸岩石砾地面积为66592亩，1978年增加到129755亩，20年增加将近1倍。

（2）土地利用仍存在一些突出问题。首先是耕地面积减少。如贵州省，新中国成立以来因基本建设和农民建房用地就占用耕地300万亩，而且多是肥田沃土。广西平果县1975—1985年10年间耕地净减少3.49万亩，年递减率达1%；其中1982—1985年3年间就减少耕地2.69万亩，年递减率达2.6%。由于耕地减少和人口迅速增长，人均耕地明显下降。广西平果县人均耕地从1952年的1.6亩下降到1985年的0.82亩。这种耕地迅速减少的趋势在西南石灰岩山地区是普遍存在的。

其次是耕作技术落后，耕地利用不充分。虽然西南石灰岩山地区人均耕地面积不断减少，但耕地利用却不够充分。如地处亚热带的文山州，目前复种指数一般只有130%～150%，许多条件很好的耕地每年只种一季秋熟作物。不少在其他地方早已推广的充分利用地力的间种、套种技术在石灰岩山地区都没有被推广。还有些地方习惯于顺坡种植，导致耕作层土壤严重流失。

2.2.6　环境生态十分脆弱，自然灾害加剧

石灰岩山地区一般山陡峰峻，基岩裸露，石多土少，植被一旦破坏便难于恢复，生态环境也随着急剧恶化，难于恢复。

近几十年来，由于石灰岩山地区人口急剧增加，对木料、燃料和粮食的需求也迅速增长，造成对森林的砍伐和毁林开荒，而政策上的失误和管理混乱更导致石灰岩山地区的森林遭到严重的破坏。贵州20世纪50年代初森林覆盖率在30%左右，1958年尚高于20%，1975年下降到14.5%，1984年降至12.6%，近年来又有下降。广西、云南、四川石灰岩山地区的情况与此相类似。

由于乱砍滥伐、毁林开荒和超坡度种植等原因，西南石灰岩山地区水土流失严重加剧。贵州省1964年水土流失面积为3.5万km^2。目前已达5万多km^2，20余年增加了42.9%。其中毕节地区最为严重，水土流失面积达2115万亩，占总面积的52.5%；耕地水土流失面积达1280万亩，占耕地总面积的68.55%。严重的水土流失使耕地变得越来越瘠薄，甚至变成裸露的石山。1975年以后，贵州基岩裸露的石灰岩山地以每年136万亩的速度增长，到1980年全省的裸露、半裸露的石灰岩山地已达2000万亩，占全省总面积的7.6%。严重的水土流失还使河床、水库、渠道泥沙淤积，水利工程效益下降甚至报废，加剧了水旱灾害。

石灰岩山地区森林面积的大幅度下降使区域水文气候状况发生深刻的变化，森林对降水阻留作用的减弱使水源涵养能力降低，洪水灾害加剧，旱情加重，甚至造成山泉枯竭、河溪断流，农业用水和人畜饮水日益困难。

森林的破坏又进一步加剧了木材和薪炭燃料的短缺，进而加剧了森林、灌丛、草地的更严重的砍伐和破坏，并导致家畜饲料的缺乏和农家肥的减少，使区域生态环境陷入每况愈下的恶性循环。如果不采取有效措施，就会使本来就贫困落后的石灰岩山地区变成更难于生存的不毛之地。

石灰岩山地区森林和其他植被的破坏还使一些野生动物资源迅速减少，有些甚至面临灭绝的危险；一些动物和鸟类的减少还导致鼠害和农作物虫害的增加，给农业生产带来不利的影响。

西南石灰岩山地区工矿企业和城镇的环境污染也给生态环境造成显著的影响。其中煤烟型的大气污染危害最大。以贵阳为中心，包括遵义、都匀、安顺在内的黔中地区为我国最严重的酸雨中心之一。黔西、黔北、川南、川东一带居民燃煤、土法炼硫等引起的大气污染也给区域环境造成严重的影响。特别是高氟燃煤造成的空气氟污染，严重地危害着黔

西、黔东和川东一带石灰岩山地区居民的身体健康，引起严重的地方性氟中毒，轻的牙齿损坏、脱落，重的全身瘫痪。

西南石灰岩山地区还存在一些岩溶地区所特有的环境地质灾害。如岩溶塌陷、矿坑突水、岩崩、岩溶渗漏等。这些灾害也给工农业生产和人民的生命财产造成很大的危害。

3 西南石灰岩山地区经济开发战略措施

西南石灰岩山地区的绝大多数地区目前仍处在科技文化、生产水平落后，经济贫困，交通不便，信息闭塞，生态环境恶化的状态，与我国经济比较发达的地区相比，差距仍在继续扩大。从现在起到2000年内外，西南石灰岩山地区应继续坚持改革、开放，积极改善交通条件，搞活流通渠道，根据本地区的自然条件、自然资源和社会经济特点，加强教育，提高人的素质，积极引进人才、技术和资金，继续发扬自力更生、艰苦奋斗的精神，充分合理利用资源，发展商品生产，改善生态环境，达到脱贫致富。

3.1 充分利用资源优势，发展商品生产

西南石灰岩山地区有丰富的水热资源和类型多样的气候，以及丰富的生物资源、矿产资源、水力资源和旅游资源，应充分利用这些资源优势，将它们转化为商品优势，为本地区的经济发展和人民生活的改善发挥充分的作用。

3.1.1 充分合理利用资源，搞好粮食生产，提高自给水平

新中国成立以来，由于农田基本建设，特别是水利建设有明显的发展，化肥、农药、良种、先进耕作技术和农业机械也得到不同程度的推广应用，西南石灰岩山地区的粮食总产和单产都有很大的提高；但由于人口急剧增加，粮食种植面积近年来又有所减少，许多石灰岩山地区人均产粮水平反而下降，缺粮情况日益严重。如贵州省，1985 年人均产粮为 200 kg。只有全国平均数的一半左右。自 1957 年以来，贵州省与全国人均产粮水平的差距就不断扩大，1957 年以前为全国产粮水平的 81. 2% ～ 109%，1978 年为 75. 2%，1983 年为 63. 9%，1985 年为 50 %。广西 1975—1985 年 10 年间粮食总产大抵持平；但由于此期间人口增加 21%，人均产粮下降了 18%。我们重点调查的两个石山县粮食生产的形势也十分严峻。广西平果县 1975—1985 年人均产粮下降了 27. 9%，贵州独山县 1949—1985 年人均产粮由 280. 5 kg 下降到 229. 5 kg。人均产粮和农民口粮的明显下降直接影响着社会的安定，同时也给经济作物及林、牧、副业的生产带来不利的影响，并影响工业生产和整个国民经济建设。因此，抓好粮食生产，仍是西南石灰岩山地区长期的突出任务。为了摆脱西南石灰岩山地区严重缺粮的局面，必须抓好如下几项工作：

（1）稳定粮食生产面积。从西南石灰岩山地区土地资源的状况来看，后备耕地资源已极少，扩大耕地面积用于粮食生产的可能性是十分有限的。近几年来，非农业用途占用了不少用于粮食生产的耕地。经济作物的发展又挤占了不少种粮的耕地，使用于种粮的耕地明显减少，粮食生产出现严重的危机。因此，稳定粮食作物的种植面积是当前和以后很

长一段时间内发展粮食生产的重要任务，一定要严格控制非农业用途和经济作物种植挤占粮食作物用地。

（2）提高单位面积的粮食产量。由于西南石灰岩山地区用于粮食生产的耕地十分有限，要搞好石灰岩山地区的粮食生产，提高粮食自给水平，重点一定要放在提高单位面积产量上。要提高粮食单产水平，应主要从如下几个方面着手：第一，抓好农田水利建设，增加水利投入，扩大灌溉面积，提高防御水旱灾害特别是旱灾的能力；第二，继续搞好改田改土工作，做好坡改梯、地改田工作，提高土层深度和稳定性，增强保水保肥能力；第三，积极引进推广杂交水稻、杂交玉米和其他优良品种；第四，在普遍增施农家肥、有机肥的基础上，提高氮、磷、钾等化肥的施用水平，并因地制宜地使用微量元素肥料，还要搞好绿肥的种植和秸秆还田，以增加土壤肥力，以地养地；第五，推广先进耕作技术，提高复种指数，提高田间管理水平；第六，推广地膜覆盖技术，特别是春季气温低的山区，地膜覆盖技术是提高玉米生产的有效措施；第七，搞好植物保护，及时防治病虫害；第八，发展耕作和排灌农业机械。

（3）重点扶持石灰岩山地区粮食生产基地。西南石灰岩山地区有些地方粮食生产的发展潜力仍然很大，如贵州长顺县、独山县，云南丘北县，以及广西一些石灰岩山地县。对这些条件相对较好的石灰岩山地县应加强粮食生产的技术指导，并在农业投资、生产资料供应方面给予适当的优先，使其成为西南石灰岩山地区发展粮食生产的先进县，除了保证本县粮食自给外，还能为其他地区提供商品粮。

（4）合理提高粮食价格，稳定生产资料价格。由于粮价偏低，严重影响农民种粮的积极性，并导致农民将种粮耕地改种经济作物、水果、药材等。而近年来生产资料的乱涨价现象无疑又打击了农民的种粮积极性。因此，适当地提高粮食收购价格和稳定生产资料的价格是发展石灰岩山地区粮食生产必不可少的措施。

3.1.2　因地制宜地建设农、林、牧商品基地

根据西南石灰岩山地区自然资源、自然条件和现有的基础，同时考虑到国内外市场的需要，西南石灰岩山地区应逐步建立如下各种商品生产基地。

（1）各种水果基地。

南亚热带水果基地——以桂西南左、右江河谷和滇东南南盘江、元江河谷为主的石灰岩山地区。本区的热量资源丰富，为我国面积不大的南亚热带的一部分，交通条件也比较好，应在现有的基础上建设成为我国最重要的南亚热带和热带水果基地。重点发展芒果、荔枝、龙眼、菠萝、香蕉、沙田柚、木瓜、大果山楂等水果，供应国内外市场。

中亚热带水果基地——主要包括桂北，黔中、黔东、川东、川南等地的石灰岩丘陵、山地区。重点发展柑橘类水果，使之成为我国最大的柑橘生产基地的组成部分。

温带水果生产基地——主要包括滇东、黔西、川西、川北等地地势较高的石灰岩山地区。重点发展苹果、桃、梨、李等温带水果。

（2）南药、香料基地。主要包括滇东南的文山州、红河州和广西的百色地区等石灰岩山地区。这里的自然条件特别适于生产南药和香料，是我国传统的南药和香料生产地，应在现有的基础上加以巩固，使之发展成为我国最大的南药和香料生产基地。重点发展三七、八角、砂仁、草果、玉桂等。本区交通条件不太好，但南药与香料价值高、易储存，运输也方便。

（3）蔗糖基地。桂西南的南宁地区、百色地区和滇东南南盘江、元江河谷地段夏季气候炎热、冬季温暖，已有一定的种植甘蔗的基础，也有比较配套的蔗糖工业设备，应该充分利用本区气候资源优势，在安排好粮食生产的同时，发展蔗糖生产。目前这些地区甘蔗单产还比较低，大多数亩产为 2 ～ 3 t，有些甘蔗新产区（如文山州马关县），亩产才 1 ～ 2 t。当前应把提高单产作为蔗糖基地建设的重要任务来抓，以便在有限的耕地中生产更多的甘蔗，满足榨糖工业的需要，并注意蔗渣的综合利用。

（4）烤烟基地。主要包括滇东、贵州高原、川东和川南石灰岩山地区。目前这些地区的烤烟生产已具有很大的规模。今后基地发展的主要措施是提高烤烟质量，完善产销合同，提高经济效益。

（5）蚕桑、麻类基地。包括黔东、川东、川南一带的石灰岩山地区。本区已有一定的蚕桑和麻类生产基础，并有一定的加工能力。今后应充分利用田边、路边、河边、屋边等零星土地发展蚕桑生产，合理安排耕地，并适当发展麻类生产，使之成为我国又一个蚕桑、麻类生产基地。

（6）茶叶基地。主要在滇东、贵州高原和川西的石灰岩山地区，茶叶是这些地区的传统商品之一，新中国成立后有较大的发展。今后应继续扩大生产，并提高质量、扩大销路。

（7）油桐、紫胶、生漆、五倍子基地。油桐是整个西南石灰岩山地区普遍生长的优势经济林木；紫胶生产主要分布在南亚热带的石灰岩山地区，以及元江、金沙江、红水河，南、北盘江等干热河谷地带；生漆生产主要在川东、川南、黔东、黔北一带；五倍子的宿主植物在整个西南石灰岩山地区都有生长。发展这些林副产品可不占耕地，又可与绿化造林、改善生态环境密切结合起来，是石灰岩山地区脱贫致富的很好的途径。

（8）早菜基地。主要包括桂南的铁路沿线、滇东南元江河谷和贵州罗甸一带红水河河谷。这些地方冬季气温高、交通便利，可发展黄瓜、番茄、辣椒等众多品种的早春蔬菜，供应昆明、贵阳及我国北方的大城市。

（9）畜牧业基地。西南石灰岩山地区除了普遍继续发展猪、牛、羊和家禽的养殖外，应充分利用本区域草场资源丰富的优势发展畜牧业生产，并有计划地发展人工草场，建设奶、肉用牛和绵羊、山羊生产基地。其中，草场比较集中的有如下几个地区：贵州高原的西部和南部，重点发展奶、肉用牛和绵羊；滇东南文山州，重点发展肉用牛和山羊；桂西山地，主要发展奶、肉用牛和山羊；川东、川南，主要发展长毛兔、肉牛和绵羊。贵州威宁和独山种植三叶草、黑发草等优良草种发展畜牧业的初步成果为本区发展人工草场、加速畜牧业的发展提供了经验，开创了新路子。

（10）林竹基地。西南石灰岩山地区森林资源缺乏，普遍建设林竹生产基地对缓解石灰岩山地区木材、燃料的短缺和改善石灰岩山地区的生态环境都有重要意义。在石灰岩山地区，应加速发展任豆树（砍头树）、香椿、苦楝、牛尾树等优良速生的树种和美国湿地松等优良引进树种。应充分利用石灰岩山地区内土山自然条件的优势，搞好速生丰产林的建设，使之成为石灰岩山地区率先做出贡献的林业基地。另外，石灰岩山地区还适合多种竹类的生长，如青皮竹、撑杆竹、粉单竹、慈竹等，在石灰岩山地区的土山上可以引种楠竹、黄竹等优良竹种，使竹类在水土保持和建材方面为石灰岩山地区做出贡献。

3.1.3　发挥石灰岩山地区的资源优势，发展工矿企业

西南石灰岩山地区丰富的能源和原材料资源在全国占有重要的地位，能源工业、原材料工业、电子工业构成了石灰岩山地区的主导产业。水能主要集中在乌江、南盘江、北盘江和红水河，煤炭资源主要集中在六盘水和昭通一带，能源工业的发展应以水电为主、火电为辅。在煤炭资源开发上应稳定发展统配煤矿，积极支持地方矿，加强管理个体矿，搞好煤炭资源的综合利用。

西南石灰岩山地区具有全国性意义的铝、铜、锡、铅、锌、锑等有色金属矿产资源，也有丰富的非金属磷和建筑材料。因此，有色金属等矿产资源的开采、选冶，磷化工和建材工业以及有关加工业的发展在石灰岩山地区具有很大的优势，国家应予以重点扶持。

在今后一段时间内，西南石灰岩山地区仍应把轻工业作为建设的重点，充分发挥轻工业投资少、周期短、经济效益高的特点，利用本地区的资源优势，为国家和地方增加财政收入，带动人民群众脱贫致富。近期内，西南石灰岩山地区轻工业的发展重点仍应放在烟草工业、酿酒与饮料工业、蔗糖工业。本区烟草工业主要集中在云、贵，烤烟产量占全国的1/3，且品质优良。目前粮烟争地矛盾日益突出，应稳定烟田面积，抓好烤烟基地的建设，主攻质量，达到优质适产；解决卷烟辅料的生产和技术的提高，增加甲、乙级烟的比重，提高经济效益。但烟草危害人民健康，从长远利益出发，应适当控制烟草工业的发展，更不能盲目新建烟厂。

西南石灰岩山地区酿酒与饮料工业以白酒生产为代表，主要集中在黔北、川南，是我国的名酒之乡，集中了以茅台、五粮液、泸州老窖、郎酒、董酒为代表的一大批具有国际声誉的名酒，还有上百种国优、部优、省优产品。今后应改变酒的品种结构，重点扶持中、高档酒，发展低度白酒和啤酒、果酒及高维果品饮料。对低档白酒的生产要适当控制，并逐步建立原料基地，提高区内原料自给率。还应继续发展茶叶生产，提高品质，扩大销路。

西南石灰岩山地区的蔗糖工业主要集中在滇东南和桂西一带，这里也是我国主要的蔗糖产地之一。目前的主要问题是粮蔗争地矛盾突出，甘蔗单产低，许多糖厂吃不饱。今后应适当调高甘蔗和蔗糖的价格，提高甘蔗单产，加强对蔗渣等蔗糖副产品的综合利用，提高经济效益，避免资源浪费。

家用电器工业近年来发展较快，这对发挥“三线”企业的人才和技术优势，增强石灰岩山地区的经济实力起着重要作用。今后应进一步提高产品质量，扩大市场，取得更好的经济效益。

除上述优势产业外，造纸工业、纺织工业、服装工业和日用品工业等在西南石灰岩山地区也有很好的发展前景，也应加快其发展步伐。

发展石灰岩山地区的轻工业，应主要依靠地方工业和乡镇企业。只有这样才能带动好农村经济的发展，直接对富县富民起作用。目前，在石灰岩山地区应大力发展农副产品加工业和在国内外市场上有销路的具有地方特色和民族特色的产品，要不断改进产品的质量，增加花色品种。满足市场的需要。在发展地方工业和乡镇企业时，一定要做好前期论证工作，对资源、技术、市场等进行客观的研究，以保证企业建成后能取得预期的经济效益。

加速发展石灰岩山地区的工矿企业是发展石灰岩山地区经济的必由之路。只有石灰岩

山地区城乡的工业有了较大规模的发展，石灰岩山地区的经济实力、现代商品经济、技术和文明的扩散和渗透的能力才会大大增加，才能从根本上改变石灰岩山地区贫穷落后的面貌。

3.1.4 合理开发旅游资源

西南石灰岩山地区丰富的旅游资源是本地区重要的资源优势，旅游资源的开发是石灰岩山地区经济开发的重要组成部分。桂林山水、长江三峡、路南石林、昆明西山、大理风光、黄果树瀑布、安顺龙宫等是目前开发得较好的风景名胜旅游区。还有一批景点仍有较大的开发潜力，如四川的九寨沟、黄龙寺、兴文石林、大宁河小三峡等。西南石灰岩山地区还拥有一批名胜古迹和革命纪念地，也应根据实际情况，区别对待，适当开发。发展西南石灰岩山地区的旅游业，一定要注意如下几个问题：

（1）经济效益。在开发旅游资源时，一定要加强前期论证，使投资规模与可能吸引的游客相适应，能尽快地回收资金、取得利润，达到较好的经济效益。

（2）搞好配套，发挥较好的社会效益。发展旅游业要与交通、旅馆、饮食业以及地方土特产品、工艺品、纪念品的生产和销售等服务行业的发展相配套。做到既满足游客的需要，又可增加地方财政和人民群众的收入。与当地的脱贫致富紧密地结合起来，收到较好的社会效益。

（3）要搞好旅游风景名胜区的环境保护。风景旅游业的存在和发展取决于风景名胜的价值和质量。因此，在发展旅游业的同时，一定要严格控制可能导致景点、文物受到破坏和质量下降的工矿企业、其他设施和行为活动的发展，并切实加强对保护风景、文物、名胜的教育和管理。使风景名胜的环境质量得到保护和改善。

3.2 保证西南石灰岩山地区经济发展战略实现的重要措施

3.2.1 严格控制人口，稳定耕地面积

西南石灰岩山地区人口增长的速度很快，超过了全国人口增长的速度。1964—1982年期间，全国人口增长45.2%，平均每年增长2.1%。同一期间，贵州人口增长66.5%，年平均增长2.9%；广西人口增长57%，年平均增长2.6%；云南、四川人口增长的情况与此相类似。

西南石灰岩山地区人口的迅速增长，增加了对资源和环境的压力，也增加了对教育、就业、保健等方面的投资，使用于发展生产的资金、物资和资源、环境都处于更加紧张的状态。

由于耕地面积的减少和人口迅速增长，人均耕地大幅度下降，给农业的发展造成很大的压力，也使本地区的粮食生产处于极为困难的境地。由于上述原因，西南石灰岩山地区一定要把严格控制人口增长和稳定耕地面积作为发展本地区经济的极其重要的措施来抓，以保证经济发展战略的实现。在2000年内，一定要把人口的自然增长率控制在12‰以内。在城镇和汉族聚居的地方要严格落实一对夫妇只生一个孩子的措施；在少数民族地区，也要认真执行节制生育的规定，最多只能生两个孩了，一定要杜绝生第三胎和三胎以上的无计划生育现象。要严格土地管理制度，维护土地资源公有制的原则，严格限制耕地的非农业用途，工矿企业的建设和居民建房要尽量避免占用耕地，特别是占用质量好的耕

地。在有条件的地方，要有计划地开垦荒地，以缓解耕地日益紧张的局面。

3.2.2 建立良好的环境生态体系

由于西南石灰岩山地区生态环境急剧恶化，已给本地区的经济发展和人民群众的生活造成严重的危害，因此，建立良好的环境生态体系是当前的迫切任务。在本世纪末和下世纪初，为了使西南石灰岩山地区的生态环境得到恢复并逐渐步入良性循环状态，应着手做好以下几方面的工作：

（1）建立结构功能合理的生态农业。在西南广大石灰岩山地区长期的生产实践中，着眼点主要放在狭义的农业（即种植业）上，对林、牧业重视不够，森林遭到破坏，草场资源得不到充分的利用和改良。要建立结构功能合理的生态农业，首先要合理利用土地资源。在一般石灰岩山地区，要充分利用和改造谷地和山坡下部质量较高的耕地，搞好农田基本建设，推广农业新技术，大幅度提高粮食和经济作物的单产；在山体的中坡主要种植牧草，发展草食性畜种；在山体的上坡发展林业。由此形成一个山体之中农—牧—林紧密结合、互相支持，具有良好生态效益、经济效益和社会效益的生态农业。

（2）搞好植树造林和封山育林，以煤代柴，推广节能灶和沼气。恢复和扩大石灰岩山地区的森林植被是改善石灰岩山地区生态环境的一项关键措施。要大力营造速生丰产林，并抓好封山育林工作。西南石灰岩山地区一般水热资源都比较丰富，用优良速生树种营造的林地一般在 10 ～ 15 年内即可发挥很好的生态效益和经济效益。在植被稀疏的石山进行封山育林，一般在 5 ～ 10 年内山上的乔木、灌木和草类即可覆盖整个石山。广西忻城县北更乡石叠屯，20 世纪 50 年代末以来，石山的森林屡遭砍伐，濒于毁灭的边缘，山上溪水断流，粮食生产逐年下降，人民群众饮水都发生严重困难。石叠屯自 1964 年起开始进行封山育林，现在森林面积已有 1000 亩，成林 800 亩（人均 7 亩），还种植了大量的金银花、竹子，经济收入有明显增加，摘掉了贫困帽子，生态环境也得到了很大的改善，山上的溪流已经恢复，农业用水和人畜饮水也得到较好的解决。四川珙县从 1975 年起在石灰岩山地区营造速生丰产林，到 1985 年底已造林 40 万亩。有些目前已进入采伐期，经济效益和生态效益都十分显著。石灰岩山地区植树造林和封山育林难于进行和维护的主要原因之一是燃料缺乏。因此，有条件的地方要切实搞好以煤代柴、以电代柴的工作，其他地方则大力推广省柴灶和发展沼气。推广省柴灶费用省效益大，一般都可节约燃料一半以上，是石灰岩山地区节约农村能源、保护森林植被、改善生态环境十分重要、非做不可的重要措施。在经济条件较好的地区，则可推广沼气。

（3）搞好“三废”处理，防止环境污染，防止地方性疾病。由于石灰岩山地区城市和工矿企业的发展，环境保护措施未能跟上，在局部地方，大气污染、水污染（特别是地下水污染）和土壤污染都比较严重，应该引起足够的重视，加强防治。贵州高原和川东的石灰岩山地区，由于生活用煤含有很高的氟，在居室内长时间的燃烧污染了空气和食物，造成地氟病的流行。目前一些地方（如四川彭水县大厂乡），用改灶将煤烟导向室外的方法对防治地氟病有良好的效果。在地氟病流行区，应根据各自的情况组织财力与人力，加以推广。

3.2.3 积极改善水利条件，挖掘水资源的巨大潜力

要根本解决西南石灰岩山地区群众的温饱问题，石灰岩山地区的农业必须有个较大的发展。水利是农业的命脉，大力改善现有的水利条件已是石灰岩山地区的当务之急。为

此，我们提出以下建议：

（1）水资源开发的重点仍然要放在目前的粮食基地和大有潜力发展粮食生产的地方。在各项用水中，农业用水一般在80%以上，粮食生产又是农业的基础，水资源利用的主要目的还在于发展农田灌溉。各省区、地、州和县均有一批各自的、规模不等的粮食基地，它们是石灰岩山地区的经济支柱。这些地区大多有较好的水利基础，同时也是干旱时节用水矛盾较突出的地方。无论是原有工程的加固防渗、病害处理、挖潜配套，或者布设新的工程等都宜于优先考虑，使其不断增长的粮食生产能成为石灰岩山地区经济快速发展的可靠依托。

（2）以蓄水为主，但要因地制宜，各类水利措施要相互补充。实践表明，拦截径流以丰补枯的蓄水灌溉是石灰岩山地区可行的和主要的水利措施。其他水利措施如引水和提水等也应在蓄的基础上考虑或与蓄水措施相结合。石灰岩山地区中常有其他岩类形成的土山分布，要充分利用土山地区易于拦蓄地表径流的优势，在耕地分布和地形条件都较理想的地方尽可能筑坝蓄水。石灰岩山地区耕地分散、地形崎岖且易渗漏，故蓄水工程要以分散的小型工程为主，小型水库有修建成本低、输水损失小等优点。强调蓄水不等于盲目修库，岩溶地区蓄水要吸取以往大量的经验教训，事前要进行过细的地质工作，处理病害也要进行经济效益比较。

（3）逐步扩大对地下水的利用量。西南石灰岩山地区岩溶地下水十分丰富，目前对地下水的利用主要还局限在对地下水天然露头的利用，利用量很有限，而大量地下径流在汇入主河道之前很少能被利用。如广西枯水流量在0.1 m^3/s以上、流程大于10 km的地下暗河就有248条。此外，石灰岩山地区还有大量的地下水储存资源，目前除个别地区稍有开采外，尚未认真利用，主要原因是该类地下水一般埋藏深、开采难度大。过去石灰岩山地区主要以地表水作为开发对象，随着地表水的潜力日益减小，逐渐扩大对地下水的利用量就势在必行。开发方式也应因地制宜，蓄、引、提相互结合，对储存资源则主要靠钻孔提取。地下水的开发重点首先应放在水位埋藏浅、水源丰富、灌溉效益好的地区。对于地下水埋藏深、开发难度大的峰丛山地，重点是解决人畜饮水困难。粮食生产则以种植旱地作物为主，同时要采取一些省水的灌溉措施。

3.2.4 增加科技投入和物质投入

要改变西南石灰岩山地区的贫困落后面貌，增加科技和物质投入是必不可少的，特别是要抓好如下几项工作：

（1）建立比较强大的支农工作体系，向西南石灰石地区供应足够的化肥、农药，地膜、农机具等支农物资。

（2）国家和有关省市应建立石灰岩山地区科技发展基金，扶持石灰岩山地区科学技术的推广和普及，保证在石灰岩山地区工作的科技人员的收入明显高于城市和其他地区的水平，并在晋级方面给予优待，对有成就的科技人员给予鼓励。

（3）组织大城市和比较发达地区的科技人员支援石灰岩山地区发展工农业生产。对这些科技人员在待遇上要给予优惠。

（4）加强基础和专业教育，提高人口素质。人口素质差是石灰岩山地区贫困的重要原因之一，发展基础教育和专业教育是提高石灰岩山地区人口素质的必由之路。要发展石灰岩山地区的基础教育，除了国家在教育经费上给予适当保证外，最重要的是教育各级干部和人民群众尊重知识，尊重教师，提高中小学教师的地位，让教师们觉得当教师光荣，热心地从事教育事业。只有石灰岩山地区人民群众的文化素质提高了，才能接受先进的思想、观念和科学技术，主动地安排山河，而不是被动地受自然支配或非常简单盲目地向自然索取，使自然环境遭到破坏。

由于目前石灰岩山地区科技专业人员严重缺乏，有针对性地发展专业教育，培养工农业生产中急需的科技人才。在地（州）和地（州）以下主要发展中等专业教育和短期技术培训，培养中低级的技术人才。这些人员毕业以后，各级政府要加强管理，适当安排，让他们学以致用，为改变石灰岩山地区落后面貌而贡献力量。

3.2.5　改善交通条件，疏导流通渠道

西南石灰岩山地区的大部分地区交通条件都很差，桂西、滇东、黔南及川滇黔接壤地区等广阔的石灰岩山地区至今仍无铁路相通。公路交通虽在新中国成立以后的 40 年中有很大的发展，但也远远不能满足经济发展和人民生活的需要，特别是省际之间、地（州）际之间和县际之间还存在许多断头路。石灰岩山地区交通状况的落后局面严重地影响石灰岩山地区经济的发展和科学技术的传递，也给石灰岩山地区的脱贫致富造成巨大的障碍。

为了改善西南石灰岩山地区交通状况的落后面貌，从现在起到 2000 年前后，除加速南昆铁路和内昆铁路的建设外，也要加速山区公路交通的建设，特别要加强省际、地（州）际和县际公路的建设，为搞活经济、促进横向联系、进一步对国内外开放创造有利的交通条件。近年来，许多石灰岩山地区把部分的救济经费用以工代赈的形式修筑公路和机耕道，对改善区内的公路交通状况起了积极的作用。今后应进一步发挥各级政府部门、各种经济组织和广大人民群众的积极性，动员更多的财力、物力和人力，使石灰岩山地区的交通条件有更大的改善，为石灰岩山地区的经济发展打下良好的交通基础。

由于西南石灰岩山地区交通不便，商品信息闭塞，石灰岩山地区商品流通环节薄弱，流通渠道不畅通。因而不能充分利用自然条件和剩余劳动力去发展商品生产，并在发展商品生产中累积资金、进行再生产的投资和改善生活。商品流通部门也不能及时掌握县内外、省内外和国内外的商品信息，及时合理地组织人民群众从事商品生产，往往造成外部市场需要的商品，流通部门组织不起来，而行政和流道部门组织起大量的商品时，市场又已饱和，造成巨大的浪费，并挫伤了群众从事生产的积极性。近年来，一些流通部门和个人为了取得高额利润，对化肥、地膜、农药等农业生产资料倒来倒去，故意增加流通环节、层层加价，大大损害了农民的利益，抑制了农业生产。因此，在西南广大的石灰岩山地区，一定要加强干部群众的商品意识，及时掌握国内外市场的信息，逐渐完善商品生产合同制，简化流通环节，疏通流通渠道，提高管理水平和工作效率，为石灰岩山地区的商品发展提供良好的条件。

参考文献

［1］中国科学院地质研究所岩溶研究组．中国岩溶研究［M］．北京：科学出版社，1987.
［2］全国农业区划委员会《中国综合农业区划》编写组．中国综合农业区划［M］．北京：农业出版社，1981.
［3］中国科学院南京土壤研究所．中国土壤［M］．北京：科学出版社，1978.